国家重大出版工程项目

断奶仔猪

Weaning the pig

Concepts and consequences

J. R. Pluske
J. Le Dividich　　编著
M. W. A. Verstegen

谯仕彦　郑春田　管武太　译
李德发　审校

中国农业大学出版社

图书在版编目(CIP)数据

断奶仔猪/(澳)普拉斯克等编者;谯仕彦等译.北京:中国农业大学出版社,2009.5(2018重印)
书名原文:Weaning the Pig—Concepts and Consequences
ISBN 978-7-81117-752-7

Ⅰ.断… Ⅱ.①普…②谯… Ⅲ.仔猪-饲养管理 Ⅳ.S828

中国版本图书馆CIP数据核字(2009)第086982号

书　　名　断奶仔猪
作　　者　J. R. Pluske, J. Le Dividich, M. W. A. Verstegen　编著
　　　　　谯仕彦　郑春田　管武太　译
　　　　　李德发　审校

策划编辑　宋俊果　　责任编辑　孙　勇
封面设计　郑　川　　责任校对　陈　莹　王晓凤
出版发行　中国农业大学出版社
社　　址　北京市海淀区圆明园西路2号　　邮政编码　100193
电　　话　发行部010-62731190,2620　　读者服务部010-62732336
　　　　　编辑部010-62732617,2618　　出　版　部010-62733440
网　　址　http://www.cau.edu.cn/caup　　e-mail cbsszs@cau.edu.cn
经　　销　新华书店
印　　刷　涿州市星河印刷有限公司
版　　次　2009年7月第1版　2018年1月第3次印刷
规　　格　787×1 092　16开本　23.25印张　439千字
定　　价　80.00元

CIP-data Koninklijke Bibliotheek
Den Haag

ISBN 9076998175

hardcover

Subject headings:
Growth
Digestive physiology
Fertility

First published, 2003

Photo cover:
J. Chevalier (INRA)

Wageningen Academic Publishers
The Netherlands, 2003

Printed in The Netherlands

译者的话

断奶是养猪生产过程最重要的环节之一，断奶过程伴随着一系列复杂的营养生理和行为的变化，并因此而给养猪生产带来许多问题。本书作者，澳大利亚Murdoch 大学的 J. R. Pluske 博士、法国农业科学研究院的 J. Le Dividich 博士、荷兰 Wageningen 大学的 M. W. A. Verstegen 博士组织世界上养猪科学相关领域的32 位科学家，从比较自然、半自然和现代养猪生产条件下断奶过程中仔猪和母猪行为学的变化入手，详尽阐述了断奶前后仔猪的行为、内分泌、消化生理以及肠道组织形态、微生物和免疫功能的变化，讨论了日粮对断奶仔猪肠道完整性的调控，提出了断奶仔猪的营养需求，特别是肠道的营养需求。最后，作者还特别阐述了弱小仔猪的救护以及母猪的繁殖力和繁殖寿命。

本书是迄今为止世界上专门讨论断奶仔猪的唯一专著。有两点特别值得关注：一是作者自始至终将“采食量”贯穿于全书的各个章节，全面论述了断奶前后采食量的变化以及引起采食量变化的行为、内分泌、消化生理、环境以至免疫学因素，使我们能全面理解断奶前后采食量变化的原因，从而找到提高断奶仔猪采食量的正确方法；二是在论述仔猪断奶所遇到的问题时，特别注意到了肠道健康这一至关重要的概念，并用专门一章论述了肠道的营养需要，这是本书的重要特点。

改革开放以来，我国的养猪业发生了很大变化，断奶日龄由 42 d 以上提早到21～30 日龄，大部分农户饲养也提早到 35 日龄。据统计，目前我国仔猪断奶前后的死亡率达 15％～30％，是造成养猪业隐性经济损失的主要原因之一。解决断奶前后仔猪和母猪面临的问题仍然是我国养猪生产的重点和难点。这是翻译本书的目的。希望这本书的出版能对我国养猪业的健康发展有所帮助。

本书翻译过程中得到农业部饲料工业中心研究生俞海峰、易学武、王爱娜、楚丽翠和鲁宁的帮助，译者在此深表感谢。由于本书涉及到营养学、生理学、内分泌学、免疫学、行为学、微生物学等多个学科的内容，译者对原文的理解难免有错误之处，请读者指正。

译者

2009 年 5 月

目　录

1 前 言

仔猪的断奶日龄已经从20世纪五六十年代的8周龄提早到目前的平均22~26日龄，这在许多养猪的国家已很普遍，而在某些饲养体系中甚至更早（<21日龄）。提早断奶很大一部分原因在于可以使生长猪和母猪生产力均得以提高，这是有利的一面。然而早期断奶也必然带来一系列问题，包括小猪营养、饲养、健康、行为和环境要求，以及由此对母猪繁育力的影响等。这些问题对于21日龄前断奶的饲养体系尤为突出。大量的研究以及生产经验的积累，已帮助最大限度地解决了断奶问题，使仔猪断奶后可以获得较好的生产成绩。

然而，我们需要面对全球养猪业发生的不断变化。近来值得注意的是，尤其在欧洲，越来越多的人开始关注动物福利、食品安全、环境问题和产品"质量"，特别是抗生素用作动物促生长剂的问题。而这些问题推动了大量相关的研究，例如，改善内脏"健康"和免疫力，这是在此之前断奶仔猪饲养中几乎一直被忽视的问题。结果人们对断奶仔猪的肠道疾病、动物福利、肠道营养需求等问题的关注和研究也越来越多，养猪生产者、饲料制造商、科学家和工程师都试图解决这些问题。并且越来越多的证据表明，困扰断奶的那些问题可能对仔猪随后乃至终生的生长繁育带来更加深远的影响。总之，"断奶"过程有前所未有的重要性。

正是根据这些变化和发展，《断奶仔猪》一书及时面向读者。该书总结了到目前为止与断奶有关的各方面资料，同时包括了断奶后母猪的相关问题。书中涉及以下与断奶有关的内容：断奶仔猪的生长、仔猪日粮营养调控、断奶仔猪行为变化和环境适应、仔猪自由采食及其影响因素、仔猪消化生理、仔猪小肠完整性的调节、断奶后肠道微生物变化及腹泻问题、肠道免疫、断奶仔猪营养需要与肠道营养需要、断奶后的环境与畜舍问题、瘦弱仔猪和产仔数过多的小猪的挽救与饲养，以及断奶后母猪的繁殖力和繁殖寿命等问题。

本书由来自于许多国家的诸多专家共同编写，可适用于遍布全球的养猪生产，不论是健康猪还是有疾病猪的饲养，研究部门还是管理机构，或者是其他与养猪生产有关系者，均可以从中受益。书中内容可以用于修改和发展与断奶仔猪相关的营养、环境、畜舍、疾病、福利等问题的管理策略，以便更好地操控断奶过程。这些知识的发展还可以帮助更新养猪学课程，甚至引起动物生产理论学家的重视。

John Pluske
Jean Le Dividich
Martin Verstegen

2 断奶仔猪的生长

I. H. Williams

2.1 前 言

仔猪断奶后具有快速生长的能力，但许多因素限制了这种潜力的发挥。断奶重、营养状况和断奶初期的生长速度，以及物理、化学和生理环境都是影响和决定仔猪采食量进而影响生长的因素。断奶时日龄不一样，断奶体重也参差不齐。在许多国家，通常的做法是在3～4周龄仔猪体重超过6 kg时断奶，但是在另一些国家，特别是在北美，一般在3周龄前就断奶了。早期断奶的主要目的在于减少母源疾病，但是日龄小、体重轻的仔猪需要有更好的饲养管理和营养水平，对环境的要求也很严格。

本章首先概述仔猪的生长潜力，然后简单描述仔猪生长及其规律，进而探讨体重和营养状况如何影响生长。其他限制断奶仔猪生长的因素将在后面的章节中探讨。

2.2 断奶仔猪的生长潜力

Whittemore和Green(2001)曾提出，在商业化养殖中，21日龄断奶的仔猪如果没有临床疾病和明显应激，可以达到的饲养目标是：断奶后第1周、第2周和第3周的生长速度分别为100、200和400 g/d。而实际上上述生长速度并不代表好成绩。同样是这两位作者还报道，在爱丁堡的实验条件下，一头重5 kg的3周龄健康仔猪在自由采食时能达到500 g/d的生长速度，是商品猪场生产成绩的2倍。

然而，即使是这么快的生长速度也并不代表仔猪真正的生长潜力。如果仔猪被超早期断奶(1～2日龄)并饲喂以牛奶为基础的液体饲料，生长速度可以超过500 g/d。例如，Hodge(1974)将2日龄的仔猪与母猪隔开，然后用再生全脂牛奶饲喂，自由采食，结果仔猪在10～30日龄期间生长速度达到了571 g/d，30～50日龄期间生长速度达832 g/d。Williams(1976)、Harrell等(1993)的研究也证实，给2日龄断奶的仔猪饲喂牛奶可达到与之相似的生长速度。他们的研究还表明，在与Hodge(1974)相同的实验条件下用现代猪品种进行试验，仔猪会长得更快，这证实断奶仔猪具有更大的生长潜力。

毋庸置疑，仔猪的生长潜力很大，其生长速度可以达到目前最好的商业养猪条件下生长速度的2～3倍。问题是，为什么这种生长潜力远没有达到，如何才能使生产性能更接近生长潜力。

2.3 生长描述

近年来，关于怎样最好地描述生长一直有许多争论，原因在于各生长模型表述的方法不一(Black，1995)。大多数模型是以蛋白质及其增量的预算为基础的，而另一些则以蛋白质和脂肪的增重关系来定义。蛋白质和脂肪的增加共同导致体重的增加。如果让动物终生自由采食优质饲料，以时间为横轴，动物的体重为纵轴绘图，可以得到一条S形状的曲线，也就是一条S形生长曲线(sigmoidal growth curve)(Lawrence 和 Fowler，1997)。Wittemore 和 Green(2001)曾提出一个有强烈争议的观点，即猪从生长到成年的S形曲线可以用一个 Gompertz 函数来描述：

$$日增重=体重\times B\times \ln(成年体重/体重)$$

这里B代表生长系数。

S形生长曲线有两个主要阶段。第一阶段是前期加速生长阶段，第二阶段是后期生长减缓直至停止即达到体成熟的阶段。两个阶段间有一个转折点，在这个转折点附近，生长曲线近似一条直线，这一点通常出现在猪的体重为成熟体重的1/3时(Lawrence 和 Fowler，1997)。断奶仔猪属于第一阶段，即加速生长阶段。

Gompertz 函数方程需要两个参数，一条描述猪体成熟的渐近线和一个生长系数，这二者是相互依存的，一个因素的增长将导致另外一个因素的增长。

这一模型衍生出了一些重要的关于动物生长的观点。这意味着动物有其预定的生长规律，因而有大型的、生长迅速的种类和小型的、生长缓慢的种类。这也意味着，一种由基因型决定的大动物，或者说一种可以长得更大的猪种，无论如何也比一种由基因型决定的小动物长得大，长得快。

而 Gompertz 函数无法解释通常出现在断奶及断奶后恢复阶段仔猪表现出来的生长停滞或减缓现象。断奶一般会造成仔猪失重和生长减缓，7 d 有时甚至 10 d 都无法恢复到断奶前的体重(Pluske 等，1995)。但当它们开始恢复，会不会出现补偿生长的现象呢？也就是说，恢复后它们会不会比体重相同但未受到断奶影响的猪生长更快，还是生长速度一样，仅仅是延长了上市的时间？这一问题将在本章的后面部分讨论。

2.4 断奶仔猪的生长抑制

断奶仔猪面临着三个挑战。第一，食物供给发生了很大变化。仔猪除了不得不从低矮的补料槽中寻找食物，还要面对新的食物形态，其原料组成都是小猪以前不曾遇到的，这些食物含88%的干物质。与之相反，母乳含80%的水和20%的干物质，这20%的干物质由蛋白质(30%)、乳脂(40%)和乳糖(25%)组成，不含淀粉。乳脂和乳糖的真消化率接近100%，而且氨酸酸的回肠消化率也高达92%(Mavromichalis等,2001)。教槽料通常含动植物蛋白、大量的淀粉而不是乳糖，以及非常少的乳脂，其消化率较低(80%～90%)。结果，仔猪不得不让它原本适于消化脂肪的消化道向消化复杂的碳水化合物的方面转变。另外，如果刚断奶的仔猪要维持其生长，就必须应对干物质采食量的大大增加。例如，一头日增重250 g/d的仔猪每天需要吃200 g来源于母乳的干物质，而如果饲喂高浓度的教槽料，至少需要采食300 g/d的干物质，比原来增加了50%。如果是质量较差的教槽料，甚至要增加得更多。

这种食物变化对消化道造成的改变可能造成长时间的影响(1周或更长)。当母乳供给突然停止，消化道的结构和功能在几小时内就会发生变化。小肠绒毛变短，隐窝变深，由于乳糖酶、蔗糖酶等消化酶的活性下降，小肠吸收能力下降。小肠对营养物质的吸收率下降通常会造成产肠毒素的病原微生物(主要是大肠杆菌)增殖，以及低消化率营养物质在大肠发酵(McCracken和Kelly,1993)。这些情况都会导致腹泻。

断奶仔猪要面临的第2大挑战是要应对物理环境的改变。断奶后一般将几窝仔猪混在一起放进一个保育栏。已适应与母猪和同窝仔猪生活的仔猪不得不学会在没有母猪的情况下生活，并且要面临许多仔猪的竞争，有时多达250头。如何设计一种保育栏，可以让仔猪各自都能找到舒适的空间就是需要我们解决的问题。但是由于摄食的巨大改变，几乎不可能设计一种环境使所有的仔猪都处于最适温度区。例如，当猪只的采食量从维持量增加到2倍维持量时，那么它需要的临界低温将降低3 ℃(Close和Stanier,1984)。因此，一头不采食的猪与最大采食量，如四倍维持需要量的猪相比，其低温临界值可能相差12 ℃。如果将室温设定为保持那些吃食的猪的热平衡，那么那些不吃的猪会遭受冷应激。如果升高室温以使那些不吃的猪感到舒适，那么那些吃食的猪则会遭到热应激。

断奶的第3大挑战是由转栏和混栏造成的心理应激。虽然，许多学者相信这种应激会减缓生长，但其影响程度还不清楚，这将在后面的章节中讨论。

综合考虑上述变化，我们就不难理解仔猪断奶后生长速度为什么会减缓了。减缓的程度取决于仔猪适应于新环境，并且达到新的动态平衡所需要的时间。

2.5 断奶重对断奶后生长的重要性

由Gompertz生长函数可以预测，成熟体重大的猪在任何日龄的生长速度都会比成熟体重小的猪大。养猪生产者知道，初生重较大的猪，断奶重也较大；断奶重较大的，其断奶后生长速度也更快。在大多数情况下，其屠宰重也更大。因此随着生长的进行，断奶时体重的差异并不是维持不变，而是被放大。不论在何种日龄，较重的猪总是比较轻的猪长得快。

有几项研究支持上述观点。初生重与断奶重是呈正相关的(McBride 等，1965；McConnell 等，1987；Cranwell 等，1995；Dunshea 等，2003)。不仅 1 周龄体重与断奶重高度相关(Miller 等，1999)，而且断奶重与断奶后生产性能也高度相关(Miller 等，1999；Lawler 等，2002)。还有一些学者定量研究了不同日龄的体重对随后的生长直至屠宰重(growth to slaughter)的影响。Camphell(1989)分析了来源于澳大利亚一大型猪场的断奶记录，结果发现，25～29 日龄断奶时 1.8 kg 的体重差距(6.14 kg 对7.95 kg)在 78 日龄时增加到 5 kg，在 150 日龄时增加到 10 kg。Mahan 和 Lepin(1991)的研究发现，断奶重 4.1～5.0 kg 的猪到 105 kg 屠宰重所需要的时间比断奶重 7.3～8.6 kg 的猪要多 11～22 d。最近 Wolter 和 Eillis(2001)的研究也得出了相似的结论，他们发现仔猪 3 周龄断奶时 1.5 kg 的体重差异(3.9 kg 对 5.4 kg)到屠宰时会相差 8.6 kg。在另一个更广泛的研究中，Dunshea 等(2003)发现，0.37 kg(1.86 kg 对 1.39 kg)的初生重差异到 2 周龄时增加到了 1.9 kg，到 23 周龄时则相差 13 kg(107.1 kg 对 94.3 kg)。

由于断奶重非常重要，因此研究热点集中在两个问题上：能否在哺乳期间促进仔猪生长以增加断奶重？如果能这样，断奶时体重较大的猪是否仍会比体重较小的猪在断奶后生长快。

2.6 通过补料能否增加断奶重？

主张给哺乳仔猪补喂教槽料的人认为，补料可以填补仔猪能量需求增加与母乳供给逐渐下降造成的较大的能量缺口。Harrell 等(1993)通过计算得出，从 10 日龄开始母乳供给不足可能就已开始限制仔猪生长。基于此，给仔猪补料应该能增加断奶重和断奶后的抗应激能力。在 20 世纪五六十年代，当仔猪通常在 8 周龄断奶时，Lucas 和 Lodge(1961)已证明了断奶前补料的重要性。他们将断奶重从 12 kg 提高到 20 kg，但却发现仔猪直到 4 周龄甚至更大时才开始显著采食教槽料。随着断奶日龄被减至 3 周龄甚至 2 周龄，人们认为补充教槽料可能变得更加重要，因为越小的猪对逆境越敏感。

然而，尽管世界各国进行了大量研究，激发 3 周龄前的仔猪采食教槽料仍然如魔咒般一直困扰着研究者和生产者。Pluske 等(1995)分析了一些试验结果并得出两个结论：首先，断奶前教槽料(creep feed)的采食量变异很大，最好时大约占整个能量摄入的 17%，而最差时为 0。其次，更令人困惑的是，教槽料消耗量与断奶重之间的关系并不大，这表明教槽料可能是母乳的替代品而不是补充。Topis 等

(1999)的试验是这一观点的例证，他们在仔猪14日龄时引入教槽料，然后在24日龄断奶。结果没有补料的仔猪断奶重为6.9 kg；10 d采食91 g干饲料的仔猪，断奶重为6.5 kg；10 d采食374 g粥状饲料(料水比1∶2)的仔猪，断奶重为6.7 kg。因此，尽管猪采食了足够多的粥状饲料，通过计算应该使断奶重增加大约5%，而实际上并没有增加。Brown等(1999)也做了相似的试验。他们诱导12日龄的哺乳仔猪吃牛奶，经测定，在1周的试验期间，每头仔猪采食了332 g干物质，这一采食量应该足够使断奶重增加0.4 kg，然而，他们发现牛奶组的仔猪与19日龄断奶的对照组仔猪体重相当。

Reale(1987)首次证明，如果以液态形式给仔猪补料并且补料时间足够早，才可以促进哺乳仔猪生长。Reale给1周龄的哺乳仔猪补喂牛奶，到4周龄断奶时，这些仔猪重9.6 kg，比未补饲牛奶的猪多长1.8 kg(体重增加24%)。Dunshea等(1997b)的研究也得到了相似的结果，他给10日龄的仔猪补喂牛奶，到20日龄断奶时，发现生长速度提高了10%。

如上所述，通过补喂牛奶能否成功地促进哺乳仔猪的生长可能取决于补充牛奶时仔猪的日龄。例如，Armstrong和Clawson(1980)给3周龄哺乳仔猪补喂牛奶，未能促进生长，这说明仔猪可能已太习惯吮乳行为而很难通过其他方式增加牛奶摄入量。

增加断奶重的另一个途径是将同窝仔猪分批断奶，在20日龄左右时，先将一些较大的猪断奶，剩下来较小的猪多哺乳1周以保证它们吃到更多的奶。一些学者研究表明，留下来推迟断奶的小猪比对照组那些不得不与同窝较大猪争奶吃的猪长得快(Cox等，1983；Edward等，1985；English等，1987；Pluske和Willianms，1996)。例如，Pluske和williams(1996)在仔猪22日龄时采用分期断奶，结果表明，较小的仔猪在随后的1周内生长速度增加了60%。到29日龄断奶时，采取分期断奶的小体重猪比整窝一起断奶的猪重15%。这种生长促进作用是由于仔猪多吃了50%的奶而实现的，因为仔猪已学会吮吸母猪的多个乳头并在干奶的过程中还会持续吮吸。给母猪更好的营养(见R. H. King和J. R. Pluske的第3章)或注射胰岛素(McCauley等，1999)可增加母猪产奶量，从而让每头仔猪吃到更多的奶从而促进其生长。

总之，哺乳期间补料可以增加断奶重，但必须在很早就开始补并且以液态形式补料。如果增加母猪泌乳量，那么断奶重可能更大。以干日粮的形式较早补料似乎无效，干日粮补料只对较迟断奶的仔猪，比如4或5周断奶时才有一定的价值。

给仔猪补料有多种原因而不仅仅是为了增加断奶重。有人提出，让哺乳仔猪接触干饲料是为了使仔猪学会如何从料槽中摄取干饲料，如何喝水，使仔猪的消化道习惯于干饲料，促进相关消化酶的分泌，并为仔猪能更好地抵抗植物饲料中的潜在过敏原做准备。能够证明补充教槽料可以产生以上任何一种好处的证据还很少。Pluske 等(1995)认为断奶后的增重与哺乳期间教槽料的采食量有一定的关系但不显著。他们对补充教槽料，尤其是早期断奶仔猪补充教槽料的意义提出了疑问，但他们认为补充教槽料对于 3 周龄以后断奶的仔猪仍然有一定的意义。如果能让仔猪在哺乳期采食适量的教槽料，断奶后将产生可观的效益。Toplis 等(1999)让每头仔猪 24 日龄断奶前 10 d 采食 374 g 的粥状饲料，虽然这样做没有增加断奶重，但能促进断奶后的生产性能。饲喂粥状饲料的仔猪在断奶后第 1 周的生长速度比没有吃饲料的仔猪快 150%(49 g/d 对 125 g/d)，第 5 周快 30%(317 g/d对 416 g/d)。

2.7 通过人为措施增加断奶重能否加速后期的生长?

通过人为措施增加仔猪断奶重的概念是：这些猪与本来较重的仔猪一样会比那些在哺乳期间未采取人为措施的仔猪长得快。换言之，在哺乳期间额外补充的营养能不能将仔猪的生长曲线从低处提升到高处？生长是由遗传决定的，如果加速生长的采食量也是由遗传决定的，那么短期的超正常水平的营养摄入可能无法长期影响下丘脑摄食中枢。如果这一推论是正确的，那么任何通过增加体重带来生长加速的期望最多能维持不变，而较坏的估计是随着时间而消失。

试图增加断奶重的尝试很多，而测定长期效益的试验相对较少。通过给哺乳仔猪提供干的教槽料来促进仔猪生长的做法大多数没有成功，而通过分期断奶增加每头仔猪的吮乳量或者直接补充牛乳来增加断奶重的效果则基本一致。

Pluske 和 Williams(1996)在仔猪 3 周龄时用分期断奶的方法促进了较小仔猪的生长。这些猪与那些整窝断奶的对照猪相比长得更快，当 4 周龄断奶时其体重比对照猪重 1 kg(7.7 kg 对 6.7 kg)。然而到第 9 周龄时，这种体重上的差异已完全消失(19.3 kg 对 19.3 kg)。Edwards 等(1985)通过分期断奶的方法获得了 0.4 kg的体重差异，然而断奶后体重较重的猪和较轻的猪在生长速度上没有区别。Wolter 等(2002)通过补奶促进 3 日龄仔猪生长，到 3 周龄时补奶的仔猪比未补奶仔猪重 0.9 kg(6.6 kg 对 5.7 kg)。这一体重的增加并没有带来断奶后体重的显著增加，从断奶至 110 kg，补奶的猪和未补奶的猪生长速度几乎一样(827 g/d 对 820 g/d)。与此相反，Dunshea 等(1997a)发现哺乳期间生长速度的增加可以获得长期的效益。他们给 10 日龄的仔猪喂脱脂乳使仔猪断奶时多增重了 0.7 kg (7.3 kg 对 6.6 kg)，这种断奶增重的效应在第 42 日龄(14.7 kg 对 12.2 kg)和第 120 日龄(64.5 kg 对 60.6 kg)时仍然能体现出来。

Dunshea 等(1997)的数据是否说明补料可以使仔猪达到更高的生长曲线？答案并不确定。但最近 Wolter 等(2002)的数据有助于回答这一问题。他们设计了一个完美的绝无仅有的试验来研究断奶重对断奶后生长的影响。他们试图像测定生长曲线一样来测定断奶重的重要性，而不是把断奶重仅仅当成先前所摄食营养的结果。Wolter 等(2002)将刚出生的仔猪分成较轻的和较重的两组，而另两组猪体重一致，但在 3 日龄时，其中一组补饲牛奶，另一组不补饲(表 2.1)。结果表明，在 20 日龄断奶时，初生重较重猪的体重比初生重较轻的猪多 0.9 kg。初生重相同的两组猪也产生了同样的体重差异，补饲牛奶猪的断奶重比没有补饲牛奶的猪多 0.9 kg。那些初生重占优势、断奶时较重的猪，断奶后比较轻的对照猪吃得更多因而长得更快(7%)。与之相反，那些因为在哺乳期间补饲了牛奶的断奶重较大的猪，断奶后没能维持其体重上的优势，与较轻的对照猪采食量差不多。因而，Wolter 等(2002)得出结论：给仔猪补饲代乳料似乎并不是提高断奶后生产性能的有效方法。

表 2.1 初生重、断奶重和在哺乳期间补充牛奶对仔猪采食量和生长速度的影响(Wolter 等，2002)

组别	较重组	较轻组	补牛奶组	不补牛奶组
初生和断奶体重(kg)				
初生重	1.83	1.38	1.58	1.58
20 日龄断奶重	6.6	5.7	6.6	5.7
断奶至 110 kg 的生产性能(g/d)				
采食量	1 866	1 783	1 841	1 808
生长速度	851	796	827	820

但 Dunshea 等(1997a)的工作仍然很有意义。出现这种现象的可能解释是，牛乳的补饲使仔猪表现出了补偿生长，这是下一小节中将要讨论的主题。

2.8 猪会补偿生长吗?

补偿生长(compensatory or catch-up growth)是动物在经过一段时间营养应激后，自由采食(*ad libitum*)时的生长表现，这种生长比动物在相同体重、相同环境下由相同遗传因素决定的正常生长更快(Hogg，1991)。最初对补偿生长感兴趣，是因为世界上大多数温带气候地区，放牧动物在一年中的特定季节有非常充足的食物，而在其他季节食物又非常缺乏。这导致动物在特定季节生长非常快，而其他季节表现为失重。

动物在经受一段时间的限食后是否表现出补偿生长取决于几个因素，限食的程度、动物对限食的耐受力以及动物受到限食时所处的生长阶段。动物越小，似乎越不容易表现出补偿生长。例如，3 月龄以内的羊(Ryan，1990)和 4 月龄以内的牛(Morgan，1972)就不会表现补偿生长。猪可能有所不同。McCance(1960)将仔猪在 10 日龄断奶并严格限制它们的采食量，使其在一年内仅增重了 2 kg。当让这些猪恢复自由采食以后，它们以较快的速度生长，根据 Widdowson 和 Lister(1991)报道，尽管对仔猪限饲时日龄很小，但表现出了补偿生长的迹象。

虽然许多文献对补偿生长进行了详尽的综述(见 O'Donovan,1984;Ryan,1990;Hogg,1991;Lawrence 和 Fowler,1997 的综述),但补偿生长的根本机制仍不十分清楚。关于补偿生长,较一致的观察结果是动物在恢复初期的生长效率更高,并且这可能伴随着比正常水平高得多的采食量。一般的解释是,增加的生长效率涉及体重的变化,也可能还涉及内部器官如肝脏、肾脏和消化道代谢活动的变化。发育良好的动物,其内脏器官一般占体重的 10%~15%,而其绝食代谢产热却很高,占整个动物绝食代谢产热的 40%(Koong 等,1983)。如果营养限制了这些器官的生长和代谢速度,动物能量沉积和器官的活动都会减少。恢复采食以后,这些器官开始生长并且代谢速度增加,同时多余的能量被动物沉积到体组织之中。

集约化饲养的猪与放牧动物的情况有很大不同,它们很少缺乏食物或某种营养素,只有在生长早期也就是断奶前后才可能缺乏。断奶时仔猪的应激常常会使它们的采食量降到很低,以至于不生长或负生长,这样就可能在后期产生补偿生长的现象。相对于能量含量来说,母猪乳汁中的蛋白质含量是不够的,不足以提供仔猪最大肌肉生长所需要的蛋白质(Campbell 和 Dunkin,1982;Williams,1995)。10 日龄以后的哺乳仔猪,其潜在的乳汁摄入量已经开始超过母猪的泌乳量,因此仔猪的生长速度开始比潜在的生长速度慢(Harell 等,1993)。因此蛋白质相对缺乏与乳汁摄入量的不足一起限制了仔猪生长潜力的发挥,从而出现另一种情况即可能产生补偿生长。一些学者已证明了仔猪的补偿生长,但最具有说服力的是 Campbell 和 Dunkin(1983a,b 和 c)的研究,他们的试验非常清楚地证明,如果猪很小时就被人为剥夺蛋白质或能量来源或两者都不提供,然后只要给予适当的采食量就会出现补偿生长。

上一节曾提到过 Dunshea 等(1997a)的试验,他们给 10 日龄仔猪补饲脱脂乳,断奶时补饲仔猪多增重了 0.7 kg,并且这种多增重到 60 kg 体重时仍然是明显的。难道牛乳补饲使仔猪发生了补偿生长并回复到了正常的生长曲线?因为猪乳不能满足最大瘦肉增重所需要的蛋白质,那么高蛋白含量的脱脂乳就是对猪乳极好的补充。

2.9 断奶第 1 周增重的重要性

保证仔猪断奶后能从吃液态的母乳顺利地过渡到吃固体饲料,将断奶对生长的影响降低到最小程度是养猪生产者的目标。Pluske 等(1995)的计算证明,断奶后第 1 周的生长速度对断奶后直到出栏猪生长速度的重要性。他们分析了 Pollman(1993)的数据,结果表明,如果猪断奶后第 1 周的体重维持不变,需要178 d 达到屠宰重;而如果第 1 周能获得 115 g/d 或更高的生长速度,那么只需163 d 达到屠宰重,减少了 15 d。这意味着,断奶后第 1 周 0.9 kg 的体重差异,到屠宰时变成了 12 kg。与之相似,Tokach 等(1992)的研究也表明,与不增重的猪相比，断奶后第 1 周日增重 225 g/d 的猪在第 1 周末时体重差异仅为 1.6 kg，到 156 日龄屠宰时体重差异达 8 kg。

2.10 最大限度降低断奶对生长的抑制

断奶造成生长抑制的程度和持续的时间有很大的变异性。Pluske 等(1995)总结得出，断奶仔猪通常需要 2 周甚至 3 周时间恢复其能量摄入量，重新达到断奶前的生长速度，更不用说达到其生长潜力了。是否能将生长抑制的程度降到最低(minimising the growth check)取决于仔猪的采食量。据 Fowler 和 Gill(1889)计算，如果 21 日龄断奶仔猪生长速度为 280 g/d，即与哺乳期间的生长速度相似，那么每天需要摄入 7.8 MJ 的消化能。因此，消化能为 15.5 MJ 的教槽料需要摄入 500 g，这么高的采食量在试验条件下从未发现，在商业生产中就更难。

Campbell(1989)认为，断奶仔猪的营养实践与其说是科学还不如说是艺术。他还提出，一种日粮配方，即使在试验条件下非常成功并具有很好的重复性，在商业生产条件下也不一定能经得起考验。这种看法朴素地反应了影响断奶仔猪的因素之多，但基本的营养原则仍然应受到重视。使用高浓度、高消化性饲料才能获得高采食量，进而最大限度地减小消化障碍、增加猪的生长速度。总的来说，开食料要求能够缓解从母乳(高脂肪、高乳糖)过渡到以植物原料为基础的饲料所带来的不良影响，这些植物原料脂肪含量低，并且含有较高的非淀粉多糖。开食料通常需含有高品质的动物乳制品和(或)从血液中分离的产品。这对于越早断奶的猪越重要，Dunshea 等(2002a)的研究数据很好地证明了这一点。他们给仔猪补饲含有小麦(55%)、羽扇豆(5%)、豆粕(5%)、肉粉(6.6%)、鱼粉(8.3%)、脱脂乳(2%)、血粉(2.6%)和乳清粉(10%)的日粮，分别在 14 日龄和 24 日龄断奶。结果发现，24 日龄断奶猪比 14 日龄断奶猪对这种饲料的适应性要强得多(表 2.2)，前者断奶后第 1 周增重了，而后者第 1 周失重了。

表 2.2 断奶日龄对断奶后生长速度(g/d)的影响(Dunshea 等，2002a)

断奶后天数	断奶日龄	
	14	24
0～7	−16	162
7～14	187	340
14～21	333	460

20 世纪 70 年代，人们普遍认为断奶最合适的时间应该在 3～5 周龄。但到 80 年代发生了变化，由于两个发现，早期断奶引起了人们极大的兴趣，第一个发现是，人们认识到母乳从 10 日龄时就开始限制仔猪的生长，到 3 周龄时这种限制已足以

降低仔猪的生长速度。第二个发现是，仔猪在2周龄时疾病已相对较少，仔猪与母猪在一起的时间越长，越容易感染疾病。因此早期断奶被认为是减少和控制疾病的一种措施，并且克服了母乳限制生长的问题。

成功的早期断奶需要专门的日粮才能将生长阻滞降低到最小。20世纪90年代初，美国Kansas州立大学就开始了日粮设计方案的研究，以使早期断奶的仔猪更顺利地从母乳过渡到固体饲料(见M.D.Tokach等所著本书第11章)。仔猪一断奶就饲喂乳制品和动物血浆蛋白是该方案的基础。在北美，许多试验研究了来自于猪血尤其是猪血浆的产品，在断奶仔猪饲料中似乎是非用不可的。日粮中6%的含量可以促进仔猪的采食量，在肠道疾病流行的情况下尤其如此(Coffey和Cormwell，2001)。猪血浆制品中的免疫球蛋白是这种现象最最普遍的解释，并且推测来源于猪血浆中的免疫球蛋白可能比从牛奶中获得的免疫球蛋白更有效。但由于对饲喂同源动物蛋白涉及的伦理问题和安全问题的关注，人们正在寻找其他来源的免疫球蛋白。

来源于牛的产品对促进断奶仔猪的采食量和生长也是有效的。Pluske等(1999)发现，在4周龄断奶的仔猪日粮中添加5%的喷雾干燥牛初乳粉，断奶后第1周的采食量增加了12%，如果将用量提高到10%，采食量增加了25%。额外增加的采食量分别使生长速度提高了40%和80%，采食喷雾干燥牛初乳粉最多的猪在断奶后第1周每天多长了200 g，这个生长速度相当令人满意。King等(2001)发现，在断奶后第1周的日粮中添加6%的牛初乳使采食量提高了25%，但喷雾干燥牛血浆蛋白粉对采食量的促进很少或者不显著。Dunshea等(2002b)比较了一些含免疫球蛋白的动物产品的作用，但他们没有采用商业来源的喷雾干燥产品，而是采用冻干的方法以保存产品中免疫球蛋白的活力。他们比较了猪和牛的血浆蛋白粉、牛的初乳粉和商品生产的脱脂奶粉的效果，结果发现，不同来源的免疫球蛋白对14日龄断奶猪生产性能影响的差异相当小。但他们强调他们的研究是在“清洁”的环境中进行的。

毋庸置疑，高质量的动物蛋白是促进早期断奶仔猪生长的上好原料，而哪怕很少的植物蛋白都会降低生产性能(Dunshea等，2002b；Liu等，2001)。

随着技术的进步，液体饲喂系统已成为一种可行的商业选择，正因为如此，人们逐渐对用液态乳品促进采食量和生长有了兴趣。Pluske等(1996a)研究证明，在采食量相同的情况下，与用脱脂奶粉和鱼粉配制的干日粮相比，新鲜羊奶能更好地维持肠绒毛的高度。他们还发现，鲜牛奶也能维持绒毛高度，并且采食的鲜奶越多，肠绒毛高度维持得越好，也就是说绒毛萎缩越轻(Pluske等，1996b)。维持断奶猪正常的肠道结构是决定高采食量和良好生长的先决条件，对于2～3周龄早期断奶的仔猪更是如此。因此饲喂液态奶或代乳品可能是减少断奶后生长阻滞的最好办法。Heo等(1999)通过饲喂液态的代乳品也消除了断奶后的生长阻滞，14日龄猪断奶后7 d内获得了470 g/d的生长速度。这个试验中猪舍的温度控制在24 ℃，如果温度降低到17 ℃，即猪可能处于冷应激状态，生长速度降低到340 g/d；如果温度提高到32 ℃，即猪可能处于热应激状态，生长速度则降到 360 g/d。Kim 等(2001)也曾报道，给 11 d 断奶的小仔猪饲喂以乳清蛋白(70%)、猪油(12%)和血浆蛋白(5%)为基础的日粮，以液态形式饲喂比以干颗粒饲喂的生长速度高很多。在断奶后的 14 d 内，饲喂液态饲料的猪生长速度为 380 g/d，而饲喂干饲料的猪生长速度只有 260 g/d。

2.11 减少断奶生长抑制能否具有长期效应?

减少断奶期间的生长阻滞显然具有短期的效益，如加快断奶栏位的周转率、减少残亡率和淘汰率等，但很少有人定量研究其对生长的长期效益。Dunshea 等(1997a)发现，给 20 日龄断奶的猪用脱脂奶粉饲喂 1 周，其体重比饲喂传统干教槽料增加 0.6 kg，而到 120 日龄时这一差异增加到 3 kg(59 kg 对 62 kg)。Pluske 等(1999)给 4 周龄断奶的猪喂喷雾干燥牛初乳粉 14 d，结果体重增长的优势是 1.1 kg。这种生长差异在 83 kg 屠宰时仍然是显著的。Kim 等(2001)给断奶仔猪饲喂一种液态的代母乳日粮 14 d，与饲喂干日粮的猪相比，体重多增长 1.6 kg。这一差异到 150 日龄体重达到大约 110 kg 时扩大到 3.3 kg。从以上这些为数不多的报道中似乎可以看出，断奶后立即用高品质的动物蛋白促进生长对生长肥育阶段猪的生长具有较小但有效的作用。

有些人认为促进断奶后的生长并减少断奶阻滞没有必要，因为猪将表现出补偿生长并赶上那些没有受到断奶阻滞影响的猪。Whang 等(2000)发表了这一观点，他们比较了含高质量动物产品(脱脂奶粉、乳清粉和血浆蛋白粉)的教槽料和传统的以玉米、豆粕为基础含有少量鱼粉的教槽料对断奶后 7 d 仔猪体重、体蛋白和体脂的影响，结果发现，饲喂动物蛋白日粮的猪日增重为 175 g/d，而饲喂玉米-豆粕日粮的猪日增重为−38 g/d，这使得断奶后 7 d 体重出现了 1.5 kg 的差异。动物蛋白使猪增长了大量的体蛋白并且降低了体脂的丢失，而饲喂植物蛋白的猪仅能维持体蛋白，并且体脂大量丢失(表2.3)。但 Whang 等(2000)还发现，虽然在断奶后 1 周内饲喂传统饲料与饲喂动物蛋白饲料的猪相比，猪的生长产生了较大差异，但是到 152 日龄时，体蛋白已补偿生长到二者相当的水平(15.4 kg 对 15.1 kg)，但体脂并未完全得到补偿生长(25.5 kg 对 28.1 kg)，所以较瘦。如果体蛋白在断奶后 1 周内减少，而不仅仅是维持不变，那么我们感兴趣的是，后期是否也能得到完全补偿生长。小猪，尤其是断奶小猪具有保护体蛋白的现象，当营养缺乏时它会优先代谢脂肪。Whittemore 等(1978)研究发现，断奶 1 周内仔猪的体重每天减少了 6 g，并不算太大，但体脂的减少却很大(46 g/d)，而体蛋白(4 g/d)和水分(36 g/d)反而增加。他们提出，小猪的生长速度必须达到 200 g/d 以上，才有可能沉积体脂肪(accumulate body fat)。让猪出现补偿生长可能是降低饲料成本和增加生长效率的方法。

表 2.3 断奶后 7 d 仔猪体重、体蛋白和体脂(g/d)的变化(Whang 等,2000)

日粮类型	体重	体蛋白	体脂
动物蛋白基础日粮	175	30	−7
玉米-豆粕基础日粮	−38	5	−30

2.12 小　结

研究认为,生长以及生长的原动力-采食量是有固定规律的,那么初生重较大的猪,断奶重也较大,达到体成熟时的体重也更大。由此推论,体重大的动物在任何生长阶段都比体重小的动物生长快。因此,断奶重大的猪将比断奶重小的猪生长更快。那么只要断奶时体重存在差异,在断奶后这种差异就会被放大。但从大多数促进仔猪在哺乳期间加速生长以达到更大的断奶重的试验结果来看,断奶后是否也能获得更快的生长速度,结果并不一致。

就像由遗传规律决定的断奶重一样,断奶后第 1 周的生长速度对后期生长很重要,断奶后第 1 周生长越快,猪达到上市体重的速度也越快。通过给小猪饲喂以动物蛋白为基础的优质饲料,我们可以将断奶后第 1 周的生长抑制降至最低。这就避免了通过正常的补偿生长机制使动物赶上并达到正常生长曲线的必要性。

参考文献

Armstrong, W.D. and A.J. Clawson, 1980. Nutrition and management of early weaned pigs: effects of increased nutrient concentrations and/or supplemental liquid feeding. Journal of Animal Science 50, 377-384.

Black, J.L., 1995. Modelling energy metabolism in the pig - critical evaluation of a simple reference model. In: P.J. Moughan, M.W.A. Verstegen, and M.I. Visser-Reneveld (editors), Modelling Growth in the Pig. EAAP Publication No. 78. Wageningen Pers, Wageningen, The Netherlands, pp. 87-102.

Brown, L.J., G.L. Krebs and B.P. Mullan, 1999. Feeding of liquid milk supplements to pigs pre- and post-weaning improves live weight gain. In: P.D. Cranwell (editor), Manipulating Pig Production VII. Australasian Pig Science Association, Werribee, Victoria, pp. 273.

Campbell, R.G., 1989. The nutritional management of weaner pigs. In: J.L. Barnett and D.P. Hennesy (editors), Manipulating Pig Production II. Australasian Pig Science Association: Werribee, pp. 170-175.

Campbell, R.G. and A.C. Dunkin, 1982. The effect of birth weight on the estimated milk intake, growth and body composition of sow-reared piglets. Animal Production 335, 193-197.

Campbell, R.G. and A.C. Dunkin, 1983a. The influence of nutrition early in life on growth and development of the pig. 1. The effects of protein nutrition prior to and subsequent to 6.5 kg on growth and development to 45 kg. Animal Production 36, 415-423.

Campbell, R.G. and A.C. Dunkin, 1983b. The influence of nutrition early in life on growth and development of the pig. 2.Effects of rearing method and feeding level on growth and development to 75 kg. Animal Production 36, 425-434.

Campbell, R.G. and A.C. Dunkin, 1983c. The influence of nutrition early in life on growth and development of the pig. 3. The effects of energy intake prior and subsequent to 10 kg on growth and development to 30 kg live weight. Animal Production 36, 435-443.

Close, W.H. and M.W. Stanier, 1984. Effects of plane of nutrition and environmental temperature on the growth and development of the early-weaned piglet. Animal Production 38, 221-231.

Coffey, R.D., and G.L. Cromwell, 2001. Use of spray-dried animal plasma in diets for weanling pigs. Pig News and Information 22, 39N-48N.

Cox, N.M., J.H. Britt, W.D. Armstrong and H.D. Alhusen, 1983. The effect of feeding fat and altering weaning schedule on rebreeding in primiparous sows. Journal of Animal Science 56, 21-29.

Cranwell, P.D., I. Tarvid, L. Ma, D.T. Harrison and R.G. Campbell, 1995. Gut development from 4 to 23 weeks of age. In: D.P. Hennessy and P.D. Cranwell (editors), Manipulating Pig Production V. Australasian Pig Science Association: Werribee, pp. 174.

Dunshea, F.R., P.J. Eason, D.J. Kerton, L. Morrish, M.L. Cox and R.H. King, 1997a. Supplemental milk around weaning can increase live weight at slaughter. In: P.D. Cranwell (editor), Manipulating Pig Production VI. Australasian Pig Science Association: Werribee, pp. 68.

Dunshea, F.R., P.J. Eason, D.J. Kerton, L. Morrish, M.L. Cox and R.H. King, 1997b. Supplemental milk during lactation can increase weaning weight. In: P.D. Cranwell (editor), Manipulating Pig Production VI. Australasian Pig Science Association: Werribee, pp. 69.

Dunshea, F.R., D.K. Kerton, P.D. Cranwell, R.G. Campbell, B.P. Mullan, R.H. King and J.R. Pluske, 2002a. Interactions between weaning age, weaning weight, sex and enzyme supplementation on growth performance of pigs. Australian Journal of Agricultural Research 53, 939-945.

Dunshea, F.R., D.K. Kerton, P.J. Eason, J.R. Pluske and T. Moyes, 2002b. Diets containing high-quality animal proteins increase the growth of early weaned pigs. Australian Journal of Agricultural Research 53, 779-784.

Dunshea, F.R., D.K. Kerton, P.D. Cranwell, R.G. Campbell, B.P. Mullan, R.H. King, G.N. Power and J.R. Pluske, 2003. Lifetime and post-weaning determinants of performance indices of pigs. Australian Journal of Agricultural Research (accepted for publication).

Edwards, S.A., M.A. Brade, C.M. Shephard, P.H. Simmins and J.E. Riley, 1985. Effects of fractionated weaning on sow productivity and piglet performance. Animal Production 40, 540.

English, P.R., P.R. Bampton, O. McPherson, M. Birnie, L.J. Bark and G.R. Foxcroft, 1987. Partial weaning. The growth of smaller piglets remaining on the sow following the earlier weaning of larger littermates, relative to equivalent piglets in control litters. Animal Production 44, 465.

Fowler, V.R. and B.P. Gill, 1989. Voluntary food intake of the young pig. In: J.M. Forbes and T.L.J. Lawrence (editors), The Voluntary Food Intake of Pigs. Occasional Publication No. 13. British Society of Animal Production, pp. 51-60.

Harrell, R.J., M.J. Thomas and R.D. Boyd, 1993. Limitations of sow milk yield on baby pig growth. In: Proceedings of the 1993 Cornell Nutrition Conference for Feed Manufacturers. New York State College of Agriculture and Life Sciences, Cornell University, Ithaca, pp. 156-164.

Heo, K.N., J. Odle, W. Oliver, J.H. Kim, I.K. Han and E. Jones, 1999. Effects of milk replacer and ambient temperature on growth performance of 14-day-old early-weaned pigs. Asian-Australasian Journal of Animal Science 12, 908-913.

Hodge, R.M.W., 1974. Efficiency of food conversion and body composition of the preruminant lamb and the young pig. British Journal of Nutrition 32, 113-126.

Hogg, B.W., 1991. Compensatory growth in ruminants. In: A.M. Pearson and T.D. Dutson (editors), Growth Regulation in Farm Animals. Advances in Meat Research 7. Elsevier Applied Science, London and New York, pp. 104.

Kim, J.H., K.N. Heo, J. Odle, I.K. Han and R.J. Harrell, 2001. Liquid diets accelerate the growth of early-weaned pigs and the effects are maintained to market weight. Journal of Animal Science 79, 427-434.

King, M.R., P.C.H. Morel, E.A.C. James, W.H. Hendriks, J.R. Pluske, R. Skilton and G. Skilton, 2001. Inclusion of colostrum powder and bovine plasma in starter diets increases voluntary feed intake. In: P.D. Cranwell (editor), Manipulating Pig Production VIII. Australasian Pig Science Association: Werribee, pp. 213.

Koong, L.J., J.A. Nienaber and H.J. Mersmann, 1983. Effects of plane of nutrition on organ size and fasting heat production in genetically obese and lean pigs. Journal of Nutrition 113, 1626-1631.

Lawrence, T.L.J. and V.R. Fowler, 1997. Growth of Farm Animals. CAB International, Wallingford Oxon.

Lawlor, P.G., P.B. Lynch, P.J. Caffrey and J.V. O'Doherty, 2002. Effect of pre- and post-weaning management on subsequent pig performance to slaughter and carcass quality. Animal Science 75, 245-256.

Lucas, I.A.M. and G.A. Lodge, 1961. The Nutrition of the Young Pig - A Review. Commonwealth Agricultural Bureaux, Slough, UK.

Lui, H., L.H. Kim, K.J. Touchette, M.D. Newcomb and G.L. Allee, 2001. The effect of spray dried plasma, lactose and soybean protein sources on the performance of weaned pigs. Asian-Australasian Journal of Animal Science 14, 1290-1298.

Mahan, D.C. and A.J. Lepine, 1991. Effect of pig weaning weight and associated nursery feeding programs on subsequent performance to 105 kg body weight. Journal of Animal Science 69, 1370-1378.

Mavromichalis, I., T.M. Parr, V.M. Gabert and D.H. Baker, 2001. True ileal digestibility of amino acids in sow's milk for 17-day-old pigs. Journal of Animal Science 79, 707-713.

McBride, C., J.W. James and G.S. Wyeth, 1965. Social behaviour of domestic animals. VII. Variation in weaning weight in pigs. Animal Production 7, 67-74.

McCance, R.A., 1960. Severe undernutrition in growing and adult animals. 1. Production and general effects. British Journal of Nutrition 14, 59-73.

McCauley, I., E.A. Nugent, D.E. Bauman and F.R. Dunshea, 1999. Insulin infusion and high protein diets can increase sow milk yield and piglet growth. In: P.D. Cranwell (editor), Manipulating Pig Production VII. Australasian Pig Science Association: Werribee, pp. 175.

McConnell, J.C., J.C. Eargle and R.C. Waldorf, 1987. Effects of weaning weight, co-mingling, group size and room temperature on pig performance. Journal of Animal Science 65, 1202-1206.

McCracken, K.J. and D. Kelly, 1993. Development of digestive function and nutrition/disease interactions in the weaned pig. In: D. J. Farrell (editor), Recent Advances in Animal Nutrition in Australia 1993. Department of Biochemistry, Microbiology and nutrition, University of New England, Armidale, Australia, pp. 182-192.

Miller, H.M., P. Toplis and R.D. Slade, 1999. Weaning weight and daily live weight gain in the week after weaning predict piglet performance. In: P.D. Cranwell (editor), Manipulating Pig Production VII. Australasian Pig Science Association: Werribee, pp. 130.

Morgan, J.H.L., 1972. Effect of plane of nutrition in early life on subsequent live-weight gain, carcass and muscle characteristics, and eating quality of meat in cattle. Journal of Agricultural Science 78, 417-423.

O'Donovan, P.B., 1984. Compensatory growth in cattle and sheep. Nutrition Abstracts and Reviews (Series B) Livestock Feeds and Feeding 54, 389-410.

Pluske, J.R., G. Pearson, P.C.H. Morel, M.R. King, G. Skilton and R. Skilton, 1999. A bovine colostrum product in a weaner diet increases growth and reduces days to slaughter. In: P.D. Cranwell (editor), Manipulating Pig Production VII. Australasian Pig Science Association: Werribee, pp. 256.

Pluske, J.R., I.H. Williams and F.X. Aherne, 1995. Nutrition of the neonatal pig. In: M.A. Varley (editor), The Neonatal Pig Development and Survival. CAB International, Wallingford, Oxon., pp. 187-235.

Pluske, J.R. and I.H. Williams, 1996. Split weaning increases the growth of light piglets during lactation. Australian Journal of Agricultural Research 47, 513-523.

Pluske, J.R., I.H. Williams and F.X. Aherne, 1996a. Maintenance of villous height and crypt depth in piglets by providing continuous nutrition after weaning. Animal Science 62, 131-144.

Pluske, J.R., I.H. Williams and F.X. Aherne, 1996b. Villous height and crypt depth in piglets in response to increases in the intake of cow's milk after weaning. Animal Science 62, 145-158.

Pollmann, D.S., 1993. Effects of nursery feeding programs on subsequent grower-finisher pig performance. In: J. Martin (editor), Proceedings of the Fourteenth Western Nutrition Conference. University of Alberta, Edmonton, pp. 243-254.

Reale, T.A., 1987. Supplemental liquid diets and feed flavours for young pigs. Master of Agricultural Science thesis: University of Melbourne.

Ryan, W.J., 1990. Compensatory growth in cattle and sheep. Nutrition Abstracts and Reviews (Series B) Livestock Feeds and Feeding 60, 653-664.

Tokach, M.D., R.D. Goodband, J.L. Nelssen and D.R. Keesecker, 1992. Influence of weaning weight and growth during the first week postweaning on subsequent pig performance. In: Proceedings of the American Association of Swine Practitioners University of Minnesota, pp. 409.

Toplis, P., P.J. Blanchard and H.M. Miller, 1999. Creep feed offered as a gruel prior to weaning enhances performance of weaned piglets. In: P.D. Cranwell (editor), Manipulating Pig Production VII. Australasian Pig Science Association: Werribee, pp. 129.

Whang, K.Y., F.K. McKeith, S.W. Kim and R.A. Easter, 2000. Effect of starter feeding program on growth performance and gains of body components from weaning to market weight in swine. Journal of Animal Science 78, 2885-2895.

Whittemore, C.T. and D.M. Green, 2001. Growth of the young weaned pig. In: M.A. Varley and J. Wiseman (editors), The weaner pig: Nutrition and Management. CAB International, pp. 1-15.

Whittemore, C.T., A. Aumaitre and I.H. Williams, 1978. Growth and body composition in young weaned pigs. Journal of Agricultural Science (Cambridge) 91, 681-692.

Widdowson, E.M., and D. Lister, 1991. Nutritional control of growth. In: A.M. Pearson and T.D. Dutson (editors), Growth Regulation in Farm Animals. Advances in Meat Research 7. Elsevier Applied Science, London and New York, pp. 67-101.

Williams, I.H., 1976. Nutrition of the young pig in relation to body composition. PhD thesis, University of Melbourne.

Williams, I.H., 1995. Sow's milk as a major nutrient source before weaning. In: D.P. Hennessy and P.D. Cranwell (editors), Manipulating Pig production V. Australasian Pig Science Association: Werribee, pp. 107-113.

Wolter, B.F. and M. Ellis, 2001. The effects of weaning weight and rate of growth immediately after weaning on subsequent pig growth performance and carcass characteristics. Canadian Journal of Animal Science 81, 361-369.

Wolter, B.F., M. Ellis, B.P. Corrigan and J.M. DeBecker, 2002. The effect of birth weight and feeding of supplemental milk replacer to piglets during lactation on preweaning and postweaning growth performance and carcass characteristics. Journal of Animal Science 80, 301-308.

3 断奶前的营养管理

R. H. King* 和 *J. R. Pluske

3.1 前　言

世界上主要猪肉生产国在面对养猪业的巨大压力时，为了提高猪肉的生产效率，在过去的 20 年间都逐渐将平均断奶日龄提前。将断奶日龄提前到 18～24 d，这也是许多国家正在采用的方法，能提高生产效率。提早断奶能缩短母猪的窝间距，增加每年每头母猪的产仔数，降低母猪与仔猪间疾病传播的风险（早期隔离断奶），提高猪的生长速度和生产效率。由于未断奶仔猪受到母猪产奶量和奶成分的限制，不能够完全实现其生长潜能。因此，使仔猪与母猪早期隔离也有可能充分挖掘仔猪的生长潜力。

断奶是现代猪肉生产循环（production cycle）中最为关键的环节之一。断奶时，猪由于受到刺激会有一个应激和适应的过程。仔猪离开母亲，转群到其他同伴之间，进入到新的环境，而且要采食与哺乳期母乳完全不同的日粮。因此，猪在断奶后 7～14 d 通常会出现"生长抑制"的现象，特点是采食量较低且不稳定，生长速度差而波动性强，维持需要增加，对肠道病原菌的敏感性增加，发生断奶后大肠杆菌病的可能性升高。

现在人们已经认识到，断奶体重及初生重与猪的后期生长和体重状况有很强的正相关关系。猪场的重要生产目标之一就是让猪在断奶时体重达到最大，因为这会影响到生长育肥阶段的生长状况。与断奶时体重变化一样重要的还有保育期、生长期和育肥期的体重变化情况。窝产仔数越多，仔猪体重的变异就越大。尽量减小体重变异对于提高全进全出管理体系猪场设施的利用率是非常重要的，而且应当与提高哺乳期仔猪生长速度相配合。已有许多文章综述了母猪和仔猪相关性状对产奶量的影响（Hartmann 和 Holmes，1989；Pettigrew，1995；Williams，1995；Le Dividich，1999），在此不再赘述。为了能够使仔猪发挥最大的生长潜力，获得最大断奶体重，人们通常为哺乳仔猪提供一些额外的、与母乳中的有些成分相同的营养成分。除此之外，额外提供的营养成分还应该使仔猪的消化系统尽量适应断奶后的以谷物为基础的日粮。

本章主要讨论断奶前的一些可行的管理措施，使得仔猪的体重得以保障，或许可以使肠道系统的效率达到最大，从而将断奶时的应激对养猪生产体系造成的危害降至最低。

3.2 断奶体重对于后续生长的重要性

仔猪断奶时的体重是决定其日后生长性能的重要因素之一，这在本书第 1 章和第 14 章也有所阐述（Le Dividich 等，2003）。例如，Campbell（1990）研究表明，28 日龄断奶仔猪的断奶体重（W）与达到 20 kg 活重所需时间（T）之间存在强烈的负相关，如下：

$$T=52.1(\pm 1.69)-3.39(\pm 0.224)W(R^2=0.85, p<0.001)$$

基于上述公式，仔猪断奶重每增加 1 kg，它达到 20 kg 体重所需的时间就会提前 3 d。在其他一些用小猪所做的研究中（Dritz 等，1996；Miller 等，1999）也证实了这一关系。断奶时体重较大的猪，似乎一直可以将这种体重优势持续到屠宰（Mahan 和 Lepine，1991；Le Dividich 等，2003）。断奶重增加 1 kg，达到屠宰体重所需的时间最少可减少 10 d（Cole 和 Close，2001）。由于断奶体重与断奶后生长性能之间存在正相关，任何一种可以提高断奶体重的因素都可将屠宰时间提前。

有趣的是，商业试验和科研试验的数据都一致表明，仔猪断奶体重对日后的生长性能影响显著（总变异的 30%～60%，Slade 和 Miller，1999）。这表明在断奶前就存在着一个或多个对断奶体重和日后生长速度有着重要影响的因素，包括出生前及出生后的因素。Rooke 等（1998）报道称，出生后相关因素的影响是出生前影响（pre-natal effects）的 3 倍。由此所产生的问题是，猪体重变异现象的研究究竟应从哪里着手？有些作者（Bate，1991；Braastad，1998）已经证实了母猪子宫的状态对仔猪出生后的行为有影响。然而，使断奶体重最大化始终都应当作为养猪生产的一个目标，因为它与猪达到屠宰体重的日龄密切相关。

3.3 断奶前营养摄入

断奶前仔猪的营养需要在很大程度上依赖于母猪，仔猪在出生后的 24～36 h 内第一次摄入初乳后便开始有规律地摄入母乳直至断奶（Puske 和 Dong，1998）。在小肠产生免疫球蛋白之前摄入足够的初乳对于仔猪日后的生存和生长状况至关重要（Le Dividich 和 Noblet，1981；Varley，1992）。Coalson 和 Lecce（1971）认为，初生仔猪摄入 40～60 g 的初乳是非常必要的，这样可以保证正常的血浆免疫球蛋白浓度。给体质较弱的仔猪或者产后缺乳的仔猪饲喂初乳，是提高仔猪存活率的常用方法，这种方法也可以提高断奶重，减小断奶时体重的差异。换句话说，在出生后即分批断奶也许会使同一窝小猪有相同的机会获得初乳中的免疫球蛋白(Donovan 和 Dritz,1997)。很多研究都赞同这种观点,初乳对于肠道发育的作用,类似于能量对于新生仔猪体温调节、底物对于蛋白合成及被动的保护对于肠道病原的重要性。与此相关,上述功能对于哺乳仔猪和断奶仔猪的存活都是非常重要的。

3.3.1 在哺乳期饲喂教槽料

在影响仔猪断奶后生长和存活的诸多哺乳期因素中,人们将重点放到小猪的营养上。大量的研究都证实并阐述了哺乳期饲喂教槽料(即固态日粮)对仔猪断奶体重和断奶后生长性能的影响(例如,Pluske 等,1995)。这些研究大多基于这样一个假设,断奶前给仔猪饲喂教槽料会从行为及生理上使仔猪熟悉断奶时突然发生的变化。

给哺乳仔猪饲喂教槽料出于两个原因:一是教槽料会给哺乳仔猪提供其生长所需的一些营养素,增加断奶体重;二是为仔猪的消化系统做准备,以便断奶时能够消化复杂的碳水化合物(complex carbohydrates)和蛋白质,而这些是断奶后仔猪所需养分的唯一来源。但研究结果并不一致。比如 Chapple 等(1989)的研究就发现,与哺乳期及断奶后饲喂教槽料的仔猪相比,饲喂母乳的仔猪,其胰腺内淀粉分解酶活力(amylolytic activity)要高。与此相似,也有报道认为,胃蛋白酶和麦芽糖酶的活性与断奶体重及饲喂教槽料的时间无关(Lindemann 等,1986;de Passille 等,1989)。

3.3.2 干教槽料采食量

有人认为,给哺乳期仔猪饲喂干教槽料会改善其断奶前生长性能,这种说法是不可靠的。Pluske 等(1995)对大量文献资料的总结发现,仔猪的教槽料采食量有很大的变异,21～35 日龄的断奶仔猪,断奶前教槽料提供的能量摄入量的变异范围为 1.2%～17.4%。来源于文献的数据表明,哺乳期的干教槽料采食量通常都很低,且变异较大,不能够显著影响到断奶体重,3 周龄或者更小日龄断奶的仔猪更是如此。还有,在断奶后的短时间内,猪的生长速度通常与断奶前的教槽料采食量关系很小(Barnett 等,1989;Pajor 等,1991;Fraser 等,1994),这意味着饲喂教槽料与断奶后体重的因果关系还有待更多的研究。其中的两个原因是,同窝仔猪间教槽料采食量的变异很大,不同窝仔猪间也是如此。例如,Fraser 等(1994)的研究表明,仔猪在 28 日龄断奶时,即使干教槽料采食量存在很大的窝别差异,但断奶后 14 d 内教槽料采食量(及与此相关的行为)只占增重变异的 1%～4%。

然而有些养猪生产者,尤其是习惯于在 21 日龄后断奶的养猪生产者,虽然知道干教槽料对断奶前仔猪的生长贡献很小,他们却通常给哺乳仔猪饲喂高品质且昂贵的教槽料，以此使仔猪断奶后尽快适应营养单一的饲料。在有些欧洲国家，例如瑞典和丹麦，断奶日龄都在 28 d 或者更长。随着促生长抗生素和氧化锌等杀菌剂的禁用或者严格限量使用，断奶前给仔猪饲喂固体饲料的重要性又重新受到关注。这就利用了断奶前使用固体饲料的两个优势，增加断奶体重和调节胃肠道生理状态，尤其是微生物区系，使仔猪适应断奶后日粮。最近的很多研究，如 Toplis 等(1999)和 Blanchard 等(2000)的研究表明，将教槽料在断奶前以粘稠状饲喂仔猪，会提高其采食量。

3.3.3　液态日粮提高采食量

与提供干教槽料有许多不确定的试验结果相反，给未断奶的仔猪补饲液态日粮似乎会显著提高断奶前的生长速度及断奶体重(Reale，1987；Azain 等，1996)，也会改善断奶后的生长性能(见 Odle 和 Harrell，1998，综述)。Reale (1987)给 7～28 日龄的哺乳仔猪饲喂全脂牛奶，每天上午 10:00 开始，每隔 2 h 更换新鲜牛奶直到 23:00。与饲喂干教槽料相比，饲喂新鲜牛奶的仔猪，哺乳期第 4 周的生长速度每天增加 151 g(提高 71%)，在第 7 天到第 28 天，平均日增重增加 87 g，断奶体重增加了 1.8 kg。与此相似，King 等(1998)发现，从哺乳期第 5 天开始补饲液态牛奶的仔猪，28 日龄断奶时比没有补饲的仔猪体重增加 1.6 kg。除此之外，仔猪似乎也很喜欢牛奶，因为补饲牛奶后仔猪的母乳摄入量没有降低。

表 3.1 列出了一些给哺乳仔猪补饲液态乳日粮的研究结果。从该表可以看出，与补饲干教槽料相比，给哺乳仔猪补饲液态乳日粮，营养物质采食量明显提高，断奶前生长速度提高 11%～35%。这些结果表明，补饲额外的营养物质可提高断奶体重，补饲液态代乳料也会提高断奶体重。尽管断奶前生长速度已经提高到几乎 300 g/d，在 21～28 d 断奶之前如果采食更多的营养物质，仔猪仍存在着很大的生长潜力(Hodge，1974)。

不仅仅是断奶前采用液态代乳料，在断奶后立即给仔猪提供液态日粮，也会进一步减小生长抑制并改善仔猪的生长性能。Kim 等(2001)的研究表明，与故态饲料相比，给 14 日龄断奶仔猪饲喂液态开食料 14 d，28 日龄体重增加 1.62 kg。这种生长优势一直持续到出栏，并且饲喂固态饲料的猪没有补偿生长。但 Lawlor 等(2002)的研究结果恰恰相反，给断奶仔猪进行以液态饲喂为基础的各种日粮干预(dietary interventions)对断奶后增重没有正效应。

Dunshea 等(1997)在断奶前后给仔猪饲喂乳制品，试图以此减小断奶后的生长抑制。结果发现，同时饲喂液态代乳料和干饲料的仔猪，断奶后第 1 周增重 1.2 kg，只采食干料的仔猪仅增重 0.4 kg。在断奶前后 1 周给仔猪饲喂液态代乳料会有额外效应。与只哺乳且断奶后饲喂干饲料的仔猪相比，断奶前后 1 周饲喂液

表 3.1 哺乳期仔猪对液态代乳料的消耗及其生长状况

文献来源	饲喂持续时间(d)	哺乳期天数(d)	哺乳期每头仔猪平均采食量(g DM)	断奶前生长速度(g/d)	生长速度增加(%)
Azain 等(1996)					
冷季					
无代乳料	21	21	—	222	—
有代乳料	21	21	20.9	247	11
暖季					
无代乳料	21	21	—	166	—
有代乳料	21	21	66.2	224	35
King 等(1998)					
无代乳料	24	28	—	238	—
有代乳料	24	28	58.5	297	25
Dunshea 等(1997b)					
无代乳料	10	20	—	223	—
有代乳料	10	20	48.5	291	30
Campbell(1990)					
无代乳料	10	28	—	214	—
有代乳料	10	28	29.3	264	23
Pluske 等(1995)[1]	15.3	28.1	11.8	213.6	—

[1] Pluske 等(1995)的数据采用平均干物质采食量。

态代乳料的仔猪，120 日龄时体重高了 10%(Dunshea 等，1997)。这种改善很大程度上是由于在断奶后饲喂了液态代乳料，仔猪从中获得了更多的营养成分。液态饲料和饲喂系统(feeding system)会在断奶前后短期内明显地改善仔猪的生长性能。

3.3.4 新生仔猪性别对营养物质采食量的影响

King 等(1998)进行了一个有趣的观察，他们发现给断奶前仔猪补饲液态乳，小母猪总是比小公猪的长得快。这似乎与小母猪的采食量较大有关。其他相似的研究也发现，无论是补饲液态饲料(Dunshea 等，1997)还是干饲料(Bruininx 等，2001;Dunshea 等，2001)，在断奶后短时间内小母猪的生长速度都较高。

肯塔基大学对 58 项研究进行了回顾性分析，Cromwell 等(1996)指出，在断奶后最初几周的时间里，小母猪的生长速度较快。仔猪在这方面似乎存在着性别的差异(sexual dimorphism)，如果断奶前养分采食量高或者补充了一些养分，断奶后短时间内的生长差异似乎更加明显。

3.4 哺乳期补饲日粮的组成

在出生后的最初两三周时间里，仔猪的消化系统最适于消化乳糖、脂肪、乳蛋白、酪蛋白以及乳清(Pluske 和 Dong，1998)。消化淀粉、糖和非乳蛋白所必需的消化酶含量都很低。因此，干或液态教槽料必须要适口性好，浓度高，含有与哺乳仔猪消化系统相适宜的成分。

含蒸煮或压片谷物、植物油、各种乳制品和其他易消化饲料的教槽料，通常用于促进断奶前仔猪采食量以获得较大的断奶体重或使仔猪为断奶做好准备。Fraser 等(1994)将两种教槽料加以比较，一种是玉米-豆粕基础日粮，另一种是不含豆粕的更为复杂的商品教槽料，结果发现仔猪对商品教槽料的采食量较高，且在第 4 周断奶时体重比玉米-豆粕为主的教槽料高 0.3 kg。Fraser 等(1994)还发现，补饲教槽料仔猪的较快生长通常只表现在断奶前 1 周和断奶后 2 周这个短暂的时间里。其他有关 4 或 5 周龄断奶的研究都发现，使用教槽料对仔猪断奶后生长性能的影响很小(Okai 等，1976；Barnett 等，1989；Tokach 等，1990)。只有 English 等(1980)发现，断奶前补饲大量教槽料会显著影响断奶后生长性能。

有关教槽料中的抗原性化合物(antigenic compounds)，如日粮中的大豆球蛋白(glycinin)和 β-聚球蛋白(β-conglycinin)是一个有争议的问题。有些研究者提出这样一个假设，短期饲喂含有大豆粕和豆类等成分的教槽料且饲喂量较小时，日粮中的某些特定抗原可能会使仔猪的免疫系统致敏，断奶后再饲喂含有同种抗原的日粮时，会引起断奶仔猪的过敏反应。有些学者认为这也是断奶后腹泻的诱因(如 Miller 等，1984；Newby 等，1985)。本章不再详细阐述这个问题，但很多作者相继否认了这个假设。例如，Barnett 等(1989)测定了饲喂常规的玉米-豆粕-乳清粉教槽料对 4 周龄断奶仔猪断奶后免疫反应和生产性能的影响。结果发现，尽管教槽料会引起较大的免疫应答反应且会使腹泻的程度更严重些，但饲喂了含有豆粕的教槽料后，仔猪断奶前后的生长性能都未受到显著影响。同样地，Kellly 等(1990)给实验条件下感染致病性大肠杆菌的仔猪饲喂教槽料，没有发现腹泻病的流行和恶化。Sarimento 等(1990)报道，限制教槽料的饲喂并不会影响继发性腹泻病的传播，也不会导致小肠任何形态上的变化，形态学变化通常是小肠过敏反应的特征性变化。McCracken 等(1999)认为，大豆抗原对小肠结构和功能的任何影响都可能会对断奶后饥饿时期的仔猪产生作用。

Dreaù 和 Lallès(1999)、Bailey 等(2001)就这一问题进行了深入的研究。考虑到仔猪断奶后肠道结构和功能的不良反应,这些研究者在断奶日粮中先不加豆粕,两周后再添加,结果发现,如果日粮中始终含有大豆抗原,肠道形态学的变化和生产性能的变化是一致的(Dritz 等,1996)。因此尽管许多文献记载了大豆抗原会引起仔猪生理、免疫和形态上的变化,大豆粕仍然是商业仔猪日粮使用的饲料成分。

3.4.1 教槽料的日粮配方

有关 3～4 周龄前仔猪蛋白质和氨基酸需要量的数据很少 ARC(1981)。平均体重 4 kg、补饲液态奶的哺乳仔猪对赖氨酸的营养需要量为 0.87～0.95 g/MJ 总能(Williams,1976,Auldist 等,1997)。饲喂固体饲料的断奶仔猪的营养需要量数据也很少。NRC(1998)估测,3～5 kg 断奶仔猪的最低营养需要量为:DE,14.2 MJ/kg;CP,18.3 g/MJ DE;赖氨酸,1.06 g/MJ DE。ARC(1981)对从出生到 3 周龄断奶仔猪的营养需要量的推荐值为:CP,16 g/MJ DE;赖氨酸,1.12 g/MJ DE。

人们通常参考这些需要量的推荐值配制教槽料。但配制教槽料关键在于挑选适口性好和消化率高的能量蛋白饲料来提高采食量,而不是满足营养素的最低需要量。表 3.2 中(A. C. Edwards,个人交流)给出了一些适用于哺乳仔猪生长至 3～4 周的教槽料配方示例。

表 3.2 教槽料配方示例(g/kg 风干物质)[1]

断奶时间	2 周			3～4 周		
饲喂持续时间	2～4 周龄			3～6 周龄		
日粮	1	2	3	4	5	6
饲料组成						
小麦	390	—	—	592	—	—
去壳燕麦	—	464	—	—	616	—
膨化玉米	—	—	352	—	—	579
豆粕	30	—	35	80	80	80
糖	30	30	30	20	20	20
全脂大豆	60	40	119	45	45	79
肉骨粉	30	25	30	55	50	42
鱼粉	50	50	60	70	60	50
血粉	15	20	—	20	20	20
脱脂奶粉	200	200	200	—	—	—
乳清粉	150	150	150	100	100	100
植物油	38	15	20	10	—	—

续表 3.2

断奶时间	2 周			3～4 周		
饲喂持续时间	2～4 周龄			3～6 周龄		
磷酸氢钙	2	2	—	—	—	—
石粉	—	—	—	—	2	5
赖氨酸盐酸	0.5	0.6	0.2	2.6	2	1.9
DL-蛋氨酸	1.0	0.6	1.0	0.8	0.6	1.0
苏氨酸	0.7	0.8	0.4	1.0	0.9	0.4
色氨酸	0.2	0.2	0.2	0.2	0.1	0.1
矿物质/维生素预混料	2.0	2.0	2.0	2.0	2.0	2.0
食盐	—	—	—	1.0	1.0	2.0
养分含量						
消化能(MJ/kg)	16.0	16.1	16.1	15.3	15.6	15.6
粗蛋白	233	225	236	229	228	230
赖氨酸	15.9	16.1	16.2	15.0	15.3	15.3
蛋氨酸	5.5	5.1	5.8	4.8	4.6	4.9
苏氨酸	10.1	10.2	10.2	9.5	9.7	9.7
钙	9.4	9.1	9.1	9.2	9.4	9.1
磷	7.9	7.8	7.6	7.7	7.6	7.3

[1] 使用熟化的谷物和膨化的饲料可以提高消化率。另外，添加有机酸、酶和香味剂也可提高消化率、采食量和(或)改善仔猪健康。

3.4.2 在教槽料/开食料中使用调味剂

人们已经尝试在仔猪日粮，尤其是在断奶后第 1 周或第 2 周日粮中添加甜味剂和香味物质(aromatic compounds)以提高其采食量、断奶重及减小断奶后的生长抑制(Campbell，1976；Kornegay，1977)。Gatel 和 Guion(1990)发现，含有谷氨酸钠的日粮能显著提高教槽料的采食量，虽然增加的采食量还不足以提高断奶重。但 Clarke 和 Batterham(1989)发现教槽料采食量很低，即使添加谷氨酸钠也不会提高采食量。

Campbell(1976)发现，教槽料中添加饲料香味剂(feed flavor)并不能提高采食量及断奶重。但他也发现，给母猪和断奶仔猪日粮中添加香料会使仔猪的采食量增加，尤其是断奶后最初两周时间内效果比较明显。King(1979)随后也肯定了这一观点，同时发现采食添加香味剂日粮的母猪，其乳汁中可以检测到香味剂的存在。Madsen(1977)认为，同时在泌乳母猪和断奶仔猪日粮中添加相同的不可代谢的物质，对饲料的偏爱(feed preferences)可以从泌乳母猪传给仔猪。小猪生产中香味剂的正面效果似乎与这种可传递的喜好有关，这与母乳中残留的香味剂或母乳掩盖了教槽料难闻的气味有关，通过这种机制可以提高日粮的适口性。

3.4.3 教槽料的供给

促使仔猪采食教槽料的最关键因素是饲料的新鲜程度。每次提供的饲料不能太多,至少做到每天提供 1 次,这样既可保证饲料的新鲜度,而且新鲜的饲料可刺激仔猪天生的好奇心。这样便可以提高教槽料的采食量(Pajor 等,1991)。

由于仔猪在出生后最初 1 周内对干饲料提不起兴趣,通常在 1 周龄以上时提供教槽料。最开始,饲料应在产仔箱的地面或者浅盘中供给(English 等,1977)。当仔猪开始明显采食饲料后,就可以用 1 个供几头小猪同时采食的饲喂器了。Appleby 等(1991)发现,尽管每天给仔猪饲喂 3 次与饲喂一次的新鲜教槽料对采食量没有影响,但是在哺乳期的第 3 周到第 4 周增加饲喂频率(feeding spaces)会提高教槽料的采食量,多给仔猪饲喂几次,可使其尽快接触饲料,这样即使猪不采食,也可以让猪模仿采食行为(feeding behaviour),这种方法常用于养猪生产中猪采食行为的建立。

3.5 哺乳仔猪的饮水

人们通常认为猪对水的摄入是理所当然的,其实水是非常重要的一种营养素。尤其是对于哺乳仔猪,仔猪需要的水除了供给肌肉生长、排出废弃物外,还要补充蒸发、呼吸所损失掉的水。在多数情况下,仔猪从母乳中获得的水都可足以满足组织生长和补充蒸发的需求(Fraser 等,1993)。产仔箱中的仔猪一般都能得到水的供应,但 B. Jennings(个人交流)认为,在哺乳至断奶或断奶后的短期内不给仔猪喂水,仔猪的生长性能似乎并没有明显变化。处于温暖环境下饲喂不足或腹泻状态的仔猪,可利用水可能非常重要(Fraser 等,1993)。

3.6 结　论

断奶后最初几周被认为是养猪生产周期中最关键的一段时期,因为这段时间仔猪处于适应和应激状态,在仔猪断奶前或断奶前后,我们可以采取一些营养措施来缓解这种应激和生长抑制。断奶前营养供给充足可帮助仔猪的消化系统为消化复杂的碳水化合物和蛋白质做好准备,提高日增重和断奶体重。这些措施的效果似乎是不确定的,而且某种程度上依赖于断奶日龄。在仔猪断奶前或断奶后补充液态乳饲料会很大程度上提高断奶体重,缓解商业生产中断奶后的生长抑制现象。液态饲料和饲喂系统的开发,为仔猪做好断奶准备、显著提高生产性能提供了可能性。

参考文献

Agricultural Research Council, 1981. The Nutrient Requirements of Pigs. Commonwealth Agricultural Bureau, Slough, UK.

Appleby M.C., E.A. Pajor and D. Fraser, 1991. Effects of management options on creep feeding by piglets. Animal Production 53, 361-366.

Auldist, D.E., F.L. Stevenson, M.G. Kerr, P. Eason and R.H. King, 1997. Lysine requirements of pigs from 2 to 7kg live weight. Animal Science 65, 501-507.

Azain, M.J., T. Tomkins, J.S. Sowinski, R.A. Arentson and D.E. Jewell, 1996. Effect of supplemental pig milk replacer on litter performance: Seasonal variation in response. Journal of Animal Science 74, 2195-2202.

Bailey, M., M.A. Vega-Lopez, H.-J. Rothkötter, K. Haverson, P.W. Bland, B.G. Miller and C.R. Stokes, 2001. Enteric immunity and gut health. In: M.A. Varley and J. Wiseman (editors), The Weaner Pig Nutrition and Management. CABBI Publishing, Wallingford, UK, pp. 207-222.

Barnett, K.L., E.T. Kornegay, C.R. Risley, M.D. Lindemann and C.R. Schurig, 1989. Characterisation of creep feed consumption and its subsequent effects on immune response, scouring index and performance of weaning pigs. Journal of Animal Science 67, 2698-2708.

Bate, L.A., 1991. Modifications in the aggressive and ingestive behaviour of the neonatal piglet as a result of prenatal elevation of cortisol in the dam. Applied Animal Behavioural Science 30, 299-306.

Blanchard, P.J., P. Toplis, L. Taylor and H.M. Miller, 2000. Liquid diets fed prior to weaning enhance performance of weaned piglets. In: Proceedings of the British Society of Animal Science, p. 119.

Braastad, B.O., 1998. Effects of prenatal stress on behaviour of offspring of laboratory and farmed mammals. Applied Animal Behavioural Science 61, 159-180.

Bruininx, E.M.A.M., C.M.C. van der Peet-Schwering, J.W. Schrama, P.F.G. Vereijken, P.C. Vesseur, H. Everts, L.A. den Hartog and A.C. Beynen, 2001. Individually measured feed intake characteristics and growth performance of group-housed weanling pigs. Effects of sex, initial body weight and body weight distribution within groups. Journal of Animal Science 79, 301-308.

Campbell, R.G. 1976. A note on the use of a feed flavour to stimulate feed intake of weaner pigs. Animal Production 23, 417-419.

Campbell, R.G., 1990. The nutrition and management of pigs to 20 kg liveweight. In: Pig Rations: Assessment and Formulation, Proceedings of the Refresher Course for Veterinarians. 132. Post Graduate Committee in Veterinary Science, University of Sydney, pp 123-126.

Chapple, R.P., J.A. Cuaron and R.A. Easter, 1989. Effect of glucocorticoids and limited nursing on the carbohydrate digestive capacity and growth rate of piglets. Journal of Animal Science 67, 2956-2973.

Clarke, W.A. and E.S. Batterham, 1989. Monosodium glutamate as a flavour enhancer in creep-weaner diets for piglets. In: J.L. Barnett and D.P. Hennsessy (editors), Manipulating Pig Production. Australasian Pig Science Association: Werribee, p.184.

Coalson, J.A. and J.G. Lecce, 1973. Influence of nursing intervals on changes in serum protein (immunoglobulin) in neonatal pigs. Journal of Animal Science 36, 381-385.

Cole, D.J.A. and W.H. Close W.H., 2001. The modern pig setting performance targets. Animal Talk 8, 3.

Cromwell, G.J., R.D. Coffey, D.K. Aaron, M.D. Lindemann, J.L. Pierce, H.J. Monegue, V.M. Rupard, D.E. Cowen, M.B. Parido and T.M. Clayton, 1996. Differences in growth rate of weaning barrows and gilts. Journal of Animal Science 74 (Suppl. 1), 320.

de Passille, A.M.B., G. Pelletier, J. Menard and J. Morrisset, 1989. Relationships of weight gain and behavior to digestive organ weight and enzyme activities in piglets. Journal of Animal Science 67, 2921-2929.

Donovan, T.S. and S.S. Dritz, 1997. Effects of split nursing management on growth performance in nursing pigs. American Association of Swine Practitioners, 255-259.

Dréau, D. and J.P. Lallès, 1999. Contribution to the study of gut hypersensitivity reactions to soybean proteins in preruminant calves and early-weaned piglets. Livestock Production Science 60, 209-218.

Dritz, S.S., R.D. Goodband, M.D. Tokach and J.L. Nelssen, 19996. Nutrition programs for segregated early-weaned pigs. Compendium on Continuing Education for the Practicing Veterinarian 18 (Suppl.), S222-S234.

Dunshea, F.R., 2001. Sexual dimorphism in growth of sucking and growing pigs. Asian-Australasian Journal of Animal Science 14, 1610-1615.

Dunshea, F.R., P.J. Eason, D.J. Kerton, L. Morrish, M.L. Cox and R.H. King, 1997. Supplemental milk around weaning can increase live weight at 120 days of age. In: P.D. Cranwell (editor), Manipulating Pig Production VI. Australasian Pig Science Association: Werribee, p.68.

English, P.R., C.M. Robb and M.F.M. Dias, 1980. Evaluation of creep feeding using a highly-digestible diet for litters weaned at 4 weeks of age. Animal Production 30, 496 (Abstr.).

English, P.R., W.J. Smith and A. MacLean, 1977. The sow: improving her efficiency. Farming Press, Ipswich.

Fraser, D., J.F.Patience, P.A. Phillips and J.M. McLeese, 1993. Water for piglets and lactating sows: Quantity, quality and quandaries. In: D.J.A. Cole, W. Haresign and P.C. Gainsworthy (editors), Recent Developments in Pig Nutrition 2. Nottingham University Press, Loughborough, UK, pp.201-224.

Fraser, D., J.J.R. Feddes and E.A. Pajor, 1994. The relationship between creep feeding behaviour of piglets and adaptation to weaning. Effect of diet quality. Canadian Journal of Animal Science 74, 1-6.

Gatel, F. and P. Guion, 1990. Effect of monosodium L glutamate on diet palatability and piglet performance during suckling and weaning periods. Animal Production 50, 365-372.

Hartmann, P.E. and M.A. Holmes, 1989. Sow lactation. In: J.L. Barnett and D.P. Hennessy (editors), Manipulating Pig Production VI. Australasian Pig Science Association, Werribee, Victoria, pp. 72-97.

Hodge, R.W., 1974. Efficiency of food conversion and body composition of the pre-ruminant lamb and young pig. British Journal of Nutrition 32, 113-126.

Kim, J.H., K.N. Heo, J. Odle, I.K. Han and R.J. Harrell, 2001. Liquid diets accelerate the growth of easily weaned pigs and the effects are maintained to market weight. Journal of Animal Science 79, 427-434.

King, R.H., 1979. The effect of adding a feed flavour to diets of young pigs before and after weaning. Australian Journal of Experimental Agriculture and Husbandry 19, 695-697.

King, R.H., J.M. Boyce and F.R. Dunshea, 1998. The effect of supplemental nutrients on the growth performance of suckling pigs. Australian Journal of Agricultural Science. 49, 1-5.

Kornegay, E.T., 1977. Artificial sugar replacers whey intensifier, aromatic attractants for swine starter rations. Feedstuffs 49 (48), 24.

Kelly, D., J.J. O'Brien and K.J. McCracken, 1990. Effect of creep feeding on the incidence, duration and severity of post-weaning diarrhoea in pigs. Research in Veterinary Science 49, 223-228.

Lawlor, P.G., Lynch, P.B., Gardiner, G.E., Caffrey, P.J., O'Doherty, J.V., 2002. Effect of liquid feeding weaned pigs on growth performance to harvest. Journal of Animal Science 80, 1725-1735.

Le Dividich, J., 1999. Neonatal and weaner pig: Management to reduce variation. In: P.D. Cranwell (editor), Manipulating Pig Production VII. Australasian Pig Science Association, Werribee, Victoria, pp. 135-156.

Le Dividich, J. and J. Noblet, 1981. Colostrum intake and thermoregulation in the neonatal pig in relation to environmental temperature. Biology of the Neonate 40, 167-174.

Lindemann, M.D., S.G. Cornelius, S.M. El Kandelgy, R.L. Moser and J.E. Pettigrew, 1986. Effect of age, weaning and diet on digestive enzyme levels in the piglet. Journal of Animal Science 62, 1298-1307.

Madsen, F.C., 1977. Development of feed preference in young swine. Feedstuffs 49 (5), 25.

Mahan, D.C. and A.J. Lepine, 1991. Effect of pig weaning weight and associated nursery feeding programs on subsequent performance to 105 kilograms body weight. Journal of Animal Science 69, 1370-1378.

McCracken, B.A., M.E. Spurlock, M.A. Roos, F.A. Zuckerman and H.R. Gaskins, 1999. Weaning anorexia may contribute to local inflammation in the piglet small intestine. Journal of Nutrition 129, 613-619.

Miller, B.G., A.D. Phillips, T.J. Newby, C.R. Stokes and F.J. Bourne, 1984. Immune hypersensitivity and post-weaning diarrhoea in the pig. Proceedings of the Nutrition Society 43, 116A.

Miller, H.M., P. Toplis and R.D. Slade, 1999. Weaning weight and daily live weight gain in the week after weaning predict piglet performance. In: P.D. Cranwell (editor), Manipulating Pig Production VII. Australasian Pig Science Association, Werribee, Victoria, p. 130.

National Research Council. 1998. Nutrient Requirements of Swine. 10th Edition. National Academy Press, Washington, DC.

Newby, T.J., B.G. Miller, D,J. Hampson and F.J. Bourke, 1985. Local hypersensitivity response to dietary antigens in early weaned pigs. In: D.J.A. Cole and W. Haresign (editors), Recent Developments in Pig Nutrition. Butterworths, London.

Odle, J. and R.J. Harrell, 1998. Nutritional approaches for improving neonatal piglet performance: Is there a place for liquid diets in commercial production? A review. Asian-Australasian Journal of Animal Science 11, 774-780.

Okai, D.B., F.X. Aherne and R.T. Hardin, 1976. Effects of creep and starter composition on feed intake and performance of young pigs. Canadian Journal of Animal Science 56, 573-586.

Pajor, E.A., D. Fraser and D.L. Kramer, 1991. Individual variation in the consumption of solid food by suckling pigs and its relationship to post-weaning performance. Applied Animal Behaviour Science 32, 139-155.

Pettigrew, J.E., 1995. The influence of substrate supply on milk production in the sow. In: D.P. Hennessy and P.D. Cranwell (editors), Manipulating Pig Production V. Australasian Pig Science Association, Werribee, Victoria, pp. 101-106.

Pluske, J.R. and G.Z. Dong, 1998. Factors influencing the utilisation of colostrum and milk. In: M.W.A. Verstegen, P.J. Moughan and J.W. Schrama (editors), The Lactating Sow. Wageningen Pers, Wageningen, pp. 45-70.

Pluske, J.R., I.H. Williams and F.X. Aherne (1995). Nutrition of the neonatal pig. In: M.A.Varley (editor), The Neonatal pig - Development and Survival. CAB International, Wallingford, UK, pp. 187-235.

Reale, J.A., 1987. Supplemental liquid diets and feed flavours for young pigs. M. Agr. Sc. Thesis, University of Melbourne.

Rooke, J.A., M. Shanks and S.A. Edwards, 1998. Maternal and dietary influences on post-weaning piglet growth. In: Proceedings of the British Society of Animal Science, p. 156.

Sarimento, J.I., P.L. Reinnels and H.W. Moon, 1990. Effects of pre-weaning exposure to a starter diet on enterotoxigenic *Escherichia coli* - induced post weaning diarrhoea in swine. American Journal of Veterinary Research 51, 1180-1183.

Slade, R.D. and H.M. Miller, 1999. Influences of litter origin and weaning weight on post-weaning piglet growth. In: P.D. Cranwell (editor), Manipulating Pig Production VII. Australasian Pig Science Association, Werribee, Victoria, p. 131.

Tokach, M.D., J.E. Pettigrew, L.J. Johnston and S.G. Cornelius, 1990. Overall performance to market weight is improved by adding milk products, but not fat to the starter diet. Journal of Animal Science 68 (Suppl. 1), 377.

Toplis, P., P.J. Blanchard and H.M. Miller, 1999. Creep feed offered as a gruel prior to weaning enhances performance of weaned piglets. In: P.D. Cranwell (editor), Manipulating Pig Production VII. Australasian Pig Science Association, Werribee, Victoria, p. 129.

Varley, M.A., 1992. Neonatal survival: an overview. In: Proceedings of the British Society of Animal Science, Occasional Publication No. 15, pp. 1-7.

Williams, I.H., 1976. Nutrition of the young sow in relation to body composition. PhD thesis, The University of Melbourne.

Williams, I.H., 1995. Sow milk as a major nutrient source before weaning. In: D.P. Hennessy and P.D. Cranwell (editors), Manipulating Pig Production V. Australasian Pig Science Association, Werribee, Victoria, pp. 107-113.

4 与断奶有关的行为变化与适应

P. Mormède 和 M. Hay

摘 要

在当代畜牧业，断奶造成了两种极端不同状态之间的突然转变，给仔猪带来了极大的挑战，包括营养的（从母乳到固体饲料）、环境的（温度和猪舍的其他环境因素）、群体的（离开母猪，转至仔猪群）和物理的（如运输）挑战。因此，断奶导致适应过程"严重缩水"，在行为和神经内分泌上都是如此。早期断奶的后果更加严重。尽管相关的数据还比较少，有关行为和生物指标表明，仔猪福利在断奶后的适应过程中大打折扣。实验数据清楚地表明，母乳到固体饲料的转变引起了断奶后的厌食或营养缺乏症，这是导致上述变化的最主要原因。人们已经开发出新的实验方法，用来研究应激性激素（皮质醇和儿茶酚胺）引起排尿的神经内分泌的变化，同时也可以观察到行为和生产特征的变化。这些新的方法应尽可能用来深入研究包括营养在内的断奶的因素对仔猪造成的各种影响，也应用来评价断奶日龄的影响。这方面的知识对于调节断奶过程、优化生产效率和保障动物福利都是必需的。

4.1 前 言

在自然或半人工状态下，猪通常在 12～17 周逐渐断奶（Jensen，1986；Newberry 和 Wood-Gush，1988；Stoba 和 Wood-Gush，1989；Boe，1991）。而在现代畜牧生产中，仔猪一般都是在 3～4 周突然断奶，早期隔离断奶法甚至更早。早期隔离断奶会有效地控制疾病的传播，也会更高效地利用母猪，使它们产出更多的仔猪（Worobec 和 Duncan，1997）。断奶对于仔猪来说是一个非常重要的时期，发生的变化很大，包括远离母亲、转群、进入到新的环境，早期隔离断奶时还要经过远距离的运输，但最根本的变化还是食物从母乳转为固体饲料的变化，以及其他各种环境因素的变化（如环境温度，地板的材料，空气质量）。因此，断奶对适应过程影响很大，包括行为、神经内分泌和其他生物系统（Dantzer 和 Mormède，1983）。

4.2 断奶对神经内分泌的影响

大多数有关神经内分泌的数据都关注断奶时血浆中皮质醇（即可的松，cortisol）含量的变化。皮质醇是肾上腺在垂体前叶激素 ACTH（促肾上腺皮质激素）的刺激下释放的分泌物。ACTH 受控于下丘脑（Mormède，1995）。仔猪刚出生时血液循环中皮质醇含量非常低，出生后迅速下降，之后 1 周下降得较慢，随后又上升（Kattsh 等，1990；Carroll 等，1998）。在仔猪出生后的最初几周，肾上腺对 ACTH 的反应性（adrenal reactivity to ACTH）也有所下降（Kanitz，1999）。断奶时，皮质醇水平会有短暂的上升，这在有些报道中已有所提及，不管仔猪在何时断奶，上升现象都会出现，而越早断奶，上升得越显著（Worsaae 和 Schmidt，1980；Dantzer 和 Mormède，1981；Rantzer 等，1995，1997；Carroll 等，1998）。断奶后海马状突起中肾上腺皮质激素受体的水平也会下降，这与成年动物在遭受捕获时发生的应激相似。虽然皮质醇水平通常作为衡量应激程度的指标，但却不是刺激特异性的。因此，我们很难衡量下丘脑-垂体-肾上腺轴（HPA）的活动对与断奶相关的各种变化的作用有多大。而一些单一刺激，如绝食（Farmer 等，1992）、远离母亲（Klemcke 和 Pond，1991）、进入新环境（Mormède 和 Dantzer，1978；Désautés 等，1999）、颠簸或长时间的运输（Mormède 和 Dantzer，1978；Lamboij 和 Van Putten，1993，Perremans 等，2001）、混群（Bradshaw 等，1996）等都可激活 HPA 轴，都可导致断奶时仔猪血浆皮质醇含量的升高。

4.3 食物的重要作用

由母乳转为干饲料是与断奶有关的一个重要变化，使仔猪在断奶后最初几天处于饥饿状态。断奶后的厌食对仔猪的生长不利，而且会导致体脂肪的损失，表现为血液循环中游离脂肪酸水平的急剧下降（Bark 等，1996）。这与断奶后消化系统经常出现问题（digestive problem）有关（McCracken 等，1999）。试验数据表明，断奶后的这段低营养状态也明显改变了某些神经内分泌系统的功能，例如，断奶后生长激素调控轴发生的变化（GH 含量升高，IGF 水平下降）和自主神经系统发生的变化（尿中儿茶酚胺排出减少）与饥饿状态下的变化情况很相似（Carroll 等，1998；Hay 等，2001）。如图 4.1 所示的 6 日龄断奶的情况显示，这种变化可能持续很长时间（Hay 等，2001）。断奶引起的有些代谢变化可用饲喂乳的方法加以改善。给仔猪饲喂液态代乳料可以提高猪的生长速度，而干饲料却不能达到这样的效果（McCracken 等，1995；Kim 等，2001）。事实上，将仔猪在 2～3 d

断奶并饲喂代乳奶，7～8 d 后饲喂代乳奶的仔猪比吃母乳的仔猪长得还快，这表明母猪的产奶量是仔猪生长的限制因素(Harrell 等，1993)。

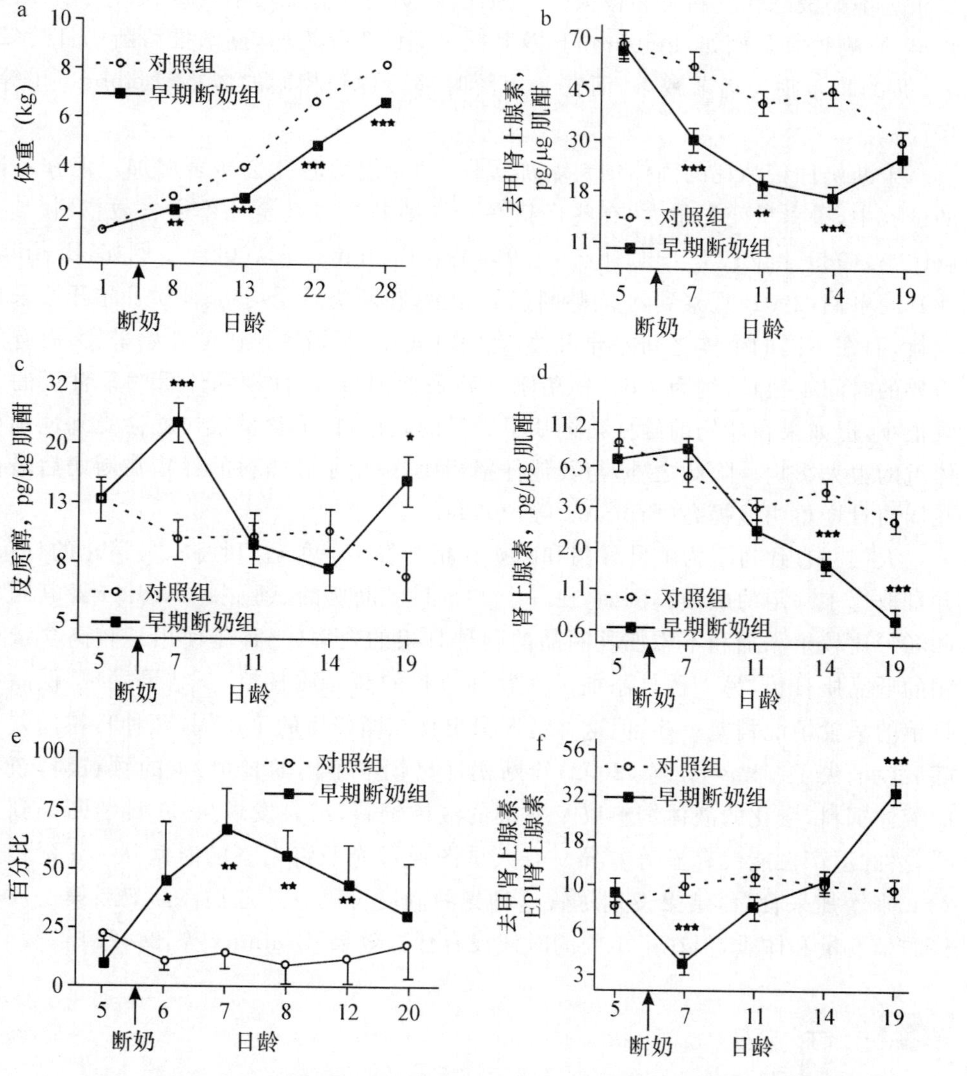

图 4.1　出生后 6 d 早期断奶(EW)的后果(C=对照组，仔猪由母猪哺乳)

早期断奶导致生长速度较早地开始下降，且持续时间很长，直到出生后第 4 周才达到对照组的水平(图 a)。早期断奶使尿液中皮质醇水平短暂升高(图 c)。早期断奶引起尿液中去甲肾上腺素水平的显著下降，从断奶早期就呈现出这种趋势(图 b)，这可能是仔猪处于饥饿状态的结果。通过降低产热来节约能量，这种说法可以通过早期断奶仔猪喜欢聚集在红外灯下这一现象看出(图 e 所示为在红外灯下的仔猪占总头数的比例，每天测定 4 h)。尿液中肾上腺素水平的降低在断奶后几天才开始出现，但与去甲肾上腺素比，持续时间较长，这是因为在调控能量储备上，肾上腺素起主要作用，早期断奶对肾上腺素和去甲肾上腺素作用不同，从尿液中儿茶酚胺含量不同这一角度解释更易理解(图 f)。

资料来源：Hay 等(2001)经 Elsevier Science 批准使用。

给断奶仔猪饲喂纯牛奶可增加自由采食量,也改善了小肠黏膜的结构(Pluske 等,1996)。但在商业生产中,出于经济原因,仔猪通常只能采食到干饲料,这样的日粮远不如液态代乳料容易被吸收。因此,断奶会降低平均采食量和日增重,断奶越早,影响越大。例如,Leibbrandt 及其同事们的工作表明,逐渐推后断奶日龄(2、3、4 周),增重损失逐渐减小,而在 6 周龄时都可达到相同的体重(Leibbrandt 等,1975)。

未断奶仔猪消耗的固体饲料增加缓慢,到 4 周龄时才会显著增加。但在不同的试验中,采食量变异很大,有些仔猪在 4 周龄断奶时甚至还不采食教槽料(Barnett 等,1989;Pajor 等,1991;Fraser 等,1994;Bruininx 等,2002a)。例如,Bruininx 及其同事们(2001)观察到,4 周龄断奶的仔猪,在断奶后平均 15.4 h 后才开始采食饲料,而在不同的个体之间差异很大,有的时间短,断奶后很快就开始采食,而有的需要的时间则很长,约为 4 d。仔猪刚开始采食饲料时,性别和体重对采食量的影响很小,但如果在断奶前给仔猪饲喂了大量的教槽料,采食量很快就会受到性别和体重的很大影响。除此之外,与其他仔猪相比,采食了教槽料的仔猪在断奶后最初几周内日增重明显提高(Bruininx 等,2002a)。

人们一直致力于为哺乳仔猪和断奶仔猪开发出一种适口性高、易消化的日粮,并且取得了一定的成绩。例如,在一个 14～18 d 断奶的试验中,Gardner 及其同事(2001)比较了添加和不添加乳制品的两种日粮的效率(一种是使用了较高含量豆粕的低品质日粮,另一种是添加了血浆和鱼粉的高品质日粮)。结果发现,低品质日粮的采食情况稍差一些,但这种情况只出现在断奶后的第 1 周,两种日粮的差异随后就消失了。Lawlor 等(2002)给断奶仔猪饲喂不同的日粮:干的颗粒料,新鲜的液体饲料,酸化的液体饲料以及发酵的液体饲料,结果发现从 26 日龄断奶到出栏,猪的生产性能没有显著差异。有人试图通过光照将白昼的时间从 8 h 延长到 23 h 来增加采食量,结果发现尽管这种光照制度可以有效地提高断奶后第 2 周仔猪的采食量和体重,但在第 1 周的时候没有什么效果(Bruininx 等,2002b)。

4.4 行　为

与母猪哺乳的仔猪相比,早期断奶(6 d)的仔猪在行为上更能表现出一些典型的特点,比如断奶的最初几天,总是发出一些叫声,仔猪之间好斗行为(aggressive behavior)和拱腹的现象增加,并喜欢聚在加热灯下(Orgeaur 等,2001)。断奶后 2 周(试验的第 20 天)仍然可观察到大多数上述变化,其原因可能是神经内分泌的变化引起的(Hay 等,2001)。晚些断奶的仔猪也经常出现上述现象。比如,相互交换信息的拱腹行为、互相碰撞和吸吮等,这在很多文献都有报道。随着断奶日龄的提前,拱腹行为出现的频率也就越高(Boe,1993;Worobec 等,1999)。拱腹行为已被视为仔猪哺乳前后寻找乳房的前兆(Worobec 和 Duncan,1997)。然而,事实上,拱腹行为在断奶后的几天里越来越严重,之后也是频繁发生,这说明这种行为有着专门的神经内分泌机理,也有人认为这与动物的福利降低有关。与拱腹行为相类似,断奶后互相攻击的行为在早期断奶时也比较严重(Worsaae 和 Schmidt,1980;Orgeur 等,2001)。挑逗是断奶仔猪常有的行为,但早期断奶时这种行为出现的频率非常高,与拱腹行为及其他行为一样,这可能是由于仔猪生活环境的变化引起的一种综合病症。

4.5　小　结

毫无疑问,仔猪在断奶时发生了很大的应激,对生长、生理和疾病爆发都产生了严重的后果,这也反映出严重的仔猪福利问题。实验数据清楚地表明,仔猪断奶后的厌食或者说是营养不良,是由日粮从母乳到固体饲料的突然转变造成的,这导致仔猪适应机制的严重负担,也与仔猪的福利高度相关。这些问题的出现都是由于在哺乳期突然给仔猪饲喂干饲料,到第 3 周采食量都非常低,直到断奶第 4 周才有些许起色,也就是说干饲料对哺乳仔猪的适口性非常低。仔猪个体之间存在着很大差异,原因可能是这种性状是受遗传因素影响的,并会对遗传选择做出反应。研究不同日龄断奶仔猪的生理变化会得到很多有价值的信息。事实上,目前的很多研究仅仅集中在生长性能和行为上。最近有关生理应激的试验(如尿液中儿茶酚胺的水平等)为研究仔猪断奶时的适应过程提供了可参考的指标,也为弄清仔猪断奶时生长抑制的原因找到了方向(Hay 等,2001)。除此之外,为了弄清其他应激因素(如仔猪远离母亲,被运到其他地方,环境改变,转群等)对断奶的各自影响,在试验设计时将营养需要考虑进去会更有意义。

参考文献

Bark, L.J., T.D. Crenshaw and V.D. Leibbrandt, 1986. The effect of meal intervals and weaning on free intake of early weaned pigs. Journal of Animal Science 62, 1233-1239.

Barnett, K.L., E.T. Kornegay, C.R. Risley, M.D. Lindemann and G.G. Schurig, 1989. Characterization of creep feed consumption and its subsequent effects on immune response, scouring index and performance of weanling pigs. Journal of Animal Science 67, 2698-2708.

Boe, K. 1991, The process of weaning in pigs: when the sow decides. Applied Animal Behavioural Science 30, 47-59.

Boe, K. 1993. The effect of age at weaning and post-weaning environment on the behaviour of pigs. Acta Agriculturae Scandanavica 43, 173-180.

Bradshaw, R.H., R.F. Parrott, J.A. Goode, D.M .Lloyd, R.G. Rodway and D.M. Broom, 1996. Behavioural and hormonal responses of pigs during transport: effect of mixing and duration of the journey. Animal Science 62, 547-554.

Bruininx, E.M.A.M., C.M.C. Peet-Schwering, J.W. Schrama, P.F.G. Vereijken, P.C. Vesseur, H. Everts, L.A. Den Hartog and Beynen, A.C., 2001. Individually measured feed intake characteristics and growth performance of group-housed weanling pigs: effects of sex, initial body weight, and body weight distribution within groups. Journal of Animal Science 79, 301-308.

Bruininx, E.M.A.M., G.P. Binnendijk, C.M.C. Peet-Schwering, J.W. Schrama, L.A. Den Hartog, H. Everts and A.C. Beynen, 2002a. Effect of creep feed consumption on individual feed intake characteristics and performance of group-housed weanling pigs. Journal of Animal Science 80, 1413-1418.

Bruininx, E.M.A.M., M. J. W. Heetkamp, D. van der Bogaart, C. M. C. Peet-Schwering, A.C. Beynen, H. Everts, L. A. Den Hartog and J.W Schrama, 2002b. A prolonged photoperiod improves feed intake and energy metabolism of weanling pigs. Journal of Animal Science 80, 1736-1745.

Carroll, J.A., T.L. Veum and R.L. Matteri, 1998. Endocrine responses to weaning and changes in post-weaning diet in the young pig. Domestic Animal Endocrinology 15, 183-198.

Dantzer, R. and P. Mormède, 1981. Influence du mode d'élevage sur le comportement et l'activité hypophyso-corticosurrénalienne du porcelet. Reproduction, Nutrition, Development 21, 661-670.

Dantzer, R. and P. Mormède, 1983. Stress in farm animals: a need for reevaluation. Journal of Animal Science 57, 6-18.

Désautés, C., A. Sarrieau, J.C. Caritez and P Mormède, 1999. Behaviour and pituitary-adrenal function in Large White and Meishan pigs. Domestic Animal Endocrinology 16, 193-205.

Farmer, C., D. Petitclerc, G. Pelletier, P. Gaudreau and P. Brazeau, 1992. Carcass composition and resistance to fasting in neonatal piglets born of sows immunized against somatostatin and/or receiving growth hormone-releasing factor injections during gestation. Biology of the Neonate 61, 110-117.

Fraser, D., J.J.R. Feddes, and E.A. Pajor, 1994. The relationship between creep feeding behavior of piglets and adaptation to weaning: effect of diet quality. Canadian Journal of Animal Science 74, 1-6.

Gardner, J.M., C.F.M. de Lange and T.M. Widowski, 2001. Belly-nosing in early-weaned piglets is not influenced by diet quality or the presence of milk in the diet. Journal of Animal Science 79, 73-80.

Harrell, R. J., M. J. Thomas and R. D Boyd, 1993. Limitations of sow milk yield on baby pig growth. Proc. Cornell Nutr. Conf., Ithaca, NY, 156-164.

Hay, M., P. Orgeur, F. Lévy, J. Le Dividich, D. Condorcet, R. Nowak, B. Schaal and P. Mormède, 2001. Neuroendocrine consequences of very early weaning in swine. Physiology and Behaviour 72, 263-269.

Jensen, P., 1986. Observations on the maternal behaviour of free-ranging domestic pigs. Applied Animal Behavioural Science 16, 131-142.

Kanitz, E., G. Manteuffel and W. Otten, 1998. Effects of weaning and restraint stress on glucocorticoid receptor binding capacity in limbic areas of domestic pigs. Brain Research 804, 311-315.

Kanitz, E., W. Otten, G. Nürnberg and K.P. Brüssow, 1999. Effects of age and maternal reactivity on the stress response of the pituitary-adrenocortical axis and the sympathetic nervous system in neonatal pigs. Animal Science 68, 519-526.

Kattesh, H.G., S.F. Charles, G.A. Baumbach and B.E. Gillespie, 1990. Plasma cortisol distribution in the pig from birth to six weeks of age. Biology of the Neonate 58, 220-226.

Kim, J.H., K.N. Heo, J. Odle, I.K. Han and R.J Harrell, 2001. Liquid diets accelerate the growth of early-weaned pigs and the effects are maintained to market weight. Journal of Animal Science 79, 427-434.

Klemcke, H.G. and W.G. Pond, 1991. Porcine adrenal adrenocorticotropic hormone receptors; characterization, changes during neonatal development, and response to a stressor. Endocrinology 128, 2476-2488.

Lambooij, E. and G. Van Putten, 1993. Transport of pigs. In: T. Grandin (editor), Livestock Handling and Transport. CAB International, Wallingford, UK, pp. 213-231.

Lawlor, P.G., P.P. Lynch, G.E. Gardiner, P.J. Caffrey and J.V. O'Doherty, 2002. Effect of liquid feeding weaning pigs on growth performance to harvest. Journal of Animal Science 80, 1725-1735.

Leibbrandt, V.D., R.C. Ewan, V.C. Speer and D.R. Zimmerman, 1975. Effect of weaning and age at weaning on baby pigs performance. Journal of Animal Science 40, 1077-1080.

McCracken, B.A., H.R. Gaskins, P.J. Ruwe-Kaiser, K.C. Klasing and D.E. Jewell, 1995. Diet-dependent and diet independent metabolic responses underlie growth stasis of pigs at weaning. Journal of Nutrition 125, 2838-2845.

McCracken, B.A., M.E. Spurlock, M.A. Roos, F.A. Zuckermann and H. R. Gaskins, 1999. Weaning anorexia may contribute to local inflammation in the piglet small intestine. Journal of Nutrition 129, 613-619.

Mormède, P. 1995. Le stress : interaction animal-homme-environnement, Cahiers Agricultures 4, 275-286.

Mormède, P. and R. Dantzer, 1978. Behavioural and pituitary-adrenal characteristics of pigs differing by their susceptibility to the malignant hyperthermia syndrome induced by halothane anesthesia. 2 - Pituitary-adrenal function. Annales Recherches Veterinaires 9, 569-576.

Newberry, R C. and D.G.M. Wood-Gush, 1988. Development of some behaviour pattern in piglets under semi-natural conditions. Animal Production 46, 103-109.

Orgeur, P., M. Hay, P. Mormède, H. Salmon, J. Le Dividich, R. Nowak, B. Schaal and F Lévy, 2001. Behavioural, growth and immune consequences of early weaning in one-week-old Large White piglets. Reproduction, Nutrition, Development 41, 321-332.

Pajor, E.A., D. Fraser and D.L. Kramer, 1991. Consumption of solid food by suckling pigs: individual variation and relation to weight gain. Applied Animal Behavioural Science 32, 139-155.

Perremans, S., J.M. Randall, G. Rombouts, E. Decuypere and R. Geers, 2001. Effect of whole-body vibration in the vertical axis on cortisol and adrenocorticotropic hormone levels in piglets. Journal of Animal Science 79, 975-981.

Pluske, J. R., I.H. Williams and F.X. Aherne, 1996. Villous height and crypt depth in piglets in response to increases in the intake of cow's milk after weaning. Animal Science 62, 145-158.

Rantzer, D., J. Svendsen and B. Weström, 1995. Weaning of pigs raised in sow-controlled and in conventional housing systems. 2. Behaviour studies and cortisol levels. Swedish Journal of Agricultural Research 25, 61-71.

Rantzer, D., J. Svendsen and B. Weström, 1997. Weaning of pigs in group housing and in conventional housing systems for lactating sows. Swedish Journal of Agricultural Research 27, 23-31.

Stolba, A. and D.G.M. Wood-Gush, 1989. The behaviour of pigs in a semi-natural environment. Animal Production 48, 419-425.

Worobec, E. and I.J.H. Duncan, 1997. Early weaning in swine: a behavioural review. Compendium of Continueng Education for the Practising Veterinariun 9, S271-S277.

Worobec, E., I.J.H. Duncan and T.M. Widowski, 1999. The effect of weaning at 7,14 and 28 days on piglet behaviour. Applied Animal Behavioural Science 62, 173-182.

Worsaae, H. and M. Schmidt, 1980. Plasma cortisol and behaviour in early weaned piglets, Acta Veterinaria Scandanavica 21, 640-657.

5 断奶前后的代谢和内分泌变化

F. R. Dunshea

5.1 前 言

仔猪断奶时受到的最严重应激是日粮从母乳转换为固体的谷物颗粒饲料。同时，仔猪又被转换到新的生活环境中，离开母亲，并与其他仔猪转群饲养。这些变化结合到一起及各种应激通常会导致刚断奶的仔猪在断奶后两天体重明显下降（约下降 10%），直到断奶后第 7 天才能恢复。对早期断奶仔猪，这种影响更为明显（Power 等，1996）。与此同时，断奶时代谢和内分泌也发生了深刻的变化。本章将讨论断奶后仔猪体内发生的代谢和内分泌变化，以及减小断奶后生长抑制的一些措施。

5.2 断奶抑制

从出生到断奶，哺乳仔猪的平均日增重约为 220 g/d（King 等，1993），但这个生长速度远低于人工饲养下仔猪的生物潜力（Hodge，1974）。例如，将仔猪在 2～3 d 断奶，断奶后饲喂牛奶或代乳料至 21 日龄，可取得每天 400 g 的增重速度（Harrell 等，1993；Dunshea 等，2002a）。母猪在哺乳期的前 2 周泌乳量逐渐增加直至达到高峰（Toner 等，1995），但泌乳高峰母猪的产奶量已不能满足仔猪生长的需求，到哺乳后期母猪产奶量下降，仔猪生长的限制愈加严重。例如，从哺乳期的第 21 天起，哺乳仔猪的生长速度就开始下降，当窝产仔数较多的时候，情况更为严重（Cranwell 等，1995a；Dunshea 和 Walton，1995）。Cranwell 等（1995）阐述了产奶量对仔猪生长的限制，只有在断奶后短期内（27～35 d）仔猪的生长速度才比由母猪哺乳的仔猪生长的速度慢。为了缓解断奶后的营养不良，哺乳仔猪通常从 3 周龄起要采食教槽料或母猪料，但教槽料的采食量通常较低，而且不能明显提高仔猪断奶前的生长速度（Pluske 等，1995）。世界上很多地方仔猪都是在 21 日龄甚至更早断奶，断奶前多数仔猪都没有机会采食到固体饲料，这样一来，就不难理解仔猪在断奶后短时间内采食量会很少。断奶对体重的抑制程度决定于断奶日龄。早期断奶的仔猪，生长抑制要严重得多，持续时间也更长（Power 等，1996；Dunshea 等，

2002b)。有研究表明，晚于 20 日龄断奶的仔猪需要 4 d 就能恢复断奶时的体重，而早于 17 日龄断奶的仔猪，直到断奶后 7 d 才能恢复(图 5.1)。公猪和阉公猪的断奶抑制要比母猪严重(Power 等，1996；Dunshea 等，1999a；Dunshea，2001；Bruininx 等，2002)，在自然状态下，这种差异持续的时间很短暂。

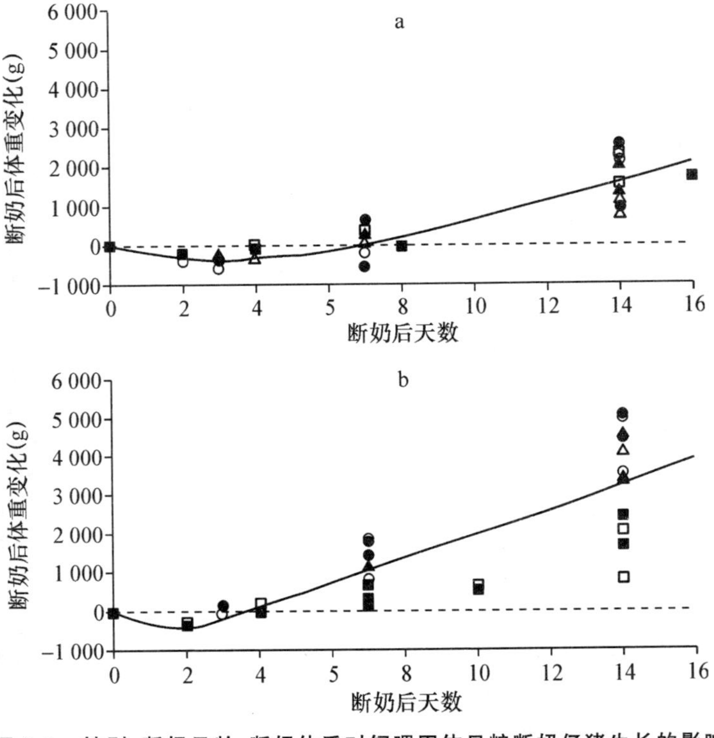

图 5.1　性别、断奶日龄、断奶体重对饲喂固体日粮断奶仔猪生长的影响

仔猪在 12～17 d(图 5.1 a)或 20～28 d(图 5.1 b)断奶。公猪用空心符表示，母猪用实心符表示，就日龄来说，体重偏轻、适中、偏重的仔猪分别用三角形、方形或圆形表示。

资料来源：作者收集的一些研究资料(Power 等，1996；Dunshea，2001；Dunshea 等，1999 a；2000 a，b；2002 b，c)。

仔猪体重在断奶后会下降，是因为仔猪采食的干饲料较少。Le Dividich 和 Seve(2000)总结分析了 7 个有关断奶前后采食量的试验研究数据。结果发现，断奶前乳的能量采食量为 1 250 kJ/kg$^{0.75}$/d，断奶后的第 1 天，采食的固体饲料的能量含量只有断奶前的 25%，到断奶后第 1 周末，固体饲料采食量虽有所增加，但仍然只有断奶前的 60%～70%。在一项更加全面的研究中，Bruininx 等(2001)探索了断奶体重对动物最早开始采食固体饲料所需时间的影响。仔猪断奶后平均需要 15 h 才开始采食固体料，但在 12 h 光照下，过半(53%)的仔猪在断奶后 4 h 就开始采食饲料，而接下来 12 h 黑暗情况下，开始采食的仔猪仅增加了 3%，再接下来 12 h 光照时，又增加了 32%，这些数据表明尽管断奶仔猪需要一定的时间开始采食，但我们可以通过改变光照制度对其产生某种程度的影响(Bruininx 等，2002)。作者所在实验室也对仔猪断奶后采食量下降和生长抑制的现象进行了大量研究，结果高度一致(Power 等，1996；Dunshea，2001；Dunshea 等，1999a，b；2000a，b；2002a，b，c)。

采食量降低、生长慢甚至负增长等断奶抑制问题，用液态饲料代替干饲料可以得到极大地改善(Lecce 等，1979；Odle 和 Harrell，1998)。液体饲料(包括脱脂奶)作为断奶后仔猪干饲料的补充原料已经取得了相当的成功，如果给断奶前仔猪补饲相同的液态饲料，效果更为显著(Dunshea 等，1999a)。在断奶前后仔猪饲喂液体饲料，断奶后 7 d 内仔猪的生长速度和干物质采食量可分别达到 240 g/d 和 260 g/d，而断奶前不补饲液体饲料、断奶后饲喂干饲料的仔猪，断奶后 7 d 内的生长速度低于 30 g/d，干物质采食量仅为 88 g/d。Geary 和 Brooks(1998)证实了紧接断奶后的时期采食量的重要性，他们发现断奶后的最初 7 d，干物质采食量与断奶后 28 d 的体重有极显著关系，前 7 d 如果每天多采食 10 g 干物质，28 d 时体重会增加 174 g。

除了日粮的物理形态外，还存在消化系统中与产肠毒素细菌感染引起的疾病问题，对早期断奶仔猪尤其如此。Lecce(1986)是主张人工饲养猪的先驱，他发现给早期断奶的仔猪饲喂液体乳时，腹泻是人工养殖的问题之源，也是养猪场至今仍未克服的一个难题。解决这一难题的办法之一是给仔猪饲喂乳酸菌发酵的液体饲料，其 pH 很低，能抑制病原微生物的生长(Azain 等，1996；Geary 和 Brooks，1998；Dunshea 等，2000b)。断奶仔猪的液体饲喂系统，不一定必须是乳或代乳料，也可采用饲喂生长肥育时的水和粉料混合的日粮。例如，Russell 等(1996)给仔猪饲喂干的商业颗粒料或者同种成分的用水制作的液体饲料，结果液体饲料使日增重，尤其是断奶后第 1 周的日增重增加。断奶后第 1 周和第 4 周，日增重分别增加 110% 和 25%。然而，很多养猪生产体系无法给断奶仔猪饲喂液体饲料，这样，断奶仔猪就会不可避免地出现代谢紊乱。

断奶后第 1 周即使仔猪体重只发生中等程度的变化，内脏器官的重量就会发生巨大变化，尤其是大肠重量显著增加，因为大肠是断奶后第 1 周仔猪消化固体饲料的主要场所。断奶初期，小肠重量减少(Kelly 等，1991；Spreeuwenberg 等，2001)，而大肠重量迅速增加(Kelly 等，1991；Pluske 等，2003)。例如，Kelly 等(1991)发现，给断奶前仔猪胃内灌注以谷物为基础的日粮，断奶后第 3 天，小肠和大肠的重量分别是断奶前的 80% 和 141%。断奶仔猪在短时间的失重后，小肠的重量随之增加，形态也发生变化(Cera 等，1988)，同样，我们也发现在早期(14 d)和晚期(28 d)断奶仔猪上，肠道各部分的总重及相对重量都显著增加，早期断奶更加明显(Plusk 等，2003，图 5.2)。这段时间内小肠组织学形态也发生了极显著的变化。例如，McCracken 等(1999)发现，断奶后第 1 周，绒毛高度未受断奶影响，但第 2 周，绒毛高度降低了 65%，接下来绒毛会出现快速再生修复(Cera 等，1988；McCracken 等，1999；Spreeuwenberg 等，2001)。除了肠道形态发生变化外，仔猪胴体的组成也发生了很大变化。这是因为仔猪断奶时采食的日粮变了，能量的不足导致仔猪代谢状况发生变化。

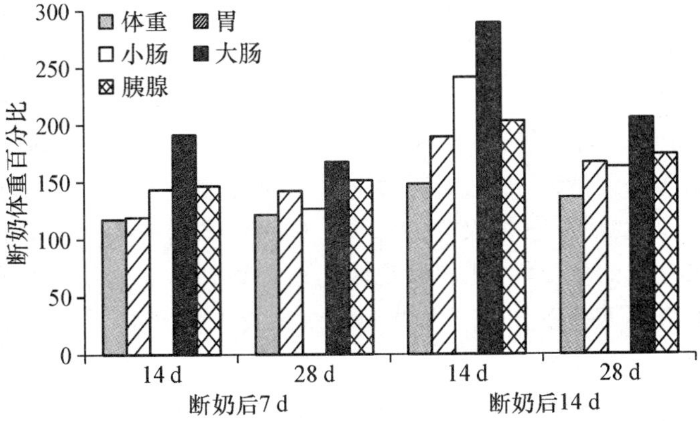

图 5.2　断奶日龄(14 d 和 28 d)和断奶后时间对体重和内脏器官重量的影响

数据通过占断奶体重的百分比表示。

资料来源：Pluske 等，2003。

5.3　断奶对代谢的影响

断奶前，仔猪采食液态母乳，其中的脂肪蛋白比较高，碳水化合物的来源主要是乳糖。新生仔猪体内储存脂肪很少，但由于母乳中脂肪含量很高，仔猪可以将乳汁中的脂肪作为前体物合成体脂(Mellor 和 Cockbum，1986)。除此之外，仔猪每 45～60 min 就会从母乳中获取这些营养物质(Ellendorff 等，1982；Auldist 等，1998；2000)，所以仔猪体组织获取脂肪前体物和合成脂肪的速度都是比较稳定的。然而，新断奶仔猪如果不采食饲料，就无法获得这些营养物质，从而导致能量的负平衡。这种能量不足会随着断奶应激的发生而加剧，如离开母亲、转群、运输、气温改变等，所有这些因素都会影响仔猪代谢情况，从而增加断奶后短期的能量支出。

5.3.1　脂类和碳水化合物代谢

断奶产生的最快的后果是脂肪的动员及糖元储备的大幅降低，以便有更多的能量供机体需要。传统热力学研究表明，猪体在沉积蛋白时通常都要动员体脂，当气温低于仔猪体温的临界低温时，情况更加严重(Le Dividich 等，1980；Close 和 Le

Dividich,1984;Buininx 等,2002)。尽管没有明确的报道,但仔猪断奶后的 2～3 d 内动员的脂肪量一定很大,因为这段时间仔猪刚刚停止哺乳,还没有开始采食固体饲料。例如,断奶后 1～6 d,仔猪日采食量从 50 g/d 增加到 250 g/d,这段时间内,脂肪动员的平均速度为 20 g/d(Bruininx 等,2002)。断奶后的 6 d 中平均每天的总产热量是相对恒定的,说明断奶后大多数脂肪的动员发生在断奶的最初几天(Bruininx 等,2002)。事实上,Whittemore 等(1981)采用屠宰平衡技术发现,对于 21 日龄断奶的仔猪,断奶后头 2 d 每天大概要损失掉 80 g 体脂,而在接下来的 6 d 时间里,损失的脂肪量有所下降(图 5.3)。这与其他屠宰平衡技术的研究结果是一致的,即在断奶后的至少头 7 d 里,仔猪体脂的相对和绝对含量都呈下降趋势。Zijlstra 等(1996)的研究表明,18 日龄断奶的仔猪总体脂从占体重的 11.2%下降到 8.5%。相反,由母乳哺乳的仔猪或者采食液态代乳料的仔猪体脂沉积增加,由 40 g/d 增加到 60 g/d,体脂占总体重的比例与 18 日龄断奶时相同。事实上,对现代基因型猪而言,在断奶后 17 周才可能恢复断奶时的体脂比例(Dunshea 等,2001)。

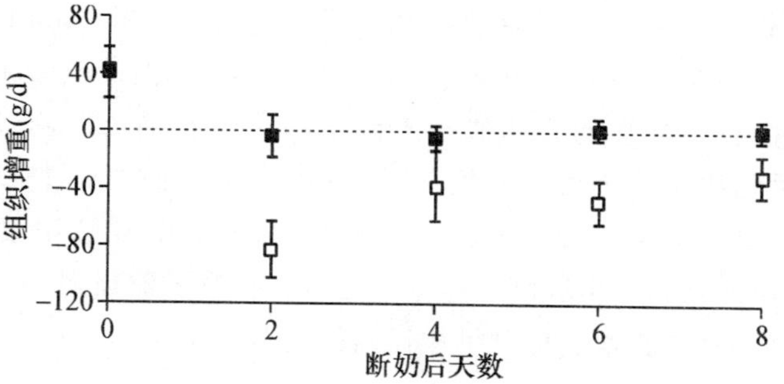

图 5.3 断奶后时间对体脂(空心符)和体蛋白(实心符)沉积的影响

资料来源:Whittemore 等,1981。

血浆中非酯化脂肪酸(non-esterified fatty acid,NEFA)的浓度与脂肪组织中脂肪酸的动员速度直接相关(Dunshea 等,1992a)。断奶后,NEFA 的浓度迅速上升(Bark 等,1986;Funderburke 和 Seerley,1990)。Bark 等(1986)对实验数据进行回归分析表明,断奶仔猪采食量和血浆 NEFA 浓度之间存着强烈的负相关:采食量(g/d)$=-4.2+234.9\times 0.998^{\mathrm{NEFA}(\mu\mathrm{mol/L})}$ ($n=20, R^2=0.86, p<0.001$)。这种情况类似于反刍动物(Dunshea 等,1988)。仔猪断奶后采食量迅速下降,作为适应性反应,动员体脂来提高 NEFA 浓度。当断奶仔猪自由采食时,采食量与 NEFA 的这种关系更为明显(图 5.4)。另外,来源于断奶仔猪脂肪移植组织中的脂肪生成速度很慢,表明断奶后的脂肪组织是处于静分解状态的(Fenton 等,1990)。

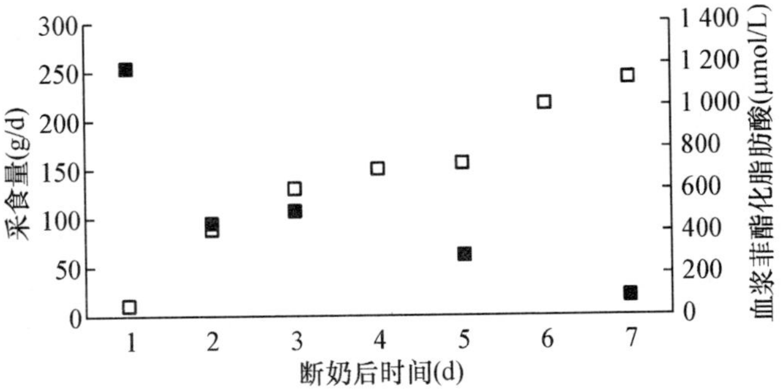

图 5.4　断奶后的时间对采食量和血浆非酯化脂肪酸(NEFA)含量的影响

资料来源:Bark 等,1986。

有趣的是,在断奶后的头几天,仔猪的能量摄入量明显下降而血浆中葡萄糖却只是短暂地稍有降低(Funderburke 和 Seerley,1990),随后又快速恢复到与哺乳仔猪相同的水平(Rantzer 等,1997)。上述研究结果说明,断奶时一定伴随着糖原的大量降解和(或)生成,以保持正常的血糖(glycemia)水平。但断奶时肝糖原的储备相对较降低(10 g/头),断奶后保持相对稳定,并未下降(Stanton 和 Mueller,1976;Funderburke 和 Seerley,1990)。这表明,糖异生(glyconeogenesis)一定是葡萄糖的主要来源。糖异生的底物似乎来源于动员的甘油(glycerol),而不是氨基酸,因为断奶后动物体总蛋白是持续增长的(见下节),而血浆中尿素氮是降低的(Pluske,1995;McCracken 等,1995)。断奶仔猪血浆中甘油浓度不高(Pluske,1995),其原因可能是甘油由肝脏迅速排出之后转化成了葡萄糖。后面我们将要讨论为适应断奶的需要,激素变化对机体代谢的调节作用。

5.3.2　蛋白质代谢

Bauman 和 Currie(1980)将同态碎片(homeorhesis)的概念定义为"某一特殊生理状态下,营养物质向某个(些)组织的优先分配"。对于机体蛋白质的沉积或增长来说,这一概念最适合不过,对于断奶后处于饥饿及营养缺乏状态下的仔猪肠道来说更加贴切。因为对于刚断奶的仔猪,肠道和骨骼肌蛋白质是最重要的组织。新生仔猪沉积蛋白质的能力很强,机体合成蛋白质最快的时期也是在出生后的头几周(Young,1970)。在营养缺乏状态下,断奶仔猪优先保护肠道中的蛋白质(conserve protein),对骨骼肌中蛋白的保护较少。例如,Ebner 等(1994)发现,在同时限制蛋白和能量时,消化系统蛋白质沉积减少的情况比骨骼肌减少的情况要轻。同样地,热力学研究也表明,尽管断奶后动物体的能量处于负平衡状态,但其体蛋白质却是正平衡的(Bruininx 等,2002)。但刚刚断奶的仔猪蛋白质肯定是负平衡的,因为至少在断奶后头 2 d,仔猪采食的饲料很少。由蛋白质摄入量与蛋白质平衡的关系，我们可以推断，保持蛋白质的零平衡状态，断奶仔猪需要消耗 3.1 g/kg$^{0.75}$ 的蛋白质(Le Dividich 等，1980)，或者每天需要从典型断奶日粮中摄取大约 60 g 的蛋白质。Whittemore 等(1981)采用屠宰平衡技术发现，仔猪断奶后的头 4 d，体蛋白处于轻微的负平衡状态(图 5.3)。毫无疑问，在仔猪开始采食固体饲料后，体蛋白质就会呈现正平衡状态，而且肠道和其他内脏器官中蛋白的含量也会升高。有趣的是，随着采食量的增加，蛋白沉积的速度也加快，且增加的幅度要比能量消耗增加的幅度大(Close 和 Stanier，1984)。

仔猪采食饲料可刺激小肠和骨骼肌中蛋白质的合成和分解(Davis 等，1996；1997)。采食后胰岛素含量的升高促进了骨骼肌蛋白的合成，但对肠道蛋白合成似乎没有作用，看来胰岛素对采食后肠道蛋白质的增加没有调节作用(Davis 等，2001)。同样，通过静脉注射的方式发现，提高体内氨基酸浓度对肠道蛋白质合成的效果也很小(Davis 等，2002)。因此，采食所引起的蛋白质合成增加似乎是因为肠道内的氨基酸供应增加，而不是动脉内胰岛素或氨基酸含量的升高。这一研究表明，对于新生仔猪来说，日粮氨基酸对小肠蛋白质合成的促进作用要高于体循环中氨基酸的含量(Stoll 等，1999)。由于仔猪断奶时日粮从母乳转换成干饲料，虽然采食量是逐渐增加的，但肠道的生长和组织形态还是发生了很大的变化(见前文)。断奶后仔猪体内某些激素的变化似乎有助于保护肠道(conserve gut)及体蛋白质。

5.4 激素的作用

断奶导致动物体激素发生了很大变化，但很难分清变化的原因和结果。毫无疑问，有些变化是由断奶时环境和营养应激造成的，除此之外，还存在着一些与断奶无关的变化。

5.4.1 生长激素(ST)与类胰岛素生长因子-Ⅰ(IGF-Ⅰ)

尽管猪生长激素(pST)有促进生长育肥猪瘦肉组织生长的作用，并能抑制脂肪的沉积，但对于小猪来说，作用并不明显(Campbell 等，1991)。例如，用 pST 处理断奶仔猪(体重 10 kg，日龄未知)，直到断奶后 10 d 以后，pST 才对生长状况有影响，作用的效果也不稳定(Harrell 等，1997)。pST 处理后 5 d 内仔猪血浆中 IGF-Ⅰ和胰岛素水平升高，尿素水平降低(Harrell 等，1997)。pST 对仔猪的作用可能与使用剂量有关。用于育肥猪的 pST 的剂量(0.06 mg/kg)不能提高初生仔猪血浆中 IGF-Ⅰ的浓度和仔猪的生长速度。Wester 等(1998)在出生后头 7 d 给人工饲养的新生仔猪注射高剂量的 pST(1 mg/kg)，发现 pST 能提高血浆中 IGF-

Ⅰ浓度，促进仔猪生长。同样，Dunshea 等(2001)发现，高剂量的 pST 能够提高新生仔猪的瘦肉率，抑制脂肪组织的生长。

新生动物的生长激素及其受体的个体发生机制已有很多研究，但针对猪的研究则相对较少。仔猪出生前后血浆中 ST 含量非常高，在出生后第 1 周迅速下降，第 2 周含量保持恒定，接下来的 5 周又逐渐升高，之后又一次下降(Buonomo 和 Klindt，1993；Matteri 和 Carroll，1997)。ST 含量逐渐下降至 30 周龄(Harrell 等，1997；Klindt 和 Stone，1984；Owens 等，1991)。血浆中 ST 浓度的这种变化模式与体外垂体细胞释放的促生长激素释放激素的变化模式是相类似的(Matteri 和 Carroll 等，1997)。已经在胚胎(Duchamp 等，1996)和新生仔猪(Brameld 等，1995)的肝脏中发现 ST 受体 mRNA，在出生前 20 d 它的含量也是升高的(Owens 等，1990)。因此，ST 受体基因虽被转录，但似乎只有一部分表达了，或者说，有一些功能基因对 ST 有抗性，却对高剂量的外源 pST 有应答。这些理论似乎可以解释为什么新生仔猪对中等剂量的外源 pST 没有反应(Dunshea 等，1999b)，而对高剂量的外源 pST 有反应(Wester 等，1998；Dunshea 等，2001)。

断奶本身会造成血浆中 IGF-Ⅰ的下降和 ST 的升高(White 等，1991；Tang 等，1995；Carroll 等，1998；Matteri 等，2000)。Matteri 等(2000)明确阐述了 IGF-Ⅰ浓度的下降是由于断奶而非发育引起的，因为由母猪哺育的仔猪血浆中 IGF-Ⅰ浓度明显高于断奶仔猪。另外，血浆 IGF-Ⅰ浓度的下降不仅仅是发生在断奶期间，还发生在 14～35 日龄的小猪(White 等，1991；Matteri 等，2000)。血液循环中 IGF-Ⅰ水平直到断奶后 1～2 周才恢复到断奶前的水平，同时能量摄入量也恢复到断奶前水平(Le Dividich 和 Seve，2000)。外源 IGF-Ⅰ及其类似物抑制了 60 kg 生长猪 pST 的释放(Dunaiski 等，1997)，断奶后 pST 水平的升高可能是因为 IGF-Ⅰ的明显下降，继而 IGF-Ⅰ对 pST 释放的抑制作用也减小。断奶时采食量的减少引起了 pST 水平的升高，原因可能是为了保证肠道和骨骼肌中蛋白质的合成。事实上，消化系统蛋白周质转量很大，这些器官中沉积的蛋白质很少，因此，断奶后内脏器官的体积会大幅减小。有趣的是，无论是采食量高还是采食量低的断奶仔猪，其肝脏中 ST 受体 mRNA 都是减少的，而在测试的四块肌肉中(最长肌、菱形肌、比目鱼肌和心肌)，它却受低采食量的调控而升高(Katsumata 等，2000)。相反，在断奶后 2 d 的仔猪，Matteri 等(2000)没有发现断奶对骨骼肌、脂肪组织和肝脏中 ST 受体 mRNA 有任何影响。然而，不同体重的仔猪也是存在一定差异的。这种适应饲养不足(adaptations to underfeeding)时仔猪体内激素的调节或许可以解释断奶时仔猪的骨骼肌是如何变化的。断奶导致机体的能量负平衡，这是因为肌肉中 ST 受体含量升高和(或)血液循环中 pST 含量升高的缘故。事实上，pST 对采食和绝食情况下蛋白质代谢的影响是不同的。在采食情况下，pST 通过促进蛋白质合成、抑制蛋白质降解和氨基酸氧化来提高蛋白质沉积(Vann 等,2000a),而绝食情况下,蛋白质合成增加,氨基酸氧化减少又导致蛋白质损失减小(Vann 等,2000b)。因此,很多研究者用生长激素或者 IGF-Ⅰ处理新生或断奶仔猪,试图以此改善仔猪采食量降低和体重下降等断奶抑制现象。

Dunshea 等(1999b)给 4 日龄一直到 31 日龄断奶的哺乳仔猪每天注射 pST(0.06 mg/kg),发现只有到哺乳期最后 3 d 时,pST 才对日增重有影响,但该研究没有观察断奶后的生长情况。在随后的工作中,Dunshea 等(2001)发现,给 1～21 日龄断奶的哺乳仔猪每天注射高剂量的 pST(1.0 mg/kg/d),发现断奶前仔猪脂肪沉积和断奶后短期内的瘦肉沉积都下降。在育肥期之前进行 pST 处理,垂体内 pST 的含量会大幅下降(50%)(Campbell 等,1989)。因此,给新生仔猪注射 pST 可能会降低垂体 pST 的释放和(或)延迟垂体内生长激素的活性(Matteri 等,1997)。给断奶前仔猪注射 pST 引起断奶后短时间内内源 pST 水平的降低,这可能是引起断奶仔猪瘦肉沉积减少的诱因。因此,用给新生仔猪注射 pST 的方法来提高断奶后生长性能的想法是行不通的。尽管如此,研究断奶过程中注射 pST 的作用还是非常有意义的,因为每天注射 pST 可部分减少断奶仔猪体内地塞米松引起的分解代谢,而且用 pST 和 IGF-Ⅰ同时处理更为有效(Ward 和 Atkinson,1999)。同样,外源注射的 pST 会改善较大体重猪饥饿引起的蛋白质分解(Vann 等,2000b)。外源 IGF-Ⅰ作为 pST 促进瘦肉组织生长的垂体调控因子,人们也研究了它对断奶仔猪生长的促进作用。

给采食代乳料的新生仔猪急性注射 IGF-Ⅰ,会提高其各种组织中的蛋白合成,但与 7 日龄仔猪相比,26 日龄仔猪的作用效果明显低很多(Davis 等,2002)。Schoknecht 等(1997)发现,给正常或宫内发育迟缓(IUGR)的哺乳仔猪进行 7 d 的慢性注射 IGF-Ⅰ(4 μg/h),会提高其生长速度。然而,同样剂量(2、4、8 μg/h,8 d)的 IGF-Ⅰ或其有效类似物—长链人类胰岛素生长因子(LR3IGF-Ⅰ)对人工饲养仔猪的生长几乎没有作用,这些仔猪在饲养时严格控制其采食量,以便使其生长速度与正常哺乳的仔猪相同(200 g/d)(Dunshea 等,2002a)。在同样的系列研究中,从 4 日龄开始给自由采食牛奶的新生仔猪注射 IGF-Ⅰ或 LR3IGF-Ⅰ(8 μg/h),发现在试验的第一个 9 d 中,两种激素对仔猪的采食量或生长速度都没有影响。将注射的速度提高 1 倍(16 μg/h),在接下来的 9 d 中采食量和生长速度都有提高,LR3IGF-Ⅰ的作用更明显(Dunshea 等,2002a)。虽然 IGF 对内脏器官没有影响,但 LR3IGF-Ⅰ处理仔猪的肝脏和小肠的重量却有上升趋势。Dunshea 系列研究的另一个试验研究了采食量(每窝 6 头和 12 头)和 LR3IGF-Ⅰ注射的互作对哺乳仔猪的影响(表 5.1)。发现尽管 LR3IGF-Ⅰ处理仔猪生长加快了,但这种现象只出现在试验的后期。LR3IGF-Ⅰ对来自于窝产 12 头的仔猪的作用更加明显。LR3IGF-Ⅰ能增加内脏器官的大小和仔猪的生长，在营养因素引起的应激情况下，这种作用最大。因此，我们可以推断，给新生仔猪断奶前或(和)断奶后注射IGF-Ⅰ或其类似物，有益于仔猪克服断奶抑制。然而，随后针对改善断奶抑制的研究表明，不论断奶前是否补饲乳成分，断奶前后注射LR3IGF-Ⅰ虽然能增加某些内脏器官的体积，但对断奶前后仔猪的生长性能没有任何作用(Tomas,1996)。

表5.1 注射LR3IGF-Ⅰ对哺乳仔猪生长性能和器官大小的影响，猪来自于两窝，一窝6头，另一窝12头猪(Dunshea和Walton,1995)

生长因素(GF)	对照组		LR3IGF-Ⅰ		sed	P值	
窝产仔数(L)	6	12	6	12		L	GF
ADG(0～27 d)(g/d)	299	187	304	199	19.0	0.001	0.43
ADG(18～27 d)(g/d)	294	114	325	167	32.0	0.001	0.036
小肠(g)	359	247	373	311	34.0	0.011	0.047
肝脏(g)	263	168	312	221	23.0	0.001	0.003
脾(g)	29	16	53	40	6.3	0.033	0.001

5.4.2 胰岛素

胰岛素在调控仔猪生长和组织沉积时起关键作用。胰岛素可以通过改变氨基酸的分配来增加蛋白质沉积，减少氨基酸氧化和糖异生，也可以促使葡萄糖合成脂肪(Dunshea等,1992b;Wray-Cahen等,1998;Davis等,2001)。对于哺乳仔猪，胰岛素可促进骨骼肌蛋白质合成，虽然在7～26日龄这种反应下降(Davis等2001;2002)。但胰岛素对内脏和肠道组织的蛋白质合成没有影响，7～26日龄蛋白质的生成也不会下降(Davis等,2001;2002)。新生仔猪饥饿时胰岛素水平是降低的(Davis等,1996)。虽然有关数据很少，但我们有理由推断仔猪断奶时胰岛素会立即下降。例如，血浆中胰岛素在断奶后第1天就急剧下降(Rantzer等,1997)，但在2～3 d时间内又恢复到断奶前水平。同样，断奶后5～7 d仔猪体内胰岛素水平与一直饲喂液体乳的仔猪是一样的(Pluske,1995;Zijsltra等,1996)。断奶后饲喂液体代乳料的仔猪与饲喂谷物日粮的仔猪相比，断奶后第2天血浆中胰岛素水平偏高，随后就基本一致了(McCracken等,1995)。因此，断奶后胰岛素水平立即降低会动员脂肪和糖原以满足仔猪对能量的需要。胰岛素的降低还会促进糖异生，因为过多的胰岛素会抑制糖异生(Dunshea等,1992b)。断奶可能引起骨骼肌内蛋白质合成的降低，但对内脏和肠道组织没有影响。这似乎是断奶后肠道组织重量没有变化或者稍有增加的一个原因(图5.2)。此外，重新增加会促进内脏组织和肠道组织蛋白质合成，这主要是通过非胰岛素调节及肝后氨基酸供应(post-hepatic amino acid supply)的机制实现的(Davis等,2002)。由此我们可以推断，一当断奶后仔猪开始重新采食，就会刺激内脏重量的增加，部分原因是内脏是来自于肠腔的营养素的第一通路（Stoll 等，1999）。另外，动物骨骼肌中蛋白质合成的增加主要是因为采食后体内胰岛素水平升高而非营养物质的增加所致（Davis 等，2002）。

5.4.3　下丘脑-垂体轴

断奶引起的应激通常会导致血浆和尿液中皮质醇浓度迅速而短暂地升高，并持续 1～2 d（Carroll 等，1998；Kanitz 等，1998；Hay 等，2001）。断奶后第 5 天，血浆和尿液中皮质醇浓度会降至断奶前或哺乳对照组水平（Pluske 等，1995；Hay 等，2001）。Funderburke 和 Seerley（1990）试图研究断奶后短时间内仔猪受到生理、气候和营养因素的影响后，血浆中皮质醇的变化情况。但他们发现，各个处理的仔猪在断奶后 48 h 内血浆中皮质醇的平均水平都与一直哺乳的仔猪大不相同，由营养因素导致的应激中，仔猪体内皮质醇水平是最高的。同样，通过静脉穿刺（类似于动脉采血）处理过的仔猪，营养应激仔猪比生理或寒冷应激仔猪血浆中皮质醇浓度要高（Funderburke 和 Seerley，1990）。皮质醇会促进糖异生，也有报道认为皮质醇可以提高胎儿糖异生的能力（Martin 等，1980；Fowden 等，1995）。事实上，Fowden 等（1995）认为，产前内源皮质醇含量的升高是造成此段时期胎儿糖异生能力升高的主要原因。断奶后皮质醇含量的急剧升高可能与随后糖异生能力的提高有关。尽管断奶后血液循环中葡萄糖浓度会出现短暂降低，但是在仔猪采食饲料之前，血浆中葡萄糖浓度就会恢复到断奶前水平（Stanton 和 Mueller，1976；Rantzer 等，1997；Funderburke 和 Seerley，1990），这表明糖异生增加了。

猪血浆中儿茶酚胺浓度对急性应激非常敏感，例如，对猪进行 1 min 的隔栏应激时（如保定），血浆中肾上腺素和去甲肾上腺素浓度就会升高许多倍（＞25 倍）（Neubert 等，1996）。注射外源儿茶酚胺会促进脂肪和糖原的分解（Dunshea 和 King，1995；Dunshea 等，1998），由此我们可以推断，断奶会提高早期断奶仔猪血液循环中儿茶酚胺的浓度，以便断奶后仔猪能够动员更多的能量储备。但断奶对儿茶酚胺的影响是不确切的。Stanton 和 Mueller（1973）发现，断奶仔猪与一直哺乳的仔猪相比，肾上腺的体积更大，去甲肾上腺素的水平也更高。同样，参与儿茶酚胺的肾上腺素酶，包括酪氨酸羟化酶的活性也是断奶仔猪的水平较高，但断奶不影响肾上腺素的浓度。Mann 和 Sharman（1983）发现，早期断奶仔猪肾上腺中酪氨酸羟化酶的含量降低，而活性升高，这样便抵消了含量的降低。相反，Hay 等（2001）发现，与一直哺乳的仔猪相比，6 日龄断奶的仔猪在断奶后 7 d、11 d 和 14 d 时尿中去甲肾上腺素的水平都比一直哺乳的仔猪低，断奶后 14 d 和 19 d 尿中肾上腺素浓度也比一直哺乳的仔猪低。因此，从以上两个完全相反的试验结果可以看出，我们对肾上腺类系统中儿茶酚胺类激素在调控断奶仔猪代谢过程中所起的作用还不是很清楚。

5.5 结 论

从母乳转换为固体谷物饲料是断奶仔猪最大的应激因素。而同时，仔猪又被转移至新的环境中，经过了离开母亲和转群等一系列的变化。这些应激因素造成的后果是，刚刚断奶的仔猪不采食，直到断奶后 2 d 才开始采食，体重也明显下降，直到断奶后 7 d 才能恢复到断奶时的体重。采食量降低造成的主要后果是脂肪组织的大量动员，以此弥补能量不足。另外，断奶时胴体尤其是内脏器官中蛋白含量不稳定，而内脏的形态也会发生一定变化。这些代谢方面的适应过程都是受断奶前后的激素水平调控的。

参考文献

Auldist, D.E., L. Morrish, P. Eason and R.H. King, 1998. The influence of litter size on milk production of sows. Animal Science 67, 333-337.

Auldist, D.E., D. Carlson, L. Morrish, C.M. Wakeford and R.H. King, 2000. The influence of suckling interval on milk production of sows. Journal of Animal Science 78, 2026-2031.

Azain, M.J., T. Tomkins, J.S. Sowinski, R.A. Arentson and D.E. Jewell, 1996. Effect of supplemental pig milk replace on litter performance: Seasonal variation in response. Journal of Animal Science 74, 2195-202.

Bark, L.J., T.D. Crenshaw and V.D. Leibbrandt, 1986. The effect of meal intervals and weaning on feed intake of early weaned pigs. Journal of Animal Science 62, 1233-1239.

Bauman, D.E. and W.B. Currie, 1980. Partitioning of nutrients during pregnancy and lactation: a review of mechanisms involving homeostasis and homeorhesis. Journal of Dairy Science 63, 1514-1529.

Brameld, J.M., P.A. Weller, J.C. Saunders, P.J. Buttery and R.S. Gilmour, 1995. Hormonal control of insulin-like growth factor-I and growth hormone receptor mRNA expression by porcine hepatocytes in culture. Journal of Endocrinology 146, 239-245.

Bruininx, E.M., M.J. Heetkamp, D. van den Bogaart, C.M. van der Peet-Schwering, A.C. Beynen, H. Everts, L.A. den Hartog and J.W. Schrama, 2001. A prolonged photoperiod improves feed intake and energy metabolism of weanling pigs. Journal of Animal Science 80, 1736-45.

Bruininx, E.M., C.M. van der Peet-Schwering, J.W. Schrama, P.F. Vereijken, P.C. Vesseur, H. Everts, L.A. den Hartog and A.C. Beynen, 2002. Individually measured feed intake characteristics and growth performance of group-housed weanling pigs: effects of sex, initial body weight, and body weight distribution within groups. Journal of Animal Science 79, 301-308.

Buonomo, F.C. and J. Klindt, 1993. Ontogeny of growth hormone (GH), insulin-like growth factors (IGF-I and IGF-II) and IGF binding protein-2 (IGFBP-2) in genetically lean and obese swine. Domestic Animal Endocrinology 10, 257-265.

Campbell, R.G., R.J. Johnson, M.R. Taverner, R.H. King, 1991. Interrelationships between exogenous porcine somatotropin (PST) administration and dietary protein and energy intake on protein deposition capacity and energy metabolism of pigs. Journal of Animal Science 69, 1522-1531.

Campbell, R.G., N.C. Steele, T.J. Caperna, J.P. McMurtry, M.B. Solomon and A.D. Mitchell, 1989. Interrelationships between sex and exogenous growth hormone administration on performance, body composition and protein and fat accretion of growing pigs. Journal of Animal Science 67, 177-186.

Carroll, J.A., T.L. Veum and R.L. Matteri, 1998. Endocrine responses to weaning and changes in post-weaning diet in the young pig. Domestic Animal Endocrinology 15, 183-194.

Cera, K.R., D.C. Mahan, R.F. Cross, G.A. Reinhart and R.E. Whitmoyer, 1988. Effect of age, weaning and postweaning diet on small intestinal growth and jejunal morphology in young swine. Journal of Animal Science 66, 574-584.

Close, W.H. and J. Le Dividich, 1984. The influence of environmental temperature, level of feeding and age of weaning on the growth and metabolism of the young pig. Animal Production 38, 550.

Close, W.H. and M.W. Stanier, 1984. Effects of plane of nutrition and environmental temperature on the growth and development of the early weaned piglet. 2. Energy metabolism. Animal Production 38, 221-231.

Cranwell, P.D., I. Tarvid, D.T. Harrison and R.G. Campbell, 1995. Weight at weaning, causes and consequences. In 'Manipulating pig production V'. (Eds. D.P. Hennessy, P.D. Cranwell). p. 174. (Australasian Pig Science Association: Werribee, Vic.).

Davis, T.A., D.G. Burrin, M.L. Fiorotto and H.V. Nguyen, 1996. Protein synthesis in skeletal muscle and jejunum is more responsive to feeding in 7-than in 26-day-old pigs. American Journal of Physiology 270, E802-809.

Davis, T.A., M.L. Fiorotto, D.G. Burrin, W.G. Pond and H.V. Nguyen, 1997. Intrauterine growth restriction does not alter response of protein synthesis to feeding in newborn pigs. American Journal of Physiology 272, E877-884.

Davis, T.A., M.L. Fiorotto, P.R. Beckett, D.G. Burrin, P.J. Reeds, D. Wray-Cahen and H.V. Nguyen, 2001. Differential effects of insulin on peripheral and visceral tissue protein synthesis in neonatal pigs. American Journal of Physiology 280, E770-779.

Davis, T.A., M.L. Fiorotto, D.G. Burrin, P.J. Reeds, H.V. Nguyen, P.R. Beckett, R.C. Vann and P.M. O'Connor, 2002. Stimulation of protein synthesis by both insulin and amino acids is unique to skeletal muscle in neonatal pigs. American Journal of Physiology, Endocrinology and Metabolism 282, E880-890.

Duchamp, C., K.A. Butron, P. Herpin and M.J. Dauncey, 1996. Perinatal ontogeny of porcine growth hormone receptor gene expression is modulated by thyroid status. European Journal of Endocrinology 134, 524-531.

Dunaiski, V., F.R. Dunshea and C. Goddard, 1997. Regulation of insulin-like growth factor-I (IGF-I) and IGF binding protein-3 (IGFBP-3) mRNA by GH in different porcine tissues. Journal of Endocrinology 155, 559-565.

Dunshea, F.R., 2001. Sexual dimorphism in growth of sucking and growing pigs. Asian Australasian Journal of Animal Science 14, 1610-1615.

Dunshea, F.R. and R.H. King, 1995. Responses to homeostatic signals in ractopamine-treated pigs. British Journal of Nutrition 73, 809-818.

Dunshea, F.R. and P.E. Walton, 1995. Potential of exogenous metabolic modifiers for the pig industry. In 'Manipulating pig production IV' (Eds D.P. Hennessy and P.D. Cranwell). pp. 42-51. (Australasian Pig Science Association: Werribee, Vic.).

Dunshea, F.R., A.W. Bell and T.E. Trigg, 1988. Relationships between plasma non-esterified fatty acid metabolism and body tissue mobilization during chronic undernutrition in goats. British Journal of Nutrition 60, 633-644.

Dunshea, F.R., D.M. Harris, D.E. Bauman, R.D. Boyd and A.W. Bell, 1992a. Effect of porcine somatotropin on non-esterified fatty acid and glycerol metabolism in growing pigs. Journal of Animal Science 70, 132-140.

Dunshea, F.R., D.M. Harris, D.E. Bauman, R.D. Boyd and A.W. Bell, 1992b. Effect of porcine somatotropin on in vivo glucose kinetics and lipogenesis in the growing pig. Journal of Animal Science 70, 141-151.

Dunshea, F.R., B.J. Leury and R.H. King, 1998. Lipolytic responses to catecholamines in ractopamine treated pigs. Australian Journal of Agricultural Research 49, 875-881.

Dunshea, F.R., P.J. Eason, D.J. Kerton and R.H. King, 1999a. Supplemental milk before and after weaning improves growth performance of pigs. Australian Journal of Agricultural Research 50, 1165-1170.

Dunshea, F.R., R.H. King, P.C. Owens and P.E. Walton, 1999b. Moderate doses of porcine somatotropin do not increase plasma insulin-like growth factor-I or insulin-like growth-factor binding protein-3. Domestic Animal Endocrinology 16, 149-157.

Dunshea, F.R., D.J. Kerton, P.D. Cranwell, R.G. Campbell, B.P. Mullan, R.H. King and J.R. Pluske, 2000a. Dietary lysine requirements of heavy and light pigs weaned at 14 days of age. Australian Journal of Agricultural Research 51, 531-539.

Dunshea, F.R., D.J. Kerton, P.J. Eason and R.H. King, 2000b. Supplemental fermented milk increases growth performance of early-weaned pigs. Asian Australasian Journal of Animal Science 13, 511-515.

Dunshea, F.R., D. Suster, D.J. Kerton and B.J. Leury, 2001. Porcine somatotropin treatment of neonatal pigs alters lifetime fat but not lean accretion. In Manipulating Pig Production VIII, (Ed. P.D. Cranwell) Australasian Pig Science Association: Werribee, Australia, p 42.

Dunshea, F.R., C.S. Chung, P.C. Owens, F.J. Ballard and P.E. Walton, 2002a. IGF-I and analogues can increase growth in artificially-reared neonatal pigs. British Journal of Nutrition 87, 587-593.

Dunshea, F.R., D.J. Kerton, P.D. Cranwell, R.G. Campbell, B.P. Mullan, R.H. King and J.R. Pluske, 2002b. Interactions between weaning age, weaning weight, sex and enzyme supplementation on growth performance of pigs. Australian Journal of Agricultural Research 53, 939-945.

Dunshea, F.R., D.J. Kerton, P.J. Eason, J.R. Pluske and T. Moyes, 2002c. Diets containing high quality animal proteins increase growth of early weaned pigs. Australian Journal of Agricultural Research 53, 779-784.

Ebner, S., P. Schoknecht, P. Reeds and D. Burrin, 1994. Growth and metabolism of gastrointestinal and skeletal muscle tissues in protein-malnourished neonatal pigs. American Journal of Physiology 266, 1736-1743.

Ellendorff, F., M.L. Forsling and D.A. Poulain, 1982. The milk ejection reflex in the pig. Journal of Physiology 333, R577-594.

Fenton, J.P., K.L. Roehrig, D.C. Mahan and J.R. Corley, 1985. Effect of swine weaning age on body fat and lipogenic activity in liver and adipose tissue. Journal of Animal Science 60, 190-199.

Fowden, A.L., R.S. Apatu and M. Silver, 1995. The glucogenic capacity of the fetal pig: developmental regulation by cortisol. Experimental Physiology 80, 457-67.

Funderburke; D.W. and R.W. Seerley, 1990. The effects of postweaning stressors on pig weight change, blood, liver and digestive tract characteristics. Journal of Animal Science 68, 155-62.

Geary, T.M. and P.H. Brooks, 1998. The effect of weaning weight and age on the post-weaning growth performance of piglets fed fermented liquid diets. The Pig Journal 42, 10-23.

Harrell, R.J., M.J. Thomas and R.D. Boyd, 1993. Limitations of sow milk yield on baby pig growth. In '1993 Cornell nutrition conference for feed manufacturers'. pp 156-164. (Cornell University; Ithaca, NY).

Harrell, R.J., M.J. Thomas, R.D. Boyd, S.M. Czerwinski, N.C. Steele and D.E. Bauman, 1997. Effect of porcine somatotropin administration in young pigs during the growth phase from 10 to 25 kilograms. Journal of Animal Science 75, 3152-3160.

Hay, M., P. Orgeur, F. Levy, J. Le Dividich, D. Concordet, R. Nowak, B. Schaal and P. Mormede, 2001. Neuroendocrine consequences of very early weaning in swine. Physiology and Behaviour 72, 263-269.

Hodge, R.W., 1974. Efficiency of food conversion and body composition of the preruminant lamb and young pig. British Journal of Nutrition 32, 113-126.

Kanitz, E., G. Manteuffel and W. Otten, 1998. Effects of weaning and restraint stress on glucocorticoid receptor binding capacity in limbic areas of domestic pigs. Brain Research 804, 311-315.

Kanitz, E., M. Tuchscherer, A. Tuchscherer, B. Stabenow and G. Manteuffel, 2002. Neuroendocrine and immune responses to acute endotoxemia in suckling and weaned piglets. Biology of the Neonate 81, 203-209.

Katsumata, M., D. Cattaneo, P. White, K.A. Burton and M.J. Dauncey, 2000. Growth hormone receptor gene expression in porcine skeletal and cardiac muscles is selectively regulated by postnatal undernutrition. Journal of Nutrition 130, 2482-2488.

Kelly, D., J.A. Smyth and K.J. McCracken, 1991. Digestive development in the early-weaned pig. I. Effect of continuous nutrient supply on the development of the digestive tract and on changes in digestive enzyme activity during the first week post-weaning. British Journal of Nutrition 65, 169-180.

King, R.H., M.S. Toner, H. Dove, C.S. Atwood and W.G. Brown, 1993. The response of first - litter sows to dietary protein level during lactation. Journal of Animal Science 71, 2457-63.

Klindt, J. and R.T. Stone, 1984. Porcine growth hormone and prolactin: concentrations in the fetus and secretory patterns in the growing pig. Growth 48, 1-5.

Lecce, J.G., 1986. Diarrhea: the nemesis of the artificially reared, early weaned piglet and a strategy for defence. Journal of Animal Science 63, 1307-1313.

Lecce, J.G., W.D. Armstrong, E.J. Crawford and G.A. Ducharme, 1979. Nutrition and management of early weaned piglets: Liquid vs dry feeding. Journal of Animal Science 63, 1307-12.

Le Dividich, J. and B. Seve, 2000. Effects of underfeeding during the weaning period on growth, metabolism, and hormonal adjustments in the piglet. Domestic Animal Endocrinology 19, 63-74.

Le Dividich, J., M. Vermorel, J. Noblet, J.C. Bouvier and A. Aumaitre, 1980. Effects of environmental temperature on heat production, energy retention, protein and fat gain in early weaned piglets. British Journal of Nutrition 44, 313-323.

Mann, S.P. and D.F. Sharman, 1983. Changes associated with early weaning in the activity of tyrosine hydroxylase in the caudate nucleus of the piglet. Comparative Biochemistry and Physiology C 74, 267-70.

Martin, R.J., J.H. Herbein, G.W. Sherritt, P.J. Wangsness, 1980. Development of liver metabolism and serum hormones and metabolites in the perinatal pig. Growth 44, 1-11.

Matteri, R.L. and J.A. Carroll, 1997. Somatotroph function in the neonatal pig. Domestic Animal Endocrinology 14, 241-249.

Matteri, R.L., B.A. Becker, J.A. Carroll and F.C. Buonomo, 1997. Suppression of somatotroph function induced by growth hormone treatment in neonatal pigs. Domestic Animal Endocrinology 14, 109-118.

Matteri, R.L., C.J. Dyer, K.J. Touchette, J.A. Carroll and G.L. Allee, 2000. Effects of weaning on somatotrophic gene expression and circulating levels of insulin-like growth factor-1 (IGF-1) and IGF-2 in pigs. Domestic Animal Endocrinology 19, 247-259.

McCracken, B.A., H.R. Gaskins, P.J. Ruwe-Kaiser, K.C. Klasing and D.E. Jewell, 1995. Diet-dependent and diet-independent metabolic responses underlie growth stasis of pigs at weaning. Journal of Nutrition 125, 2838-45.

McCracken, B.A., M.E. Spurlock, M.A. Roos, F.A. Zuckermann and H.R. Gaskins, 1999. Weaning anorexia may contribute to local inflammation in the piglet small intestine. Journal of Nutrition 129, 613-619.

Mellor, D.J. and F. Cockburn, 1986. A comparison of energy metabolism in the new-born infant, piglet and lamb. Quarterly Journal of Experimental Physiology 71, 361-379.

Neubert, E., H. Gurtler and G. Vallentin, 1996. Effect of restraining growth pigs with snare restraints on plasma levels of catecholamines, cortisol, insulin and metabolic parameters. Berl Munch Tierarztl Wochenschr 109, 409-413 [in German].

Odle, J. and R.J. Harrell, 1998. Nutritional approaches for improving neonatal piglet performance: Is there a place for liquid diets in commercial production? Asian Australasian Journal of Animal Science 11, 774-780.

Owens, P.C., R.J. Johnson, R.G. Campbell and F.J. Ballard, 1990. Growth hormone increases insulin-like growth factor-I (IGF-I) and decreases IGF-II in plasma of growing pigs. Journal of Endocrinology 124, 269-275.

Owens, P.C., M.A. Conlon, R.G. Campbell, R.J. Johnson, R. King and F.J. Ballard, 1991. Developmental changes in growth hormone, insulin-like growth factors (IGF-I and IGF-II) and IGF-binding proteins in plasma of young growing pigs. Journal of Endocrinology 128, 439-447.

Pluske, J.R., 1995. Psychological and nutritional stress in pigs at weaning: Production parameters, the stress response, and histology and biochemistry of the small intestine. PhD Thesis, The University of Western Australia.

Pluske, J.R., I.H. Williams and F.X. Aherne, 1995. Nutrition of the piglet. In 'The Neonatal Pig. Development and Survival'. (Ed. M.A. Varley) pp. 187-235. (CAB International: Wallingford, UK).

Pluske, J.R., D.J. Kerton, P.D. Cranwell, R.G. Campbell, B.P. Mullan, R.H. King, G.N. Power, S.G. Pierzynowski, B. Westrom, C. Rippe, O. Peulen and F.R. Dunshea, 2003. Age, sex and weight at weaning influence the physiological and gastrointestinal development of weanling pigs. Australian Journal of Agricultural Research (manuscript submitted).

Power, G.N., J.R. Pluske, R.G. Campbell, P.D. Cranwell, D.J. Kerton, R.H. King and F.R. Dunshea, 1996. Effect of sex, weight and age on post-weaning growth of pigs. Proceedings Nutrition Society of Australia 20, 137 (Abstr.).

Rantzer, D., P. Kiela, M.J. Thaela, J. Svendsen, B. Ahren, S. Karlsson and S.G. Pierzynowski, 1997. Pancreatic exocrine secretion during the first days after weaning in pigs. Journal of Animal Science 75, 1324-31.

Russell, P.J., T.M. Geary, P.H. Brooks and A. Campbell, 1996. Performance, water use and effluent output of weaner pigs fed ad libitum with either dry pellets or liquid feed and the role of microbial activity in the liquid feed. Journal of the Science of Food and Agriculture 72, 8-16.

Schoknecht, P.A., S. Ebner, A. Skottner, D.G. Burrin, T.A. Davis, K. Ellis and W.G. Pond, 1997. Exogenous insulin-like growth factor-I increases weight gain in intrauterine growth-retarded neonatal pigs. Pediatric Research 42, 201-207.

Spreeuwenberg, M.A., J.M. Verdonk, H.R. Gaskins and M.W.A. Verstegen, 2001. Small intestine epithelial barrier function is compromised in pigs with low feed intake at weaning. Journal of Nutrition 131, 1520-1527.

Stanton, H.C. and R.L. Mueller, 1976. Sympathoadrenal neurochemistry and early weaning of swine. American Journal of Veterinary Research 37, 779-83.

Stoll, B., D.G. Burrin, J.F. Henry, F. Jahoor and P.J. Reeds, 1999. Dietary and systemic phenylalanine utilization for mucosal and hepatic constitutive protein synthesis in pigs. American Journal Physiology 276, 49-57.

Tang, M., A.G. van Kessel and B. Laavel, 1995. Ontogeny of insulin-like growth factor I in pigs from birth to 65d of age. Annual Research Report. Prairie Swine Centre (Saskatoon) 61-62.

Tomas, F.M., 1996. Promotion of lean and efficient growth by treatment of sucking pigs with growth factor. Final report CSN5/0998, Pig Research and Development Corporation, Canberra, Australia.

Toner, M.S., R.H. King, F.R. Dunshea, H. Dove, C.S. Atwood, 1996. The effect of exogenous somatotropin on lactation performance of first-litter sows. Journal of Animal Science 74, 167-172.

Vann, R.C., H.V. Nguyen, P.J. Reeds, D.G. Burrin, M.L. Fiorotto, N.C. Steele, D.R. Deaver and T.A. Davis, 2000a. Somatotropin increases protein balance by lowering body protein degradation in fed, growing pigs. American Journal of Physiology 278, E477-483.

Vann, R.C., H.V. Nguyen, P.J. Reeds, N.C. Steele, D.R. Deaver and T.A. Davis, 2000b. Somatotropin increases protein balance independent of insulin's effects on protein metabolism in growing pigs. American Journal of Physiology 279, E1-10.

Ward, W.E. and S.A. Atkinson, 1999. Growth hormone and insulin-like growth factor-I therapy promote protein deposition and growth in dexamethasone-treated piglets Journal of Pediatric and Gastroenterology Nutrition 28, 404-410.

Wester, T.J., T.A. Davis, M.L. Fioretto and D.G. Burrin, 1998. Exogenous growth hormone stimulates somatotropic axis function and growth in neonatal pigs. American Journal of Physiology 274, E29-37.

White, M.E., T.G. Ramsay, J.M. Osborne, K.A. Kampman and D.W. Leaman, 1991. Effect of weaning at different ages on serum insulin-like growth factor I (IGF-I), IGF binding proteins and serum in vito mitogenic activity in swine. Journal of Animal Science 69, 134-145.

Whittemore, C.T., H.M. Taylor, R. Henderson, J.D. Wood and D.C. Brack, 1981. Chemical and dissected composition changes in weaned pigs. Animal Production 32, 203-210.

Wray-Cahen, D., H.V. Nguyen, D.G. Burrin, P.R. Beckett, M.L. Fiorotto, P.J. Reeds, T.J. Wester and T.A. Davis, 1998. Response of skeletal muscle protein synthesis to insulin in suckling pigs decreases with development. American Journal of Physiology 275, E602-609.

Young, V.R., 1970. The role of skeletal and cardiac muscle in the regulation of protein metabolism. In: Mammalian Protein Metabolism, pp 585-674, ed. H.N. Munro, Academic Press, New York.

Zijlstra, R.T., K.Y. Whang, R.A. Easter and J. Odle, 1996. Effect of feeding a milk replacer to early-weaned pigs on growth, body composition, and small intestinal morphology, compared with suckled littermates. Journal of Animal Science 74, 2948-59.

6 影响断奶仔猪自由采食量的因素

P. H. Brooks* 和 *C. A. Tsourgiannis

6.1 前　言

野猪或自然条件下饲养的家猪，仔猪从完全依赖于母奶到成为不依赖于母源营养的独立采食者的断奶是一个缓慢的、自然的过程。而对现代养猪生产的仔猪来说，断奶则意味着将其与母猪突然分开和突然断绝母源营养。仔猪对断奶的反应决定于断奶时的体重和年龄。通常情况下，仔猪在 12～28 日龄与母猪分开，比自然条件下要早得多。因此，断奶仔猪必须在数小时而不是数周内产生新的采食策略，但在短时间内完成这一转变很困难，结果常常导致断奶后生长速度急速下降。断奶前生长速度一直在 200～300 g 的仔猪，断奶后会马上经历一个缓慢生长甚至体重减少的时期，这种现象常常被当作营养问题来处理。营养学家试图通过增加日粮养分浓度来补偿采食量的降低，或者在断奶日粮中添加微生物产品解决其肠道问题。但是，本章认为断奶仔猪面临的主要是行为性问题，而非营养性问题。通过理解猪生长的某些自然行为方式的进化优势，我们能够懂得商业养猪生产中断奶对这些行为方式的破坏程度；通过理解断奶后仔猪行为的被迫改变，我们能够解释某些管理方法对采食量的不利影响。对仔猪行为的理解反过来可以帮助人们改进管理方法，使仔猪在断奶后能达到断奶前的生长速度。

6.2 “自然”或“半自然”状态下仔猪的采食行为

为理解舍饲仔猪面临的问题，了解野猪和自然状态下家猪的行为发展是很重要的。自然状态下，断奶不是一个突然事件，而是发生在数周之内的一种过程。这一过程有行为的、营养的和免疫学的三个不同但相互关联的组成部分。每一部分的适当发展都会影响仔猪的健康及其独立于母体和同窝仔猪的活动能力。

断奶仔猪必须适应从完全以母乳为食物到独立采食饲料的转变，前者是本能行为，后者则包含了明显的学习行为。出生后的仔猪完全依靠母奶，母奶不仅提供营养物质，还提供免疫球蛋白、生物活性蛋白质和肽，后者可刺激和调节肠道的发育（Zabielski，1998）。母猪是影响仔猪微生物环境的最重要的因素（Conway，

1966),仔猪遇到的第一批细菌来自于母猪的阴道、乳头和粪便。在仔猪出生的过程中,母猪阴道的微生物和吮乳过程中摄入的微生物对肠道的结构和生物化学、肠道生态系统及免疫发育有着深远的影响(Kelly 和 King,2001)。

在自然条件下,断奶前的哺乳期可分为 4 个阶段(表 6.1)。在哺乳期的第 1 个 10 d(范围 3~16 d),仔猪在母猪为其准备的窝巢或在窝巢附近活动(隐藏阶段,Jensen 和 Redbo,1987)。第 2 阶段可称为跟随阶段,母猪就像一个女权制的家长,带领仔猪离开窝巢弥食(Jensen,1986)。仔猪不一定采食,但在采食的母猪旁休息,随着仔猪的生长,其脂肪储备增加,身体更强壮,跟随并观察母猪采食的时间越来越多。仔猪开始尝试母猪采食的食物,这种对食物和非食物性物质(如土壤)的尝试,使得仔猪肠道暴露于新的食物、抗原和微生物中,并刺激肠道酶系统和主动免疫功能的发育(Kidder 和 Manners,1978)。第 2 阶段大约持续 3 周,特点为仔猪处于免疫功能的低点(immunological low point),即被动免疫下降,主动免疫刚刚开始发育。

自然或半自然状态下,母猪决定仔猪获取食物的最初方式。不管仔猪是否饥饿,母猪通过发声吸引仔猪(Lewis 和 Hurnik,1985),这种反应使得同窝仔猪彼此接触并保持行动的一致性(Castren 等,1989)。一般来说,整个哺乳期间仔猪有固定的奶头(de Passille 和 Rushen,1989;Fraser 和 Morley-Jones,1985;McBride,1963),但并非完全一致(Puppe 等,1993)。不同部位乳头的产乳量存在相当的差异(Algers 和 Jensen,1991;Fraser,1980;Fraser 和 Thompson,1986),前部乳头(anterior teats)产乳量一般比后部乳头高且被强健的仔猪占有。最近的研究表明,在家猪的哺乳过程中,乳头的顺序比自然或半自然状态下更严格(Puppe 和 Tuchscherer,1999)。乳头顺序的信息有助于饲喂的顺序,消除仔猪间的竞争(Frase,1980;McBride,1963)。当每次哺乳的时间只有 10~20 s 时,这种信息可能对提高仔猪的存活率有重要作用(Barber 等 1955;Fraser,1980;Whittemore 和 Fraser,1974)。

表 6.1 自然条件下仔猪发育概要

发育阶段(周)	行为特征	对仔猪发育的影响
第 1 周 (隐藏阶段)	仔猪在母猪建立的窝巢中 非常有限地在窝巢外活动	完全靠母猪提供营养 胃肠道的发育决定于母猪奶中的养分和生物活性分子 母猪的微生物优先定殖于仔猪的胃肠道 由母猪奶中的免疫球蛋白提供被动免疫
第 2~3 周 (家族式跟随阶段)	仔猪跟随母猪离开窝巢 母猪和仔猪形成一个母权式的组织 同窝仔猪在一起 仔猪开始用鼻拱土觅食	母奶仍是主要的营养物质 母奶中的生物活性物质继续影响仔猪胃肠道发育 有限地尝试环境中的物质,将胃肠道暴露给其他微生物 主动免疫开始发育

续表 6.1

发育阶段(周)	行为特征	对仔猪发育的影响
第 4～7 周 (融合或学习阶段)	仔猪增加采食行为	仔猪营养需要开始超过母奶提供的量,从而刺激仔猪采食
	仔猪开始与其他群体融合	吮乳机会的减少和母奶营养的限制激励仔猪独立采食
	母猪离开仔猪的时间越来越长	新的食物刺激仔猪胃肠道和免疫系统发育
	哺乳的时间间隔增加	母奶仍然对肠道健康和发育发挥作用
	母猪逐渐停止哺乳	被动免疫不再有效
	仔猪完全与社会组织的其他成员融合	仔猪陷于竞争性行为,解决遇到的矛盾,发展新的社会结构
8～17 周 (独立阶段)	母猪哺乳次数越来越少,并逐渐停止(断奶)	仔猪逐渐独立于母猪和同窝仔猪
	作为扩大的社会组织的一部分,仔猪独立活动	仔猪发展独立的采食策略(采食次数,采食间隔)
	作为家庭组织,仔猪可能仍然与母猪一起休息	完全离开母奶意味着胃肠道发育基本成熟

仔猪吮乳的时间间隔(interval between nursing events)变化相当大(表 6.2),但是出生后第 1 周的吮乳时间间隔大约是 50 min。吮乳时间间隔在出生后 2～4 周增加到大约 90 min(Horrell,1997),到 10 周龄时吮乳时间间隔超过 300 min(Bϕe,1991)。在出生后的 6～10 周,吮乳的时间间隔变化越来越大,范围在 30～200 min 之间(Newberry 和 Wood-Gush,1985)。野生型和家养驯化的母猪生产的仔猪,出生后第 1 周的吮乳时间间隔相似(similar intra-suckling intervals),但在第 2 周家养驯化母猪所产仔猪的吮乳时间间隔更长一些(Gustafsson 等,1999)。

表 6.2 仔猪吮乳的间隔时间

间隔时间(min)	哺乳日龄	数据来源
40～45	1～13	(Arey 和 Sancha,1996)
40～60	1～14	(Gustafsson 等,1999)
29～78	1～42	(Newberry 和 Wood-Gush,1984)
76	3	(Spinka 等,1997)
26～96	6～51	(Barber 等,1955)
21～92	7～28	(Ellendorff 等,1982)
48～52	10～24	(Auldist 和 King,1995)
42～68	14～15	(Wechster 和 Brodmann,1996)
53±9.7	产后 48 h	(Horrell,1997)
42±2.4	6～8	
91±6.7	14～28	
86±21.3	42～49	
64	14	(Bøe,1991)
72	28	
102	42	
182	56	
334	70	

仔猪吮乳时间间隔长短的变化是与小猪生长对营养物质需要量的增长和母猪采食营养物质的量减少相一致的，这种变化通常发生于产后的第3～4周或更早些(Mackenzie和Revell，1998)。母猪不断减少哺乳次数直到第4周终止哺乳(Jesen和Recen，1989)。母猪从产后第4周开始站立哺乳(Boe，1991)，这样将促进仔猪采食替代母乳的营养物质。尽管如此，有些母猪仍然会间断性地哺乳仔猪一直到20周。Boe(1991)发现，尽管仔猪每天吮乳的时间在不断的减少，但每天的日增重并没有降低，因为仔猪增加了对固体饲料的采食量，从而弥补了母乳采食量的减少。

在仔猪行为的发育上，一般认为，仔猪在4～8周龄这段时间是融合与学习阶段。虽然是群体的一部分，在4周龄以前是很少与其他窝别的猪混群的(Jesen，1986)。在4～8周龄这段时间，由于不同窝别猪之间的混群，整个猪群的家族关系(family affiliations)变得越来越松散(Jesen，1995)。在同一窝猪里面，母猪与各仔猪之间关系的密切程度的变化是相当大的。仔猪从出生到12周龄这段时间，一头或多头仔猪吮乳时所占据的空间是不断消失的。丧失吮乳空间的仔猪一般只占整窝仔猪的少部分，有些仔猪虽然离母猪较近但似乎对吮乳并没有很大的积极性。同窝仔猪完全断奶的平均年龄一般在17周左右(Jesen和Recen，1989；Petersen，1994)，但同窝猪完全断奶的年龄变化相当大(15.6～19.5周)。这就意味着部分仔猪花相对少的时间和精力从母乳中获得营养物质，而逐渐增加对独立采食的适应性。大约在4周龄，仔猪成为母系家庭(larger matricrchal group)的一个成员，围绕在母猪周围学着采食(融合/学习阶段)。仔猪跟随母猪模仿母猪的采食行为(foraging behaviour)，学习辨别哪些是可以吃的，哪些是不可以吃的。有人从仔猪一出生就开始观察，发现仔猪从第3周龄才出现啃食行为，从4～11周龄，仔猪啃食所占的时间从7%增加到56%(Petersen，1994)。猪是一种机会主义的以草食为主的动物(Baber和Coblenz，1987)。野生型猪日粮的90%是植物性物质，其中的50%是植物种子和果实(Spitz，1986)。日粮的另10%为地面昆虫、软体动物和蚯蚓。结果，当野生型猪开始采食固体食物的时候，食物中的干物质含量是15%～30%。

本质上，自然条件下仔猪的采食经过了从母乳到母乳与高水分含量的固体饲料混合物，再到全部的固体饲料的逐渐转变，这种转变可以不断地刺激未发育成熟的胃肠道酶和免疫系统的发育，并使胃肠道有时间逐渐适应微生物菌群的改变。

现在我们可以简要地列出自然或半自然条件下断奶过程的几个关键特征：

- 断奶不是一个单一的事情，它是一个得花3个月或更多时间逐渐适应的漫长过程。
- 在采食新的食物和胃肠道建立起适应新食物的微生物和免疫系统时，仔猪依然能继续采食母乳。
- 从完全依赖母乳过渡到完全采食固体饲料这个缓慢的转变，使仔猪能够持续地摄入营养物质并防止发生短暂的饥饿。

● 仔猪经过很长时间融入更大的社会群体,最低程度减少了个体的攻击性行为。

● 最开始,母猪习性决定着仔猪的采食方式,母猪的习性和仔猪并窝的行为强化了猪的群体饲养行为。

● 由于母乳供应不足,使得不同仔猪在不同阶段开始独立采食。但对同窝仔猪来说,大多数在 8～10 周龄时仍然在一起,体现了明显的组织行为。

6.3 商业性的人为断奶是一个事件而不是过程

在实际生产中,商业性的人为断奶与自然条件下的断奶之间的共同性很少。表 6.3 总结了二者间的本质差别。在商业生产条件下,断奶前母猪和其仔猪是单栏独立饲养的,母猪及其所产仔猪同其他猪之间几乎没有接触。为了获得母猪的最大生产性能,在没有建立完全独立的采食行为之前,就将仔猪从母猪身边赶走。近年来,北美一些国家正推行 12～18 日龄的超早期断奶,但欧盟国家是禁止 21 日龄之前断奶的。欧盟计划将最小断奶日龄增加至 28 d,瑞典等一些禁止抗生素作为生长促进剂影响使用的国家,通常将断奶日龄推迟至 35～42 d。断奶时,通常将不同窝的仔猪共同转入新的陌生的环境,共同组成一个新的猪群,提供的饲料和饮水系统使其感到陌生。因此,仔猪断奶过渡顺利与否除了受断奶日龄和断奶前采食训练的时间长短影响外,还受断奶后的环境和饲养管理的影响。下面将就断奶前后饲养管理对采食的影响以及断奶过程的成功与失败进行详细讨论。

表 6.3 自然和商业性条件下断奶的本质区别

自然断奶	商业性人为断奶
断奶前和断奶过程中不同窝别的猪有相互接触的机会 断奶是一个大约持续 3 个月时间的漫长过程 在采食新的食物和胃肠道建立起适应新食物的微生物和免疫系统时,仔猪依然能继续采食母乳 从完全依靠母乳供给营养过渡到完全依赖固体饲料,是一个缓慢的过程,能避免出现短暂饥饿的情况 固体饲料中干物质约为 20% 断奶时没有改变环境 断奶前甚至断奶后仔猪一直与母猪生活在一起 仔猪经历很长一段时间并入大的猪群,攻击性行为很小	断奶前不同窝别的仔猪通常没有机会相互接触 断奶仅是单个的事件,只发生在特定的时间(一般 14～35 d) 仔猪直接过渡到固体饲料,母乳及其活性生物成分突然终止 突然断乳,导致短暂的饥饿,损害胃肠道结构,造成断奶后出现零或负生长 固体饲料中干物质为 80%～85% 断奶时仔猪通常被移入一个新的环境,必须适应不同的饲喂和饮水设备 仔猪与母猪隔离饲养 仔猪断奶时通常重新组群,并与其他窝别的猪混合,导致相当大的相互攻击和潜在的肢体损伤

6.4 断奶前的采食和饮水

幼龄仔猪对采食量几乎没有控制。虽然任何种类的幼龄动物都会吮乳，但是几乎缺乏采食控制的进化。幼龄动物对采食控制的缺失，有利于他们消耗掉母体所能提供的所有营养物质。因此幼龄动物的采食量主要依靠母体，而不是吮乳动物的生理反应来调控。尽管选种的时候尽可能选泌乳性能好的作为母本，但是即使在哺乳的较早期阶段，现代高生产性能母猪的母乳也不能满足仔猪生长发育的需要。过去的许多研究已表明，给仔猪补饲以乳制品为基础的日粮能获得更大的生长（Benevenga 等，1990；Braude 等，1970；Harrell 等，1993；Zijlstra 等，1996）。Harrell 等(1993)通过计算现代基因型母猪的秘乳量，发现在仔猪出生 8～10 d 后，母乳就不能满足仔猪生长的营养需要。到 21 日龄时，母猪每天需要产 18 kg 以上的母乳（大约是现代基因型母猪正常乳产量的 2 倍），才能使仔猪获得和人工补饲时同样的生长速度。由于母猪泌乳量不能满足仔猪生长的需要，为了使仔猪顺利地向断奶过渡，因此断奶前就需要给仔猪补饲一定数量的固体教槽料。已如上述，在自然饲养条件下，仔猪出生后的 3 周内几乎不采食固体食物，就连现在的舍饲家猪也是如此。因此，21 日龄或更早断奶的仔猪几乎不采食固体饲料。例如，Meta 和 Gonyou(1990)报道，两周龄断奶的仔猪，断奶前 2 d 每天仅采食 7 g 固体饲料，但 28 日龄断奶时，断奶前 2 d 每天采食 127 g 的固体饲料。Pajor 等(1991)发现，尽管圈养的猪平均在 12 日龄左右（范围为 10～28 日龄）开始采食，但是到哺乳期的第 20 天时每天的平均采食量一般少于 5 g。仔猪在 20 到 28 日龄这段时间每天大约采食 63 g 的固体饲料，但个体之间的变异相当大（2～205 g/d)，28 日龄断奶前每头猪采食的固体饲料总量为 13～1 911 g。Delumeau 和 Meunier-Salaun(1995)报道了相似的结果，仔猪在 21 日龄时才开始有采食活动（feeding activity)，在 3 周龄到 4 周龄这段时间，仔猪各个体的教槽料采食量变化相当大（0～2 382 g/头）。这样可以明显发现，只要能从母猪获得营养物质，仔猪将主要精力用于刺激母猪增加秘乳的频率从而增加产奶量，而很少利用其他来源的营养物质来增加干物质进食量。这一现象同时也被 Bϕe 和 Jesen(1995)证实（图6.1），在他们的试验中，让仔猪吮乳到 8 周龄，发现 4 周龄时每头仔猪采食教槽料 0～437 g/d，8 周龄时为 0～1 571 g/d。仔猪在 8 周龄的个体重为 6.3～26.6 kg（平均个体重为 17.7 kg)，仔猪体重的巨大差异反应了营养物质摄入量的巨大差异。

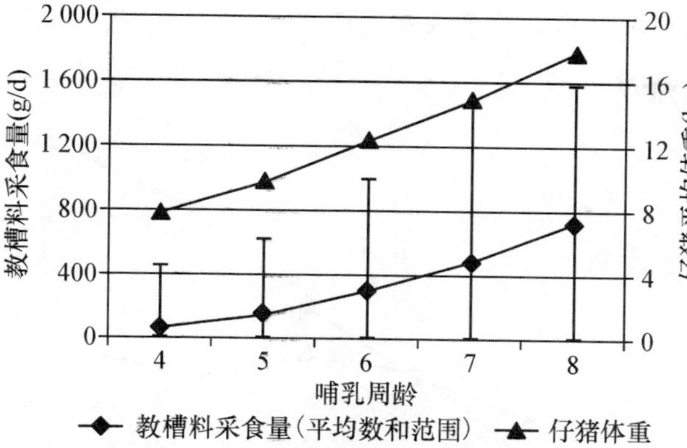

图 6.1 哺乳期 4～8 周龄仔猪采食教槽料的变化曲线。柱形代表个体采食的变化范围

如此看来，有理由期望吮食产乳量较少乳头的仔猪，摄入较多的教槽料来弥补营养物质摄入量的不足，这已被一些研究所证实(Algers 等，1990)。Fraser 等(1994)报道，28 日龄断奶时，各仔猪采食的教槽料总量变化相当大，而且往往是那些 21 日龄体增重最少的猪采食的教槽料最多。但也有一些研究发现，个体较大的猪不仅占有产乳量较大的乳头，而且也消耗较多的教槽料(Boe，1991；Bϕe 和 Jesen，1995)。断奶前各个体的采食行为和采食量的变化是断奶个体重和胃肠道发育重要的预期指标(Nabuurs 等，1996)。因此，研究和探讨导致断奶前采食量存在巨大差异的原因是非常有意义的。

近些年来，研究人员试图从猪的行为特点对仔猪进行分类。Hessing 等(1993)根据猪对外界表现的好动性或被动性，将猪分为攻击型和非攻击型。但许多研究者极力反对这种分类方法(Forkman 等，1995；Jensen 等，1995a)。Forkman 等(1995)认为 3 个个体特性能解释产生差异的(60%)原因，即攻击性(25%)、交往性(20%)和好奇性(15%)。然而 Jensen 等(1995b)认为，仔猪个体之间不存在与啮齿类动物相似的、一致的行为特性。然而上述研究几乎没有把个体差异与生长性能联系起来。目前只有 Giroux 等(2000)研究了 17 日龄断奶仔猪的个体采食行为与生长性能之间的关系。作者发现，仔猪的社会地位(social rank)与生长性能之间有一定的联系，但外界因素只占个体生长差异的 9%。我们认为，充分关注哺乳仔猪的群饲行为能更好解释上述个体差异问题。我们已经注意到占据产乳性能不好的乳头的仔猪通常会采食教槽料，而那些占有较好乳头的仔猪通常只吮食母乳。Appleby 等(1991，1992)报道了相似的发现，他们比较研究了给猪提供 2～8 处教槽料时的采食行为和生长性能(图 6.2)。总的来讲，当仅提供两处教槽料时，断奶前 1 d 每窝猪有 4.1 头几乎没有采食教槽料。这些猪往往出生重比较大，0～21 日龄生长速度快，但是 28 日龄断奶后生长速度最慢。相反，采食较多教槽料的往往是那些 0～21 日龄增重较少的仔猪。提供八处教槽料能够增加断奶前 3 d

的平均采食量，断奶前每窝几乎不采食的仔猪减少到 0.6 头。

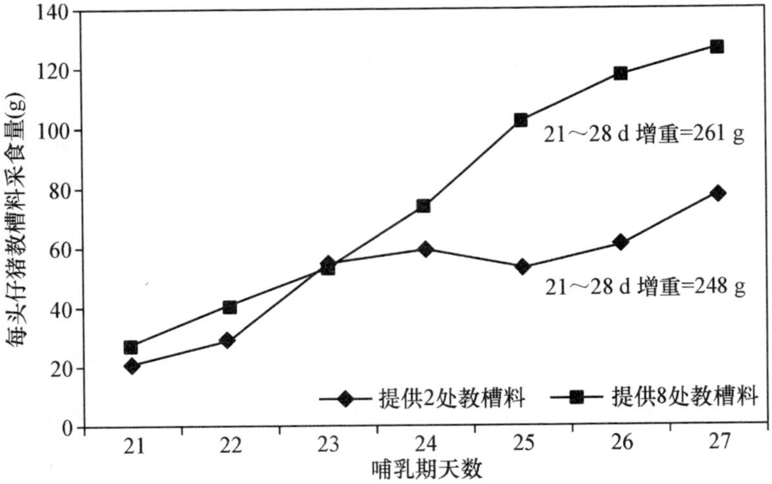

图 6.2 提供 2～8 处教槽料时仔猪的采食情况

资料来源：Appleby 等，1992。

教槽料通常是粉料或颗粒料，现在也发现给哺乳仔猪提供液体饲料能明显改善仔猪的生长性能。在 Azain 等(1996)的一个大群试验中，给从出生到 21 日龄断奶的仔猪提供液体代乳料，发现他们在寒冷和温暖季节分别消耗了 0.375 kg 和 1.49 kg干物质，断奶体重显著增加。但当补给固体饲料时，窝内个体和窝与窝之间仔猪采食量变异很大。给仔猪补饲液体饲料显著改善断奶体重的报道还有很多(Kavanagh 等，1995)。

断奶前不仅采食量变化很大，而且饮水量也变化相当大。饮水器的类型对饮水量也产生很大的影响(Gill，1998)。在潮湿的热带环境，仔猪出生后 3～5 h 就开始饮水(Kabuga 和 Annor，1992；Nagai 等，1994)。Nagai 等(1994)发现，仔猪饮水量可由 1 日龄时的 36 mL/d 增加到 28 日龄时的 403 mL/d。有趣的是，尽管仔猪的年龄在变化，但每千克体重消耗的水量一直保持在 51～62 mL。给哺乳期 7 周龄的仔猪提供饮水，每头仔猪消耗 3 215 g 教槽料，而不提供饮水时每头仔猪仅消耗2 166 g克教槽料(Friend 和 Cunningham，1966)。但在 3 周龄以前，是否提供饮水对采食量没有显著影响，每头猪只消耗大约 62 g 教槽料。Gill 等(1991)发现，3 周龄以前的仔猪，每头消耗的教槽料为 34.7 g±3.4 g，提供饮水没有明显增加采食量。

6.5 断奶前饲料采食量与断奶后生长的相关性

人们往往希望通过断奶前的补饲和补充饮水来改善后期的采食量和体增重。

但对于21日龄或更早断奶、断奶前又几乎没有采食饲料经验的仔猪，则缺乏令人信服的证据。

仔猪断奶前采食的固体饲料越多，断奶后头两周增重越大（Appleby 等，1991）。然而采食教槽料较多的猪往往是那些出生重较大的猪，因此断奶后两周的这种表观现象也许只能反映这些猪发育成熟较快。Appelby 等（1992）根据个体补饲（creep feeding）行为特性对仔猪进行分类（表 6.4）。他们发现出生重与补饲行为成负相关，教槽料采食量的增加并没有明显提高断奶后的生长速度。到42日龄时，根据补饲行为特性分类后各猪群的生长性能没有显著差异。

表 6.4 基于采食量分类的仔猪的体重和生长性能（根据猪在料槽所花的时间为基础判断采食量，Appelby 等，1992）

体重(g)	采食教槽料的量			
	极少	很少	一般	较多
出生重	1 572	1 509	1 471	1 208
42 日龄重	10 939	11 308	10 774	10 601
日增重(g/d)				
0～21 日龄	218	198	170	177
21～28 日龄	240	267	244	254
28～42 日龄	224	271	284	257

有数据表明，对于28日龄或更晚断奶的仔猪，早期补饲能产生比较明显的有益效果。Pajor 等（1991）发现，断奶前平均采食最高的窝仔猪，断奶后的增重也最多。但在窝内各仔猪个体之间未发现有相似的关联性。14～27日龄采食教槽料高于100 g的那些仔猪，断奶后采食量也相对较高（Delumeau 和 Meunier-Salaun，1995）。Friend 等（1966）发现，同窝仔猪内采食教槽料多的是那些0～21日龄增重较少的仔猪。他们同时发现，在导致断奶后增重差异的诸多因素中，断奶前饲料采食量只占4%。

在另外的一个试验中，断奶前或者补饲发酵液体饲料，或者补饲干颗粒饲料，27日龄断奶时，研究者根据体重大小将仔猪分为低断奶体重组（5.5～7.5 kg）和高断奶体重组（7.5～9.5 kg），断奶后都饲喂液体发酵饲料3周，从断奶后2周起部分猪同时提供颗粒饲料。结果发现，两组猪的生长速率没有显著差异，断奶前采食液体发酵饲料仔猪的生长速度有提高的趋势（表 6.5，Brookes 和 Van Zuylen，1998）

表 6.5 不同断奶体重和饲喂不同类型饲料对仔猪断奶后生长性能的影响(Brookes 和 Van Zuylen,1998)

生长性能	断奶体重(kg)		断奶前饲喂饲料类型	
	5.5～7.5	7.5～9.5	液体发酵饲料	固体颗粒饲料
干物质采食量(g/d)	427	402	422	406
日增重(g)	372	353	373	351
饲料转化率	1.15	1.13	1.14	1.14

当以周为单位计算生长速度时,发现断奶后第 1 周,上述试验中两个不同断奶体重组猪的生长速度差异显著(表 6.6)。低断奶体重组仔猪的增重相当于高断奶体重组仔猪的 2 倍。但低断奶体重组的仔猪虽然断奶后有较快的生长速度,但是断奶 3 周后也难以追上高断奶体重组仔猪的体重。

表 6.6 断奶前分别饲喂液体发酵饲料和固体颗粒饲料的不同断奶体重猪断奶后的生长性能(g/d)(Brookes 和 Van Zuylen,1998)

断奶后时间	断奶体重(kg)		断奶前饲喂饲料类型		SE_D
	5.5～7.5	7.5～9.5	液体发酵饲料	固体颗粒饲料	
断奶后第 1 周	204[a]	97[a]	156[a]	144	37
断奶后第 2 周	333	411	378	366	41
断奶后第 3 周	577	552	585	544	37
断奶后前 3 周	427	402	422	406	82

a:上标字母相同者表示差异显著 $p<0.05$。

实际生产中,生产者试图通过断奶前后饲喂相同的饲料来促进断奶后的采食量。然而,如果对于那些断奶前几乎不采食饲料的仔猪,这种努力就失去了意义。Campbell(1976)尝试另外一种不同的方式,在母猪料中添加某种香味剂使母猪奶里也含有这种物质,仔猪在 30 日龄断奶,然后在断奶仔猪日粮中添加同样的香味剂。其目的试图通过气味来促进断奶后仔猪的采食量。结果发现,在母猪和断奶仔猪日粮中添加相同的香味剂能显著增加采食量和提高日增重。虽然在婴儿上有过相似的试验报道(Mennella 和 Beauchamp,1991,1993;Mennella 等,2001),但在猪上还未进行重复性的试验研究。

小结:

- 21 日龄或更早断奶的仔猪,断奶前提供教槽料,其采食的饲料总量大约就几克,因此他们对采食固体饲料几乎没有概念。
- 同窝仔猪 28 日龄或更大日龄断奶时,对固体饲料的采食量个体间差异很大。一些猪已经适应了采食固体饲料,而另一些猪几乎还没采食过固体饲料。
- 目前已有的大量试验研究证实,在 28～35 日龄断奶的同窝仔猪中,体重较大的往往是那些吮食母猪产奶性能较好乳头的仔猪,但是这些仔猪断奶前几乎很少采食固体饲料。

- 给哺乳仔猪提供多处采食教槽料的地方，有助于提高叫槽料的采食量。
- 断奶前补饲液体饲料比补饲固体饲料仔猪的采食量高。
- 不同窝别仔猪的采食量不受饲料类型（固体或液体）的影响，同窝仔猪不同个体的采食量受日粮类型影响极大。
- 窝与窝之间和同窝内个体间的饮水次数和饮水量变化相当大。

6.6 断奶后仔猪的采食行为

突然断奶后，仔猪必须迅速调整其采食与饮水行为以适应新的环境。但是这一点很难做到。通常的结果是，断奶后仔猪的干物质采食量明显下降（图 6.3）。直到断奶后第 2 周，干物质采食量才能恢复到断奶前的水平。

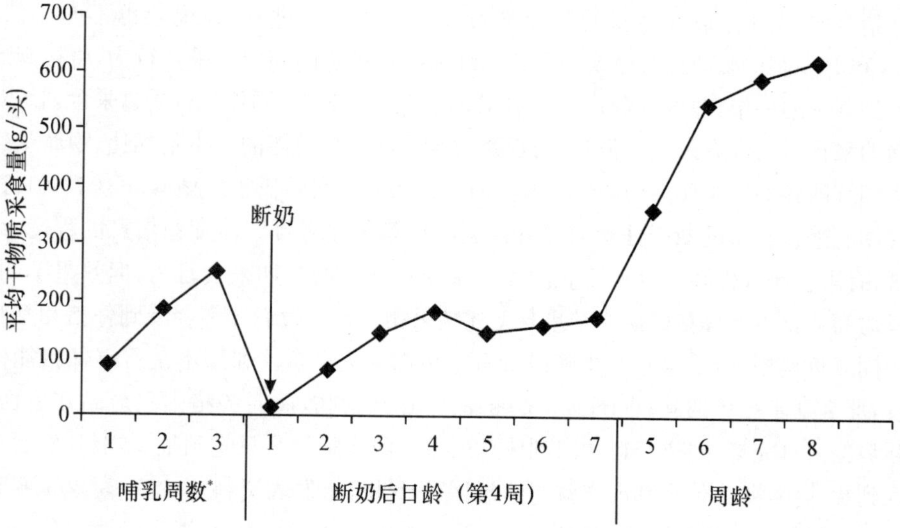

图 6.3 21 日龄断奶仔猪的典型采食量模式

* 干物质采食量为母乳和教槽料的总和。

如前所述，在自然状态下，断奶是一个需要几周时间使仔猪逐渐适应从吮食母乳（干物质含量大约 20%）向采食干物质含量 15%～30%的固体日粮过渡的过程。而商业生产的情况大不相同。圈养仔猪（confinement-reared piglet）突然断奶，并期望它们能适应从采食含干物质 20%的液体饲料迅速转变为含干物质 80%～90%的配合饲料，这些配合饲料通常情况下为颗粒饲料。断奶前，母猪哺乳时发出的信号对仔猪采食行为有两个重要影响：第一，母猪召唤仔猪进食，因此仔猪吮乳有固定的时间间隔；第二，可以使一窝仔猪同时采食（Brooks 和 Burke，1998）。突然断奶使之前由母猪发出的在规定时间间隔采食的信号消失了。如果一窝仔猪被分开饲养，那么这种集体采食的信号也会被打乱。

有人试图通过播放母猪召唤仔猪进食的录音来刺激仔猪的采食行为。在一项研究中发现，将母猪召唤仔猪进食的录音定期播放，可以使仔猪的生长提高大约8%(Cronin 等，2001)，但另一项研究发现，这种操作对仔猪生长并没有显著影响(Kasanen 和 Algers，2002)。类似的，播放母猪召唤仔猪进食的录音对仔猪采食行为有影响(Csermely 和 Woodgush，1981；Petrie 和 Gonyou，1988)。Petrie 和 Gonyou(1988)还发现，对仔猪播放这种录音还可以将断奶后第 2 天仔猪的采食时间从 104 min 提高到 127 min，但对生长性能的影响不确定。

Keeling 和 Hurnik(1996)提出假设，对食物熟悉的猪比不熟悉的猪的采食时间更长且更同步。他们发现，这种现象仅在小母猪中发生，而公猪则不会。对食物熟悉的公猪采食更同步，但采食时间和采食量却比不熟悉的公猪少。可以推测，对食物不熟悉的仔猪会向同圈有采食经验的同伴学习如何采食。不过，这种现象也不是必然的。Nicol 和 Pope(1994)让猪观摩未经采食训练和经过训练的同伴的采食行为，将被观摩猪分派到其中的一组，并放有食物。在 10 d 的试验期中发现，同伴是否受过采食训练对观摩猪的采食行为没有影响。但是，与观摩未经采食训练同伴的一组猪相比，观摩受经过采食训练同伴的一组(operant panels)猪面对食物的时间要长些。Morgan 等(2001)试图研究用有采食经验的断奶仔猪向没有经验的仔猪传递采食固体食物信息的程度，结果发现，有采食经验仔猪的存在可刺激无采食经验仔猪的早期采食行为，但效果不明显。作者对商业化生产仔猪的研究结果与上述结果相一致。我们经常会看到仔猪相互吮吸着一同靠近料槽，但是这并不能确保所有仔猪都会去采食。如果不是所有仔猪能同时采食，那么处于强势的猪(dominant pigs)能够吃到食物，而弱势猪则只能站在后面看。当强势猪采食完毕，并离开料槽回到休息区后。弱势猪要么只吃到很少饲料，然后重新加入到集体中，要么什么都没吃就回休息区(Brooks，未发表资料)。这一现象说明某些猪缺乏学习采食的机制，也就是说，它们学习能力差或者是缺乏独立行动的信心。另外，这也说明了社会行为(集体同步性)的重要性。在自然界中，同步性即集体行为虽然对个体来说可能没有好处，但却会使群体受益。然而，在商业化生产中，这种集体行为将明显损害一些个体的利益。

6.7 断奶仔猪的采食量和饮水量

自然状态下，断奶是逐渐发生的，仔猪从母体吸收营养未被打断，有很多机会学习采食和饮水。相反，21 d 或更早断奶的家养猪，本已习惯了通过吮吸母乳来满足它们的饥饿和口渴，但断奶以后，它们就不得不学习区分饥饿和口渴的生理驱动，并且还必须学会如何通过饮水和固体食物来满足这种胜利驱动。对食物和饮水的不熟悉(lack of familiarity)意味着仔猪需要一些时间来学习如何满足其需要并维持体内稳衡。几年前，我们的一项研究发现，刚断奶后的一段时间，仔猪只饮水不吃食(图 6.4)。只有当它们学会如何分辨食物以后才使饮水和进食的比例逐渐正常(表 6.7)。

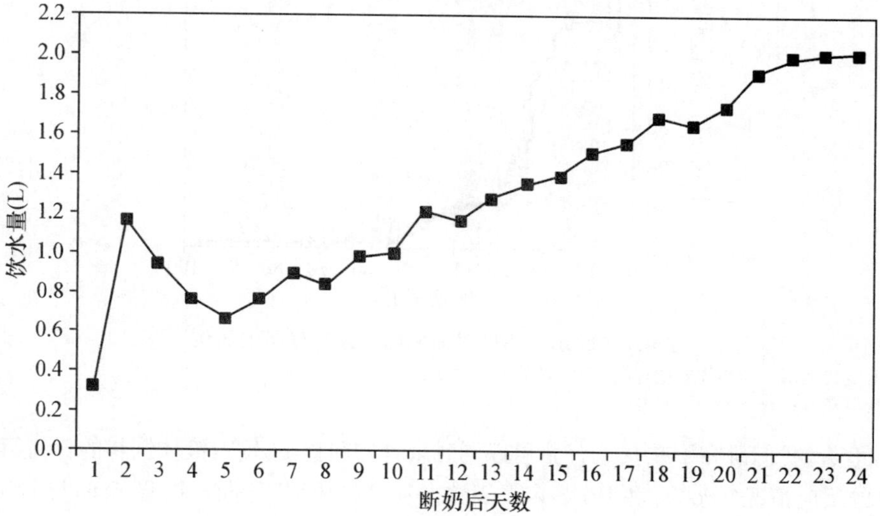

图 6.4　21 d 断奶仔猪的饮水量[L/(头·d)]

资料来源：Brooks 等，1984。

表 6.7　饲喂两种商业日粮的 21 日龄断奶仔猪饮水量与采食量的比率

断奶后周数	饮水量与采食量的比	
	商业日粮 A	商业日粮 B
1	4.3∶1	4.0∶1
2	3.2∶1	3.5∶1
3	2.9∶1	3.6∶1
4	2.8∶1	3.7∶1

目前的许多研究表明，不仅断奶前仔猪的采食行为有很大差别，就是断奶之后这种差别也同样存在。Bruininx 等(2001b)用自动称重系统测量了舍内群饲猪断奶后短时间内的采食量，得到的数据(图 6.5)说明了两个重要问题。第一，从断奶到第 1 次采食的时间间隔，仔猪个体间有很大差异，有大约 10%的猪断奶后40 h才开始第 1 次采食，有一些猪甚至将近 100 h 后才有了第 1 次采食。第二，仔猪开始采食的时间一般不会发生在天黑的时候。用计算机自动化设备饲喂的仔猪与用单个料槽饲喂的仔猪，其生长性能很相似(Bruininx 等，2001a)。所以我们推断，这种采食方式比较适应这一类型的饲喂系统。但是，这种系统阻碍了属于这个年龄仔猪的正常社会适应性(social facilitation)和同步采食行为(synchronous feeding behaviour)。

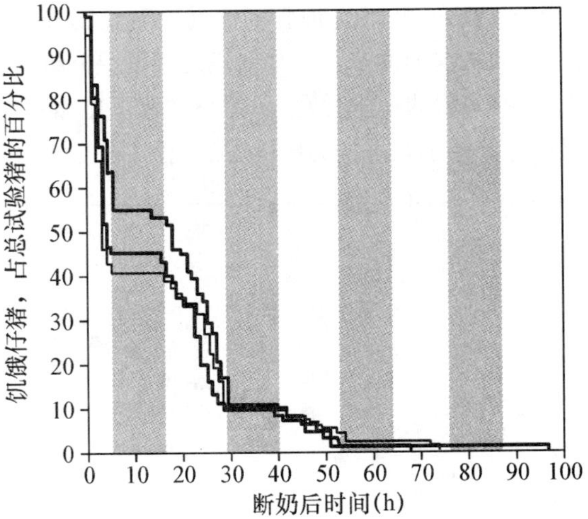

图 6.5 断奶后不同时间间隔不采食仔猪的比例

曲线代表不同断奶体重的仔猪，阴影表示天黑时期。
资料来源：Bruininx 等，2001a。

最近，我们研究了在50%仔猪可以同时采食的前提下，饲喂液体饲料的仔猪第1次采食的反应情况(Brooks 和 Brice，未发表数据)。试验所得到的结果(图 6.6)与 Bruininx 等(2001b)的结果相似。大部分仔猪在断奶 3 min 后就开始第 1 次采食了，而有些猪即使它们的同伴已经找到并开始进食，它们的第 1 次采食还是需要很长的时间(可以到 54 h)。作者目前尚未找到整窝仔猪有机会同时采食时采食行为的数据。

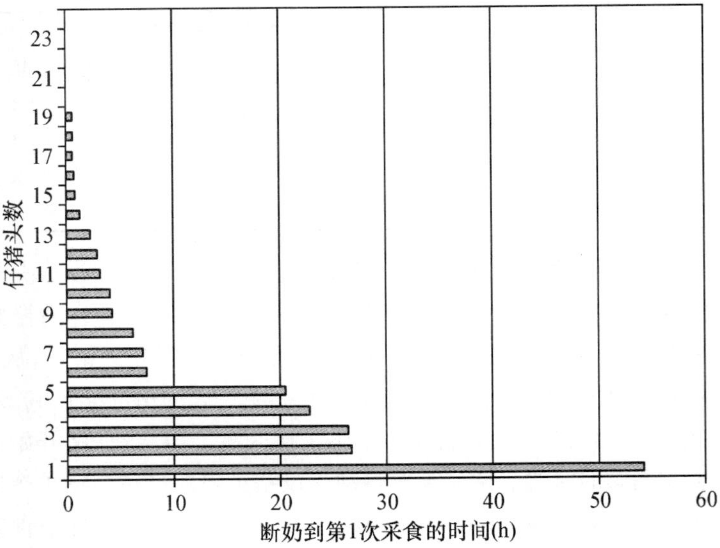

图 6.6 21 d 断奶圈养仔猪从断奶到第 1 次采食液体发酵饲料的时间间隔

资料来源：Brooks 和 Brice，未发表。

最近几年有一种趋势，圈养断奶猪群的规模越来越大(从每舍 100 头已经增长到 1 000 头)。但是，很少考虑到这样做对仔猪个体产生的影响以及大群体对变异程度的影响。大群体的一个好处是通常情况下同窝仔猪可以仍然在一起。在大群体中(大于 100 头仔猪)饲养的仔猪，主观感觉是同窝仔猪保留着一致性，且仍然具有同步的采食行为。这样做的一个缺点是，同窝仔猪可能没有足够的空间来实现同步采食。但是，与小群体相比，对采食行为的阻碍少一些，因为同窝仔猪还是可以同时采食，而不受同圈来源于其他窝仔的影响。

这些研究结果对实际管理和试验设计都有重要意义。畜牧生产者需要认识到，即使看到有些猪围圈采食饮水，但并不意味着所有的仔猪都是如此。因此，管理策略必须以确保断奶后全部仔猪能尽快采食和饮水为目标。由于试验中通常考虑的是各组仔猪的平均生产性能，所以处理间的差异可能是由于组内一些猪的行为发生改变，或者是整个猪群生物学反应发生改变所致。

断奶后仔猪不采食的这段时间特别重要，而且仔猪一旦开始采食所采用的采食方式也同样重要。Bark 等(1986)对 21 d 断奶仔猪分别采取自由采食，或者以 2、4 或 6 h 为时间间隔饲喂，每次 15 min。结果发现，在断奶后的 3 d 内，即使自由采食的仔猪也无法采食到足够的食物来满足其维持需要，且采食量随时间间隔的延长而减少(图 6.7)。最终，以 4 或 6 h 时间间隔喂食的仔猪，断奶后 7 d 时都不能恢复断奶时的体重(图 6.8)。

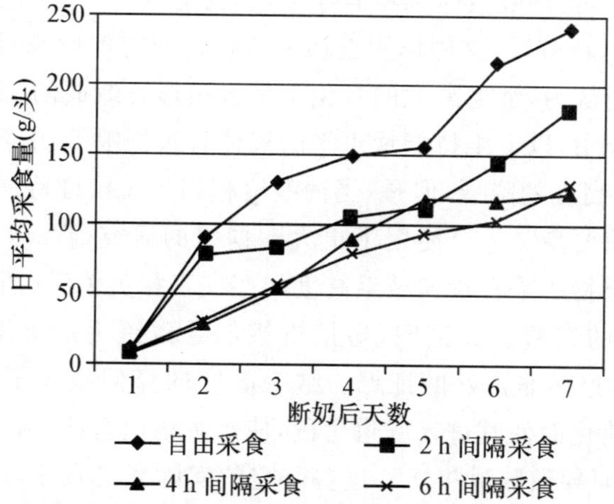

图 6.7　21 d 断奶仔猪自由采食，以及每隔 2、4 或 6 h 饲喂 15 min 的采食量

资料来源：Bark 等，1986。

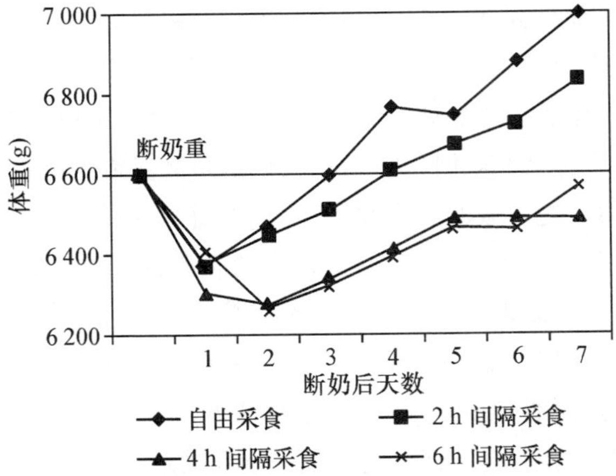

图 6.8　21 d 断奶仔猪自由采食，以及分别在每 2、4 或 6 h 饲喂 15 min 时的体增重变化

资料来源：Bark 等，1986。

6.8 维持断奶后采食连续性的重要性

肠道上皮内层是机体生长最快的组织，肠道生长所需的很多营养素可通过其内腔直接吸收，这些事实是很容易被忽略的。Pluske 及其同事的研究（Pluske 等，1996a；1996b；Pluske 等，1997）表明，持续供给营养素对于维持断奶后仔猪肠道绒毛形态是必须的。

早期的研究表明，饲喂液体饲料的仔猪，其肠道绒毛高度明显高于饲喂干饲料的仔猪（Deprez 等，1987）。这种作用被认为与食物的物理形态有关。然而，Pluske 及其同事的研究则认为，绒毛高度的变化不是日粮形态造成的，而是由营养素的摄入引起的。该研究中，以含维持能量水平的液体日粮饲喂断奶仔猪，仍然会导致断奶后 5 d 肠道绒毛高度的降低；但是，当饲喂给相当于 3 倍维持需要的日粮时，绒毛高度确实比断奶前要高。一个使用了更大数据组的研究（Ward 和 Moran，未发表数据）再次表明，干物质采食量与绒毛高度间存在正相关关系（图 6.9）。

相反地，大鼠的试验已经证明，短期饥饿能导致绒毛的萎缩（Rudo 等，1976；Steiner 等，1968），这是非常好的证据。绒毛高度的降低减少了吸收，并且降低了更多营养物质的消化而使其进入肠道后段，使有害肠道菌群（inappropriate gut microflora）增殖，从而导致肠道疾病。这些研究的实际意义在于，应该尽力维持断奶后食物和水摄入的连续性（continuity of food intake）。

母猪哺乳习惯带来的短暂采食间隔对于维持仔猪肠道的完整性和效率是至关重要的，而由于出生时仔猪肠道的相对不成熟，母猪短暂采食间隔的强制性行为可能是必要的。已如前述，当采食间隔加长时，仔猪不能获得满足其维持所需的足够营

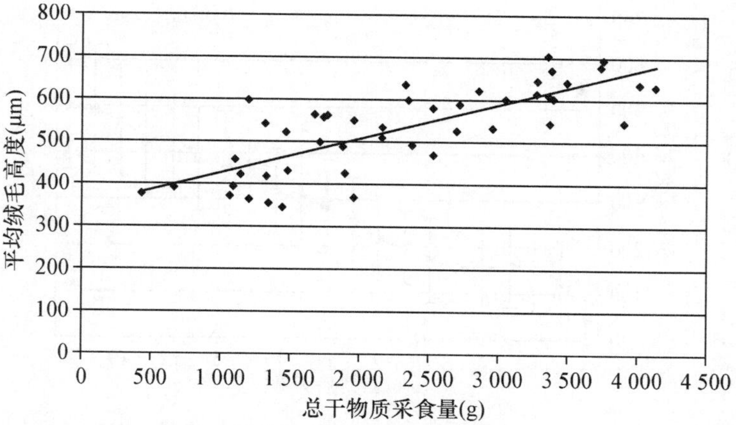

图 6.9 断奶后饲喂 14 d 液体饲料时总干物质采食量(断奶后 5～13 d)和绒毛高度的关系

资料来源：Ward 和 Moran，未发表数据。

养(Bark 等，1986)。近年，Thorpe 等(1998)发现，随着饲喂间隔增加，营养素的消化能力显著下降，饲喂间隔为 1 h 的猪其消化能力是饲喂间隔为 2 h 猪的 2 倍，是饲喂间隔为 3 h 或 4 h 猪的 5 倍，并且发现只有当饲喂间隔为 1 h 时，食糜才会在肠道内呈稳定状态流动。

在最近的一项研究中，Miller(2002，私人交流)记录了断奶后 21 日龄断奶仔猪分群圈养的不同饲喂模式。数据的分析表明，常规的数据统计处理产生错误的原因。虽然产生了一个大的标准差，但 48 头猪的综合数据显示出断奶后向固体日粮的平稳过渡(图 6.10)。这表明标准差只代表了生产性能的范围，以及群体中个体的行为模式是一致的。但一个更加详细的分析展示了一个完全不同的画面。图 6.11描述了一栏猪断奶后的行为，为了表述清晰，结果被分成了 2 个部分，这些数据表明，图 6.10 中看似平稳的过渡是完全的统计学假象，单个猪的饲喂模式存在着非常大的变异。群体中一半的猪(图 6.11A)在第 2 天时有一个采食的峰值，然后下降，并且到第 1 周结束时也没有恢复。但差不多另一半猪的采食不稳定(图 6.11B)，它们在第 4、第 5 或第 6 天时才出现峰值。这栏猪中只有一头(虚线表示)表现出断奶后超过 1 周的采食稳定升高，这与图 6.10 表明的数据相同。

从 Thorpe 等(1998)得到的试验结果中，我们推测断奶仔猪个体间如此大的采食模式差异将对绒毛结构、肠道的生态生理(ecophysiology)和免疫系统的发育产生深远的影响。

作者所在试验研究中心对收集的大量研究数据的回顾分析表明，断奶后第 1 周干物质的采食量对断奶后 28 d 猪体重有极显著($p<0.001$)的影响(Geary 和 Brooks，1998)。分析结果还表明，断奶后第 1 周每天每增加 50 g 干物质采食量，断奶后 28 d 体重增加 870 g。在断奶体重、断奶日龄、性别和日粮处理的任何组合中，断奶后第 1 周的干物质采食量在断奶后 28 d 体重的差异中所占比重最大。

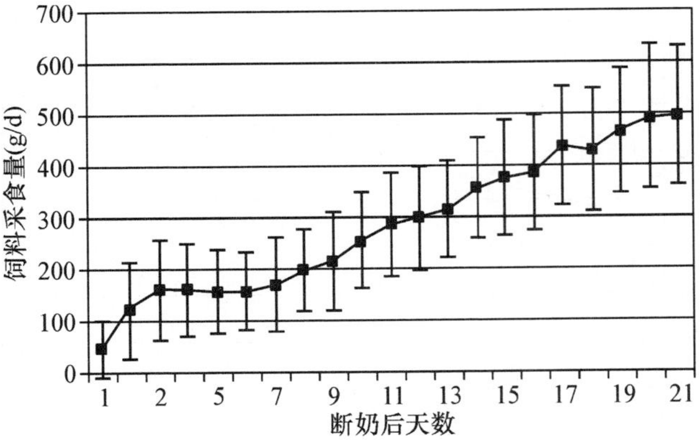

图 6.10　用计算机控制系统群养但个体饲喂的采食量

资料来源：B. Miller，2002。

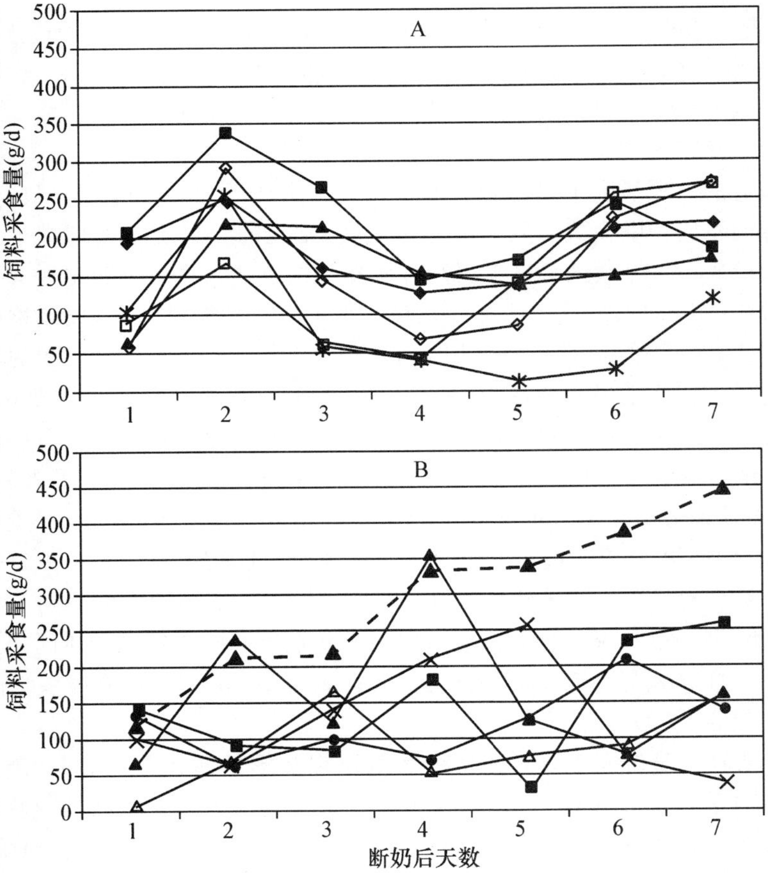

图 6.11　用计算机控制系统群饲的 21 日龄仔猪的个体采食方式

资料来源：B Miller，2002。

6.9 断奶后饮水与采食的相互作用

不管是否出于仔猪的自身行为,断奶后缺水会对其产生严重后果。Gill(1989)的研究表明,断奶仔猪每日液体摄入量(daily fluid intake)可能需要超过一个星期的时间才能恢复到断奶前的水平。液体物质摄入的降低将使仔猪严重脱水,而猪体内平衡的紊乱将对其生理造成严重影响,当仔猪最终开始饮水的时候,又会很快产生后继的再水合作用。因此,断奶后使仔猪维持液体物质的摄入量非常重要。断奶后 5 d 内水摄入水平与预测的生理需要有很少的相关性(Brooks 等,1984;Mcleese 等,1992)。过多的水摄入会引起生理性饱感,而过少的水摄入又会导致体内平衡的紊乱,所以,过多和过少的水摄入均会减少断奶仔猪的采食行为。

仔猪断奶后对水的摄入有重要的行为成分,这点绝对不能低估。对于已经学会采食和饮水的猪来说,自由采食时,它们将尽可能减少每单位食物要求的水摄入(即水与食物的比例);限制采食时,为了产生饱感它们将摄入更多的水(Yang 等,1981;Yang 等,1984)。为了满足对总体积填充饱感的需要,哺乳仔猪会条件性地采食母乳。断奶早期,仔猪可能无法区分饿与渴的感觉,因此,它们会为了使肠道充盈而摄入水。由于哺乳期间仔猪有长时间采食液体母乳的过程,它们可能误认为水也是一种营养源。

断奶仔猪必须学会寻找水源的位置。仔猪可能对确认乳头式饮水器(nipple drinker)为供水装置有困难,但没有证据表明滴水式饮水器(drip drinker)有鼓励饮水的作用(Ogunbameru 等,1991)。碗状饮水器(或圆形饮水槽)能鼓励猪饮水,并可提高采食量(English 等,1981)。污垢会影响水的味道,并降低饮水量,因此,使用饮水槽供水时,对饮水槽的管理至关重要(Brooks 和 Carpenter,1990;Phillips 和 Phillips,1999;Sorensen 等,1994)。目前,英国的一些饲养者使用铃铛式火鸡饮水器给刚断奶的仔猪供水,根据这些饲养者的经验,由于这些悬挂式饮水器和其无水的表面可以吸引仔猪的注意,因此,这种饮水器可以刺激仔猪饮水。尽管没有确切的研究数据支持这些说法,但是断奶初期使用这类饮水器已经提高了商业生产下的生产性能。

饮水器的设计和位置能影响断奶后仔猪的饮水量、生产性能和对水的利用(表 6.8)。乳头式饮水器的位置最为重要。高度、角度或在栏舍的安装位置不正确会减少饮水量。睡觉区暖和但采食、饮水和排便区冷的建筑设计存在很大问题。让仔猪离开温暖的环境去较冷的区域采食或饮水必然抑制猪的采食和饮水等行为。对水温影响饮水量的有限研究数据表明,寒冷的环境条件中,温水可以刺激饮水;而在较高温度的环境里,冷水可刺激饮水(农业研究委员会猪分会)。

表 6.8 5 种饮水器对 3～6 周龄断奶仔猪饮水的影响(Gill,1989)

饮水器类型	日增重(g)	饮水量/采食量(L/kg)	饮水量/体重(L/kg BW)
单孔流水乳头式饮水器	199[b]	5.32	0.23
Arato 76 乳头式饮水器	260[a]	3.23	0.13
Lubing 咬式Ⅰ型饮水器	213[b]	3.68	0.12
Lubing 咬式Ⅱ型饮水器	221[b]	2.90	0.13
Alvin 碗状饮水器	224[ab]	3.49	3.49

注:上标字母相同者差异不显著($p>0.05$)。

对于断奶仔猪,饮水器提供水的量和速度会影响采食和生产性能(表 6.9)。限制流量的乳头式饮水器会显著影响饮水和采食,最终影响 21 日龄断奶仔猪的生产性能(Barber 等,1989),在这个研究中,发现了一个有趣的现象,用低流量饮水器供水的猪不会为了满足其饮水量而增加饮水的时间。在一个针对稍微大些猪的研究中,当限制乳头式饮水器的流量时,饮水次数增加了,但总的饮水时间并未增加(Nienaber 和 Hahn,1984)。

表 6.9 乳头式饮水器水流速度对断奶仔猪自由采食量和饮水的影响(Barber,等 1989)

指标	水流速度(mL/min)				
	175	350	450	700	SEd
日采食量(g)	303[c]	323[b]	341[a]	347[a]	3.68
日增重(g)	210[c]	235[b]	250[a]	247[a]	5.57
饲料/增重	1.48	1.39	1.37	1.42	0.03
每日饮水量(L)	0.78[d]	1.04[c]	1.32[b]	1.63[a]	0.01
饮水时间(s/d)	268[b]	176[a]	175[a]	139[a]	14.4

注:上标字母相同者差异不显著($p>0.05$)。

另一个研究发现,将水流速度从 70 mL/min 提高到 700 mL/min,28 日龄断奶仔猪的生产性能没有提高(Celis,1996)。但 Barber 等(1989)报道,以最低水流速度供水的猪,其每天的饮水时间仅为 268 s,这个时间与它们哺乳期间每天 290 s(以哺乳期的第 3 周为基础计算得到,母猪每天哺乳 25～29 次,每次吮吸后排乳 10～20 s)的主动吮乳时间类似。这些结果提示,仔猪自身的活动安排有一个度,这个度是由哺乳期母猪的行为模式决定的,随着年龄的增长逐渐减小,而食物和水的作用增加。

从以上的研究结果可以清楚地看出,断奶仔猪采食量是由饮水量决定的,而不是采食量决定饮水量。因此,用于提高饮水量的方法对采食量也会有促进作用。但这种作用并不是绝对的。例如,Maenz 等(1993)研究发现,在水中添加商业甜味剂对饮水没有促进作用,但是,如果水的味道不好,在水中添加香味剂或甜味剂可以促进饮水,进而提高采食量。如果水的味道很好,这时在水中添加香味剂或甜味剂会使饮水过量,从而导致采食量下降(表 6.10)。Barber(1992)通过乳头式饮水器给断奶前 3 d 的仔猪提供含有 2 种香味剂或甜味剂产品的水,发现断奶后 1 h 内仔猪饮水次数从 4 次增加到 10 次,但此后对仔猪的饮水次数没有显著影响。该研究说明,在饮水中使用香味剂或甜味剂帮助断奶当天仔猪辨别水源的位置,从而帮助开始饮水。由于不同地方水的味道不同,促进饮水可能导致采食量的提高,也可能导致饮水过量降低采食量。因此,每个养殖场必须进行相应试验来确定。

表 6.10 21 日龄断奶仔猪断奶后饮水中添加外源甜味剂对采食量和饮水量的影响(Barber,1992)

组别	对照组	甜味剂组	甜味剂+香味剂组	SE_M
饮水量(L/头)				
1~3 d	1.23^a	1.63^b	1.65^b	0.09
4~7 d	1.99^a	2.25^b	2.62^b	0.12
8~16 d	6.99	7.30	7.51	0.39
采食量(g/头)				
1~3 d	414^a	314^b	283^b	21
4~7 d	721	728	691	34
8~16 d	2 580	2 214	2 434	112

a,b:上标字母相同者差异不显著($p>0.05$)。

6.10 断奶仔猪的液体饲料饲喂

Brooks 等(2001)对液体饲料饲喂仔猪进行了综述。因此,这里我们只简单地总结一下这种饲喂方法在行为学方面的情况。

考虑到仔猪在区别饿和渴方面的问题,可以期望通过提供液体日粮来改善断奶后的生产性能。液体饲料饲喂有潜在的优势,原因在于:

- 液体日粮含有干物质的浓度与母乳更接近,也与猪在自然环境中采食的固体食物更接近。这样就可以刺激采食,并维持营养素供应的连续性。
- 液体日粮中的营养和水更接近于仔猪的需要。
- 液体日粮克服了仔猪为区分饥饿和渴感而必须学习所带来的问题。

直到最近,液体饲料才开始有限地使用在人工培育的猪和超早期断奶仔猪上。在这种背景之下,进一步的研究表明,如果有更好的卫生条件,饲喂液体日粮的猪将比饲喂母乳的猪长得更快(Odle 和 Harrell,1998)。由于在维持饲料的卫生和适口性方面存在问题,液体饲料的应用受到了限制。然而,运输系统的发展重新使这种饲喂方式受到关注。如果能保持液体饲料的卫生,饲喂液体日粮和发酵液体日粮可以提高断奶仔猪的采食量和生长性能(表 6.11)。

表 6.11　饲喂固体饲料(DF)、液体饲料(LF)和发酵液体饲料(FLF)对仔猪生长速度和饲料转化效率的改善(%)(Jensen 和 Mikkelsen,1998)

	试验数	提高日增重		提高饲料转化率	
		平均值±SD	范围	平均值±SD	范围
LF 对 DF	10	12.3±9.4	−7.5～34.2	−4.1±11.8	−32.6～10.1
FLF 对 DF	4	22.3±13.2	9.2～43.8	−10.9±19.7	−44.3～5.8
FLF 对 LF	3	13.4±7.1	5.7～22.9	−1.4±2.4	−4.8～0.6

断奶后的第 1 周可以获得最大的效益,干物质的采食量和生长速度均提高了 20%～30%(Kim 等,2001;Russell 等,1996)。更重要的是,这种早期的生长速度提高可以持续到上市体重(Kim 等,2001)。

在断奶初期,有人鼓励养猪者给猪提供液体的“粥”或“稀粥”,并附带些干饲料,但是,这种做法的试验数据非常少,并且意见不一致。Beattie 等(1999)在饲喂干饲料的同时,用一个猪很容易接触到的料槽补充液体饲料,提高了仔猪断奶后头 2 d 的采食量,但断奶后 3 周的生长性能并没有得到改善。在另一个研究中,Dunshea 等(2000)在仔猪断奶后 8 d 内给其补喂发酵奶,发现可以显著提高生长速度,且 42 日龄时体重增加了 20%。作者自己研究发现,同时饲喂发酵液体饲料和干饲料的断奶仔猪,其生长速度介于只提供干饲料或只提供液体饲料的猪之间(Brooks 等,2001)。该试验还观察到另一个更重要的结果,与仅提供液体饲料或干饲料的猪相比,同时提供液体饲料和干饲料的猪有更多不和睦行为(如相互啃咬)发生。

通过上述讨论,我们清楚了同时提供干饲料和液体饲料并不是明智之举。断奶仔猪已经拥有了学习区分饿和渴的挑战性,以及拥有了食物和水将满足这些需要的意识。给猪提供水、干饲料和第 3 个选择——液体饲料,将可能妨碍其学习进程。

6.11　小　结

综合以上的讨论分析,我们可以很容易列出一系列影响断奶仔猪采食行为的因素,这些因素可直接或间接地影响仔猪的觅食和饮水行为(表 6.12)。另外可能由于缺乏或自我调节能力尚未成熟,断奶仔猪对营养物质的采食量和饮水量都难以满足其生理需要。因此,用自我调节能力成熟猪的自由采食理论模式来解释 5 周龄或更早断奶仔猪断奶初期的采食和饮水行为是没有意义的。

表 6.12 影响 21～28 日龄断奶仔猪采食和饮水的因素

<table>
<tr><th>影响采食量的因素</th><th>影响饮水的因素</th></tr>
<tr><td colspan="2">缺乏采食固体饲料和饮水的经历(采食、饮水和学习行为尚未开发)</td></tr>
<tr><td colspan="2">缺乏区分饥饿和口渴的能力</td></tr>
<tr><td colspan="2">缺乏发现食物和饮水水源的能力(不熟悉饲料和水源的位置)</td></tr>
<tr><td colspan="2">冷的环境条件(仔猪挤缩在一起而不愿觅食和饮水)</td></tr>
<tr><td colspan="2">热环境(仔猪休息而不愿觅食和饮水)</td></tr>
<tr><td colspan="2">争斗行为(混群后相互争斗而放弃其他行为)</td></tr>
<tr><td>缺乏饲喂刺激(没有母猪调教)</td><td>水质(味道、矿物质含量、微生物)</td></tr>
<tr><td>饲料适口性(感官、气味、质量、新鲜度、营养均衡)</td><td>水温(低温环境下冷水减少饮水量,高温环境热水减少饮水量)</td></tr>
<tr><td>获得饲料的方便性(饲料放置位置)
饮水不足或过量</td><td></td></tr>
</table>

要提高断奶仔猪的生长性能,就需要建立一套合理的管理和饲喂体系,提高仔猪独立觅食能力和开发它的采食行为。从这一点来讲,我们需要集中于环境的影响,帮助早期断奶仔猪应对环境的变化。近来的研究表明,母猪的舍饲经历可能影响仔猪的行为(Beattie 等,1996),丰富的外界环境经历有助于仔猪各种行为的开发和发育(Beattie 等,1994),开放式饲养系统的吮乳频率高于圈养系统(Cox 和 Cooper,2001;Webster 和 Dawkins,2000)。这些研究结果提示,外界环境多变性的刺激有助于仔猪学会各种采食技巧,有利于仔猪正常过渡到独立生活的状态。

从所有的文献上看,仍然有一个问题不清楚,是应该通过促进仔猪个体采食习性的建立,还是应该强化猪群的群饲习惯来实现从吮乳到固体饲料的成功过度。这一问题的答案可能因仔猪断奶时的年龄的不同而不同,根据年龄可对其行为做适当的调整,但不可能有统一的答案,因为不可能针对猪群中的每一个个体建立特定的采食和饮水系统。

参考文献

Algers, B. and P. Jensen, 1991. Teat stimulation and milk-production during early lactation in sows - effects of continuous noise. Canadian Journal of Animal Science 71, 51-60.

Algers, B., P. Jensen and L. Steinwall, 1990. Behaviour and weight changes at weaning and regrouping of pigs in relation to teat quality. Applied Animal Behavioural Science 26, 143-155.

Appleby, M.C., E.A. Pajor and D. Fraser, 1991. Effects of management options on creep feeding by piglets. Animal Production 53, 361-366.

Appleby, M.C., E.A. Pajor and D. Fraser, 1992. Individual variation in feeding and growth of piglets - effects of increased access to creep food. Animal Production 55, 147-152.

Arey, D.S. and E.S. Sancha, 1996. Behaviour and productivity of sows and piglets in a family system and in farrowing pens. Applied Animal Behavioural Science 50, 135-145.

Auldist, D.E. and R.H. King, 1995. Piglets' role in determining milk production in the sow. In: 5th Biennial Conference of the Australasian Pig Science Association. Australasian Pig Science Association, Werribee, Australia. pp. 114-118.

Azain, M.J., T. Tomkins, J.S. Sowinski, R.A. Arentson and D.E. Jewell, 1996. Effect of supplemental pig milk replacer on litter performance: Seasonal variation in response. Journal of Animal Science 74, 2195-2202.

Baber, D.W. and B.E. Coblenz, 1987. Diet, nutrition and conception in feral pigs on Santa Catalina island. Journal of Wildlife Management 51, 306-317.

Barber, J., 1992. The rationalisation of drinking water supplies for pig housing. PhD, University of Plymouth, UK.

Barber, J., P.H. Brooks and J.L. Carpenter, 1989. The effects of water delivery rate on the voluntary food intake, water use and performance of early-weaned pigs from 3 to 6 weeks of age. In: J.M. Forbes, M.A. Varley, T.L.J. Lawrence, H. Davies and M.C. Pitkethly, (eds). The voluntary feed intake of pigs. pp. 103-104. British Society of Animal Production, Edinburgh.

Barber, R.S., R. Braude and K.G. Mitchell, 1955. Studies on milk production of Large White pigs. Journal of Agricultural Science 46, 97-118.

Bark, L.J., T.D. Crenshaw and V.D. Leibbrandt, 1986. The effect of meal intervals and weaning on feed-intake of early weaned pigs. Journal of Animal Science 62, 1233-1239.

Beattie, V.E., N. Walker and I.A. Sneddon, 1994. Effects of early environment on the behaviour of the pig. Animal Production 58, 476 (Abstr.).

Beattie, V.E., N. Walker and I.A. Sneddon, 1996. Influence of maternal experience on pig behaviour. Applied Animal Behavioural Science 46, 159-166.

Beattie, V.E., R.N. Weatherup and D.J. Kilpatrick, 1999. The effect of providing additional feed in a highly accessible trough on feeding behaviour and growth performance of weaned pigs. Irish Journal of Agricultural and Food Research 38, 209-216.

Benevenga, N.J., F.R. Greer and T.D. Crenshaw, 1990. What is the growth potential of the runt pig? Wisconsin Swine Day Report. pp. 4-6.

Bøe, K., 1991. The process of weaning in pigs - when the Sow decides. Applied Animal Behavioural Science 30, 47-59.

Bøe, K. and P. Jensen, 1995. Individual-differences in suckling and solid food-intake by piglets. Applied Animal Behavioural Science 42, 183-192.

Braude, R., K.G. Mitchell, M.J. Newport and J.W.G. Porter, 1970. Artificial rearing of pigs: 1. Effect of frequency and level of feeding on performance and digestion of milk proteins. British Journal of Nutrition 24, 501-516.

Brooks, P.H. and J.L. Carpenter, 1990. The water requirement of growing-finishing pigs - theoretical and practical considerations. In: W. Haresign and D.J.A. Cole, (eds). Recent Advances in Animal Nutrition. pp. 115-136. Butterworths, London.

Brooks, P.H. and J. Burke, 1998. Behaviour of sows and piglets during lactation. In: M. Verstegen, J. Schrama and P. Moughan, (eds). The Lactating Sow. pp. 299-336. Wageningen Pers, Wageningen.

Brooks, P.H. and B. van Zuylen, 1998. The effect of feeding a fermented liquid diet to suckling pigs on their pre- and post-weaning performance and the effect of weaning weight on post weaning performance. In: J.A.M. van Arendonk, V. Ducrocq, Y. van der Honing, F. Madec, T. van der Lende, D. Puller, J. Folch, E.W. Fernandez and E.W. Bruns, (eds). Book of Abstracts of the 49th meeting of the European Association of Animal Production. Warsaw 24th-29th August. pp. 268 (abs). Wageningen Pers, Wageningen.

Brooks, P.H., S.J. Russell and J.L. Carpenter, 1984. Water intake of weaned piglets from three to seven weeks old. Veterinary Record 115, 513-515.

Brooks, P.H., C.A. Moran, J.D. Beal, V. Demeckova and A. Campbell, 2001. Liquid feeding for the young pig. In: M.A. Varley and J. Wiseman, (eds). The weaner pig; Nutrition and management. CABI Publishing, Wallingford.

Bruininx, E.M.A.M., C.M.C. van der Peet-Schering, J.W. Schrama, L.A. den Hartog, H. Everts and A.C. Beynen, 2001a. The IVOG feeding station: A tool for monitoring the individual feed intake of group-housed weaniling pigs. Journal of Animal Physiology and Animal Nutrition 85, 81-87.

Bruininx, E.M.A.M., C.M.C. van der Peet-Schering, J.W. Schrama, P.F.G. Vereijken, P.C. Vesseur, H. Everts, L.A. den Hartog and A.C. Beynen, 2001b. Individually measured feed intake characteristics and growth performance of group-housed weanling pigs: Effects of sex, initial body weight, and body weight distribution within groups. Journal of Animal Science 79, 301-308.

Campbell, R.G., 1976. A note on the use of a feed flavour to stimulate the feed intake of weaner pigs. Animal Production 23, 417 - 419.

Castren, H., B. Algers, P. Jensen and H. Saloniemi, 1989. Suckling behaviour and milk consumption in new born piglets as a response to sow grunting. Applied Animal Behavioural Science 24, 227-238.

Celis, J.E., 1996. Effect of water restriction on performance of nursery pigs. Agribiological Research-Z. Agrarbiol. Agrik.chem. Okol. 49, 150-156.

Conway, P.L., 1966. Development of intestinal microbiota. In: R.E. Isaacson, (ed.) Gastointestinal microbiology. Volume 2. Gastrointestinal microbes and host interactions. pp. 3-39, Vol. 2. Chapman and Hall, London.

Cox, L.N. and J.J. Cooper, 2001. Observations on the pre- and post-weaning behaviour of piglets reared in commercial indoor and outdoor environments. Animal Science 72, 75-86.

Cronin, G.M., E. Leeson, J.G. Cronin and J.L. Barnett, 2001. The effect of broadcasting sow suckling grunts in the lactation shed on piglet growth. Asian-Australasian Journal of Animal Science 14, 1019-1023.

Csermely, D. and D.G.M. Woodgush, 1981. Artificial stimulation of ingestive behavior in early-weaned piglets. Biology of Behaviour 6, 159-165.

de Passille, A.M.B. and J. Rushen, 1989. Suckling and teat disputes by neonatal piglets. Applied Animal Behavioural Science 22, 23-38.

Delumeau, O. and M.C. Meunier-Salaün, 1995. Effect of early trough familiarity on the creep feeding behaviour in suckling piglets and after weaning. Behavioural Processes 34, 185-196.

Deprez, P., P. Deroose, C. van den Hende, E. Muylle and W. Oyaert, 1987. Liquid versus dry feeding in weaned piglets: The influence on small intestinal morphology. Journal of Veterinary Medicine 34, 254-249.

Dunshea, F.R., D.J. Kerton, P.J. Eason and R.H. King, 2000. Supplemental fermented milk increases growth performance of early-weaned pigs. Asian-Australasian Journal of Animal Science 13, 511-515.

Ellendorff, F., M.I. Forsling and D.A. Poulain, 1982. The milk ejection reflex in the pig. Journal of Physiology-London 333, 577-594.

English, P.R., P.M. Anderson, F.M. Davidson and M.F.M. Dias, 1981. A study of the value of readily available liquid supplements for early-weaned pigs. Animal Production 32, 395-396.

Forkman, B., I.L. Furuhaug and P. Jensen, 1995. Personality, coping patterns and aggression in piglets. Applied Animal Behavioural Science 45, 31-42.

Fraser, D., 1980. A review of the behavioural mechanism of milk ejection of the domestic pig. Applied Animal Ethology 6, 247-255.

Fraser, D. and R. Morley-Jones, 1975. The 'teat-order' of suckling pigs. 1. Relation to birth weight and subsequent growth. Journal of Agricultural Science 84, 387-391.

Fraser, D. and B.K. Thompson, 1986. Variation in piglet weights - relationship to suckling behavior, parity number and farrowing crate design. Canadian Journal of Animal Science 66, 31-46.

Fraser, D., J.J.R. Feddes and E.A. Pajor, 1994. The relationship between creep feeding-behaviour of piglets and adaptation to weaning - effect of diet quality. Canadian Journal of Animal Science 74, 1-6.

Friend, D.W. and H.M. Cunningham, 1966. The effect of water consumption on the growth, feed intake, and carcass composition of suckling pigs. Canadian Journal of Animal Science 46, 203-209.

Geary, T.M. and P.H. Brooks, 1998. The effect of weaning weight and age on the post-weaning growth performance of piglets fed fermented liquid diets. Pig Journal 42, 10-23.

Gill, B.P., 1989. Water use by pigs managed under various conditions of housing, feeding and nutrition. Ph.D. Thesis, University of Plymouth.

Gill, B.P., P.H. Brooks and J.L. Carpenter, 1991. The effects of water and creep food provision on the performance of sucking piglets. Animal Production 52, 599 (Abstr.).

Giroux, S., G.P. Martineau and S. Robert, 2000. Relationships between individual behavioural traits and post- weaning growth in segregated early-weaned piglets. Applied Animal Behavioural Science 70, 41-48.

Gustafsson, M., P. Jensen, F.H. de Jonge, G. Illmann and M. Spinka, 1999. Maternal behaviour of domestic sows and crosses between domestic sows and wild boar. Applied Animal Behavioural Science 65, 29-42.

Harrell, R.J., M.J. Thomas and R.D. Boyd, 1993. Limitations of sow milk yield on baby pig growth. In: Proceedings of the Cornell Nutrition Conference for Feed Manufacturers, Ithaca New York U.S.A. Department of Animal Science, Cornell University. pp. 156-164.

Hessing, M.J.C., A.M. Hagelso, J.A.M. Vanbeek, P.R. Wiepkema, W.G.P. Schouten and R. Krukow, 1993. Individual behavioral-characteristics in pigs. Applied Animal Behavioural Science 37, 285-295.

Horrell, I., 1997. The characterisation of suckling in wild boar. Applied Animal Behavioural Science 53, 271-277.

Jensen, B.B. and L.L. Mikkelsen, 1998. Feeding liquid diets to pigs. In: P.C. Garnsworthy and J. Wiseman, (eds). Recent Advances in Animal Nutrition 1998. pp. 107-126. Nottingham University Press, Thrumpton, Nottingham.

Jensen, P., 1986. Observations on the maternal-behavior of free-ranging domestic pigs. Applied Animal Behavioural Science 16, 131-142.

Jensen, P., 1995. The weaning process of free-ranging domestic pigs: Within- and between-litter variations. Ethology 100, 14-25.

Jensen, P. and I. Redbo, 1987. Behavior during nest leaving in free-ranging domestic pigs. Applied Animal Behavioural Science 18, 355-362.

Jensen, P. and B. Recen, 1989. When to wean - observations from free-ranging domestic pigs. Applied Animal Behavioural Science 23, 49-60.

Jensen, P., J. Rushen and B. Forkman, 1995a. Behavioral strategies or just individual variation in behavior - a lack of evidence for active and passive piglets. Applied Animal Behavioural Science 43, 135-139.

Jensen, P., B. Forkman, K. Thodberg and E. Koster, 1995b. Individual variation and consistency in piglet behavior. Applied Animal Behavioural Science 45, 43-52.

Kabuga, J.D. and S.Y. Annor, 1992. A note on the development of behaviour of intensively managed piglets in the humid tropics. Animal Production 54, 157-159.

Kasanen, S. and B. Algers, 2002. A note on the effects of additional sow gruntings on suckling behaviour in piglets. Applied Animal Behavioural Science 75, 93-101.

Kavanagh, S., P.B. Lynch, P.J. Caffrey and W.D. Henry, 1995. Creep-feed intake by suckling pigs. Irish Journal of Agricultural and Food Research 34, 87 (Abstr.).

Keeling, L.J. and J.F. Hurnik, 1996. Social facilitiation and synchronization of eating between familiar and unfamiliar newly weaned piglets. Acta Agriculturae Scandinavica 46, 54-60.

Kelly, D. and T.P. King, 2001. Luminal bacteria: Regulation of gut function and immunity. In: A. Piva, K.E. Bach Knudsen and J.E. Lindberg, (eds). Gut environment of the pig. pp. 113-131. Nottingham University Press, Nottingham.

Kidder, D.E. and M.J. Manners, 1978. Digestion in the pig. Scientechnia, Bristol.

Kim, J.H., K.N. Heo, J. Odle, I.K. Han and R.J. Harrell, 2001. Liquid diets accelerate the growth of early-weaned pigs and the effects are maintained to market weight. Journal of Animal Science 79, 427-434.

Lewis, N.J. and J.F. Hurnik, 1985. The development of nursing behaviour in swine. Applied Animal Behavioural Science 14, 225-232.

Lewis, N.J. and J.F. Hurnik, 1986. An approach response of piglets to the sows nursing vocalisations. Canadian Journal of Animal Science 66, 537-539.

Mackenzie, D.D.S. and D.K. Revell, 1998. Genetic influences on milk quality. In: M. Verstegen, J. Schrama and P. Moughan, (eds). The Lactating Sow. pp. 97-112. Wageningen Pers, Wageningen.

Maenz, D.D., J.F. Patience and M.S. Wolynetz, 1993. Effect of water sweetener on the performance of newly weaned pigs offered medicated and unmedicated feed. Canadian Journal of Animal Science 73, 669-672.

McBride, G., 1963. The 'teat order' and communication in young pigs. Animal Behaviour 11, 53-56.

McLeese, J.M., M.L. Tremblay, J.F. Patience and G.I. Christison, 1992. Water-intake patterns in the weanling pig - effect of water-quality, antibiotics and probiotics. Animal Production 54, 135-142.

Mennella, J.A. and G.K. Beauchamp, 1991. Maternal diet alters the sensory qualities of human-milk and the nurslings behavior. Pediatrics 88, 737-744.

Mennella, J.A. and G.K. Beauchamp, 1993. The effects of repeated exposure to garlic-flavored milk on the nurslings behavior. Pediatric Research 34, 805-808.

Mennella, J.A., C.P. Jagnow and G.K. Beauchamp, 2001. Prenatal and postnatal flavor learning by human infants. Pediatrics 107, U11-U16.

Metz, J.H.M. and H.W. Gonyou, 1990. Effect of age and housing conditions on the behavioural and haemolytic reaction piglets to weaning. Applied Animal Behavioural Science 27, 299-309.

Morgan, C.A., A.B. Lawrence, J. Chirnside and L.A. Deans, 2001. Can information about solid food be transmitted from one piglet to another? Animal Science 73, 471-478.

Nabuurs, M.J.A., A. Hoogendoorn and A. VanZijderveldVanBemmel, 1996. Effect of supplementary feeding during the sucking period on net absorption from the small intestine of weaned pigs. Research in Veterinary Science 61, 72-77.

Nagai, M., K. Hachimura and K. Takahashi, 1994. Water-consumption in suckling pigs. Journal of Veterinary Medicine Science 56, 181-183.

Newberry, R.C. and D.G.M. Wood-Gush, 1984. The suckling behaviour of domestic pigs in a semi-natural environment. Behaviour 95, 11-25.

Newberry, R.C. and D.G.M. Wood-Gush, 1985. The suckling behaviour of domestic pigs in a semi-natural environment. Behaviour 95, 11-25.

Nicol, C.J. and S.J. Pope, 1994. Social-learning in sibling pigs. Applied Animal Behavioural Science 40, 31-43.

Nienaber, J.A. and G.L. Hahn, 1984. Effects of water-flow restriction and environmental-factors on performance of nursery-age pigs. Journal of Animal Science 59, 1423-1429.

Odle, J. and R.J. Harrell, 1998. Nutritional approaches for improving neonatal piglet performance: Is there a place for liquid diets in commercial production? Review. Asian-Australasian Journal of Animal Science 11, 774-780.

Ogunbameru, B.O., E.T. Kornegay and C.M. Wood, 1991. A comparison of drip and non-drip nipple waterers used by weanling pigs. Canadian Journal of Animal Science 71, 581-583.

Pajor, E.A., D. Fraser and D.L. Kramer, 1991. Consumption of solid food by suckling pigs - individual variation and relation to weight-gain. Applied Animal Behavioural Science 32, 139-155.

Petersen, V., 1994. The development of feeding and investigatory behavior in free- ranging domestic pigs during their first 18 weeks of life. Applied Animal Behavioural Science 42, 87-98.

Petrie, C.L. and H.W. Gonyou, 1988. Effects of auditory, visual and chemical stimuli on the ingestive behavior of newly weaned piglets. Journal of Animal Science 66, 661-668.

Phillips, P.A. and M.H. Phillips, 1999. Effect of dispenser on water intake of pigs at weaning. Transactions of the ASAE 42, 1471-1473.

Pluske, J.R., I.H. Williams and F.X. Aherne, 1996a. Villous height and crypt depth in piglets in response to increases in the intake of cows' milk after weaning. Animal Science 62, 145-158.

Pluske, J.R., I.H. Williams and F.X. Aherne, 1996b. Maintenance of villous height and crypt depth in piglets by providing continuous nutrition after weaning. Animal Science 62, 131-144.

Pluske, J.R., D.J. Hampson and I.H. Williams, 1997. Factors influencing the structure and function of the small intestine in the weaned pig: A review. Livestock Production Science 51, 215-236.

Puppe, B. and A. Tuchscherer, 1999. Developmental and territorial aspects of suckling behaviour in the domestic pig (sus scrofa f. Domestica). Journal of Zoology 249, 307-313.

Puppe, B., M. Tuchscherer, S. Hoy and A. Tuchscherer, 1993. Social-organization structures in intensively kept pigs .1. Ethological investigations on the sucking order. Archiv fur Tierzucht-Archives of Animal Breeding 36, 539-550.

Rudo, N.D., I.H. Rosenberg and R.W. Wissler, 1976. The effect of partial starvation and glucagon treatment on intestinal villus morphology and cell migration. Proceedings of the Society for Experimental Biology and Medicine 152, 277-280.

Russell, P.J., T.M. Geary, P.H. Brooks and A. Campbell, 1996. Performance, water use and effluent output of weaner pigs fed ad libitum with either dry pellets or liquid feed and the role of microbial activity in the liquid feed. Journal of the Science of Food and Agriculture 72, 8-16.

Sorensen, M.T., B.B. Jensen and H.D. Poulsen, 1994. Nitrate and pig manure in drinking-water to early weaned piglets and growing pigs. Livestock Production Science 39, 223-227.

Spinka, M., G. Illmann, B. Algers and Z. Stetkova, 1997. The role of nursing frequency in milk production in domestic pigs. Journal of Animal Science 75, 197-212.

Spitz, F., 1986. Current state of knowledge of wild boar biology. Pig News and Information 7, 171-175.

Standing Committee on Agriculture; Pig Subcommittee, 1987. Feeding standards for Australian livestock. Pigs. CSIRO, East Melbourne, Victoria, Australia.

Steiner, M., H.R. Bourges, L.S. Freedman and S.J. Gray, 1968. Effect of starvation on the tissue composition of the small intestine in the rat. American Journal of Physiology 215, 75-77.

Thorpe, J., B.G. Miller and H. Schulze, 1998. The effect of liquid feeding at different feed intervals on ileal digestibility in the early weaned pig. In: J.A.M. van Arendonk, V. Ducrocq, Y. van der Honing, F. Madec, T. van der Lende, D. Puller, J. Folch, E.W. Fernandez and E.W. Bruns, (eds). Book of Abstracts of the 49th meeting of the European Association of Animal Production. Warsaw, Poland. 24th-29th August. pp. 264 (abs). Wageningen Pers, Wageningen.

Webster, S. and M. Dawkins, 2000. The post-weaning behaviour of indoor-bred and outdoor-bred pigs. Animal Science 71, 265-271.

Wechsler, B. and N. Brodmann, 1996. The synchronisation of nursing bouts in group housed sows. Applied Animal Behavioural Science 47, 191-199.

Whittemore, C.T. and D. Fraser, 1974. The nursing and suckling behaviour of pigs. Ii. Vocalisation of the sow in relation to suckling behaviour and milk ejection. British Veterinary Journal 130, 346-356.

Yang, T.S., B. Howard and W.V. McFarlane, 1981. Effects of food on drinking behaviour of growing pigs. Applied Animal Ethology 7, 259-270.

Yang, T.S., M.A. Price and F.X. Aherne, 1984. The effect of level of feeding on water turnover in growing pigs. Applied Animal Behavioural Science 12, 103-109.

Zabielski, R., 1998. Regulatory peptides in milk, food and in the gastrointestinal lumen of young animals and children. Journal of Animal and Feed Sciences 7, 65-78.

Zijlstra, R.T., K.Y. Whang, R.A. Easter and J. Odle, 1996. Effect of feeding a milk replacer to early-weaned pigs on growth, body composition, and small intestinal morphology, compared with suckled littermates. Journal of Animal Science 74, 2948-2959.

7 断奶仔猪的消化生理

H. M. Miller 和 *R. D. Slade*

摘 要

文献中对断奶后仔猪消化生理变化的描述只能到这样一个程度，这方面的综述更适合写一本复杂的书，而不仅仅是一章的内容。因此，本章中我们尽可能将文献汇总到一起，对断奶前后肠道的变化做一个简洁的综合分析。这样我们可以在概括传统观点的同时，努力介绍一些新的文献中很少谈及的看法。我们希望本章可以帮助启发对这一领域的深入思考和新的研究。

7.1 前 言

断奶后仔猪消化生理发生了复杂的变化，原因在于仔猪肠道必须适应饲料类型的变化。对于野生猪，由于仔猪从母乳逐渐过渡到非乳日粮，到 8～12 周断奶时，其所需营养才完全不依赖母猪的供给，其消化生理的变化是逐步的、长时间的。然而，在商业生产中，仔猪在 14～28 日龄突然断奶，且离开母猪。虽然给刚断奶仔猪的日粮有较高的可消化性，但这种断奶的方式不可避免地导致采食量的显著下降，这反过来又会造成肠道结构和功能的快速变化，从而降低总的生长速度。与 35～42 d 断奶或在母猪持续存在的条件下的逐渐断奶相比，传统的突然早期断奶，仔猪日粮的急剧变化是史无先例的。新生仔猪必须面对一系列的变化，其中，从胎盘营养到肠内营养的成功转变起主要作用。虽然整个妊娠期肠道的发育已经有了适合肠内营养的结构，但仔猪出生后几小时内为了能充分地消化吸收，其功能不得不发生巨大的变化。出生时这种对肠内营养的适应是靠仔猪本身的愿望完成的，这在商业化断奶的条件下是不存在的。

本章将探讨目前实际的商业断奶中肠道结构和功能的改变。另外，为了描述断奶日粮对这些变化的影响，我们还对断奶仔猪与新生仔猪的发育进行了比较，希望这些能帮助我们理解断奶后的一系列调控，从而提高我们处理断奶综合症的能力。本来还应将猪的消化道发育与其他动物进行比较，但猪（早熟性的）和晚熟性的动物（如大鼠、小鼠和兔）在肠道、出生后和断奶后的发育截然不同，这使得它们的消化生理无法比较。另外，猪经常被作为研究人类的模型，因为猪和人类的解剖、生理、营养和代谢是一致的（Moughan 等，1992；Wykes 等，1993；Ball 等，1995）。就像人们认为猪是研究人类的很好的模型一样，作者同样认为人也可以作为猪的模型，人类婴儿消化生理的研究所取得的进步已经远远超过了猪，因此，我们应该仔细地比较这两个物种的发育。

7.2 新生仔猪肠内营养的适应策略

毫无疑问，断奶所面临的消化道结构和功能的快速转变导致消化能力短暂性下降。让我们先了解一下类似的问题在新生仔猪是如何解决的。

7.2.1 准备工作

妊娠期间，出生后营养所需的复杂的多细胞系统逐步发育（Zabielski 等，1999），出生时，子宫外生活所需的结构和机制已经建立了。妊娠早期肠道已经完全分化成各个可以认知的器官。因此，结构的改进和消化吸收系统的发育必须发生。

Sangild 等（2000）和 Xu 等（2000）综述了胎儿和新生仔猪胃的发育。出生前胃的生长与全身的生长相似。胃液的 pH（对抑制细菌和胃中酶原的活化是很重要的）在妊娠期间逐渐下降，出生时达到 2～4。这种降低与胃基底部的固有因素和胃泌素的升高是平行的。蛋白水解能力的发育与出生是同步的，已经证实凝乳酶在出生时具有凝乳能力，随着日龄增长，凝乳酶和胃蛋白酶的蛋白水解能力逐渐增强。

产后胃的生长立即超过了全身的生长，从出生到 7 日龄大约提高了 2 倍。出生后 24 h 内胃酸的分泌能力增加了 1 倍（假设受促分泌素的刺激），1～3 日龄时又增加 1 倍。这反映了胃组织的增加，胃腺泌酸细胞体积密度的增加以及每单位组织分泌盐酸能力的增加。出生后胃蛋白质水解能力也迅速增加，7 日龄时蛋白酶分泌能力提高了 9 倍。

胎儿肠道粘膜的结构发育和细胞分化遵循一种高度有组织性的短暂模式。简单来说，假定绒毛的形成来自小肠粘膜，且绒毛被不同部位的增殖细胞（术语为原始的隐窝）分开。然后，原始的隐窝细胞侵入间叶细胞下面形成隐窝细胞区域。产生于隐窝区域的细胞从隐窝迁移到绒毛中轴从而完成分化和成熟。因此，在胎儿发育过程中绒毛就形成了，且具有一定的功能。例如，Buddington 和 Malo（1996）报道，早在猪妊娠期的第 46 天就能观察到胎儿肠绒毛上皮细胞中氨基酸的转运过程。氨基酸的吸收率随着妊娠期的延长而增加，并在出生前短时间内迅速增加

(Buddington 等,2001),表明随着妊娠的进行,氨基酸转运机制继续上调。同样,碳水化合物的消化和吸收能力也在出生时就建立了(Manners 和 Stevens,1972;Puchal 和 Buddington,1992)。绒毛结构和肠上皮细胞的分化完成后,羊水的摄取对胃肠道的生长有显著影响(Buddington,1993;Buddington 等,2001),并且可能对产后肠上皮细胞的能力有正的启动效应。因此,与肠内营养有关的粘膜的基本特性在出生前已得到完全的发育。

出生前酶活的发育并不仅仅限于肠道组织。胰酶的活性随妊娠期延长而增加(Westrom 等,1987),并且似乎在妊娠期结束时达到最大,弹性蛋白酶Ⅱ(Gestin 等,1997a)和糜蛋白酶(Gestin 等,1997b)也是如此。

文献中基本没有谈及猪结肠出生前的发育。结肠的功能是吸收水和电解质,这个功能好像在新生儿发育成熟。既然肠道在出生时是无菌的,那么日粮碳水化合物通过结肠细菌的作用来转化就要依赖于接种适量的微生物菌群。虽然早期上部胃肠道有效的消化和吸收可以显著抑制对细菌活性的需要,但这些菌的底物是乳糖,这对于结肠的功能是必须的。对人类新生儿的测定显示,肠道能水解和吸收日粮中所有的乳糖,因此,结肠对碳水化合物的转化起重要作用。Murry 等(1991)研究了从过结肠日粮的乳糖回收结肠能量的可能途径,包括粘膜的代谢和吸收以及细菌降解成短链脂肪酸和随后的吸收。他们的研究表明:对于新生仔猪,结肠细胞可以将乳糖以二糖的形式直接吸收。在出生前后新生儿的结肠能够吸收电解质和氨基酸(Henin 和 Smith,1976;Sepulveda 和 Smith,1979)。然而,我们不能找到证据说明产前这些功能的变化和活性。

很明显,仔猪在出生时就具有了所有的消化潜力以开始子宫外的生活,但出生后的消化系统需要活化和调整。初乳的采食提供了所需的活化信号。

7.2.2 执行Ⅰ

采食初乳的 24 h 内,初乳能刺激新生猪胃、胰腺、小肠的快速生长(Zabielski 等,1999)。粘膜生长的表征是 DNA 合成的增加、蛋白质含量的提高(Zhang 等,1997)和细胞周转的降低(Moon 和 Joel,1975)。这与绒毛和微绒毛表面积的显著增长是一致的(Xu 等,1992)。人们认为初乳中固有的生长因子和激素启动和调整了这些变化(Kelly 等,1992;Buddington,1993;Pacha,2000)。在仔猪出生前后,隐窝所产生的细胞快速替代胎儿绒毛上的肠上皮细胞,这与绒毛结构变化的出现是一致的。在哺乳期间,指状绒毛逐渐变短变厚(Cera 等,1988),同时水解酶和养分转运活性也相应地改变。

出生后,氨基酸和单糖吸收的降低与肠上皮细胞组织蛋白的浓度相关。然而,粘膜的快速生长可以补偿该现象(Puchal 和 Buddington,1992;Zhang 等,1998;

Buddington 等,2001),因此,养分吸收的总能力是不受影响的或者说稍有增加(Zhang 等,1997)。

初乳调节了肠道水解酶活性的快速变化。Zhang 等(1997,1998)的研究表明,在出生后的 24 h 内,初乳能诱导特异性的水解酶活性在部位上(小肠的近端、中段和远端)和区间上(刷状缘膜囊和粘膜匀浆)的改变(表 7.1)。产后 24 h,虽然每单位肠道蛋白中乳糖酶、蔗糖酶、麦芽糖酶和氨基寡肽酶的活性比出生时降低了,但这些酶在肠道的总活性要高一些(Zhang 等,1997)。产前皮质醇的内源性分泌确实表明了刷状缘这些水解酶的增加(Sangild 等,1995;Sangild 等,2000)。出生后 24 h 内麦芽糖酶和蔗糖酶活性的绝对增加与果糖相对于葡萄糖转运能力的升高是平行的(Puchal 和 Buddington,1992)。对于完全吃乳的动物来说这可能是令人吃惊的,但所有这些变化表明仔猪出生后几乎马上进化,从而为消化和吸收非乳和奶类食物做准备。

表 7.1 产后 24 h 内小肠粘膜匀浆和刷状缘膜囊(BBMV)特异性水解酶和总水解酶的活性[μmol/(min/g 蛋白)]变化(Zhang 等,1997)

	小肠粘膜匀浆			小肠 BBMV		
	近端	中段	远端	近端	中段	远端
特异性活性						
乳糖酶	=	=	=	↓6 h*	=	=
蔗糖酶	=	↓6 h	=	=	=	=
麦芽糖酶	↓6 h	↓6 h	↓6 h	=	=	=
氨基-寡肽酶(AOP)	↓6 h	↓6 h	=	=	=	=
产后小时	6	12	24	6	12	24
总活性						
乳糖酶	↑	↑	↑	=	↑	↑
蔗糖酶	=	↑	↑	=	=	=
麦芽糖酶	↑	↑	↑	=	↑	↑
氨基-寡肽酶(AOP)	=	=	↑	=	↑	↑

注:= 活性没有显著变化;↓ ↑活性显著降低或升高;* 6 h 的时候降低,12 h 的时候没有变化,24 h 的时候降低。

很显然,初生时消化乳糖和麦芽糖能力的增加不依赖于肠腔与这些物质的接触,而是受采食量和日粮组成的影响。Zhang 等(1998)给出生后 6 h 仔猪分别作禁食(FD)、胃插管灌注相同体积的初乳(C)、代乳料(MR)或口服电解质溶液(OES)处理,以研究肠道结构和功能的变化。结果表明,粘膜匀浆中总的肠道麦芽糖酶活性初乳猪高于禁食猪;代乳料猪和口服电解质溶液猪居中,但与初乳猪相比有降低的趋势。刷状缘囊膜(BBMV)中总麦芽糖酶和氨基寡肽酶的活性初乳猪高于口服电解质溶液猪,代乳料猪处于两者之间,且与的禁食猪比值与代乳料猪和口服电解质溶液处理相当。作者没有报道处理对肠道形态的影响，但是肠道的长度和表面积(肠道圆周乘以长度)按顺序降低，分别为 C/MR＞OES/FD、C＞MR/OES＞FD。因此，肠道中实际存在的物质刺激了肠道水解酶的活性和肠道体积的增大(intestinal enlargement)，并且物质的营养和(或)生物活性成分会不同程度地增加这种刺激作用。此外，初乳成分的质量看来能启动与断奶仔猪消化生理相关的肠道特征的发育。

另外，初乳和常乳有促进胃肠道结构和功能发育的作用，为仔猪提供特异性和非特异性生物活性蛋白和生物活性肽。这些因素可以调节肠道内容物和肠道上皮细胞表面之间的关系以及随后的穿过肠壁的转运机制，并提供最初的系统的免疫保护。对仔猪免疫保护的论述超出了本章的范围，但在本书的其他章节进行了讨论。

7.2.3 展望 1

从胎盘营养到肠内营养的转变是快速的和突然的。为了成功地实现这一点，新生儿在出生后的几小时内需要足够的消化生理。3 个主要因素决定其成功与否。首先，肠内营养所需的组织形态的初步改变发生于出生前。第二，在给定的时间框架内，酶和转运系统的发育优先以底物(初乳或常乳)的到达为目标。第三，初乳或常乳的到达激活系统的上调，促使消化生理发生微调从而过渡到肠内营养。另外，进化的初乳或常乳能成完全满足新生仔猪的营养需要。

新生仔猪能快速有效地解决适应子宫外日粮所遇到的问题。但商业性断奶迫使仔猪进行日粮的第 2 次快速突然的转变。这个转变的结果是什么？仔猪能成功地克服第 2 次转变吗？

7.3 断奶仔猪

自然条件下的断奶是一个逐渐的过程，而不是我们商业上强加给仔猪的突然事件。采食初乳所启动的仔猪消化生理的发育在哺乳期间得以继续，但断奶推迟的时候发育的更好(Hampson，1986；Miller 等，1986；Cera 等，1988；Kelly 等，1991)。Buddington(1993)提出，断奶后肠道成熟的正常进程受内在的时间机制的调控，但是也依赖于向保育日粮的转变。这与 Kelly 等(1992)的研究结果是一致的，他们的工作表明，在整个发育过程中肠腔营养对肠道的形态有深刻的影响，但不可能是肠道分化的最终因素。

7.3.1 商业断奶

商业生产中，仔猪在 3～4 周龄断奶，其肠道成熟受到两次危害。首先，从哺乳到教槽料的转变是突然的，而不是渐进的。这种强加给肠道的突然的、差距巨大的功能需求，通常会导致养分采食量的显著下降（Rantzer 等，1997；Le Dividich 和 Seve，2000），以致仔猪短时间内（5 d）不能满足其维持能量需要（Pluske 等，1997）。第二，在商业化断奶日龄时，日粮的变化使得对肠道发育的要求超过了 2～4 周龄未断奶仔猪短暂的适应性变化。因此，商业化断奶将人为的时间表强加到仔猪消化生理的自然成熟上，促使断奶进程的加速，使发育过程变成了“超前”状态。同时，仔猪不采食使这一问题更加严重，能量变得更加缺乏。

7.3.2 胃肠道、胰腺和肝脏的变化

断奶后胃肠道各个部位随之分化生长。Makkink 等（1994）报道，断奶后 10 d 胃相对重量（g/kg 活体重）逐渐升高，但断奶后的前 3 d 小肠的相对重量降低，直到第 10 天尚未恢复。其他作者也描述了断奶后小肠出现的相似的变化（Cera 等，1988；Kelly 等，1991；Jiang 等，2000），且这些变化看来与采食量密切相关（Makkink 等，1994）。相反，在断奶后早期，大肠的相对重量快速增加（van Beers-Schreurs 等，1998），且不依赖于断奶日龄（Kelly 等，1991）。

相对于全身而言，断奶使与胃肠道相关器官的生长速度也发生了不同的变化。例如，在断奶后前两周，肝脏的相对重量显著升高，表明肝脏的代谢活力增加了（Slade 和 Miller，2000）。

经过出生前后的快速生长之后，从大约 13 日龄开始，胰腺相对于全身的重量就稳定了（Gestin 等，1997b）。但断奶后胰腺的生长和蛋白质的增加速度很快，且不依赖于年龄（Peng 等，1996）。胰腺发育的第 3 个过渡生长阶段与胰腺酶在生物合成功能上的改变是相匹配的。简单来说，糜蛋白酶（chgmotrypsin）和弹性蛋白酶Ⅱ相对于体重的活性显著下降，脂肪酶活性稍微增加，胰岛素、淀粉酶（amylase）和弹性蛋白酶Ⅰ的活性升高，体现了胰腺对消化过程的支配地位（Gestin 等，1997a；Gestin 等，1997b）。胰腺对断奶的反应是不规律的。例如，Rantzer 等（1997）报道，30 日龄仔猪断奶后 5 d 内，其外分泌容积、蛋白质和胰岛素水平就能达到成年猪的水平。相反，Cranwell（1995）报道，断奶后第 1 周胰腺酶被显著抑制了。看来断奶日龄（Gestin 等，1997a）、脂肪和干物质的采食量（Gestin 等，1997b）以及日粮蛋白质的浓度（Zebrowska 等，1983；Makkink 等，1994）都会使特异性酶的生物合成发生相应的变化。日粮蛋白质的来源也会影响胰腺酶的表达。例如，Makkink 等（1994）发现，与饲喂大豆相比，饲喂乳蛋白猪的胰腺组织酶的活性提高了。虽然这个结果与 Newport 和 Keal（1982）对这两种相同蛋白的研究结果相反，但是他们使用的日粮和分析方法是不同的。因此，我们需要进一步研究日粮对胰腺发育和酶的表达的影响。

7.3.3　小肠形态的变化

断奶对肠道形态有严重的影响。在过去的 30 年里，无数的试验观察到断奶后绒毛萎缩和隐窝增生。总的来说，断奶后 24 h 内绒毛高度和隐窝深度的比值（V：C）明显降低，且断奶后 3～5 d 最为明显（Hampson，1986；Miller 等，1986；Cera 等，1988）。断奶后 5 d 才能观察到隐窝深度的显著增加（Hampson，1986），此后，绒毛高度和隐窝深度的比值稳定在 1.5～2.0 之间（Hampson，1983）。因此，断奶后 V：C的迅速降低首先是绒毛变短的结果，且小肠远端绒毛变短更为明显。

图 7.1 分析了过去 15 年内 7 个不同试验中有关空肠近端隐窝深度、绒毛高度和 V：C 的最小二乘均值的报道（Hampson，1986；Miller 等，1986；Kelly 等，1991；Pluske 等，1991；Makkink 等，1994；Pluske 等，1996b；Jiang 等，2000）。每个文献中的断奶日龄、日粮以及断奶后样品采集的时间具体见表 7.2。图 7.1 的数据分析表明，在断奶后的 4 d 内，绒毛高度显著下降（$p<0.05$），第 4 天时，绒毛高度大约降低了 50％。Hampson（1986）报道，这种绒毛的萎缩是由于肠上皮细胞数量的降低，而不是绒毛结构的收缩所致。到断奶后第 8 天绒毛高度逐渐恢复，然后基本稳定在哺乳时绒毛高度的 70％。

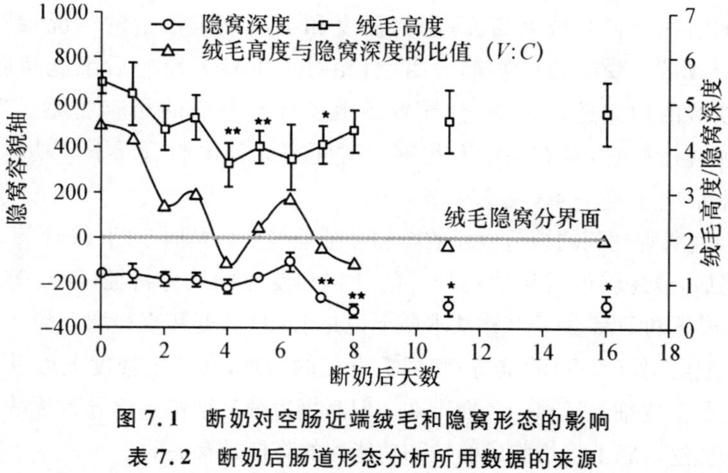

图 7.1　断奶对空肠近端绒毛和隐窝形态的影响

表 7.2　断奶后肠道形态分析所用数据的来源

参考文献	断奶日龄	日粮类型	取样的日龄
Hampson，1986	21 d	商业教槽料	21，22，23，24，25，26，29，32 d
Miller 等，1986	21 d	大豆蛋白粉	21，28 d
	35 d	大豆蛋白粉	35，42 d
Kelly 等，1991	14 d	脱脂奶粉	14，17，19，22 d
Pluske 等，1996a	28 d	全脂乳	28，33 d
Makkink 等，1994	28 d	脱脂奶粉	34 d
Pluske 等，1996b	29 d	全脂乳	34 d
Jiang 等，2000	14 d	大豆蛋白	14，16，18，22，30 d

隐窝深度到断奶后 6 d 内变化不大，然后快速增加到稳定的深度($p<0.01$)，第 6 天是刚断奶时的 2 倍。断奶会使隐窝变深，但断奶日龄(14、21、28 日龄或 35 日龄)不会影响隐窝的深浅。肠上皮细胞迁移的距离(EMD:肠上皮细胞沿着隐窝凹陷部位向绒毛顶端迁移的距离)不随日龄变化，只在断奶后第 5 天降低($p<0.1$)。这里 16 d 的 EMD 值显而易见与断奶后 28 d 是相同的(Salgado 等，2001)。从这个数据看来，断奶后调控结构变化的机制是以哺乳期 EMD 的再建立为目标的。

断奶仔猪再建立断奶前的 EMD 主要是通过隐窝变深来完成的。人们普遍认为，肠上皮细胞产生越来越多的隐窝细胞会导致这一现象的发生，与此同时绒毛高度的增加更证实了这一点。考虑到肠上皮细胞的迁移、分化和断奶后功能的实现之间的紧密联系，但几乎没有研究测定断奶前后隐窝细胞的增殖率(CCPR)。结合 EMD 和 CCPR 可以按比例估算肠上皮细胞的迁移率：

$$\frac{\text{哺乳的}(\text{EMD}/\text{CCPR}\%)}{\text{断奶的}(\text{EMD}/\text{CCPR}\%)}$$

例如，将 Jiang 等(2000)的数据平均数代入这个公式进行计算的结果表明：肠上皮细胞从隐窝凹陷部位到绒毛顶端的迁移率在断奶后 2、4、8 d 和 16 d 按比例来讲分别比断奶当天快 1.86、3.42、2.60 和 2.13。Hampson(1986a)研究了 21 日龄断奶仔猪饲喂教槽料时绒毛高度、隐窝深度和上皮细胞数量的情况，结果发现：肠上皮细胞的数量不受断奶的影响。因此，相对于 EMD，断奶后细胞从隐窝凹陷部位向绒毛顶端的加速迁移，可能会导致肠上皮细胞寿命的相应变短。当肠上皮细胞向绒毛顶端迁移时，只有在没有足够的时间完成分化的情况下其功能才会降低。已经有证据证明了这一点(见 7.4 节)。

哺乳期间所观察到的绒毛直径的增加和绒毛的变短是同步的(Cera 等，1988)，并且持续到断奶后，最终获得成年动物肠道的叶状和变厚的发育特征(Cera 等，1988；Kelly 等，1992)。成熟的隐窝-绒毛结构从本质上说是 EMD 高度和直径增加的几何关系。因此，隐窝的短暂延伸(EMD 的维持)和绒毛直径的增加，在一定程度上可以补偿断奶后绒毛萎缩对肠上皮细胞迁移的负面影响。但断奶后绒毛结构重建导致顶端表面积的显著下降，因此，这与肠上皮细胞成熟性和功能性的降低是有关的。

从图 7.1 的数据可以清楚地看出，对绒毛和隐窝结构重建，或对 EMD 以及肠上皮细胞成熟的影响来说，绒毛高度与隐窝深度的比值是一个很好的指标。将绒毛高度、隐窝深度和隐窝凹陷部位到绒毛顶端的距离按其绝对值的比例来表示是很有价值的，因为可以使各个研究的数据比较起来更加快速和有意义。

7.3.4 小肠碳水化合物酶及其转运的变化

出生时，养分沿着整个隐窝和绒毛轴吸收，但在哺乳期间这个能力逐渐集中到顶端的肠细胞(apical enterocytes)。Miller 等(1986)巧妙地研究了断奶后 5 d 绒毛顶端肠细胞损失对乳糖酶、β-葡萄糖苷酶的活性以及丙氨酸依赖钠的吸收的负面影响。结果表明,断奶后绒毛的功能大大降低,这意味着顶端的肠细胞发育不成熟。相反,Kelly 等(1991)报道,14 d 断奶的 21 日龄仔猪,每单位蛋白中麦芽糖酶和葡萄糖淀粉酶的活性显著增加,且高于未断奶的 22 日龄仔猪。事实上,从母乳转成通过胃插管的断奶日粮后 3 d,这些酶活性的增加是很明显的。因此,断奶后碳水化合物酶的快速诱导可能与肠腔中存在的底物有关。但有趣的是,在 Kelly 等(1991)的研究中,尽管断奶仔猪日粮中含有 5%的蔗糖,与 22 日龄时仍在哺乳的仔猪相比,14 日龄断奶显著减弱了蔗糖酶活性的增加。

断奶以及采食固体饲料后,碳水化合物酶的活性(图 7.2)和单糖的转运速率(图 7.3)存在着明显的部位差别。哺乳期间,乳糖是主要的碳水化合物,乳糖酶是最有活力的二糖酶。与断奶后饲喂复杂的碳水化合物不同的是,乳糖在小肠近端就被水解了,它的单糖组分葡萄糖和半乳糖被肠细胞的乙醛糖载体快速吸收。相

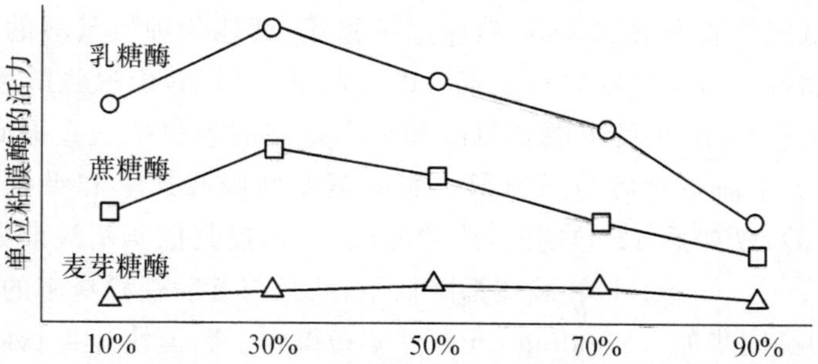

图 7.2　7 日龄断奶的 21 日龄仔猪小肠近端到远端粘膜二糖酶的变化

资料来源:kelly 等,1991。

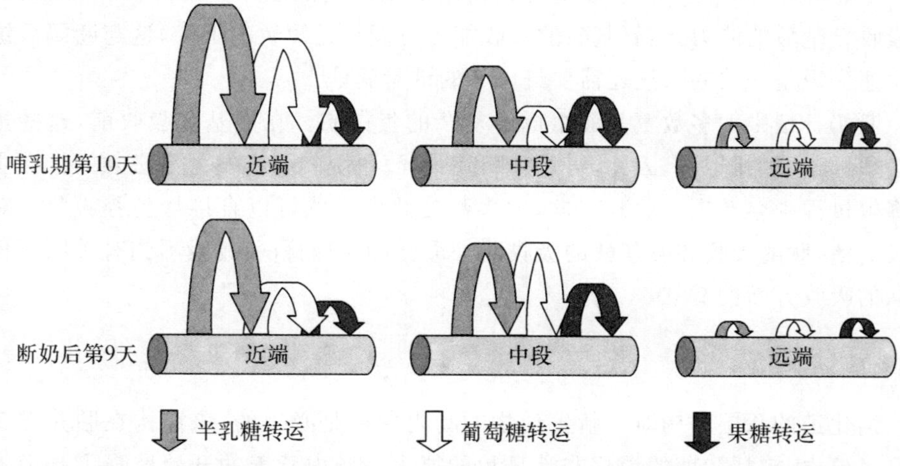

图 7.3　21 日龄断奶仔猪出生后 9 d 和断奶后 21 d 粘膜单糖酶的吸收方式

资料来源:Puchal 和 Buddington,1992。

反，断奶日粮中更复杂的碳水化合物的吸收会延滞，在刷状缘的酶水解和吸收前，需要将大分子物质降解为二糖。相应地，断奶后肠道碳水化合物酶的活性沿着小肠逐渐增加（Manners 和 Stevens，1972；Kelly 等，1991），不同部位分布的相应单糖载体也支持这一点（Puchal 和 Buddington，1992）。

7.3.5 氨基酸的转运

除了最近 Buddington 及其同事（Buddington 等，2001）所做的工作外，到目前为止，人们几乎忽略了对猪氨基酸吸收的研究。他们采集肠道近端、中段和远端组织，研究从发育阶段-妊娠后期（出生前 11 d）到 42 日龄（断奶后 12 d）离体猪完整的小肠组织中氨基酸的吸收情况。结果发现，产后头 3 h 内单位组织对天冬氨酸、亮氨酸、赖氨酸、蛋氨酸和脯氨酸等 5 种游离氨基酸的吸收速率显著下降。7 日龄时，每单位组织中脯氨酸的吸收速率显著增加。7～28 日龄内，每单位组织中个别氨基酸的吸收速率仍然在下降，此后一直保持稳定。相对于体重来说，到 7 日龄时肠道吸收亮氨酸的能力增加 1 倍，然后趋于稳定；其他 3 种氨基酸的吸收到 28 日龄时逐渐增加，此后，天冬氨酸和蛋氨酸的吸收显著增加，但赖氨酸增加的幅度要小一些。出生后 24 h，小肠末端脯氨酸和天冬氨酸的吸收率一直很低。到目前为止，没有其他关于仔猪年龄与肠道部位影响氨基酸吸收速率和吸收能力的报道。在 28～42 日龄（断奶后 12 d）期间，除赖氨酸外，调控其他氨基酸最大吸收率的亲和力常数（affinity constant）和载体都降低了，并且与其表观稀释率的大量增加（平均增加 49%）是同步的。Buddington 等（2001）得到了肠道快速生长（rapid intestinal growth）的结论，他们发现，肠道湿重从出生时的 15 g 增加到 42 日龄时的 862 g，氨基酸吸收能力的增加速度比代谢活重的增加还快。因此，断奶减弱了肠道吸收氨基酸的能力，但氨基酸的吸收能力可能只是短暂的下降，这与断奶后绒毛的快速变短是一致的。这还需要进一步的试验验证。

断奶日粮中大多数氨基酸组成了复杂的蛋白质。在氨基酸吸收前，这些蛋白质必须经过酶的降解。因此，胃、胰腺和粘膜酶系统的同步发育是必须的。在蛋白质降解过程中会产生二肽和三肽，大多数二肽和三肽可以直接从肠腔吸收。对于较大的猪，肽的吸收和氨基酸的吸收同等重要，但我们目前还找不到有关断奶仔猪在肽的吸收方面的文献。

7.3.6 展望 2

消化道的深层结构对于新生动物的肠内营养是必须的，该结构在胎儿发育期间已经建立，包括初期的消化非乳日粮的能力。肠内营养的开始增强了肠道加工处理固体饲料的能力，同时也促使绒毛结构发生有利的变化。因此，在整个哺乳期内,肠道一直在逐渐地为断奶后的营养供给做准备。就像羊水的摄取能启动(或刺激)胎儿消化道发育一样,在自然条件下,肠腔逐渐接触到新的养分,从而使肠道的生长和功能发生相应的变化。所以,新生仔猪和自然断奶猪消化道的发育是相似的,但商业化早期断奶则使两者之间存在根本的不同。

我们以前总结了新生儿消化生理和从胎盘营养向肠内营养成功过渡的3个主要因素。这些因素在新生仔猪和商业化断奶猪之间存在怎样的不同呢?首先,新生仔猪已经进化到具有适应采食养分的变化所需的消化器官。相反,对商业化断奶仔猪来说,尚未完成从常乳转变到固体日粮所需要的肠道发育。第二,人们通过给新生仔猪提供高可消化性、高脂肪、低纤维的特意配制的日粮,在短时期内适应了消化道发育,但这种努力并不能使肠道完全适应。第三,给新生仔猪采食的日粮直接适应了肠道生理的变化,消化和吸收过程发生了细微的调整。对商业化断奶仔猪来说,虽然肠道只是需要适应底物的变化,但断奶日粮的组成不是直接地适应消化道的发育,从而导致消化道发生大的调整。商业化断奶使仔猪肠道结构和功能以断奶日粮的缺点为目标进行快速转变,那么仔猪是如何针对这些反应做出调整的呢?

7.4 断奶后的适应性调节

推迟或自然条件下的断奶有机会适应成年肠道的方式,从而减少或完全消除与断奶后日粮转变相关的消化障碍(Hampson,1986;Miller,1986 等;Kelly 等,1991)。商业生产条件下断奶仔猪肠道的快速调节因断奶方案的不同,而产生不同的结果。断奶应激和母乳向断奶日粮的突然转变会导致采食量的大幅下降。

7.4.1 断乳

整个断奶过程——转走母猪、转舍、混群以及饲料类型和来源的改变等,对仔猪来说是很大的应激。但也不能过分强调断乳本身以及替代母乳饲料的重要性。哺乳仔猪的消化生理主要集中在对乳成分的消化和吸收上,断奶时母乳被更复杂的日粮突然代替,结果在在短期内其消化生理减弱了。从营养上来说,乳是蛋白质、脂肪和碳水化合物的来源,更进一步来讲则是必需氨基酸、碳水化合物的一部分以及不同链长的脂肪酸。在营养层面之外,母乳则是与肠道健康、效能和生长相关的一系列生理、免疫、生化和细菌的调节剂(Fox 和 Flynn,1993)。这样断掉母猪同时,也剥夺了仔猪的可消化性饲料来源以及肠道结构和功能的潜在调节剂。Pluske 等(1996a,b)的研究表明,断奶后采用乳制品日粮可以阻止断奶后隐窝和绒毛结构的典型变化,这充分证明了乳的重要性。

从文献中我们可以很明显地看出,人们越来越多地意识到母乳的非营养功能对调节肠道健康和变化的能力(Xu 等,2000)。乳腺分泌物中至少可以检测到 16 种不同的生长因子(Fox 和 Flynn,1993)。水解酪蛋白和乳清蛋白也会产生很多生物活性肽(Meisel 等,1989;Maubois 和 Lenoil,1989)。肠道受体及其作用方式是以这些物质为特征的。另外,大多数关于猪的研究集中在新生仔猪对初乳中各因子的反应,而乳中这些因子对猪消化生理影响方面的有用信息相当少(Pluske 等,1997)。人们还不能很好地了解乳中的各种生物活性成分的缺失对肠道稳定性的影响,为了进一步理解与断奶相关的问题还需要做更全面的研究。

7.4.2 断奶应激

我们已经考虑到商业化早期断奶导致的仔猪身体和功能上的后果是如何影响其消化生理的。但是,与母猪分开、抓猪、混群和适应新的行为和营养状况对仔猪来说都是生理应激。因此,断奶与血浆中皮质醇浓度的显著增加是有关系的(Carroll 等,1998;Wu 等,2000)。一般认为,自然断奶时肠道对皮质醇的敏感性是不存在的,然而,商业化早期断奶远远超过了皮质醇的不敏感阈值。

最近的一篇综述总结了影响断奶仔猪小肠结构和功能的因素(Pluske 等,1997),该综述发现缺乏血浆皮质醇水平与断奶生长受阻和肠道的适应性缺乏有关系的证据。但是,也有相当的文献称皮质醇在肠道适应中的有益作用。例如,围产期(妊娠 82～96 d)子宫中皮质醇的存在,显著提高了 6 d 后乳糖酶、麦芽糖酶和氨肽酶 A 和 N 的活性(Sangild 等,1995)。皮质醇对 26 日龄哺乳仔猪碳水化合物酶的活性有类似的作用(Chappel 等,1989)。另外,给感染传染性胃肠炎病毒的断奶仔猪肌肉内注射糖皮质激素,可以阻止绒毛萎缩,通过提高依赖葡萄糖钠的吸收来提高电解质的滞留(Rhoads 等,1988)。

与断奶生理关系更密切的是内源性皮质醇调控粘膜氨基酸代谢的作用。断奶后肠道结构和功能的再次发育与粘膜蛋白合成的增加及随后肠上皮细胞对氨基酸的高需求有关。氨基酸既可以作为能量的底物(如谷氨酰胺、谷氨酸盐、天冬氨酸盐),也可以作为蛋白质合成的构架(如精氨酸)。理论上来讲,肠道粘膜细胞能从肠腔或肠系膜的动脉循环中获得这些底物,但实际上,除谷氨酰胺外,循环中的底物或前体物的吸收是可以忽略不计的。从肠道萎缩来看这是明显的,而肠道萎缩与总的肠道外营养(TPN)同时发生(Remillard 等,1998a;Bertolo 等,2000)。日粮氨基酸在肠上皮细胞的代谢通常不仅对肠道的内在平衡是必须的,对断奶后小肠的成熟也是必不可少的。血液循环中皮质醇浓度的增加似乎会使断奶后小肠中一些氨基酸的代谢更容易。例如,Flynn 和 Wu (1997)报道,阻断糖皮质激素受体可以阻止断奶所导致的肠细胞中谷氨酰胺产生的鸟氨酸、瓜氨酸和二氧化碳,以及精氨酸所产生的脯氨酸和二氧化碳的增加。同样,Wu 等 (2000)报道,断奶后 8 d 肠细胞中谷氨酰胺合成瓜氨酸的量是同期未断奶仔猪的 10 倍。

断奶后短时间内肾上腺皮质醇的产生能完全消除这种现象。在这两个研究中，作者证实了在某些特殊阶段，皮质醇可通过加强肠细胞中酶的表达和活性来催化谷氨酰胺和精氨酸的代谢。因此，断奶应激所释放的皮质醇看来确实能提高仔猪的适应性反应能力，至少是消化生理的适应性能力。

7.4.3　日粮的直接影响

许多文献报道了采食量降低对肠道形态的负面影响（Goldstein 等，1985；Remillard 等，1998a；Remillard 等，1998b；Lopez-Pedrosa 等，1999）。然而，断奶仔猪采食量低于维持需要的时间相对较短，在断奶后的 5 d 内可以重新建立维持需要的能量采食量（Le Dividich 和 Herpin，1994，Pluske 等，1997 引用）。在此期间，断奶后脂肪储备的大量动员很可能弥补能量采食量的不足（Whittemore 等，1978）。因此，能量采食量的短暂性不足看来不可能降低全身能量的利用率。但我们已经注意到，循环中能量底物对代谢和维持粘膜结构的贡献是微不足道的，因此肠内营养是维持肠道的关键。Pluske 等（1996b）清楚地表明，断奶后饲喂牛奶的仔猪，能量采食量严重影响了绒毛的高度。van Beers-Schreurs 等（1998）关于能量采食量影响肠道形态的研究也得到了相似的结果。有趣的是，Pluske 等（1996b）的数据还表明，绒毛结构不受干物质和能量采食量的影响，当断奶仔猪采食牛奶而不是教槽料时，绒毛的平均高度保持不变，隐窝深度的增加也减少。这一现象反映了日粮构成对绒毛结构有实质性影响。换句话说，乳的营养成分和利用率对肠上皮细胞的代谢有补偿作用，从而使肠道保持内在平衡。

很明显，从肠上皮细胞代谢考虑，断奶日粮的氨基酸组成是断奶后短时间内肠道成功发育的关键因素。但粘膜代谢的结果是，外周组织代谢可利用的氨基酸模式与日粮提供的明显不同（Stoll 等，1998）。在这方面以谷氨酸的研究最为深入和全面（Windmueller 和 Spaeth，1980；Reeds 等，1996；Reeds 等，2000）。但也有研究认为（Yu 等，1990；Stoll 等，1998；Wu，1998），必需氨基酸（EAA）对肠上皮细胞代谢也有很好的特性。这对断奶日粮在肠道发育、粘膜代谢，以及有效促进动物整体生长等方面对营养需求的满足能力提出了质疑。很明显，肠道 EAA 的代谢程度对这两方面都是重要的，同样需要进一步研究。

断奶后日粮的物理特性可以导致绒毛萎缩。食糜通过小肠时，制粒（Pluske 等，1997）和提高日粮的纤维含量（Tasman-Jones 等，1982）会导致顶端肠细胞的机械损伤。文献中没有直接的证据来支持这一理论。实际上，扫描电镜观察到，饲喂谷物颗粒日粮的猪，其小肠不存在绒毛的损伤（Hampson，1986）。但是，如果从更加完整的、较下层的纵切面以及叶状的绒毛的角度观察，断奶后 5 d 绒毛的萎缩可能是磨损所导致的。与此相似，断奶后所观察到的粘液的改变是由于食糜的磨损增加造成的（Pestova 等，2000）。作者实验室的研究表明，断奶后 5 d 每根绒毛的杯状细胞的数量减少了，但每单位绒毛高度杯状细胞的数量增加了（数据未发表）。

因此，断奶后粘液分泌对上皮细胞的保护能力增加了。

Miller 等(1986)推测，断奶后肠细胞中碳水化合物酶表达的改变与病因论不完全吻合，有人认为日粮、激素水平和 CCPR 的改变可引起肠道发病。一些研究者认为，肠上皮接触到食物抗原后，其发育与免疫系统之间的关系会反过来影响上皮细胞的发育。一些文献已全面讨论过断奶仔猪对日粮抗原的过敏反应以及免疫学实质(Miller 等，1991；Newby 等，1994；Dreau 和 Lalles，1999)，这已经超出了本章的范围。但鉴于肠道过敏反应的免疫调节和断奶仔猪消化生理的改变有一定的关系，就此做一下简单的论述。

过敏反应(Ⅰ型和Ⅳ型)需要以前接触过抗原或免疫系统对抗原发生了致敏作用。过敏反应的发生取决于一开始对抗原的接触程度。接触太少或太多都会促进抗原的“经口耐受性”，但适度的抗原剂量会使免疫系统致敏。使免疫系统致敏的抗原剂量和耐受剂量是很难量化的。另外，免疫系统致敏随抗原特性、环境和动物的遗传性能的不同而不同。致敏作用会导致特异性抗原 IgE 和 B 记忆细胞(Ⅰ型)或 T 记忆细胞(Ⅳ型)的产生，当随后接触同种抗原时，产生特殊的免疫反应。简单来说，Ⅰ型过敏反应(速发型)主要是由特异性抗原 IgE 结合到肥大细胞表面的受体上，抗原和 IgE 的交联反应会导致肥大细胞快速脱粒。Ⅳ型过敏反应(迟发型)包括 T 细胞的活化和巨噬细胞聚集到有抗原的部位、肥大细胞脱颗粒和细胞因子的释放等过程。这两个反应使相关组织，如肠道上皮细胞产生严重的炎症反应和损伤。因此，Ⅰ型辅助型 T 细胞(Th1)能抑制Ⅰ型过敏反应，而角化细胞和巨噬细胞产生的前列腺素 E(PGE)则能抑制Ⅳ型过敏反应。

很明显，在哺乳期间饲喂教槽料的 21～28 日龄断奶的仔猪，不可能刚好采食到产生免疫耐性所需要的抗原剂量(Newby 等，1994)。人类的Ⅰ型和Ⅳ型过敏反应在再次接触到抗原后约 12 h 和 72 h 达到高峰(Roitt 等，1998)。因此，仔猪断奶后的前 5 d 所观察到的绒毛结构的不利变化很可能是日粮诱导的免疫学肠病。在商业生产条件下，仔猪第 1 次接触到日粮抗原通常发生在断奶的时候。但如果不阻止仔猪接触母猪日粮，那么在保育期间就会接触到抗原物质的敏感剂量。McCracken 等(1999)给断奶仔猪采食乳或以大豆为基础的日粮，发现其空肠绒毛和隐窝中促免疫系统炎性成分(proinflammatory immune system components)的表达。作者报道，断奶后 2 d 绒毛高度的显著降低与绒毛中 $CD4^+$ T 细胞数量的显著增加成正比，并且超过了Ⅰ类 MHC 的 RNA 表达降低的程度。但这些影响在两个处理组之间是相同的。同样，日粮蛋白的来源不影响隐窝和绒毛 $CD8^+$ T 细胞的数量和Ⅱ类 MHC 的表达，两个处理在断奶后第 1 天 PGE 的浓度最高，Ⅳ型过敏反应 48 h 后最大。McCracken 等(1999)推断，试验的短暂免疫反应的模式并不完全满足过敏反应理论。断奶后 2 d 仔猪的采食量明显降低，每头猪总共不超过 100 g。因此，断奶时食欲减退本身可能削弱上皮的完整性，从而通过抗原和黏膜固有层直接的相互作用，促使炎症反应的发生。

7.4.4 日粮的间接影响

养分采食量不足是仔猪断奶的必然结果，并且对肠道形态学有明显的影响。营养水平对不同生长激素的表达和分泌有着很大的影响（Buonomo 和 Baile，1991），这一影响在断奶期间尤为显著（Carroll 等，1998；Le Dividich 和 Seve，2000）。营养物质的摄入量和肠道的营养水平都会影响类胰岛素生长因子Ⅰ（IGF-Ⅰ）和生长激素的表达和分泌（Burrin，1997；Baksheev 和 Fuller，2000）。事实上，White 等（1991）研究表明，与禁食 36 h 的猪相比，断奶仔猪外周 IGF-Ⅰ水平均达到相同程度的显著降低。但是，对于肠道内营养应答型肽类激素来说，其主要受断奶时消化水平的影响和调控。此类激素对胃肠道的影响主要表现在胃肠道的蠕动、适应性和生长（见表 7.3）。已被证实的肠道内分泌激素是很广泛的，并且我们对各种激素的具体作用以及互作效应还知之甚少。有关仔猪断奶时机体内分泌和代谢状态的变化，将在本书其他章节讨论。本节将主要针对断奶诱导的肠道激素的分泌进行论述。并以胰高血糖素原衍生肽（PGDPs），主要是类胰高血糖素样肽 1 和 2（GLP-1 和 GLP-2）为例，来讨论肠道内分泌系统对断奶后肠道消化系统发育的调节作用。

表 7.3 肠道对断奶反应时的养分应答性内分泌调节因子

肽	分泌部位	回肠制动	向肠内分泌	参考文献
EGF[1]	下颌腺 布氏腺 潘氏细胞	是	是	Peng 等，1996；Cuber，1997； Drucker，1997；Baksheev 和 Fuller，2000
GIP[2]	K 细胞	是	促胰岛素的	Roberge 和 Brubaker，1993； Knapper 等，1995 van Goudoever 等，2001
GLP-1[3]	L 细胞	是	促胰岛素的	Roberge 和 Brubaker，1993 Knapper 等，1995；Hansen 等， 1999；Holst，2000
GLP-2[4]	L 细胞	是	是	Drucker，1997；Drucker 等，1997 Holst，2000；van Goudoever 等，2001
PYY[5]	L 细胞	是	是	Drucker，1997；van Goudoever 等，2001
CCK[6]	I 细胞	是	促胰液的	Cuber，1997
NT[7]	N 细胞		是	Drucker，1997

[1] 表皮生长因子；[2] 葡萄糖依赖性促胰岛素多肽；[3] 胰高血糖素样肽-1；[4] 胰高血糖素样肽-2；[5] 肽 YY；[6] 胆囊收缩素；[7] 神经降压素。

采食量的下降将会抑制肠道营养应答性激素的分泌（van Goudoever 等，2001），并且日粮的组成，如粗纤维、复合型碳水化合物、短链脂肪酸也会对其分泌产生影响（Burrin 等，2001）。van Goudoever 等（2001）研究表明，禁食 13 h 的仔猪在恢复进食的 1 h 内，其动脉血中葡萄糖依赖性促胰岛素肽（GIP）和 GLP-2 的浓度将会增加 4～8 倍。

胰高血糖素原位于小肠末端和结肠的 L 细胞上，GLP-2 是该基因经过翻译加工后的五种肽类激素之一。其他四种分别是 GLP-1、肠高血糖素、肠高血糖素相关胰多肽(GRPP)和胃泌酸调节素。营养物质进入肠道会刺激 L 细胞分泌上述激素至肠绒毛微血管系统中。体外研究表明，肠高血糖素可以促进肠道细胞的生长，但是免疫中和试验的结果表明，肠高血糖素促进体内肠道细胞生长的作用甚微(Bloom 和 Polak，1982；Drucker 引用，1997)。虽然还未检测到胃泌酸调节素具有促进肠道营养的作用，但是它确实能够提高肠道，尤其是回肠中葡萄糖的吸收(Collie 等，1997)。营养物质的吸收还可以刺激十二指肠 K 细胞分泌 GIP。GIP 和 GLP-2 都可以作为肠促胰岛素激素发挥作用。即：由于营养物质吸收导致 GIP 和 GLP-2 的分泌，进而引起的胰岛素的分泌量要远远大于由摄入的营养物质刺激而引起的胰岛素的分泌量。因此，GIP 和 GLP-2 在肠道代谢和生长的额外附加效应上发挥主要作用。GIP 还可以刺激体内 GLP 的分泌。Roberge 和 Brubaker (1993)首次在大鼠上的研究表明，GIP 可促进 GLP-1 的分泌，van Goudoever 等(2001)研究也表明，GIP 可促进猪 GLP-2 的表达。

GLP-1 是“回肠制动”(ileal brake)现象中所涉及到的一种肠道激素(Read 等，1994)。“回肠制动”的机制是，回肠中的不可吸收的营养物质抑制了上游消化道的正常生理功能，于是营养应答性激素 GLP-1 释放，抑制了胃酸的分泌和胃的排空，降低了胰腺外分泌腺的活性和肠道的蠕动。不过，GLP-1 的失活是异常迅速的。Hansen 等(1999)报道，50%～75%的 GLP-1 在离开肠绒毛微血管系统前已经被代谢成为无活性的形式。有研究进一步表明，GLP-1 对肠道的调节功能可能是通过与位于固有层中的感觉传入神经末梢的互作来介导的(Holst，2000)。综上所述，由于回肠末端和结肠中的不可吸收的脂肪和碳水化合物类物质刺激了 GLP-1 的分泌，从而延长了营养物质在上游消化道中消化和吸收的过程。那么，这一现象极可能是由于断奶后日粮养分的多样性与肠绒毛生理功能的下降引起的，从而导致了机体生理性营养吸收障碍以及 GLP-1 的分泌。反之，GLP-1 的分泌又会下调肠道的内在平衡以及降低采食量。对人的研究表明，静脉灌注 GLP-1 会抑制食欲并降低进食量(Flint 等，1998；Holst 引用，2000)。

肠道中 GLP-2 的分泌与 GLP-1 类似，都是由于营养物质直接进入肠道刺激 L 细胞而分泌的。GLP-2 的主要功能是促进肠道生长，但是其在抑制肠道运动方面也有一定的作用。在不同动物上的研究表明，机体灌注 GLP-2 可以增加肠道组织的重量、黏膜厚度、绒毛高度和隐窝深度，并且会增加水解酶的表达以及已糖和氨基酸的转运水平(Baksheev 和 Fuller，2000；Drucker，1997；Holst，2000；Burrin 等，2001)。另外，对于全肠外营养的猪来说，灌注 GLP-2 会通过抑制蛋白降解和细胞凋亡来维持肠道的生长(Burrin 等，2000)。以上各生理功能均是通过灌注高于生理浓度的 GLP-2 来实现的。

但是,Fischer 等(1997)在大鼠上的研究表明,内源 GLP-2 分泌量只需增加 50%左右,即可达到明显的促进肠道生长和绒毛隐窝生长的作用。断奶仔猪禁食 13 h 后才恢复进食,其动脉血中 GLP-2 浓度将增加 4 倍(van Goudoever 等,2001)。刚刚断奶的仔猪其自由采食量是很低的(Bark 等,1986),并且一直处于不采食状态的时间会超过 24 h。目前,还没有任何关于仔猪断奶对 GLP-2 浓度的影响的相关报道。但是,本章所述相关研究主要为断奶日粮的显著摄入可能会导致 GLP-2 的急剧上升,如果这样的话,毫无疑问会对肠道的变化产生有利的影响。

GLPs 的联合作用是通过与其他肠道激素的协同作用来完成的,该作用阐明了绒毛萎缩和营养性吸收障碍的相关原因。GLPs 的联合作用有效地阻碍了营养物质的运输,但是却促进了肠道的适应性生长。表面上,正如作者的研究(图 7.4)以及其他相关研究(Bark 等,1986;McCracken,1989)所示,GLPs 的作用将会是采食量达到稳定水平或降低的特征。但是实质上,养分采食量的下降是与肠道营养的增加相对应的(图 7.1)。

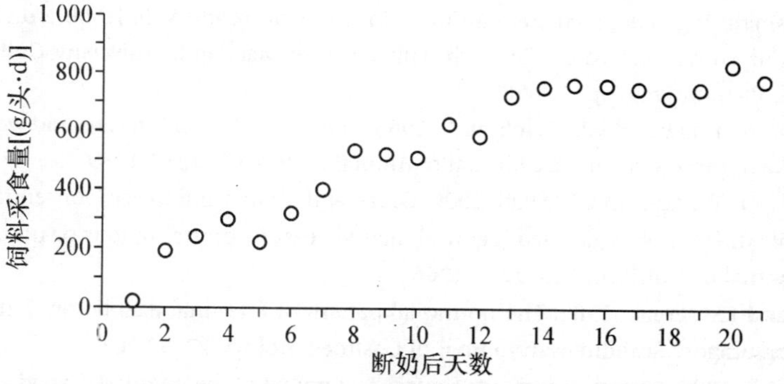

图 7.4 饲喂含有脱脂奶粉 26 日龄断奶仔猪断奶后采食量的变化

7.4.5 展望 3

断奶后消化生理的改变可以分成两个阶段,初期的肠道结构和功能的降低(阶段Ⅰ)以及成熟期肠道指标的提高(阶段Ⅱ)。从一个阶段向另一个阶段的转变是从肠内营养开始的,并且受内在发育的驱使。初乳和随后的常乳的摄取,刺激肠道形态和生长发生根本变化,这与肠道分泌和吸收能力的改变是匹配的。在自然条件下,发育阶段衔接的天衣无缝,仔猪持续地从母猪获取营养和免疫支持,同时肠腔与新的日粮成分的接触增加了;发育和适应性变化都会增加肠道加工处理非乳食物的能力;乳成分可以调节对新的养分的耐受能力。这个过程一直持续到出生后 9～12 周,这时日粮中已经不存在乳成分了,仔猪断奶了。

商业断奶把天然断奶过程的后 2/3 压缩成几天而不是几周。结果发育阶段变得完全不同了。阶段Ⅰ最多就到断奶后 3～5 d,特征是绒毛表面积、肠细胞增殖、肠细胞成熟以及分泌和吸收功能显著降低。阶段Ⅱ始于阶段Ⅰ之前或者说包括阶段Ⅰ。对肠腔中存在的养分做出适应性反应显然能支配断奶前肠道发育成熟。随后隐窝-绒毛轴的再次建立会促使隐窝细胞增殖，绒毛高度部分恢复。消化道的强烈生长维持或增加了总的消化能力和吸收能力，同时胃的蠕动(gastric motility)暂时降低，摄取养分与消化液的接触增加了。胰腺和肠道水解酶活性随日粮做出适应性调整，有些部位养分转运载体能力的提高可以对其进行补充，最终在细胞产生和细胞损失之间达到平衡。日粮采食量和组成使酶的表达和活性最佳，且养分的吸收达到最大效率，这样断奶仔猪的消化生理就建立了。

参考文献

Baksheev, L. and P.J. Fuller. 2000. Humoral factors in intestinal adaptation. Trends in Endocrinology and Metabolism 11, 401-405.

Ball, R.O., J.D. House, L.J. Wykes and P.B. Pencharz. 1995. A piglet model for neonatal amino acid metabolism during total parenteral nutrition. In: L.B. Schook and M.E. Tumbleson (editors). Advances in Swine Biomedical Research, University of Maryland, University College Park, Maryland: Plenum Press pp. 713-731.

Bark, L.J., T.D. Crenshaw and V.D. Leibbrandt. 1986. The effect of meal intervals and weaning on feed intake of early weaned pigs. Journal of Animal Science 62, 1233-1239.

Bertolo, R.F.P., P.B. Penharz and R.O.Ball. 2000. Organ and plasma amino acid concentrations are profoundly different in piglets fed identical diets via gastric, central venous or portal venous routes. Journal of Nutrition 130, 1261-1266.

Bloom, S.R. and J.M. Polak. 1982. The hormonal pattern of intestinal adaptation: a major role for enteroglucagon. Scandinavian Journal of Gastroenterology 17, 93-103.

Buddington, R.K. 1993. Nutrition and ontogenic development of the intestine. Canadian Journal of Physiology and Pharmacology 72, 251-259.

Buddington, R.K., J. Elnif, A.A. Puchal-Gardiner and P.T. Sangild. 2001. Intestinal apical amino acid absorption during development of the pig. American Journal of Physiology-Regulatory Integrative and Comparative Physiology 280, R241-R247.

Buddington, R.K. and C. Malo. 1996. Intestinal brush-border membrane enzyme activities and transport functions during prenatal development of pigs. Journal of Paediatric Gastroenterology and Nutrition 23, 51-64.

Buonomo, F.C. and C.A Baile. 1991. Influence of nutritional deprivation on insulin-like growth factor 1, somatotrophin and metabolic hormones in swine. Journal of Animal Science 69, 755-760.

Burrin, D.G. 1997. Is milk-borne insulin-like growth factor-1 essential for neonatal development? Journal of Nutrition 127, 975S-979S.

Burrin, D.G., Y. Petersen, B. Stoll and P. Sanglid. 2001. Glucagon-like peptide 2: A nutrient-responsive gut growth factor. Journal of Nutrition 131, 709-712.

Burrin, D.G., B. Stoll, R. Jian, Y. Petersen, R.K. Buddington, M. Schmidt, J.J. Holst, B. Hartmann and P.T. Sangild. 2000. GLP-2 stimulates intestinal growth in premature TPN-fed pigs by supressing proteolysis and apoptosis. American Journal of Physiology: Gastrointestinal and Liver Physiology 279, G1249-G1256.

Carroll, J.A., T.L. Veum and R.L. Matteri. 1998. Endocrine response to weaning and changes in post-weaning diet in the young pig. Domestic Animal Endocrinology 15, 183-194.

Cera, K.R., D.C. Mahan, R.F. Cross, G.A. Reinhart and R.E. Whitmoyer. 1988. Effect of age, weaning and postweaning diet on small intestinal growth and jejunal morphology in young swine. Journal of Animal Science 66, 574-584.

Collie, N.L., Z. Zhu, S. Jordan and J.R. Reeve Jr. 1997. Oxyntomodulin stimulates intestinal glucose uptake in rats. Gastroenterology 112, 1961-1970.

Cranwell, P.D. 1995. Development of neonatal gut and enzyme systems. In: M.A. Varley (editor), The Neonatal Pig: Development and Survival. Oxon: CAB International, pp. 99-154.

Cuber, J.C. 1997. Secretory activity of the endocrine, I and M cells of the gut. In: Digestive Physiology in Pig. Institut National la Recherche Agronomique (INRA), Paris, France. Proceedings of the 7th International Symposium Saint Malo, France.: Institut National la Recherche Agronomique (INRA), Paris, France, pp. 144-157.

Dreau, D. and J. Lalles. 1999. Contribution to the study of gut hypersensitivity reactions to soyabean proteins in the preruminant calves and early-weaned piglets. Livestock Production Science 60, 209-218.

Drucker, D.J. 1997. Epithelial cell growth and differentiation I. Intestinal growth factors. American Journal of Physiology: Gastrointestinal and Liver Physiology 273, G3-G6.

Drucker, D.J., L. DeForest and P.L. Brubaker. 1997. Intestinal response to growth factors administered alone or in combination with human [Gly^2]glucagon-like peptide 2. American Journal of Physiology: Gastrointestinal and Liver Physiology 273, G1252-G1262.

Fischer, K.D., S. Dhanvantari, D.J. Drucker and P.L. Brubaker. 1997. Intestinal growth is associated with elevated levels of glucagon-like peptide 2 in diabetic rats. American Journal of Physiology: Endocrinology and Metabolism 273, E815-E820.

Flynn, N.E. and G. Wu. 1997. Glucocorticoids play an important role in mediating the enhanced metabolism of arginine and glutamine in enterocytes of postweaning pigs. Journal of Nutrition 127, 732-737.

Fox, P.F. and A. Flynn. 1993. Biological properties of milk. In: M.S. Rios, A. Sastre, M.A.P. Juez, A. Estrala and C. De Sebastian (editors), Dairy products in Human Health and Nutrition, Madrid, Spain: A.A. Balkema, pp. 97-111.

Gestin, M., I. Le Heuron-Luron, G. Le Drean, J. Peiniau, V. Rome-Philouze, A. Aumaitre and P. Guilloteau. 1997b. Effect of age and feed intake on pancreatic enzyme activities in piglets. In: Digestive Physiology in Pigs. Proceedings of the 7th International Symposium Saint Malo, France.: Institut National la Recherche Agronomique (INRA), Paris, France, pp. 127-130.

Gestin, M., I. Le Heuron-Luron, J. Peiniau, G. Le Drean, V. Rome, A. Aumaitre and P. Guilloteau. 1997a. Diet modifies elastase I and II activities and mRNA levels during postnatal development and weaning in piglets. Journal of Nutrition 127, 2205-2211.

Goldstein, R.N., T. Hebiguchi, G.D. Luk, F. Taqi, T.R. Guilarte, F.A. Franklin, P.W. Niemiec and D.L. Dudgeon. 1985. The effects of total parenteral nutrition on gastrointestinal growth and development. Journal of Paediatric Surgery 20, 785-791.

Hampson, D.J. 1983. Post-weaning changes in the piglet small intestine in relation to growth checks and diarrhoea. Thesis. Department of Animal Husbandry. Bristol: University of Bristol.

Hampson, D.J. 1986. Alterations in piglet small intestinal structure at weaning. Research in Veterinary Science 40, 32-40.

Hansen, L., C.F. Deacon, C. Orskov and J.J. Holst. 1999. Glucagon-like peptide-1-(7-36) amide is transformed to glucagon-like peptide-1-(9-36) amide by dipeptidyl IV in the capillaries supplying the L cells of the porcine intestine. Endocrinology 140, 5356-5363.

Henin, S. and M.W. Smith. 1976. Electrical properties of pig colonic mucosa measured during early post-natal development. Journal of Physiology 262, 169-187.

Holst, J.J. 2000. Gut hormones as pharmaceuticals: From enteroglucagon to GLP-1 and GLP-2. Regulatory Peptides 93, 45-51.

Jiang, R., X. Chang, B. Stoll, M.Z. Fan, J. Arthington, E. Weaver, J. Campbell and D.G. Burrin. 2000. Dietary plasma protein reduces small intestinal growth and lamina propria cell density in early weaned pigs. Journal of Nutrition 130, 21-26.

Kelly, D., R. Begbie and T.P. King. 1992. Postnatal intestinal development. In: M.A. Varley, P.E.V. Williams and T.L.J. Lawrence (editors), Neanatal Survival and Growth, British Society of Animal Production: Edinburgh, pp. 63-79.

Kelly, D., J.A. Smyth and K.J. McCracken. 1991. Digestive development in the early-weaned pig. British Journal of Nutrition 65, 169-180.

Knapper, J.M.E., A. Heath, J.M. Fletcher, L.M. Morgan and V. Marks. 1995. GIP and GLP-1(7-36) amide secretion in response to intaduodenal infusion of nutrients in pigs. Comparative Biochemistry and Physiology 111C, 445-450.

Le Dividich, J. and B. Seve. 2000. Effects of underfeeding during the weaning period on growth, metabolism and hormonal adjustments in the piglet. Domestic Animal Endocrinology 19, 63-74.

Lopez-Pedrosa, J.M., M. Ramirez, M.I. Torres and A. Gil. 1999. Dietary phospholipids rich in long-chain polyunsaturated fatty acids improve the repair of the small intestine in previously malnourished pigs. Journal of Nutrition 129, 1149-1155.

Makkink, C.A., G.P. Negulescu, Q. Guixin and M.W.A. Verstegen. 1994. Effect of dietary protein source on feed intake, growth, pancreatic enzyme activities and jejunal morphology in newly-weaned piglets. British Journal of Nutrition 72, 353-368.

Manners, M.J. and J.A. Stevens. 1972. Changes from birth to maturity in the pattern of distribution of lactase and sucrase activity in the mucosa of the small intestine of pigs. British Journal of Nutrition 28, 113-127.

McCracken, B.A., M.E. Spurlock, M.A. Roos, F.A. Zuckermann and H.R. Gaskins. 1999. Weaning anorexia may contribute to local inflammation in the piglet small intestine. Journal of Nutrition 129, 613-619.

McCracken, K.J. 1989. Post-weaning voluntary food intake of pigs weaned at 2 or 4 weeks of age. In: J.M. Forbes, M.A. Varley and T.L.J. Lawrence (editors), The Voluntary Food Intake of Pigs: Occasional Publication No. 13, British Society of Animal Production, pp. 101-102.

Miller, B.G., M. Bailey, E. Telemo and C.R. Stokes. 1991. Hypersensitivity to soya bean protein in early weaned pigs. In: J.P.F. D'Mello and C.M. Duffus (editors), Toxic Factors in Crop Plants. Proceedings of the Second Spring Conference, Edinburgh, UK, pp. 86-94.

Miller, B.G., P.S. James, M.W. Smith and F.J. Bourne. 1986. Effect of weaning on the capacity of pig intestinal villi to digest and absorb nutrients. Journal of Agricultural Science 107, 579-589.

Moon, H.W. and D.D. Joel. 1975. Epithelial cell migration in the small intestine. American Journal of Veterinary Research 36, 187-189.

Moughan, P.J., M.J. Birtles, P.D. Cranwell, W.C. Smith and M. Pedraza. 1992. The piglet as a model for studying aspects of digestion and absorption in milk-fed human infants. World. Review of Nutrition and Dietetics. 67, 40-113.

Murray, R.D., A.H. Ailabouni, P.A. Powers, H.J. McClung, B.U. K. Li, L.A. Heitlinger and H.R. Sloan. 1991. Absorption of lactose from colon of newborn piglet. American Journal of Physiology: Gastrointestinal and Liver Physiology 261, G1-G8.

Newby, T.J., B. Miller, C.R. Stokes, D. Hampson and F.J. Bourne. 1994. Local hypersensitivity response to dietary antigens in early weaned pigs. In: D.J. A. Cole and W. Haresign (editors), Recent Developments in Pig Nutrition, Nottingham University Press, Nottingham, pp. 211-221.

Newport, M.J. and H.D Keal. 1982. Artificial rearing of pigs. Effect of replacement of dried skim-milk by either soya-protein isolate or concentrate on the performance of the pigs and digestion of protein. British Journal of Nutrition 48, 89-96.

Pacha, J. 2000. Development of intestinal transport function in mammals. Physiological Reviews 80, 1633-1667.

Peng, M., M-F. Palin, D. LeBel and G. Pelletier. 1996. Effect of weaning on epidermal growth factor and its receptor messenger RNA levels in various tissues of piglets. Canadian Journal of Animal Science 76, 621-624.

Pestova, M.I., R.E. Clift, R.J. Vickers, M.A. Franklin and A.G. Mathew. 2000. Effect of weaning and dietary galactose supplementation on digesta glycoproteins in pigs. Journal of the Science of Food and Agriculture 80, 1918-1924.

Pluske, J.R., D.J. Hampson and I.H. Williams. 1997. Factors influencing the structure and function of the small intestine in the weaned pig: a review. Livestock Production Science 51, 215-236.

Pluske, J.R., I.H. Williams and F.X. Aherne. 1991. Maintenance of villous height and crypt depth in the small intestine of weaned piglets. In: E.S. Batterham (editor), Manipulating Pig Production III, edited by . Victoria: Australasian Pig Science Association, Werribee, p143.

Pluske, J.R., I.H. Williams and F.X. Aherne. 1996a. Maintenance of villous height and crypt depth in piglets by providing continuous nutrition after weaning. Animal Science 62, 131-144.

Pluske, J.R., I.H. Williams and F.X. Aherne. 1996b. Villous height and crypt depth in piglets in response to increases in the intake of cow's milk after weaning. Animal Science 62, 145-158.

Puchal, A.A. and R.K. Buddington. 1992. Postnatal development of monosaccharide transport in pig intestine. American Journal of Physiology: Gastroenterology and Liver Physiology 262, G895-G902.

Rantzer, D., J. Svendsen, O. Samuelsson, P. Kiela, M.-J. Thaela and S. Pierzynowski. 1997. Developmental aspects of pancreatic exocrine secretion at weaning in the pig. In: Digestive Physiology in Pigs. Proceedings of the 7th International Symposium Saint Malo, France.: Institut National la Recherche Agronomique (INRA), Paris, France, pp. 190-193.

Read, N., `S. French and K. Cunningham. 1994. The role of the gut in regulation of food intake in man. Nutrition Reviews 52, 1-10.

Reeds, P.J., D.G. Burrin, F. Jahoor, L. Wykes, J. Henry and E.M. Frazer. 1996. Enteral glutamate is almost completely metabolized in first pass by the gastrointestinal tract of infant pigs. American Journal of Physiology 270, E413-E418.

Reeds, P.J., D.G. Burrin, B. Stoll and F. Jahoor. 2000. Intestinal glutamate metabolism. Journal of Nutrition 130, 978S-982S.

Remillard, R.L., F. Guerino, D.L. Dudgeon and J.H. Yardley. 1998a. Intravenous glutamine or limited enteral feedings in piglets: Amelioration of small intestine disuse atrophy. Journal of Nutrition 128, 2723S-2726S.

Remillard, R.L., D.L. Dudgeon and J.H. Yardley. 1998b. Atrophied small intestinal responses of piglets to oral feedings of milk. Journal of Nutrition 128, 2727S-2729S.

Rhoads, J.M., R.J. Macleod and J.R. Hamilton. 1988. Effect of glucocorticoid on piglet jejunal mucosa during acute viral enteritis. Paediatric Research 23, 279-282.

Roberge, J.N. and P.L. Brubaker. 1993. Regulation of intestinal proglucagon-derived peptide secretion by glucose dependent insulinotropic peptide in a novel enteroendocrine loop. Endocrinology 133, 233-240.

Roitt, I., J. Brostoff and D. Male. 1998. Hypersensitivity. In: L. Crowe (editor), Immunology, London: Mosby, pp. 301-352.

Salgado, P., J.P. Lalles, R. Tuollec, M. Mourato, F. Cabral and J.P.B. Freire. 2001. Nutrient digestibility of chickpea (Cicer arietinum L.) seeds and effects on the small intestine of weaned piglets. Animal Feed Science and Technology 91, 197-212.

Sangild, P.T., A.L. Fowden and J.F. Trahair. 2000. How does the foetal gastrointestinal tract develop in preparation for enteral nutrition after birth? Livestock Production Science 66, 141-150.

Sangild, P.T., H. Sjostrum, O. Noren, A.L. Fowden and M. Silver. 1995. The prenatal development and glucocorticoid control of brush-border hydrolases in the pig small intestine. Paediatric Research 37, 207-212.

Sepulveda, F.V. and M.W. Smith. 1979. Different mechanisms for neutral amino acid uptake by new-born pig colon. Journal of Physiology 286, 479-490.

Slade, R.D. and H.M. Miller. 2000. Changes in gastric, small intestinal and hepatic tissue growth coefficients following weaning. In: The Weaner Pig. University of Nottingham, UK: British Society of Animal Scienc, pp. 37.

Stoll, B., J. Henry, P.J. Reeds, H. Yu, F. Jahoor and D.G. Burrin. 1998. Catabolism dominates the first-pass intestinal metabolism of dietary essential amino acids in milk protein-fed piglets. Journal of Nutrition 128, 606-614.

Tasman-Jones, C., R. Owen and A.L. Jones. 1982. The effect of dietary fibre components on the morphology of the small intestine of the rat. In: J.W.L. Robinson, R.H. Dowling and E.O. Riecken (editors), Mechanisms of intestinal adaptation, Raven Press, pp. 169-171.

van Beers-Schreurs, H.M.G., M.J.A. Nabuurs, L. Vellenga, H.J. Kalsbeek-van der Valk, T. Wensing and H.J. Breukink. 1998. Weaning and the weanling diet influence the villous height and crypt depth in the small intestine of pigs and alter the concentrations of short-chain fatty acids in the large intestine and blood. Journal of Nutrition 128, 947-953.

van Goudoever, J.B., B. Stoll, B. Hartmann, J.J. Holst, P.J. Reeds and D.G. Burrin. 2001. Secretion of trophic gut peptides is not different in bolus- and continuously fed piglets. Journal of Nutrition 131, 729-732.

Westrom, B.R., B. Ohlsson and B.W. Karlsson. 1987. Development of porcine pancreatic hydrolases and their isozymes from the foetal period to adulthood. Pancreas 2, 589-596.

White, M.E., T.G. Ramsay, J.M. Osborne, K.A. Kampman and D.W. Leaman. 1991. Effect of weaning at different ages on serum insulin-like growth factor I (IGF-I), IGF-binding proteins and serum in vitro mitogenic activity in swine." Journal of Animal Science 69, 134-145.

Whittemore, C.T., A. Aumaitre and I.H. Williams. 1978. Growth of body components in young weaned pigs. Journal of Agricultural Science, Cambridge 91, 681-692.

Windmueller, H.G. and A.E. Spaeth. 1980. Respiratory fuels and nitrogen metabolism in vivo in the small intestine of fed rats. Quantitative importance of glutamine, glutamate and aspartate. Journal of Biological Chemistry 255, 107-112.

Wu, G. 1998. Intestinal mucosal amino acid metabolism. Journal of Nutrition 128, 1249-1252.

Wu, G., C.J. Meininger, K. Kelly, M. Watford and S.M. Morris Jnr. 2000. A cortisol surge mediates the enhanced expression of pig intestinal pyrroline-5-carboxylate synthase during weaning. Journal of Nutrition 130, 1914-1919.

Wykes, L.J., R.O. Ball and P.B. Pencharz. 1993. The development and validation of a total parenteral nutrition model in the neonatal pig. Journal of Nutrition 123, 1248-1259.

Xu, R.J., D.J. Mellor, P. Tungthanathanich, M.J. Birtles, G.W. Reynolds and H.V. Simpson. 1992. Growth and morphological changes in the small and large intestine in piglets during the first three days after birth. Journal of Developmental Physiology 18, 161-172.

Xu, R.J., F. Wang and S.H. Zhang. 2000. Postnatal adaptation of the gastrointestinal tract in neonatal pigs: a possible role of milk-borne growth factors. Livestock Production Science 66, 95-107.

Yu, Y-M., D.A. Wagner, E.E. Tredget, J.A. Walaszewski, J.F. Burke and V.R. Young. 1990. Quantitative role of splanchnic region in leucine metabolism: L-[1-13C 15N] leucine and substrate balance studies. American Journal of Physiology 259, E36-E51.

Zabielski, R., I. Le Hueron-Luron and P. Guilloteau. 1999. Development of gastrointestinal and pancreatic functions in mammalians (mainly bovine and porcine species): influence of age and ingested food. Reproduction Nutrition Development 39, 5-26.

Zebrowska, T., A.G. Low and H. Zebrowska. 1983. Studies on gastric digestion of protein and carbohydrate, gastric secretion and exocrine pancreatic secretion in growing pigs. British Journal of Nutrition 49, 401-410.

Zhang, H., C. Malo, C.R. Boyle and R.K. Buddington. 1998. Diet influences development of the pig (Sus scrofa) intestine during the 6 hours after birth. Journal of Nutrition 128, 1302-1310.

Zhang, H., C. Malo and R.K. Buddington. 1997. Suckling induces rapid intestinal growth and changes in brush border digestive functions in newborn pigs. Journal of Nutrition 127, 418-426.

8　日粮对断奶仔猪小肠完整性的调节

M. A. M. Vente-Spreeuwenberg 和 *A. C. Beynen*

摘　要

仔猪断奶要经历多种变化，这些变化通常会引起采食量下降，生长速度降低，同时也可能发生腹泻。小肠不但可以消化和吸收营养物质，还可以排斥病原体、毒素和过敏性复合物。小肠的功能依赖于其完整性，而完整性可通过小肠绒毛高度、隐窝深度、杯状细胞的数量、跨上皮渗透性、刷状缘酶活力以及生长性能等指标进行评定。由于绒毛高度下降、跨细胞渗透性增加以及刷状缘酶活力降低，断奶对仔猪小肠完整性有负效应。本章集中讨论日粮对断奶引起的小肠完整性损伤的调节。目前的研究认为，饲粮的采食水平是粘膜功能及其完整性最重要的决定因素，因此，断奶后发生的短期低饲粮采食量是降低小肠完整性的主要原因。此外，实际的日粮消耗总量与小肠的发育呈正相关。这些研究涉及一些潜在的功能性饲料成分，包括蛋白质来源、特殊氨基酸、脂肪酸、纤维、功能性低聚糖、生长因子、多胺和核苷酸。研究表明，单一的饲料成分对断奶仔猪的小肠完整性只有比较小的作用，而将这些复合性功能成分结合起来效果可能会较好。进一步的研究应包括决定断奶后采食量大小的因子的确定，以及能刺激上皮细胞的增殖和分化、增强免疫功能和促进有益菌群生长的功能性日粮成分。

8.1　前　言

仔猪断奶后要面对多种自然变化。在商业化生产条件下，24～28 日龄进行断奶对仔猪来说通常要经历复杂的变化，包括与母猪的隔离、与同窝仔猪的分开以及和不熟悉的同群仔猪接触(Fraser 等，1998)。仔猪日粮的组成也发生剧烈的变化，母猪的液体乳汁被固体饲料所代替，主要的能量来源由脂肪变为淀粉。由哺乳向采食固体饲料的过渡通常会造成营养不足，在这期间仔猪不得不适应采食新饲料(Le Dividich 和 Herpin，1994)。断奶后头两天往往会引起饲料采食量降低，从本质上来说，这与日粮的组成无关（McCracken 等，1995），但会引起生长停滞(Leibrandt 等，1975；McCracken 等，1995；1999)。

腹泻经常发生在断奶过渡期(Nabuurs,1991)。胃肠道不但要对营养物质进行消化和吸收,而且要作为抵抗细菌、毒素以及过敏性复合物的屏障,否则,这些有害因子有可能会到达器官和组织。对于小肠来说,饲粮的采食水平是其消化和吸收功能的关键性决定因子(Pekas,1991),也是其屏障功能的关键性决定因素(Bishop等,1992)。断奶引起的低饲料采食量常常导致消化吸收不良以及小肠屏障功能的降低。当饲料采食量增加、肠毒性细菌增殖及其毒素释放的时候,腹泻可能就会发生。断奶反应的整体机理见图 8.1。

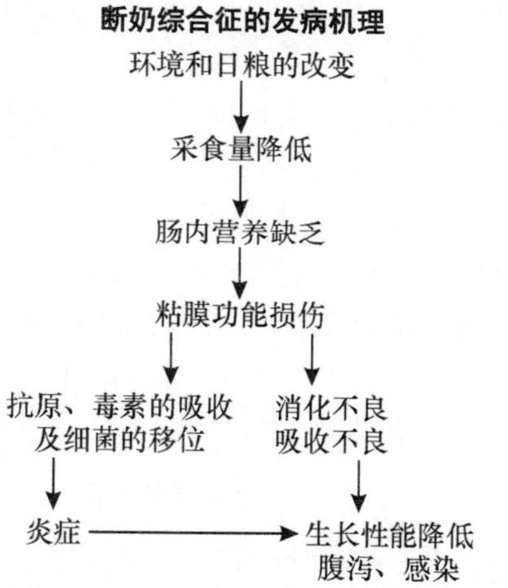

图 8.1 断奶对仔猪粘膜屏障功能、生长性能及健康影响的完整机理

与断奶相关的问题主要是商品化生产导致的结果。仔猪的早期断奶,其目的是增加每年每头母猪所产的仔猪数。在自然条件下,仔猪逐渐地增强其消化固体饲料的能力,并自愿减少其吸吮母乳的量,因此,仔猪能自我控制断奶过程。一些仔猪的哺乳期可能延续到 12～16 周龄,这被认为可能是自然的断奶日龄(Jensen 和 Recén,1989;Fraser 等,1998)。

充分了解营养对肠道功能和健康的影响,才能为 4 周龄断奶的仔猪配制出合理的日粮,从而缓和或预防断奶所造成的有害影响。本章的目的是讨论调节断奶后肠道屏障功能的营养途径,从而提高仔猪的生长性能。激素对小肠完整性的影响不是本章讨论的内容。在描述日粮成分的影响之前,先简要地讨论小肠完整性的指标。

8.2 小肠完整性

胃肠道的一个重要功能是将食物中可吸收的营养物质转化成对机体可利用的成分。在形态学上,小肠的吸收面积最大。与圆柱形的管腔相比,小肠中克尔克林氏襞(Kerckring's folds)、绒毛和微绒毛提供了很大的吸收面积(Junqueira 和 Cweneiro,1980;Caspary,1987,1992;Dyce 等,1987)。健康仔猪的小肠绒毛中绝大多数是指状的,只有少数呈舌形(Mouwen,1972)。1 头 10 日龄、体重 3 kg 的仔猪,其小肠的吸收总面积可达 114 m^2(Buddle 和 Bolton,1992)。胃肠道的上皮细胞更新非常快。1 日龄仔猪小肠绒毛上皮会在 7～10 d 内全部更新,而 3 周龄的仔猪只需 2～4 d(Moon,1971)。上皮细胞顶端有 0.5～2 μm 的细胞间附着区域或连接复合体,使细胞相互连接在一起。这种紧密连接通过影响体液和组分的旁细胞性流动来调节上皮的通透性。一般来说,紧密连接的复杂性、连接束的数量和深度与上皮的渗透性呈负相关(Trier 和 Madara,1981)。

胃肠道提供了巨大的表面积,可使机体器官与日粮物质、微生物、寄生虫以及外毒素进行直接接触。肠道可将日粮中的营养物质吸收进入循环系统,但同时会排斥致病性复合物(Gaskins,1997)。胃肠道中有多种非特异性的防御机制和免疫防御机制。非特异性防御包括胃酸的产生、蠕动、粘液层、紧密连接、上皮脱落、蛋白水解、抵抗致病菌的定殖和肠肝轴。小肠的免疫防御包括产生分泌型免疫球蛋白、M 细胞和淋巴细胞(Madara 等,1990;Walker 和 Owen,1990;Deitch,1993;Wang,1995)。小肠屏障的组成见图 8.2。

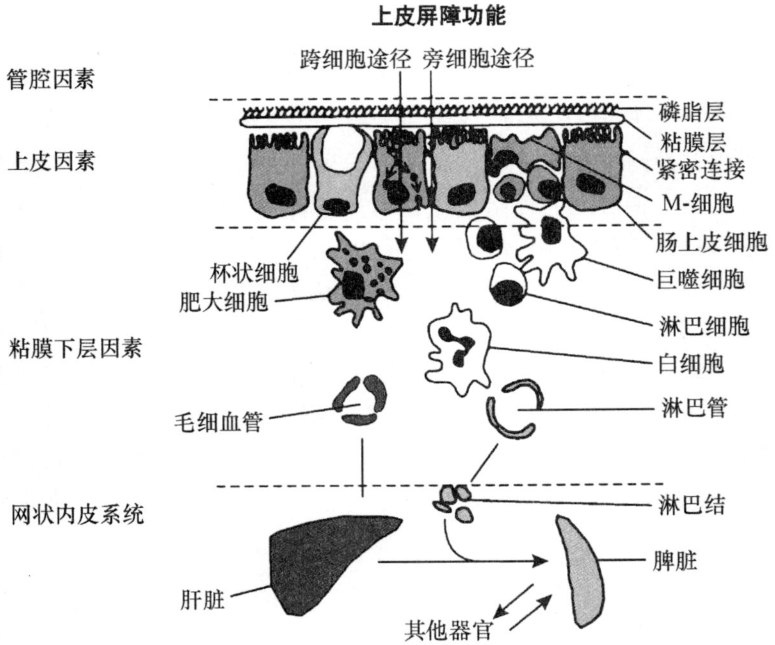

图 8.2 胃肠道屏障功能及其影响因素

资料来源:Wang,1995。

小肠的协调运动可同时完成对营养物质的吸收和致病性因子的排除。例如,紧密连接对小肠的屏障功能起着决定性作用,但是小肠能自我调节使其与营养物质的吸收相适应(Madara,1989)。小肠的这两个功能难以用数据来阐明小肠的完整性。通常小肠完整性的指标包括:绒毛高度、隐窝深度、杯状细胞数量、粘液的生成量、上皮通透性、炎症、刷状缘酶活力和动物的生长性能。这些指标及其与断奶过程的关系将在下面作简要讨论。

8.2.1 小肠形态

Lieberkühn 隐窝的深度和形状、绒毛的形状和高度以及杯状细胞的数量均是肠道完整性的指标。Mouwen(1972)对绒毛的定位和形状进行了分类,分别包括舌状、指状、叶状、脊状和卷曲状。小肠完整性一般通过对绒毛高度和隐窝深度的组织学测定来进行评定。断奶引起绒毛高度的下降以及隐窝深度的增加(Hampson,1986;Miller 等,1986;Cera 等,1988;Dunsfort 等,1989;Hall 和 Byrne,1989;Kelly 等,1991a;Nabuurs 等,1993;Pluske 等,1996a;1996b)。断奶后的绒毛萎缩是由细胞凋亡的速度加快和细胞更新的速度降低共同引起的(Pluske 等,1997a)。断奶后的采食量越高,小肠的组织学变化越小(Kelly 等,1991b;McCracken 等,1995;van Beers-Schreurs,1996;Pluske,1996b)。在理想情况下,给刚断奶仔猪配制特殊日粮应该可以改善断奶引起的绒毛高度的下降。

8.2.2 粘液的生成量

粘液能通过抵抗消化性分泌物、病原体和理化损伤以保护粘膜(Mantle 和 Allen,1989;Stokes 和 Bourne,1989;Forstner 和 Forstner,1994)。病原体与粘液蛋白结合而不是与上皮细胞直接结合,这一般被认为是机体防御的重要机制(Forstner 和 Forstner,1994)。粘液凝胶被储存在小肠的杯状细胞,并通过基础性分泌(Baseline secretion)或加速分泌作用进行分泌(Lamont,1992)。基础性分泌是连续的,它为粘液层由于侵蚀、消化和肠腔内食糜流动造成的损失提供更新。加速分泌作用以迅速、大量排出杯状细胞为特征,目的是应对生理或病理学刺激(Lamont,1992;Epple 等,1997),包括炎症介质(Spencian 和 Neutra,1982;Cohen 等,1991;Plaisancié 等,1998)和细菌毒素(Roomi 等,1984;Cohen 等,1991;Epple 等,1997)。粘液分泌的实际数量不能进行测定。杯状细胞数量的增加可能意味着粘液生成的增多。现有研究已经表明,仔猪断奶既不能改变(Dunsford 等,1991;McCracken 等,1999)或减少(McCracken 等,1995)绒毛中杯状细胞的数量,也不能改变(McCracken 等,1995;Spreeuwenberg 等,2001)或减少(Dunsford 等,1991)隐窝内杯状细胞的数量。由于对断奶的反应不一致,以杯状细胞的数量作为肠道完整性的指标,其重要性是有限的。

8.2.3 跨上皮通透性

小肠完整性可以在小肠对大分子的通透性的基础上进行评价，而大分子的通透性可以通过标记物的被动扩散来测定。理想的标记物经口腔途径进入体内后以非介导型扩散方式通过肠上皮，其数量上不会发生损失，并能利用常规技术在血液或尿液中被准确测定出来（Uil 等，1997）。在现有的研究中，多种不同的"探针"分子已经用于测定肠道的通透性，包括糖类中的半乳糖苷果糖和甘露醇（Uil 等，1997）、辣根过氧化物酶、卵清蛋白和用铬标记的乙二胺四乙酸盐（51Cr-EDTA）（Vellenga，1989；Bjarnason 等，1995）。跨上皮转运可以通过 Ussing chamber 进行测定。将粘膜层和浆膜层分离利用 Ussing chamber 进行肠道的活组织检查，把标记物加入到粘膜层，在给定的时间点里，采集浆膜液作为样本，来测定通过上皮的标记物含量。也可测定跨上皮电阻（TEER）和短循环流（Isc）。已有研究认为，TEER 反映紧密连接的功能（Wirén 等，1999），而 Isc 则反映离子泵的活性（Wirén 等，1999）。上皮经旁细胞途径转运标记物的增加预示着粘膜完整性降低，而病原体和毒素则可能通过上皮屏障。断奶导致旁细胞途径对甘露醇的转运增加（Verdonk 等，2001）。经口腔途径给予木糖后，发现断奶仔猪和非断奶仔猪血浆木糖浓度相似（Pluske 等，1996b）。因此，在肠道活组织检查中，断奶仔猪日粮的配制要以减少适宜标记物经旁细胞途径的转运为目标。

8.2.4 炎症反应

如果细菌或其他有害因子通过第一道防线，并到达固有膜的结缔组织，它们的代谢产物或上皮细胞释放的介质可能会引起炎症反应（Gaskins，1997）。不同的 T 细胞亚群或主要组织相容性复合物（MHC）可以表明小肠免疫的状态，MHC-Ⅰ分子与一般具有细胞毒性作用的 CD8 阳性 T 细胞相互作用，而 MHC-Ⅱ分子与为抗原肽的识别提供帮助的 CD4 阳性 T 细胞相互作用（Shanahan，1994）。致炎性细胞因子的测定给局部炎症反应提供了信息。在感染、组织损伤和外伤后，白细胞介素-1（IL-1）、白细胞介素-6（IL-6）和肿瘤坏死因子（TNF）会立刻产生。细胞因子可以活化不同靶细胞上的受体，引起更大范围的影响，包括厌食症、发热以及产生急性期蛋白质（Gruys 等，1999），并且会抑制生长（Johnson，1997）。断奶引起的炎症反应可以通过断奶后第 1 天和第 2 天 Il-1 的增加量来测定（McCracken 等，1995）。与断奶当天的产率相比，TNF 的产量没有发生变化（McCracken 等，1995）。在断奶后的前 4 d，平均每天摄入 1 575 kJ 消化能，CD4 阳性 T 细胞与

CD8 阳性 T 细胞的比率较断奶当天有所降低，这可能意味着炎症反应的发生(Spreeuwenberg 等，2001)。因此，通常情况下，给断奶仔猪提供的日粮组分应注重减少炎症反应。白细胞介素是指示器，它能直接用于测定炎症反应。CD4 阳性 T 细胞与 CD8 阳性 T 细胞比率或 MHCⅡ与 MHCⅠ的比率下降，均为反映炎症反应的间接指标。

8.2.5 刷状缘酶的活力

刷状缘和胰腺的酶活力均可作为小肠功能的反映指标。嵌入小肠顶膜中的成熟的肠上皮细胞可以合成酶来水解二糖和小肽(Caspary，1992)。仔猪断奶期间，肠上皮细胞合成的酶产量由绒毛高度和肠细胞的成熟程度决定(Smith 等，1985；Miller 等，1986)。一般来说，从隐窝的底部到绒毛的顶部，刷状缘酶活力显著增加(Miller 等，1986；Fan 等，2001)。绒毛顶部酶活力的增加与肠上皮细胞的分化相符(Fan 等，2001)。酶活力可以用单位时间内产物的单位产量来表示(总的酶活力)，也可用每克刷状缘膜蛋白的单位产量为单位(比活性)或每厘米小肠的单位产量为单位表示。与同龄未断奶仔猪相比，断奶仔猪的蔗糖酶、乳糖酶(Hampsom，1986；Miller 等，1986；Kelly 等，1991a)和异麦芽糖酶(Miller 等，1986)具有较低的比活力。如果断奶仔猪的日龄较大，断奶对二糖酶活力的影响不显著(Miller 等，1986)。与未断奶的同龄仔猪相比，在第 6 周龄断奶的仔猪其麦芽糖酶Ⅱ和麦芽糖酶Ⅲ的活力增加，但在 4 周龄仔猪中没有变化(Miller 等，1986)。Pluske 等(1997b)研究发现，麦芽糖酶和葡萄糖淀粉酶的活力随日龄(2 周龄对 4 周龄)及断奶后天数的增加而增加。Kelly 等(1991a)报道，与同龄哺乳仔猪相比，断奶后 7 d 仔猪麦芽糖酶和葡萄糖淀粉酶的比活力增加。二糖酶的比活力存在差异，这可通过断奶日粮的底物诱导作用来解释。Efird 等(1982)发现，在肠道内容物(g/kg 体重)中胰蛋白酶和糜蛋白酶的量增加，而胰脏(g/kg 体重)中胰蛋白酶和糜蛋白酶的量则减少。与哺乳仔猪相比，断奶仔猪的胰蛋白酶和糜蛋白酶总活力较低(Efird 等，1982)。因此，在通常情况下，给断奶仔猪提供的日粮成分应注重增强二糖酶和胰酶的活力，以维持消化能力。

8.2.6 动物生产性能

小肠的长度和重量、消化器官的重量、平均日增重和健康状况是消化系统的发育和消化能力以及小肠完整性的指标。这些指标与采食量呈正相关，而采食量是最重要的决定因素。如上所述，断奶后高的饲料采食量可以中和断奶引起的肠道完整性方面的不利影响。断奶仔猪日粮组分的主要目的是刺激采食。

8.3 通过肠内营养调节小肠完整性

在应激(例如断奶)期间,细胞更新和屏障功能维持所需的营养是非常重要的,而这些营养可通过肠腔或内脏血流来提供。对粘膜生长起作用并影响饲粮摄取和消化的因素包括:细胞凋亡、局部营养、填充性能和 pH。另外,胃肠道的激素和神经对粘膜的生长也起作用(Johnson 和 McCormack,1994),但不在本章讨论范围内。补充营养的途径、能量摄入水平和特殊日粮成分对小肠完整性的影响将会在下面进行讨论。

8.3.1 营养供给途径对小肠完整性的调节

胃肠道对营养素的接触对于维持其完整性是必需的(Goldstein 等,1985;Bishop 等,1992;Park 等,1992;Bertolo 等,1999;Ganessunker 等,1999;Burrin 等,2000)。在粘膜完整性方面,胃肠腔内食物存在的重要性可以通过静脉内营养作为唯一营养来源来进行评价。肠外营养总量(TPN)与肠内营养(EN)的效果比较概括于表 8.1。

尽管在所有研究中体重的增加都很相似,但小肠总质量、粘膜质量、绒毛高度和绒毛表面积在 TPN 组仔猪中都明显低于 EN 组(Goldstein 等,1985; Park 等,1998; Bertolo 等,1999; Ganessunker 等,1999;Burrin 等,2000)。这些观察结果表明,TPN 可以提供足够的营养来维持机体生长,但是对于小肠完整性来说,它还需要来自肠腔内的营养物质。有趣的是,TPN 对小肠长度没有影响,只选择性地抑制粘膜的生长(Park 等,1998)。由于采用 TPN 途径提供营养,因此,肠道内缺乏刺激(lack of enteral stimulation),这种情况可能改变肠道免疫细胞,如增加 $CD4^+$ 和 $CD8^+$ T 淋巴细胞的数量(Ganessunker 等,1999)。TPN 还会引起总的粘膜二糖酶活力降低(Park 等,1998)。Park 等(1998)发现,与没有饲喂的仔猪相比,提供正常采食量 1%的肠内营养不足以改善肠道完整性。与单独 TPN 相比,在 TPN 基础上加入 IGF-Ⅰ(1 000 μg/L)对肠道发育没有影响,但 IGF-5Ⅰ的剂量可能太低(Park 等,1998)。

Burrin 及其同事(2000)发现,发挥效能所必需的最低肠内营养摄取量依赖于测定方法的选择。同时进行静脉内营养和肠内营养试验的仔猪,两个途径对总的饲粮采食量的贡献是可变的。不考虑小肠的局部区域,通过对 DNA 含量、隐窝深度和 BrdU(5-溴脱氧尿核苷)合成作用进行测定,肠内营养的总量用于增加体积和蛋白质含量要比用于刺激增殖活动的少。小肠近端蛋白质的含

表 8.1 饲喂途径对刚断奶仔猪小肠完整性的影响

参考文献[a]	处理[b]	试验设计	观察指标[c]	备注
Ⅰ	• EN(TPN 溶液) • EN(开食料) • TPN-Ⅳ	• 断奶仔猪,6 周龄,10 kg • 试验周期:0,21 d • 在所有处理中能量的摄入量相似:±711 kJ/(kg·d) • n=3/处理	比较 TPN-Ⅳ 和 EN(TPN 溶液) • 0 ADG • ↓小肠重量 • ↓绒毛高度,0 隐窝深度,↓上皮细胞数量 • 相似的乳糖酶、麦芽糖酶和蔗糖酶比活力	• ↑与 EN(TPN 溶液)相比,EN(开食料)组乳糖酶、麦芽糖酶和蔗糖酶的比活力
Ⅱ	• EN(MR) • TPN-IP+水 • TPN-IP+EN(MR) • TPN-IP+EN(MR+IGF-Ⅰ)	• 产后 1 d 的仔猪 • 试验周期:断奶后 0,7 d • 所有处理中能量和蛋白质的摄入量相似 • n=4,5 或 6/处理	比较 TPN-IP 的均值和 EN • 0 ADG • ↓小肠重量(47%),↓粘膜重量(49%),↓粘膜蛋白含量(17%) • 0 小肠长度 • ↓绒毛高度(24%),↓隐窝深度(16%) • ↓乳糖酶和蔗糖酶总活力	• TPN-IP+EN(MR)或 TPN-IP + EN(MR + IGF-Ⅰ)与 TPN-IP 之间的对比没有效果
Ⅲ	• EN(TPN 溶液) • TPN-Ⅳ • TPN-IP	• 产后 2～4 d 的仔猪 • 试验周期:断奶后 8 d • 相似的摄入量 • n=5/处理	比较 TPN(Ⅳ& IP)和 EN • 0 ADG • ↓小肠重量(60%),↓粘膜重量(41%) • 0 小肠长度 • ↓绒毛高度,↓TPN-Ⅳ的隐窝深度,0TPN-IP 的隐窝深度	

续表 8.1

参考文献[a]	处理[b]	试验设计	观察指标[c]	备注
Ⅳ	• EN(MR) • TPN-IP	• 产后 1 d 的仔猪 • 试验周期：断奶后 0,7 d • $n=6$	比较 TPN-IP 和 EN • 0 ADG • ↓小肠重量(50%) • 0 小肠长度 • 0 绒毛高度，↓隐窝深度(30%) • ↑#绒毛中杯状细胞(147%),0 隐窝 • ↑#$CD4^+$ 和 $CD8^+$ T 淋巴细胞 • ↓MHC-Ⅰ(57%),0 空肠中 MHC-Ⅱ,↑回肠中 MHC-Ⅱ(455%)	• ↑EN 组能量和蛋白质摄入量
Ⅴ	饲粮提供 • 100%TPN-Ⅳ • 10%EN+90%TPN-Ⅳ • 20%EN+80%TPN-Ⅳ • 40%EN+60%TPN-Ⅳ • 60%EN+40%TPN-Ⅳ • 80%EN+20%TPN-Ⅳ • 100%EN	• 产后 7 d 的仔猪,3.1 kg • 试验周期：断奶后 0,7 d • $n=5$/处理 • TPN 溶液经由 TPN-Ⅳ 饲喂或经由 EN 进行饲喂 • 对摄入的营养进行平衡,所有处理组能量摄入均为 900 kJ/(kg·d)	比较 EN 百分数增加的效果 • 小肠近端比远端对 EN 的量更敏感 • 0 ADG • ↑空肠湿重和蛋白质含量(EN 比例高于 40%时),↑回肠湿重和蛋白质含量(EN 比例高于 60%时),↑DNA 含量(EN 比例高于 60%时) • 绒毛高度(EN 比例高于 40%时),↑隐窝深度(EN 比例高于 60%时) • ↑乳糖酶活性(EN 比例高于 80%时)	

[a]参考文献：Ⅰ:Goldstein 等，1985；Ⅱ:Park 等，1998；Ⅲ:Bertolo 等，1999；Ⅳ:Ganessunker 等，1999；Ⅴ:Burrin 等，2000。

[b]缩写：ADG,平均日增重；d,天；CD,细胞分化因子，白细胞亚型的表面标记；EN,肠道内营养；IGF-Ⅰ,类胰岛素生长因子；MHC,主要组织相容性复合物；MR:代乳粉；TPN-IP:通过门静脉给予的总肠道外营养；TPN-IV:通过静脉注射给予的总肠道外营养。

[c]0:相似；↑:增加；↓减少；#:数。

量对肠内营养下降的反应比远端更敏感。相反地，对整个胃肠道，用于促进细胞增殖的肠内营养比例有较小的区域性变化。在该研究中，仔猪日采食约为900 kJ/kg/d，而3.1 kg仔猪每天的能量需要约为2 800 kJ（Burrin等，2000）。而仔猪的维持需要约为1 040 kJ/d ME（NRC，1998），因此，它们的饲喂量≈2.7×维持需要。对于维持正常的粘膜增殖和生长来说，总采食量的60%必须以肠内营养方式提供，相应为1.6倍维持需要。

在试验中用于比较TPN和EN的功能所用的仔猪通常在较早的日龄（产后的1～7 d）进行断奶。选用幼龄动物的相关原因是，试验需要具有低营养储备、高代谢率和胃肠发育不成熟的低出生重幼畜作为模型。在较晚日龄断奶的仔猪中，其结果要比早龄断奶仔猪的好（Goldstein等，1985）。总的肠道外营养还用于病重人员的恢复（McCauley等，1996）。除TPN以外，早期EN在外科感染并发症后或细菌移位中的效果也不一致。一些试验发现，EN可降低传染性并发症（Kudsk，1994），而另一些试验则发现EN对细菌移位没有影响（McCauley等，1996）。在小肠中通过小肠内营养素的缺乏来降低粘膜的完整性，可能降低小肠的免疫防御机制。因此，尽管TPN一般作为低出生重幼畜或重要损伤修复的模型，但是它还应该被用于研究小肠完整性中肠内营养的作用。

现在已有学者研究孵化后立即进行的短期饥饿对小鸡的影响。在商业生产条件下，刚出壳的小鸡一般需要禁饲48 h。与立即采食饲料的小鸡相比，延迟对饲料的接触时间会引起体重下降（Pinchasov和Noy，1993；Uni等，1998；Noy和Sklan，1999），还会引起绒毛长度和隐窝深度的降低（Uni等，1998）。在短期饥饿期间，使用非营养性的疏松物质形成碎屑来提供肠道填充物可克服体重的下降，这与使用干饲料或液态饲料的程度相似（Noy和Sklan，1999）。这一结果表明，非营养性肠道填充物引起的机械刺激在早期饲养过程中是必需的。但在断奶仔猪中，机械刺激对小肠完整性是否有正效应还有待研究。

8.3.2 能量摄入水平对小肠完整性的调节

表8.2总结了早期断奶仔猪小肠完整性方面的一些研究，目的是比较日粮摄入水平对小肠完整性的影响。进食不足的仔猪表现为日增重减少、小肠和粘膜重量降低以及绒毛高度下降（Kelly等，1991b；Núńez等，1996；Pluske等，1996b；van Beers-Schreurs，1996；Lopez-Pedrosa等，1998；Verdonk等，2001）。这些仔猪的绒毛中含有较少数量的杯状细胞（Núńez等，1996）以及低水平的粘液蛋白（Lopez-Pedrosa等，1998）。低饲粮采食量对隐窝深度的影响是不一致的。在低采食量与

表 8.2 日粮采食水平对断奶仔猪小肠完整性的影响

参考文献[a]	处理[b]	试验设计	观察指标[c]	备注
Ⅰ	• 持续饲喂 PD[±200 g/头·d] • 按照 75% 限制饲喂 PD [±50 g/(头·d)]	• 产后 14 d 刚断奶的仔猪 • 试验周期:断奶后 5 d • n=18/处理	比较限饲 PD 与持续饲喂 PD 的效果 • ↓ADG • ↓小肠重量(51%),0 粘膜蛋白含量 • ↓绒毛高度(10%),↓隐窝深度(15%) • 0 血浆木糖浓度	用强饲法饲喂仔猪
Ⅱ	• 自由采食 MR • 自由采食量的 60%(限制)	• 产后 5 d 断奶的仔猪 • 试验周期:断奶后 0,30 d • n=6 或 7/处理	比较限饲与自由采食的效果 • ↓ADG(42%) • ↓小肠重量(51%),↓粘膜重量(56%)↓ 粘膜蛋白含量(72%) • ↓绒毛高度(47%),↑隐窝深度(7%) • ↓#绒毛中杯状细胞(34%) • ↑#固有膜的浸润细胞(51%)	未给出能量摄入量
Ⅲ	• PD • Ma 量的 MR • 2.5×Ma 量的 MR • 自由采食 MR	• 产后 29 d 断奶的仔猪 • 试验周期:断奶后 0,5 d • n=8/处理	以 Ma 的量饲喂 MR 与以 2.5×Ma 的量和自由采食进行比较 • ↓ADG • ↓粘膜蛋白含量(21%) • ↓绒毛高度(29%),↑隐窝深度(18%) • 0 血浆木糖浓度	
Ⅳ	• 母乳 semi ad libd • PD • 母乳加 PD	• 产后 28 d 断奶的仔猪 • 试验周期:断奶后 0,4,7 d • n=6/处理	PD、母乳加 PD 与母乳半自由采食的比较 • ↓ADG • ↓绒毛高度,0 隐窝深度	• ↑第 4 天 PD 组隐窝深度(与母乳加 PD 组比较)

续表 8.2

参考文献[a]	处理[b]	试验设计	观察指标[c]	备注
Ⅴ	• 自由采食 MR • 自由采食量的 80%进行限制饲喂 • semi ad lib MR • semi ad libd 量的 67%进行限制饲喂	• 产后 7 d 断奶的仔猪 • 试验周期:断奶后 30 d • n=6/处理 • 产后 26 d 断奶的仔猪 • 试验周期:断奶后 0,1,2,4 d • n=6/处理	比较限饲与自由采食的效果 • ↓每厘米小肠重量,↓粘膜中 DNA、蛋白质、甘油三酯、胆固醇和磷脂含量 • ↓绒毛高度,↑肠上皮细胞消亡 • ↓杯状细胞中粘蛋白水平 比较限饲与 semi ad lib 的效果 • ↓小肠近端的绒毛高度(19%),0 隐窝深度 • ↑旁细胞转运(48%),0 跨细胞转运	• 研讨会综述

[a] 参考文献:Ⅰ:Kelly 等, 1991b; Ⅱ:Núńez 等, 1996; Ⅲ:Pluske 等, 1996b; Ⅳ:van Beers-Schreurs, 1996; Ⅴ:Lopez-Pedrosa 等, 1998 Ⅵ:Verdonk 等, 2001。

[b] 缩写:ADG:平均日增重;d:天;Ma:维持需要;MR:代乳粉;PD:颗粒型开食料。

[c] 0:相似;↑:增加;↓:减少;#:数量。

[d] semi ad lib:根据公式描述的仔猪自由采食量(NRC,1998)。

高采食量相比较时，隐窝深度可能增加(Núñez 等，1996；Pluske 等，1996b)、相似(van Beers-Schreurs，1996；Verdonk 等，2001)或减少(Kelly 等，1991b)。研究认为，浅型隐窝与隐窝内细胞更新减慢相关，而深型隐窝与隐窝内细胞增殖的加快有关(Pluske 等，1997a)。隐窝细胞对进食不足所做出的反应在不同研究之间有差异，其原因还不清楚。

一般来说(表 8.3)，营养不良的仔猪，其总的酶活力会降低，而比活力则上升。当以每克粘膜蛋白表示时，酶活力上升意味着营养不良对小肠的总蛋白质含量的相对影响比对酶活力的影响更大。换句话说，进食不足导致每个肠细胞的酶容量增加。由于采食不足与氮的负平衡相关，因而，消化酶比活力的增加可能是由肠道蛋白质耗竭引起的。

表 8.3　限制采食与非限制采食对小肠刷状缘二糖酶活力影响的比较

参考文献[a]	Ⅰ		Ⅱ		Ⅲ	Ⅳ	
单位	[μmol/(min·g 蛋白质)]	mol/d	[μmol/(min·g 蛋白质)]	[μmol/(min·cm)]	[μmol/(min·g 蛋白质)]	[μmol/(min·g 蛋白质)]	[μmol/(min·cm)]
乳糖酶	0[b]	0	↑83%	↓51%	0	↑22%	↓123%
蔗糖酶	↑25%	0	↑46%	↓56%	0	↑37%	↓46%
麦芽糖酶	0	↓55%	↑22%	↓60%		↑39%	↓38%
异麦芽糖酶	nd	nd	↑182%	↓22%	nd	nd	nd
葡萄糖淀粉酶	0	↓47%	nd	nd	nd	nd	nd
氨基肽酶	nd	nd	↑31%	↓60%	nd	nd	nd
蛋白质含量	0 (mg/g)		↓72% (mg/cm)		↓21% (mg/g)	↓113% (mg/cm)	

[a] Ⅰ：Kelly 等，1991；Ⅱ：Núñez 等，1991；Ⅲ：Pluske 等，1996；Ⅳ：Lopez-Pedrosa 等，1998。
[b] 0：相似的酶活力。
↑：限制饲喂与非限制饲喂的仔猪相比其酶活力上升。
↓：限制饲喂与非限制饲喂的仔猪相比其酶活力下降。
nd：没有测定。

Verdonk 等(2001)发现，在饲喂不足的仔猪中，甘露醇穿过小肠上皮的旁细胞转运(paracellular transport)增加。Wirén 等(1999)研究了饥饿、麻醉和外伤对小鼠的影响，饥饿仅引起空肠的绒毛高度下降以及回肠与空肠中的旁细胞渗透性(paracellular permeability)上升(Wirén 等，1999)。Yang 等(1999)发现，小鼠空肠粘膜 ATP 水平与通透性呈负相关，表明低的 ATP 水平与通透性的增加相关。饥饿降低了 TEER，表明与增加通透性相关的紧密连接的功能被削弱了。饥饿还引起短循环流的降低，预示着离子泵活性的减弱(Wirén 等，1999)。因此，饲喂不足可导致旁细胞渗透性增加，这与粘膜的完整性降低相关，结果导致病原体和毒素可能跨过上皮屏障。

利用液态饲粮来提高断奶期间的采食量是有可能的。总的来讲，在比较液态饲料与干饲料的饲喂效果的研究中发现，大多数研究中饲喂液态饲料的仔猪断奶后生长速度提高了。尽管如此，Jensen 和 Mikkelsen(1998)发现，饲料转化效率在食用液态饲料的仔猪要低于食用干饲料的仔猪。通过提供液态饲料，水的消耗也会增加(Russell 等，1996；Schellingerhout 等，2002b)。水分消耗与饲料的摄入量呈正相关(Batber 等，1989；Schellingerhout 等，2002b)。Deprez 等(1987)观察到，当给断奶仔猪提供液态饲料(水分∶饲料＝2∶1，w/w)以代替干饲料时，空肠的远端和回肠的形态学变化较小。Blanchard 等(2000)以 2×2 析因设计的方式，研究了在断奶前和/或断奶后饲喂液态或干饲料对小肠的 25%、50%、75%处绒毛结构的影响。与其他处理相比，断奶前和断奶后饲喂液态饲料的仔猪，提高了小肠 25%处的绒毛高度。饲料处理对隐窝深度和杯状细胞的数量没有影响。但是，在两个液态饲料与干饲料对肠道形态影响的比较研究中，没有提供试验组实际干物质摄入量方面的信息。因此，目前还不清楚绒毛高度的增加是由于液态饲料本身引起的还是由于干物质摄入量增加引起的。

8.3.3 日粮成分对肠道完整性的调节

肠腔内营养与日粮摄入水平本质上能影响肠道的结构和功能。功能性饲料成分可能间接地(通过提高饲料采食量)或直接地(通过特殊功能)来提高小肠的完整性。下面将讨论特殊营养素对肠道完整性的影响，同时特别注意实际的日粮摄入量。

8.3.3.1 蛋白质

关于日粮蛋白质对小肠完整性的影响已经做了很多研究，主要是对大豆蛋白、经过处理的大豆蛋白或乳蛋白做了比较研究。表 8.4 总结了有关断奶仔猪日粮中蛋白来源对其小肠完整性影响的报道。在日粮中使用豆粕代替乳蛋白导致日增重相似(Makkink，1993；Makinde 等，1996)或者降低(Efird 等，1982；Owsley 等，1986；Dunsford 等，1989；Li 等，1991)。Zarkadas 和 Wiseman(2000a；2000b)发现，作为豆粕组成成分之一的胰蛋白酶抑制因子，在断奶仔猪中其摄入水平与体增重及绒毛高度呈负相关。饲料增重比率(饲料摄入量/增重)与胰蛋白酶抑制因子的摄入量呈正相关(Zarkadas 和 Wiseman，2000a)。隐窝深度的变化较不一致，日粮中豆粕的加入导致隐窝深度增加(Dunsford 等，1989；Li 等，1991)、相似(McCracken 等，1998；1999；Makkink，1993)或减少(Makinde 等，1996)。杯状细胞的数量则不受日粮中豆粕的影响(Dunsford 等，1991；McCracken 等，1999)。

Makkink(1993)比较了脱脂奶粉、大豆浓缩蛋白、豆粕和鱼粉对小肠形态的影响。日粮中蛋白质来源不影响空肠近端和远端的绒毛高度、隐窝深度及肠道重量。在试验处理中，日粮摄入水平影响绒毛的结构。为了评价蛋白来源本身的影响，日粮的摄入水平应该是可比的，因此可利用配对饲喂或限制饲喂的方法来进行。Ne

表 8.4 日粮蛋白质来源对断奶仔猪小肠完整性的影响

参考文献[a]	处理[b]	试验设计	观察指标[b,c]	备注
Ⅰ	试验 1(干饲料) ● MP ● SBM 试验 2 ● MP(干饲料) ● MP(液态饲料) ● CSBM(干饲料)	● 产后 21 d 断奶的仔猪 ● 试验 1 周期:断奶后 7,14 d(n=6/处理) ● 试验 2 周期:断奶后 7,14,21 d(n=5/处理) ● 蛋白质平衡日粮,检验成分(re=24%)	试验 1:比较 SBM 与 MP ● ↓ADG(50%) ● 0 小肠重量/cm,↑胰腺重量(19%),↑小肠长度(28%) ● ↑小肠中胰蛋白酶(63%),0 胰腺中胰蛋白酶,0 小肠中糜蛋白酶,↓胰腺中糜蛋白酶(29%) 试验 2:比较 CSBM 与 MP(干饲料) ● ↓ADG(49%) ● ↑小肠重量(15%)和长度(20%),0 小肠重量/长度,↑胰腺重量(31%) ● ↑小肠中胰蛋白酶总量(341%),0 胰腺中胰蛋白酶总量,↑小肠中糜蛋白酶总量(95%),↓胰腺中糜蛋白酶总量(61%)	● 没有饲料采食量方面的数据
Ⅱ	● CSBM ● CSBM+20%DW ● CSBM+5%lard	● 产后 28 d 断奶的仔猪 ● 试验周期:断奶后 1,3,14,16,28 d ● n=6/处理	比较 CSBM 和 CSBM+DW ● ↓ADG(6%) ● ↓小肠中总胰蛋白酶单位(32%),0 胰腺中总胰蛋白酶单位,↑小肠中糜蛋白酶(31%),0 胰腺中糜蛋白酶总量	● 日粮蛋白质含量(re=23.82,21.45,22.64)或赖氨酸含量(1.21,1.09,1.22)不平衡 ● 没有饲粮采食量方面的数据
Ⅲ	● 酪蛋白 ● SBM ● CSBM	● 产后 21 d 断奶的仔猪 ● 试验周期:断奶后 0,3,6,9,12,15 d ● n=5/处理 ● 通过测试成分平衡日粮中的蛋白质(re=20%)	SBM 和 CSBM 与酪蛋白进行比较 ● ↓ADG(SBM,30%)和(CSBM,70%)↓FI(SBM,8%)和(CSBM,51%) ● ↓绒毛高度(SBM,14%)和(CSBM,9%),↑隐窝深度(SBM,16%),0 隐窝深度(酪蛋白组) ● 0 派伊尔氏淋巴集结的面积,0 #绒毛和隐窝中的杯状细胞	

续表 8.4

参考文献[a]	处理[b]	试验设计	观察指标[b,c]	备注
Ⅳ	• MP • SBM • SPC • extruded SPC • SPI	• 试验周期：断奶后 7 d • 产后 21 d 断奶的仔猪 • 7～12 日龄，仔猪对相应的蛋白来源敏感 • n=8/处理 • 平衡日粮中的蛋白质和能量	• ↓第 1 和第 2 周的 ADG（SBM、SPC 与 MP 相比），↓第 1 周 FI（SBM 与 SPC 相比），↓FI（MP 与 extruded SPC 相比）， • ↓绒毛高度（所有日粮与 MP 相比），↑隐窝深度（SBM 与其他日粮相比） • ↑淋巴细胞密度（SBM 与其他日粮相比） • ↑IgG 对大豆蛋白的滴度（SBM 与其他日粮相比） • ↓血浆中木糖的浓度（SBM 和 extruded SPC 与 SPI 或 MP 相比）	
Ⅴ	• MP • 15.5%SBM • 31.5% SBM • 豇豆粉	• 产后 28 d 断奶的仔猪 • 试验周期：断奶后 0，7，14，21 d • 断奶之前半数仔猪饲喂教槽料 • n=5/处理	• ↓ADG（豇豆粉与其他日粮相比） • ↓绒毛高度，↓隐窝深度（在第 7 天 SBM 日粮和豇豆日粮与对照组相比），↑绒毛高度和隐窝高度相似（在第 21 天 SBM 日粮组），↓绒毛高度（在第 21 天豇豆粉日粮组）	• 日粮的原材料未平衡 • 豇豆作为单一的原材料 • 没有饲料采食量方面的数据
Ⅵ	• MP • SBM+SPC	• 产后 21 d 断奶的仔猪 • 试验周期：0，0.5，1，2，4，7 d • n=10/处理 • 通过测试成分平衡日粮中的蛋白质（re=20%）	SBM+SPC 与 MP 进行比较 • 0 FI（0～4 d），↑FI（4～7 d） • 0 绒毛高度和隐窝深度 • 0 ＃杯状细胞 • 0 ＃$CD8^+$ 和 $CD4^+$ T 细胞，0 前列腺素 2 的浓度	• 断奶本身导致绒毛萎缩和小肠的炎症反应
Ⅶ	• SMP • SPC • SBM • FM	• 产后 28 d 断奶的仔猪 • 试验周期：断奶后 0，3，6 或 10 d • n=5/处理 • 平衡日粮中的蛋白质	• 0 ADG，↑FI（0～3 d 时 FM 和 SBM 与 SMP 相比），0 FI（3～10 d） • ↑胰腺重量（SMP 和 SPC 组） • 0 绒毛高度，0 隐窝深度（第 6 天）	• 日粮的采食水平影响绒毛高度和隐窝深度

续表 8.4

参考文献[a]	处理[b]	试验设计	观察指标[b,c]	备注
Ⅷ	日粮中的蛋白质组合 ● 0%FM+100%MP ● 35%FM+65%MP ● 52.5%FM+47.5%MP ● 70%FM+30%MP	● 产后 2 d 断奶的仔猪 ● 试验周期:0,5,26 d ● n=7/处理 ● 平衡日粮中的蛋白质	比较日粮中不同比率的 FM 和 MP ● ↓ADG 和 ↑饲料增重比(随着 FM 含量的增加) ● ↓胃内 pH、DM 和总氮(随着 FM 含量的增加),0 小肠中的总氮 ● 0 糜蛋白酶和胰蛋白酶的活力	● 日粮作为代乳料来进行饲喂
Ⅸ	● SMP ● 羽毛粉	● 产后 27 d 断奶的仔猪 ● 试验周期:断奶后 0,4,7 或 14 d ● n=6/处理 ● 平衡日粮中的蛋白质和乳糖	比较羽毛粉与 SMP ● ↓ADG(46%),↓饲料转化效率(50%) ● ↓绒毛高度(12%),↓隐窝深度(9%)	● 为了避免蛋白质来源和饲料采食量之间的交叉反应,选用仔猪用于比较采食量
Ⅹ	● DW+SBM ● SDAP ● SDAP 与 DW+SBM 进行 ● 配比饲喂	● 产后 14 d 断奶的仔猪 ● 试验周期:断奶后 0,2,4,8,16 d ● n=8/处理	SDAP、SDAP 与 DW+SBM 配比饲喂与 DW+SBM 进行比较 ● ↑ADG(SDAP 组在 0～16 d),↑FI(SDAP 组在 0～16 d),0 ADG 和 FI(0～4 d 和 0～8 d) ● ↓小肠重量/kg 体重(第 16 天),↓DNA 和蛋白质含量(第 16 天) ● 0 绒毛高度、隐窝深度、粘膜厚度 ● 0 标记的 5-溴-2′-去氧尿苷 ● ↓空肠近端绒毛内固有层的细胞密度(第 4,8,16 天)	● 日粮中蛋白质没有平衡(re=24,22) ● 配比饲喂的动物的采食量比对照组低
Ⅺ	● 对照 ● SDAP	● 断奶仔猪	比较 SDAP 与对照日粮 ● ↑ADG(26.8%),↑FI(24.5%),↓饲料效率(3.2%)	● 综述了 15 篇关于 SDAP 的已发表的论文
Ⅻ	● MP ● 水解 MP ● SPI ● 水解 SPI	● 产后 4 d 断奶的仔猪 ● 适应期 3 d ● 试验周期:适应期后 21 d ● n=8/处理 ● 平衡日粮的蛋白质和乳糖	● ↓ADG(SPI 组),0 ADG(水解型),0 饲粮采食量 ● ↑小肠重量/kg 体重(SPI 组) ● ↓十二指肠和胰腺中胰蛋白酶和糜蛋白酶的比活力(水解型日粮)	● 日粮作为代乳料进行饲喂

续表 8.4

参考文献[a]	处理[b]	试验设计	观察指标[c]	备注
XⅢ	• 酪蛋白 • SPI • 水解型 SPI	• 产后 2 d 断奶的仔猪 • 试验周期：5 d 适应期后的第 0，2，5 d 和 10 d • $n=4$/处理 • 平衡日粮中的蛋白质	• ↑ADG 的趋势（水解型 SPI 与普通 SPI 相比），0 FI • ↓腹泻（第 2 天，水解型 SPI 组） • ↓空肠近端的绒毛高度（水解型 SPI 组或普通 SPI 组，第 2 天），0 空肠近端的绒毛高度（第 5、10 天），0 空肠中断和远端绒毛高度（在试验周期内），↑小肠中段隐窝深度（水解型 SPI 组或普通 SPI 组，第 2 天），0 隐窝深度（在其他时间和其它肠段） • 0 ＃$CD8^+$ T 细胞和前列腺素的浓度	
XⅣ	• 没有经过处理的 SBM • 经过酸处理的 SBM • 酸水解的 SBM • MP • SPC	产后 29 d 断奶的仔猪 • 试验周期：断奶后 8～11 d • $n=24$/处理，生长性能 • $n=4$/处理，肠道完整性	• 与没有经过处理的 SBM 比较 • ↑ADG(0～7 d)，其中对于水解型 SBM 为 63%对于 MP 为 48%；0 ADG(0～14，0～21 d)；↑FI(0～21 d)，其中对于水解型 SBM 为 12%，对于酸处理型 SBM 为 13% • 0 绒毛高度、隐窝深度、绒毛面积 • 0 氨基肽酶、乳糖酶、麦芽糖酶，↑蔗糖酶，其中对于水解型 SBM 为 100%，对于 SPI 为 92%（比活力） • 0 抗体滴度 • 0 血浆木糖	

[a] 参考文献：Ⅰ：Efird 等，1982；Ⅱ：Owsley 等，1986；Ⅲ：Dunsford 等，1989；1991；Ⅳ：Li 等. 1991；Ⅴ：Makinde 等，1996；Ⅵ：McCracken 等，1999；Ⅶ：Makkink，1993；Ⅷ：Newport 和 Keal，1983；Ⅸ：Spreeuwenberg，2002；Ⅹ：Jiang 等，2000；Ⅺ：Van Dijk 等，2001；Ⅻ：Leibholz，1981；XⅢ：McCracken 等，1998；XⅣ：Rooke 等，1998。

[b] 缩写：ADG：平均日增重；CD：细胞分化因子，白细胞亚型的表面标记；CSBM：玉米＋大豆粉；DW：乳清粉；FI：饲料采食量；FM：鱼粉；MP：乳蛋白；SBM：豆粕；SDAP：喷雾干燥血浆蛋白粉；SMP：脱脂奶粉；SPC：大豆浓缩蛋白；SPI：大豆分离蛋白。

[c] 0：相似；↑：增加；↓：减少；＃：数量。

wport 和 Keal(1983)报道称,尽管仔猪是在 2 日龄时断奶并用液态的代乳料进行饲喂,当乳蛋白被日粮中的鱼粉代替时,日增重降低了。这些仔猪可能日龄太小,以致不能忍受高水平的鱼粉,但这个试验的实际关联性还存在疑问。作者比较了来自羽毛粉和脱脂奶粉的蛋白质的影响,二者抗营养因子(ANFs)的含量均低。在相似的日粮采食量的基础上,给仔猪饲喂这两种蛋白来源的饲料,在断奶后第 4、7、14 天测定绒毛的结构及生长情况。与饲喂羽毛粉日粮的仔猪相比,饲喂脱脂奶粉日粮的仔猪在断奶后前两周其日增重增加了 72%。与羽毛粉相比,脱脂奶粉增加了绒毛高度(14%)和隐窝深度(10%)(Spreeuwenberg,2002)。

Van Dijk 等(2001)做了一个多重回归分析后指出,当断奶后头两周日粮中喷雾干燥动物血浆蛋白粉(SDAP)的添加水平递增到 6%时,可以同时提高平均日增重和饲料采食量,并且存在剂量依赖性反应。与断奶后第 2 周相比,SDAP 的正效应在第 1 周更明显。SDAP 的正效应可以通过采食量的提高,以及它的特殊生物活性成分能防止致病性大肠杆菌在肠道中的黏附来解释(Van Dijk 等,2002)。SDAP 不影响绒毛高度、隐窝深度和细胞增殖(Jiang 等,2000;Van Dijk 等,2001)。由于使用未经消毒的动物性产品作为饲料原料会带来相关的健康风险,因此 SDAP 可能会被禁止用于动物饲料。搞清 SDAP 正效应的潜在机制对今后功能性饲料的开发是非常重要的。然而,SDAP 的正效应似乎主要是通过刺激采食来体现的。

早期断奶仔猪消化日粮中蛋白质的能力有限。将饲料蛋白质进行酶解,早期断奶仔猪对蛋白质的消化率和有效率会提高。一般较难对水解蛋白质的效率做一总结,因为处理条件和使用的酶存在变异,以致产生不同的水解产品。对大豆蛋白进行处理可改善 ANFs 的影响以及降低血清抗体免疫球蛋白 G 的滴度(Li 等,1991)。Rooke 等(1998)发现,在酶解豆粕中含有较低的抗原蛋白含量,但对抗体的滴度没有影响。比较豆粕与酶解豆粕发现,日增重或者相似(Leibholz,1981)或者上升(McCracken 等,1998;Rooke 等,1998),而肠壁结构没有差异(McCracken 等,1998)。McCracken 等(1998)发现,用酶解大豆分离蛋白代替大豆分离蛋白或乳蛋白后,断奶后仔猪的腹泻减少了。尽管如此,日粮并未影响小肠杯状细胞、肥大细胞、T 细胞的数量以及局部前列腺素的产量和局部 MHC 基因的表达,这表明在饲喂产后 2 d 断奶的仔猪时,蛋白质的种类对炎症反应的发生没有影响(McCracken 等,1998)。Poullain 等(1989)比较了全乳清蛋白、乳清蛋白寡肽和一种氨基酸混合物对小鼠的影响。结果发现,在饥饿后恢复饲喂,饲喂寡肽的小鼠其生长和氮贮存最高。给从严重饥饿后恢复的断奶小鼠饲喂酪蛋白水解物或天然蛋白质,它们有相似的体增重。但是,在恢复饲喂酪蛋白的试验组中小肠对卵清蛋白的通透性仍然增加(Boza 等,1995)。与饲喂完整蛋白质相比,水解蛋白能更有效地抵抗断奶引起的肠道完整性的损害。

8.3.3.2　氨基酸

通过肠道粘膜吸收的氨基酸来自血液和肠腔。Stoll 等(1998)完成了一项利用放射性氨基酸进行的示踪平衡研究,测定了仔猪粘膜蛋白的氨基酸组成。作者认为,通过肠腔吸收的60%的必需氨基酸在肠道被分解了。被分解的氨基酸数量相当于必需氨基酸摄入量的20%,它还直接涉及到粘膜的重量(Stoll 等,1998)。这不但表明小肠的重量决定着日粮蛋白质利用的有效性,还说明肠腔内氨基酸的有效性对维持粘膜重量和完整性是非常重要的。

在调节小肠完整性和功能方面,个别氨基酸起着特殊的作用(Wu,1998)。谷氨酰胺、谷氨酸和天冬氨酸是小肠粘膜的主要能量来源,它们还支持ATP依赖型代谢过程,例如活性营养物质的转运和细胞内蛋白的高速周转。鸟氨酸可由精氨酸、谷氨酰胺和脯氨酸衍生而来,它是多胺合成的直接前体物质,而多胺又是肠道上皮细胞的增殖、分化和修复所必需的。作为一氧化氮(NO)生理学前体物质的精氨酸在许多生理过程中起着重要的作用,例如血管舒张、免疫反应、神经传递、血小板和白细胞的粘连等(Wu 和 Morris,1998)。谷氨酸、甘氨酸和半胱氨酸是谷胱甘肽的合成前体,谷胱甘肽是一种三肽,它在保护小肠粘膜避免毒素和过氧化物的损害中起着关键作用(Wu,1998)。由此可知,日粮中的谷氨酰胺关系到肠道能量的供给,同时其他氨基酸通过转化也有调节的特性。

目前,通过组织学、酶的比活力和渗透性测定,还不清楚在日粮中添加天冬氨酸、甘氨酸、半胱氨酸或脯氨酸对小肠完整性的影响。在日粮中添加0.6%或0.93%的精氨酸不影响生长表现和绒毛高度(Touchette 等,2000;Ewtushik 等,2000)。谷氨酰胺的作用已经被多次研究,但我们不认为它是一种必需氨基酸,*L*-谷氨酰胺是动物血浆(Wu 等,1996)和牛奶(Wu 和 Knabe,1994)中大量存在的一种游离氨基酸。如上所述,谷氨酰胺对肠道来说是一种主要的能量来源,并且支持核苷酸的生物合成,另外它还作为氨的清除剂,在总肠道外营养中保护免疫功能(Windmueller,1982;Alverdy,1990;Souba,1993;Salway,1995)。谷氨酰胺可以从饲料中吸收,还可以通过谷氨酸与 NH_4^+ 在谷氨酸合成酶的催化下经过耗能反应来合成。谷氨酰胺的末端酰胺基在谷氨酰胺酶的作用下被水解,形成谷氨酸和氨。作为能量来源,谷氨酸在谷氨酸脱氢酶的作用下发生氧化脱氨基作用生成 α-酮戊二酸,然后进入三羧酸循环。1分子谷氨酸被完全氧化可产生12分子ATP。Houdijk 等(1994)发现,饲喂富含谷氨酰胺的日粮可以增加小鼠内脏血流量。额外的谷氨酰胺以其自身或通过增加小肠血流量来间接提供能量。谷氨酰胺(不是谷氨酸)在核苷酸代谢中起作用,它提供氮原子以形成嘌呤环上面的N-9和N-3(Salway,1995)。依靠谷氨酰胺合成酶的活性,谷氨酸在嘌呤代谢中可代替谷氨酰胺。

在日粮中添加谷氨酰胺的缺陷在于它的不稳定性。在饲喂之前添加 *L*-谷氨酰胺或利用较稳定的结构物质如 *L*-丙氨酰基-*L*-谷氨酰胺或 *L*-甘氨酰-*L*-谷氨酰胺,可将日粮中谷氨酰胺的降解降低到最小。二肽会很快水解成它们各自的氨基酸(Lacey 和 Wilmore,1990),但成本相对较高。

表 8.5 总结了谷氨酰胺对小肠影响方面的报告。与未断奶的哺乳仔猪相比,刚断奶仔猪血浆中谷氨酰胺的浓度较低(Ayonrinde 等,1995a)。一些断奶仔猪的试验表明,日粮中 1%(Kitt 等, 2001)或 1.2%(Touchette 等,2000)的谷氨酰胺对绒毛高度没有影响。还有一些研究发现,1%的谷氨酰胺(Wu 等,1996)或 6.5%的谷氨酸(Ewtushik 等,2000)对小肠近端有影响,而对其他肠段则没有影响。在一个研究中发现,4%的谷氨酰胺可以增加十二指肠和回肠的绒毛高度(Ayonrinde 等,1995b)。Wu 及其同事(1996)的研究发现,当饲喂含 1%谷氨酰胺的日粮时,断奶后的第 2 周饲料利用率提高但生长表现相似。其他研究发现,日粮中添加谷氨酰胺后生长性能相似(Ewtushik 等,2000)或者提高(Kitt 等,2001)。Lackeyram 等(2001)观察到,日粮添加 0.8%的谷氨酰胺可促进生长,但 1.6%或 2.4%含量则没有效果。因此,添加谷氨酰胺对绒毛结构和生长性能的效果是可疑的。

将断奶仔猪回肠上皮组织用 *L*-谷氨酰胺进行灌注,提高了其组织活力,因为跨膜电位增加了(Smith 等,1992)。但是,基于 TEER,添加谷氨酰胺处理对组织完整性没有影响(Smith 等,1992)。经口服大肠杆菌刺激后,对照组或谷氨酰胺组断奶仔猪并没有发生细菌移位(Smith 等,1992)。Dugan 和 McBurney(1995)指出,在内毒素中毒(endotoxicosis)期间,肠腔内的谷氨酰胺有利于维持正常粘膜的渗透性。通过给回肠灌注含有谷氨酰胺的溶液可以有效地防止内毒素引起的肠粘膜渗透性增加。在患有内毒素血症的小鼠中,添加谷氨酰胺的肠道外营养物可提高空肠粘膜的形态学特征,因为谷氨酰胺增加了绒毛高度、隐窝深度及肠壁厚度。在谷氨酰胺处理组,静脉注射大肠杆菌脂多糖后,其内毒素动静脉差的阴性程度降低,这说明穿过肠道的内毒素的吸收减少了,粘膜的屏障功能增强了(Chen 等,1994)。Yoo 等(1997)研究淋巴细胞对刀豆球蛋白 A 的增殖反应伴刀豆球蛋白 A 可通过结合细胞膜特异性受体(CD3)特异性激活 T 细胞。大肠杆菌感染的猪和饲喂不含谷氨酰胺日粮的猪,其淋巴细胞的增殖反应受到抑制;而饲喂含 4%谷氨酰胺日粮且受到大肠杆菌感染的猪和未被大肠杆菌感染的猪,其淋巴细胞的增殖反应相似。综上所述,可以认为,补充谷氨酰胺可以在关键时期维持免疫功能,但是对没有受到刺激影响的断奶仔猪无显著效果。

表 8.5　谷氨酰胺对早期断奶仔猪小肠完整性的影响

参考文献[a]	日粮处理[b]	试验设计	观察指标[b,c]	备注
Ⅰ	肠内营养 ● 4%gln ● 4%gly	● 产后 21 d 断奶的仔猪 ● 试验周期:5 d ● n=10	添加 gln 与 gly 相比 ● 0 ADG,0 FI ● 0 蛋白含量(mg/cm 肠道),↑DNA 含量(μg/cm 肠道) ● ↑回肠和空肠的绒毛高度和隐窝深度 ● ↑空肠的谷氨酰胺酶[μmol/(h·cm)]	综述
Ⅱ	肠内营养 ● 0%gln ● 0.2%gln ● 0.6%gln ● 1.0%gln	● 产后 21 d 断奶的仔猪 ● 试验周期:断奶后 0,7,14 d ● n=5/处理	1.0%gln 与 0%gln 相比 ● 0 ADG 和 FI(在第 1 周和第 2 周),↑ADG 和饲料转化率(第 2 周) ● ↑绒毛高度(断奶后 7 d,空肠),0 绒毛高度(断奶后 7 d,十二指肠;断奶后 14 d,十二指肠和空肠),↓隐窝深度(断奶后 14 d,空肠),0 隐窝深度(断奶后 14 d,十二指肠;断奶后 7 d,十二指肠和空肠)	● 没有采食量的信息 ● 生长试验中饲喂 1%gln 的仔猪引起采食量减少
Ⅲ	● 0%glu,arg ● 6.51%glu ● 0.93%arg	● 产后 12 d 断奶的仔猪 ● 试验周期:断奶后 0,10 d ● n=7/处理	添加 0%glu 与 6.51%glu 相比 ● 0 ADG 和 FI ● 0 器官重量 ● 0 蔗糖酶、乳糖酶、麦芽糖酶的比活力和总活力 ● ↑绒毛高度(十二指肠),0 绒毛高度(空肠和回肠的近端和中段),0 隐窝深度	● 饲喂精氨酸的仔猪与对照组相比没有差异
Ⅳ	● 0%gln ● 1.0%gln	● 产后 18 d 断奶的仔猪 ● 试验周期(断奶后):0,4 d 用于组织学采样 0,4,7,14,21 d 用于测定生长性能 ● n=4/处理	● 0 ADG 和 FI(0～14 d),↑ADG 和 FI(14～21 d) ● 0 绒毛高度	● 用于测定生长性能或绒毛高度的仔猪是不同的

续表 8.5

参考文献[a]	处理[b]	试验设计	观察指标[b,c]	备注
Ⅴ	● 0%gln,arg ● 1.2%gln ● 0.6%arg	● 产后 17d 断奶的仔猪 ● 试验周期(断奶后):0,7,14 d 用于组织学采样;0,7,14,28 d 用于测定生长性能 ● n=6/处理	添加 0%gln 与 1.2%gln 相比: ● 0 ADG 和 FI ● 0 绒毛高度,↑隐窝深度(第 14 天)	● arg 与 gln 相比,↓ADG(0～7 d 和 14～28 d) ● arg 与对照及 gln 相比,0 或↓隐窝深度
Ⅵ	TPN: ● 0%gln+0%glu ● 0.35%gln+0%glu ● 0%gln+0.35%glu	● 产后 2 d 断奶的小型仔猪 ● 适应期:5 d ● 试验周期:适应期后 5 d	● 0 ADG ● 0 gln 和 glu 浓度(血浆和空肠粘膜中) ● 0 小肠重量、蛋白质、DNA 含量或蛋白质/DNA 的比率 ● 0 乳糖酶、蔗糖酶或麦芽糖酶的比活力	
Ⅶ	乌氏房灌注: ● 新生仔猪+HBBS(A) ● 断奶仔猪+HBBS(B) ● A+0.29%gln(C) ● B+0.29%gln(D) ● C+E. coli ● D+E. coli	● 产后 1～4 d 的新生仔猪 ● 产后 21 d 断奶的仔猪 ● 乌氏房的渗透性测定 ● n=4～8/处理	有 gln 与无 gln 的比较 ● ↑电位差(=组织活力) ● 0 电阻(=组织完整性) ● 没有细菌移位发生	
Ⅷ	灌注于肠道顶部 ● 林格氏乳酸盐溶液 ● 林格氏乳酸盐溶液+2% gln ● 含氧清除剂的林格氏乳酸盐溶液+2%gln	● 产后 21 d 的仔猪 ● 通过 ^{51}Cr-EDTA 和尿素的清除速率来估计渗透性 ● 细菌内毒素的投放 ● n=4/处理	● 0 给予内毒素后的渗透性(将 gln 灌注于肠道顶部),↑渗透性(只灌注林格氏乳酸盐溶液)	

[a]参考文献:Ⅰ:Ayonrinde 等,1995b;Ⅱ:Wu 等,1996;Ⅲ:Ewtushik 等,2000;Ⅳ:Kitt 等,2001;Ⅴ:Touchette 等,2000;Ⅵ:Burrin 等,1991;Ⅶ:Smith 等,1992;Ⅷ:Dugan 和 McBurney,1995

[b]缩写:ADG:平均日增重;FI:平均日采食量;glutamic acid:谷氨酸;glutamine:谷氨酰胺;glycine:甘氨酸;HBBS:汉克氏平衡盐溶液;TPN:总的肠道外营养。

[c]0:相似;↑:增加;↓:减少。

8.3.3.3 脂肪与多不饱和脂肪酸

在仔猪开食料中添加脂肪替代等量玉米后，在断奶后几周内并没有持续提高生长速度和饲料/能量的转化(Li 等，1990；Cera 等，1990b；Mahan，1991)。但是，在保育期的第 2 阶段，添加额外的脂肪可提高日增重和饲料转化效率(Li 等，1990；Cera 等，1990b；Mahan，1991)，但是能量转化没有或只有轻微提高。在第 2 阶段，提高日增重最明显的是椰子油、大豆油和玉米油(Li 等，1990；Cera 等，1990b；Mahan，1991)。Cera 等(1990)发现，断奶初期肠腔内脂肪酶的活性较低，但紧接着会重新升高。这一发现表明，随着断奶后日龄的增加，仔猪的生长和饲料利用效率提高了。

表 8.6 总结了脂肪来源对断奶仔猪小肠形态的影响。Cera 等(1988)发现，在仔猪日粮中用 6%玉米油等量代替玉米后，会降低断奶仔猪小肠绒毛高度，但没有提供采食量方面的有关数据。然而，低或高脂肪日粮处理组仔猪的体重相似。Li 等(1990)比较了饲粮中添加大豆油、椰子油或这两种脂肪来源的混合物(50/50)对断奶仔猪的作用。结果表明，饲喂大豆油或椰子油的仔猪，其绒毛比饲喂混合油的仔猪要短，但是与对照组相比，脂肪的添加并没有影响绒毛高度。不管是什么类型的脂肪，在日粮中用脂肪代替等量玉米后均导致隐窝加深(Li 等，1990)。同样对于小鼠来说，将日粮中玉米油的添加量由 4%增加到 8%的能促进隐窝细胞的增殖，导致更深的隐窝(Pell 等，1992)。综上所述，对刚断奶的仔猪来说，在日粮中添加额外的脂肪可以增加隐窝深度，可能减少绒毛高度，但不影响生长性能。

多不饱和脂肪酸是 ω-3 或 ω-6 家族的脂肪酸。大豆油、玉米油和向日葵油是富含 ω-6 脂肪酸的脂肪来源。亚麻籽油和鱼油分别富含 α-亚麻酸和二十碳四烯酸等 ω-3 脂肪酸。ω-3 多不饱和脂肪酸已经被用于处理炎症性疾病(Blok 等，1996；Calder，1998)。Calder(1998)综述了日粮中脂肪酸对免疫系统的影响，与低脂肪日粮相比，高脂肪日粮通常会降低 T 细胞的增殖和自然杀伤细胞的活力。在高脂肪日粮的脂肪来源中，各种脂肪的效能顺序为：饱和脂肪(如棕榈油、椰子油)＜富含 n-6 多不饱和脂肪酸的油脂(如玉米油、大豆油、向日葵籽油)＜橄榄油＜亚麻籽油＜鱼油。用试验动物进行的研究表明，富含 ω-3 多不饱和脂肪酸的日粮对机体来说，具有抗炎作用和免疫抑制作用(Calder，1998)。

ω-3 和 ω-6 多不饱和脂肪酸对仔猪的效果还没有进行广泛的研究(表 8.6)。Kastel 等(1999)发现，经口腔途径给予仔猪 ω-3 多不饱和脂肪酸会影响免疫反应。由二十二碳六烯酸衍生的 ω-3 产物在血液中明显增加，高于由花生四烯酸衍生的 ω-6 产物。在添加 ω-3 多不饱和脂肪酸后，由 B 淋巴细胞生成的 IgM 和生长因子(生长介素 C)增加，但细胞毒性 T 淋巴细胞的生成也增加(Kastel 等，1999)。Lopez-Pedrosa 等(1999)利用 2×2 析因设计研究了限饲与联合添加 ω-6 和 ω-3 多不饱和脂肪酸的效果，发现限饲后额外的脂肪酸可以促进小肠的康复，但对营养良好的仔猪作用效果很小。

表 8.6 日粮中脂肪来源对断奶仔猪小肠完整性的影响

参考文献[a]	日粮处理[b]	试验设计	观察指标[b,c]	备注
Ⅰ	• CSBM • CSBM＋DW • CSBM＋5％猪油	• 产后 28 d 断奶的仔猪 • 试验周期：产后 0，14，27，29，31，42，44，56 d • n＝6/处理	CSBM＋5％lard 与 CSBM 相比 • ↓ ADG(10％) • 0 胰蛋白酶(在肠道和胰腺中)，↑每千克胰腺中胰蛋白酶含量(77％)，0 糜蛋白酶(在肠道内容物和胰腺中)	• 日粮中脂肪含量不平衡［粗脂肪(％)＝1.34，2.38，8.68］ • 没有采食量的数据
Ⅱ	• 0％DW＋0％玉米油 • 25％DW＋0％玉米油 • 0％DW＋6％玉米油 • 25％DW＋6％玉米油	• 产后 21 d 断奶的仔猪 • 试验周期：3，7，14，21 和 28 d • n＝6/处理 • 日粮在 kcal ME/g 赖氨酸基础上进行平衡，通过添加油脂来增加 ME 含量	• ↓断奶后脂肪酶活力(6％玉米油与 0％玉米油相比) • 0 ADG 和小肠重量，↑胰腺重量(第 28 天) • ↓绒毛高度 • ↑总的脂肪酶(胰腺中)，0 脂肪酶/g 胰腺，0 脂肪酶(肠道中)	• 没有采食量的数据
Ⅲ	4 个试验 • 对照 • 白色动物油 • 大豆油 • 椰子油 • 大豆油＋椰子油	• 产后 18～21 d 断奶的仔猪 • 平衡日粮中的赖氨酸/能量比率	• 0 ADG、FE 和↓FI(头两周添加 10％的脂肪)↑ADG(断奶后 3～5 周添加脂肪)，尤其大豆油和椰子油联合使用 • ↓回肠 DM 消化率(添加脂肪后) • ↑绒毛高度(大豆油和椰子油联合使用与大豆油或椰子油单独使用相比)，0 绒毛高度(添加脂肪与对照相比)，↑隐窝深度(添加脂肪与对照相比)	

续表 8.6

参考文献[a]	处理[b]	试验设计	观察指标[b,c]	备注
Ⅳ	● 对照 ● 油脂：ω3∶ω6＝10∶1	● 产后 4 d 的哺乳仔猪 ● n＝5 或 6/处理	添加脂肪与对照相比 ● 0＃白细胞和淋巴细胞，0 淋巴细胞迁移指数 ● 0 $CD4^+$，↑$CD8^+$，0 $CD2^+$ 淋巴细胞 ● ↓花生四烯酸水平(ω6)，↑二十二碳六烯酸水平(ω6)，↑γ-亚油酸(ω3)、二十碳五烯酸(ω3)和二十二碳六烯酸(ω3)水平 ● ↑生长因子 ● ↑IgM(43％)	● 没有记录采食量和生长性能
Ⅴ	● 对照 ● 对照＋PUFA ● 营养不良 ● 营养不良＋PUFA	● 产后 7 d 断奶的仔猪 ● 在禁饲后恢复饲喂的 10 d 内饲喂或不饲喂脂肪酸，接着的 30 d 内发生营养不良(20％来自对照组)	添加 PUTA 与未添加 PUTA 的效果比较 ● ↑小肠重量/小肠长度(营养不良的仔猪) ● ↑小肠形态的康复(营养不良的仔猪) ● 0 二糖酶和碱性磷酸酶活力 ● ↑空肠的 DNA、蛋白质、胆固醇、磷脂和甘油三酯的含量，0 回肠粘膜的 DNA、蛋白质、胆固醇、磷脂和甘油三酯(营养不良的仔猪)	日粮中补充了含有 ω-6 和 ω-3 长链脂肪酸的磷脂浓缩物，还含有胆固醇

a 参考文献：Ⅰ：Owsley 等，1986；Ⅱ：Cera 等，1988；1990；Ⅲ：Li 等，1990；Ⅳ：Kastel 等，1999；Ⅴ：Lopez-Pedrosa 等，1999。
b 缩写：ADG：平均日增重；DM：干物质；DW：乳清粉；FE：饲料转化效率；IgM：免疫球蛋白 M；PUFA：多不饱和脂肪酸。
c 0：相似；↑：增加；↓：减少；＃：数量。

对于刚断奶的仔猪，与含有玉米油（富含亚油酸）的日粮相比，含有亚麻子油（富含 α-亚麻酸）的日粮可明显提高仔猪的体况评分，但没有提高生长性能（Schellingerhout 等，2002a）。综上所述，在断奶仔猪日粮中添加 ω-3 多不饱和脂肪酸可能产生有益的效果，采食量比较低以及卫生条件比较差的时候尤其如此。

8.3.3.4 纤维和非消化性寡糖

日粮中的纤维指的是植物性碳水化合物，包括抵抗消化酶类水解的果胶，但它可以被肠道菌群发酵。日粮纤维包括多种有着不同物理形态和生理功能的物质。有些纤维的成分是可溶的，而另一些是不可溶的；一些持水力高，一些持水力低或没有（Roberfroid，1993）。可溶性纤维可能延迟而不可溶性纤维可能加快食糜通过小肠的时间，以影响食糜与酶类和微生物之间的接触时间。可溶性纤维的主要功能在于减少淀粉水解和碳水化合物的吸收，导致降低或减缓血糖反应和降低胰岛素血症的发生（Bueno 等，1981；Silk，1989；Scheppach 等，1990；Boberfroid，1993；Mosenthin 和 Hambrecht，1998）。可溶性纤维可以增加覆盖小肠上皮细胞的不流动水层的厚度，以形成扩散屏障限制小肠酶类与其底物接触，结果降低了酶的表观活力。不流动层厚度的增加可能会保护粘膜免受粒子的伤害。

日粮纤维对断奶仔猪小肠完整性的影响的相关报道见表 8.7。一般来说，日粮中添加纤维不影响生长（Moore 等，1988；Jin 等，1994；Longland 等，1994；Lizardo 等，1997；Hambrecht，1998；Gill 等，2000）。在采食纤维以后，小肠的重量没有发生变化（Jin 等，1994；Lizardo 等，1997）或增加（Hambrecht，1998）。Hambrecht（1998）报道，在断奶后的头 2 周，日粮中含有小麦麸会增加腹泻的发病率，但 5 周以后，日粮中的麸皮对腹泻的发生没有影响。断奶仔猪额外摄入纤维可提高非淀粉多糖的全消化道表观消化率，但对蛋白质、干物质和能量的全消化道表观消化率没有影响（Longland 等，1994；Lizardo 等，1997；Gill 等，2000）。Lizardo 等（1997）发现，对于断奶仔猪，纤维性日粮和无纤维日粮中营养素的粪表观消化率相似，但回肠表观消化率则降低了。

Jin 等（1994）研究日粮中使用 10%的麦秸对断奶仔猪小肠结构的影响。发现绒毛高度不受日粮纤维的影响，但是绒毛的宽度和隐窝深度则增加。由于隐窝是肠道粘膜细胞增殖的主要场所，根据观察到的细胞增殖和死亡增加的数据，作者认为高纤维摄入可提高肠道粘膜细胞周转率（Jin 等，1994）。Moore 等（1988）发现，日粮纤维对显微形态（microscopic morphology）没有影响。在仔猪中出现的效果在小鼠中同样被观察到。在小鼠日粮中添加 10%瓜尔胶也可增加隐窝细胞的增殖，导致隐窝变深。但不溶性木质来源的纤维素对隐窝细胞增殖没有效果，这可能是由于其可发酵性较差的缘故（Pell 等，1992）。与饲喂无纤维的日粮或添加了纤

表 8.7 日粮中的纤维对仔猪小肠完整性的影响

参考文献[a]	日粮处理[b]	试验设计	观察指标[b,c]	备注
Ⅰ	● CWR ● W 和 B ● CWR,W 和 B	● 产后 24 d 断奶的仔猪 ● 试验周期:断奶后 14 d 或 35 d	在 2 周内 W 和 B 与 CWR 的比较: ● 0 ADG、FI 和 FE ● ↑ 腹泻的发生率 ● ↑ 近端和远端小肠的重量 ● 0 总 VFA 的产量(在小肠远端、盲肠和结肠)在 5 周内 3 种日粮的比较 ● ↓ FI(第 3、4 周或 5 周,CWR),↑FE(第 4 周或第 5 周,CWR) ● 0 腹泻 ● ↑远端小肠重量、0 近端小肠重量(W/B) ● ↑远端小肠总 VFA 的产量(W/B 和 CWR/WB),0 盲肠和结肠中总 VFA 产量	
Ⅱ	● CSBM ● OH ● SBH ● AM	● 仔猪,9.7 kg ● 试验期:34 d ● n=3/处理 ● 日粮中蛋白质和能量平衡	● 与其他日粮相比,AM 日粮的 ADG 和 FE 趋于较低 ● 0 形态变化(绒毛形状)	
Ⅲ	● 0%WS ● 10%WS	● 阉公猪,14.3 kg ● n=4/处理 ● 试验周期:14 d ● 日粮中蛋白质和能量平衡	10%WS 与 0%WS 比较: ● 0 ADG、FI 和 FE ● 0 小肠重量 ● 0 绒毛高度,↑绒毛宽度,↑隐窝深度 ● ↑空肠和结肠的细胞增殖速度(5-溴-2-脱氧尿苷) ● ↑空肠和回肠细胞程序性死亡的速度	
Ⅳ	● 0%SBP ● 15%SBP	● 产后 21 d 断奶的公猪 ● n=6/处理 ● 日粮中蛋白质和能量平衡	15%SBP 与 0%SBP 比较: ● 0 ADG、ADFI 和 FE ● ↑NSP 的 TTAD(39%),0 N 和能量的 TTAD	

续表 8.7

参考文献[a]	处理[b]	试验设计	观察指标[b,c]	备注
Ⅴ	日粮组成 ● W ● B ● SBP 日粮中添加或不添加酶	● 产后 28 d 断奶的仔猪 ● 生长试验（$n=6$/处理），试验周期：断奶后 4 周 ● 消化试验（$n=4$/处理），试验周期：断奶后 11 d	● 0 ADG、FI、FE ● 0 N、DM、GE 的 TTAD，↑ NSP 的 TTAD	
Ⅵ	● SBM ● SBM＋SBP(12％) ● SFPC ● SFPC＋SBP(12％)	● 产后 25 d 断奶的仔猪 ● 试验周期：31 d ● $n=7$/处理 ● 日粮中能量、蛋白质和总赖氨酸含量平衡	12％SBP 与 0％SBP 比较： ● 0 ADG 和 FI ● 0 小肠重量和蛋白质含量 ● ↑纤维成分的 TTAD，0 其他养分的 TTAD ● ↓回肠营养物质的表观消化率 ● ↓回肠 N 的存留，↑粪中 N 的存留 ● ↑回肠中二肽基肽酶、N-氨基肽酶、碱性磷酸酶活性，0 回肠中麦芽糖酶和 γ-谷氨酰基转移酶，0 空肠中酶活力，0 α-淀粉酶、胰蛋白酶、糜蛋白酶活力，↑脂肪酶活力	● 在仔猪 56 日龄时测定酶活力 ● 利用回肠直肠吻合术测定回肠的消化率

[a] 参考文献：Ⅰ：Hambrecht，1998；Ⅱ：Moore 等，1988；Ⅲ：Jin 等，1994；Ⅳ：Longland 等，1994；Ⅴ：Gill 等，2000；Ⅵ：Lizardo 等，1997。

[b] 缩写：ADG：平均日增重；AM：苜蓿粉；B：大麦；CSBM：玉米豆粕；CWR：经蒸煮的大米；FE：饲料转化效率；FI：饲料采食量；NSP：非淀粉多糖；OH：燕麦麸；SBH：大豆麸；SBM：大豆粕；SBP：甜菜糖；SFPC：可溶性鱼蛋白浓缩物；TTAD：总肠道表观消化性；W：小麦；WB：麸皮；WS：小麦秆。

[c] 0：相似；↑：增加；↓：减少。

维素或改性淀粉(retrograded starch)的日粮相比,给小鼠日粮中添加瓜尔胶或果胶可增加隐窝的深度、隐窝细胞的增殖以及隐窝-绒毛轴上细胞的迁移速度。可溶性纤维对小肠近端和中段的影响要比小肠远端的影响更明显。日粮中纤维的类型和总量不影响绒毛高度(Brunsgaard 和 Eggum,1995)。

短链脂肪酸(SCFA)可能与可溶性纤维引起的隐窝细胞增殖的加快相关。在瘘管小鼠中,以生理剂量加入 SCFA 可增加小肠和大肠中隐窝细胞的生成速度,并且存在剂量依赖反应,其作用效果的顺序为:*n*-丁酸>丙酸>乙酸(Sakata,1987)。微生物对日粮可溶性纤维的发酵导致 SCFA 的产生。在小肠的不同肠段中,细菌数量和 SCFA 的产量是发酵功能的指标。猪的胃和小肠近端含有相对较低数量的微生物($10^3 \sim 10^5$ 个细菌/mL 食糜)。但是,小肠远端(回肠)比肠道上端保持有更多不同种类的微生物以及更高的细菌数(10^8/mL 食糜)。大肠是细菌定居的主要位点,它以大量细菌($10^{10} \sim 10^{11}$/mL 食糜)的存在为特征(Gaskins,2000)。在 5.5 周龄断奶的仔猪中,小肠远端 SCFA 的产量(μmol/g 食糜干物质)分别是盲肠和大肠近端 SCFA 产量的 2%和 3%(Hambrecht,1998)。尽管细菌的数量和 SCFA 的产量表明,小肠的发酵非常有限,但 Houdijk(1998)发现,在断奶日粮中添加 40 g/kg 的果寡糖(FOS),90%以上在进入盲肠前被降解。这一结果显示发酵是在小肠发生。因此,可溶性纤维对小肠完整性的影响由 SCFA 介导这一解释是可行的。

非消化性寡糖(NDO)可抵抗消化酶类的水解作用。与阴性对照相比,在日粮中添加 4%FOS 会降低回肠食糜的 pH,含有 1%FOS、1%或 4%反式半乳寡糖的日粮对 pH 没有影响,日粮中寡糖的存在与否对短链脂肪酸的产量和回肠食糜中细菌的数量也没有影响(Houdijk,1998)。日粮中添加 0.2%反式半乳糖苷寡糖、0.2%寡聚葡萄糖、0.2%拉克替醇(Gabert 等,1995)、0.5%半乳寡糖(Mathew 等,1997)、1%或 2%低聚焦糖(Orban 等,1996)和 0.1%甘露寡糖(Kim 等,2000)不影响断奶仔猪小肠食糜中微生物区系的组成和活动、pH、SCFA 及 NH_3 的浓度,也不影响腹泻的发生率。这说明与可溶性纤维相比,NDO 不影响小肠的完整性。摄入 NDO 对食糜中 SCFA 浓度缺乏影响,可能是由于 SCFA 的吸收很快的缘故。因此,可以认为,可溶性纤维不单单是通过 SCFA 的生成来发挥作用。

纤维和 SCFA 对小肠有相关的附属功能。即使缺乏经口途径的营养,经口摄入纤维或以 TPN 给予静脉纤维也可阻止细菌迁移(bacterial translocation)到肠系膜淋巴结(Spaeth 等,1990)。日粮可溶性纤维可以增加胆汁酸在粪中的排泄,并使胆汁酸对肠腔内乳糜微粒的形成无效,结果导致脂肪和胆固醇的吸收降低(Roberfroid,1993)。SCFAs 被吸收的同时可以促进结肠中钠和水的吸收,从而可作为抗腹泻剂(Silk,1989;Scheppach 等,1990)。SCFAs(尤其是丁酸)是结肠细胞优先的能量来源(Roediger,1982)。

8.3.3.5 益生菌和乳酸

有理由认为，凡是对致病性大肠杆菌的定殖和/或移位能增加抗性的日粮手段，对断奶仔猪的生长性能均有正效果。对细菌定殖和移位的抗性可以通过饲喂能影响小肠中微生态的抗生素、益生菌、益生元和/或其他成分来改变。抗生素一般用于断奶仔猪疾病的治疗，但欧盟已经禁止抗生素用于预防。在刚断奶的仔猪中，饲用益生菌（即对宿主有利的活微生物）的效果已经被广泛研究。与阴性对照相比，饲喂 10^6 或 10^7 的地衣芽孢杆菌或 10^6 的枯草芽孢杆菌，仔猪断奶后 0～28 d 的生长速度分别提高 31％、99％和 28％（Kyriakis 等，1999）。但是，阴性对照组高发病率和高死亡率可能会导致阴性对照组较低的生长性能。该研究中，阴性对照组的死亡率为 44％，而益生菌处理组平均为 20％。与此相反，与阴性对照组相比，给断奶仔猪添加商业化的益生菌产品不影响（Jost 和 Bracher-Jakob，1998）或降低（Inamoto 和 Waltanabe，1998）断奶仔猪的生长性能。

益生元（例如果寡糖）能特异性促进小肠中乳酸杆菌和双歧杆菌的生长，但如前所述，还没有证据表明这些益生元能影响断奶仔猪小肠的完整性。乳酸杆菌能产生有抗菌活性的乳酸。在断奶仔猪日粮中添加 0.8％～2.4％的乳酸能刺激采食和生长（Roth 等，1993；Smolders 等，2000）。同样地，饲喂富含乳酸的发酵饲料也可刺激断奶仔猪的生长（Jensen 和 Mikkeelsen，1998；Scholten，2001），并增加绒毛高度（Scholten，2001）。因此，益生菌、乳酸和发酵饲料可能对断奶仔猪有利，但现在还不清楚它们是对肠道完整性有直接影响还是通过增加采食量来起作用。

8.3.3.6 生长因子

生长因子，尤其是表皮生长因子（EGF）和胰岛素样生长因子Ⅰ和Ⅱ（IGF-Ⅰ和 IGF-Ⅱ），存在于母猪的初乳和常乳中。EGF 在初乳或常乳中的浓度分别为 1.5 μg/mL和 0.15～0.25 μg/mL，而 IGF 在初乳或常乳中的浓度则分别为 0.07～0.35 μg/mL和 0.004～0.014 μg/mL（Xu，1996）。生长因子可以刺激肠道的生长、成熟和/或功能发育（Kelly，1994；Xu，1996；Odle 等，1996）。表皮生长因子是胃肠道粘膜的营养肽，能通过肠腔和血液发挥作用。Playford 等（1993）发现，在禁食状态下，经肠腔提供的 EGF 很快被小肠中的蛋白酶水解，酪蛋白或大豆胰蛋白酶抑制因子会阻断蛋白酶的水解作用。在禁食状态下，EGF 会被胰酶消化水解，但在有食物蛋白存在时，食物蛋白可作为这些酶的竞争性底物和/或阻断这些酶的活性位点，这样 EGF 的活性会被保护下来（Playford 等，1993）。通过口腔给予 327 μg/d的 EGF，可部分抵抗断奶引起的仔猪乳糖酶比活力的下降，但 124 μg/d 的 EGF 口服剂量则没有这种作用。饲喂高剂量的 EGF，小肠蔗糖酶的比活力在断奶后第3天增加了。但日粮中添加EGF不影响小肠粘膜蛋白的含量和绒毛与隐窝的比率(Jaeger等,1990)。Zijlstra等(1994)测定了添加有EGF的液体代乳料(0、500、1 000 μg/L)对感染轮状病毒的4日龄仔猪的影响,结果表明,EGF以剂量依赖型来增加绒毛高度和乳糖酶的比活力,在500 μg/L剂量时,EGF的作用只在小肠的近端部分出现,而较高的剂量则可作用于远端肠段(Zijlstra等,1994)。Houle等(1997)观察了口服IGF-Ⅰ(500 μg/L液体代乳料)对7～14日龄新生仔猪的影响,结果发现血液循环中IGF-Ⅰ的浓度没有改变,且仔猪的生长、器官重量、粘膜RNA、粘膜DNA和粘膜蛋白的含量都没有受到影响。在IGF-Ⅰ处理的仔猪,回肠近端绒毛高度的平均值趋于增高,而回肠末端的绒毛高度明显增加,但在肠道的其他部位没有观察到IGF-Ⅰ对绒毛高度有影响。到出生后第14天,IGF-Ⅰ处理组仔猪空肠和回肠的蔗糖酶和乳糖酶的比活力增加了。在第7天,IGF-Ⅰ的添加对酶的比活力没有影响(Houle等,1997)。添加IGF-Ⅰ到母猪的乳汁中使其含量达到初乳中含量的2倍,研究者发现,出生后36 h的仔猪其小肠粘膜中紧密连接的长度增加了23%。但母猪乳汁中IGF-Ⅰ的含量与初乳中含量相似时,对紧密连接的结构没有作用。因而,高摄入水平的IGF-Ⅰ可以调节紧密连接的结构,进而影响肠道的通透性(Zarrinkalam等,1999)。利用Ussing chamber技术的测定结果表明,添加了EGF的灌注液能上调兔肠道对电解质和营养素转运(Opleta-Madsen等,1991)。

综上所述,日粮中IGF-Ⅰ和EGF的添加对体重或器官重量只有有限的效果。在肠道中,IGF-Ⅰ和EGF增加了蔗糖酶和乳糖酶的活力,但没有明显提高肠道重量、长度、绒毛结构、蛋白质或DNA的含量。因此,IGF-Ⅰ和EGF可能通过改变单个肠上皮细胞的功能或分化来调节二糖酶的活力。口服IGF-Ⅰ和EGF似乎对肠道的作用是有限的,以至于没有产生全身性的效应。到目前为止,生长因子对肠道发育的作用已经在新生(不是断奶)仔猪中进行了研究。生长因子的应用可能被限制用于预防性的添加,以促进胃肠道损伤得到修复。

8.3.3.7 多胺

多胺以其分子中含有多个氨基为特征,较有代表性的有丁二胺、亚精胺和精胺(Halász和Baráth,1998)。已有研究表明,多胺在调节胃肠道粘膜的生长中起作用,且对出生后小肠的发育成熟、肠道粘膜的更新、维生素D受体与DNA的结合、采食后肠道的活力、*D*-葡萄糖的转运和哺乳期粘膜的超常增生也有影响(Johnson和McCormack,1994;Blachier,1997;Halász and Baráth,1998)。多胺存在于母猪的乳汁中(Kelly等,1991c)。由于在动物组织中多胺的生物合成前体为鸟氨酸,但在蛋白质中没有发现鸟氨酸的存在,鸟氨酸可通过精氨酸或*L*-蛋氨酸合成(Mc-

Cormack 和 Johnson,1991)。多胺在吸收细胞内由 *L*-精氨酸来合成,通过胰腺外分泌部进行分泌,并通过绒毛顶部挤出的肠道上皮细胞来提供(Blachier,1997)。多胺还可由肠道的菌群来产生(Blachier,1997)。Wu 等(2000a)发现,在 21 日龄断奶的仔猪中,其肠道的多胺合成增加了。Grant 及其同事(1990)研究添加了多胺的液体代乳料对 2 日龄断奶仔猪的影响。他们对全乳蛋白的代乳料、大豆蛋白代替 20%全乳蛋白的代乳料、添加 25 g/L 腐胺盐酸盐(putriscine dihydrochloride)的含大豆蛋白的代乳料、添加 25 g/L 乙胺盐酸盐(ethylamine hydrochloride)的含大豆蛋白的代乳料进行比较,结果发现,日增重、绒毛高度和木糖吸收的动力学状态在各日粮处理间没有差异;隐窝深度在使用大豆蛋白但不添加多胺的日粮组中最低,但有丝分裂指数改变了;饲喂全乳日粮的仔猪其刷状缘蔗糖酶的总活力和比活力最高;饲喂添加腐胺的代乳料的仔猪其胞质二肽酶的比活力最低;与饲喂全乳日粮的仔猪相比,饲喂含有腐胺或乙胺日粮的仔猪其二肽酶的总活力较低。Grant 等(1989)把同样的日粮处理应用于 3 日龄的犊牛。结果发现,在饲喂全乳日粮的犊牛中,其血浆木糖浓度最高;与其他日粮相比,饲喂使用了大豆蛋白但不添加多胺日粮的犊牛,其肠上皮细胞增殖速度降低了;使用了大豆蛋白且添加丁二胺或乙胺的日粮,可促进肠上皮细胞的增殖,但绒毛结构没有受到日粮处理的影响(Grant 等,1989)。每天给小鼠口服 6 μmol 精胺或 10 μmol 亚精胺,可以增加其蔗糖酶和麦芽糖酶的比活力,但降低了乳糖酶的比活力。与对照组动物相比,通过肠上皮结构和二糖酶活力的变化,精胺或亚精胺处理的小鼠,其回肠绒毛上皮细胞更成熟(Dufour 等,1988)。Osman 等(1998)利用 Ussing chamber 技术研究了精胺对小鼠肠道通透性的影响,发现高精胺浓度(10～50 mmol)的精胺可增强跨细胞的通透性,而低精胺浓度(0.5～1 mmol)则对其没有影响或使其降低。因此,精胺浓度对上皮屏障功能没有直接作用。多胺的添加能引起小鼠肠道成熟和促进增殖。到目前为止,我们还不知道有关多胺对 3 周龄断奶仔猪是否有影响,但把多胺添加到新生仔猪或犊牛的代乳料中,既不影响其生长性能也不影响肠道的完整性。

8.3.3.8 核苷酸

核苷酸是 RNA 和 DNA 的构成成分,它可以是嘌呤或嘧啶核苷。核苷酸的功能还包括作为细胞代谢的能量来源、影响脂类代谢和作为生物合成与氧化途径的中间产物。另外,它对免疫和肠道的发育与修复非常重要(Boza 等,1992;Carver 和 Walker,1995;LeLeiko 和 Walsh,1996;Nagafuchi 等,1997)。细胞增生所需要的核苷酸来自谷氨酰胺、甘氨酸和核糖磷酸(rebosylphosphates),或来自经消化道脱落的粘膜细胞的再利用(LeLeiko 等,1996)。Bueno 等(1994)给刚断奶的小鼠饲喂 2 周含有玉米淀粉或乳糖的饲粮，接下来的 4 周饲喂玉米淀粉饲粮，饲粮中添加或未添加核苷酸混合物，而乳糖型日粮则用于诱发腹泻。给从腹泻中康复的小鼠饲喂含有核苷酸的饲粮，结果发现，与未添加核苷酸饲粮的小鼠相比，绒毛高度增加。但是，饲喂玉米淀粉日粮的小鼠始终没有从核苷酸的添加中受益。这一发现表明，日粮中核苷酸可以提高肠道从慢性腹泻引起的损伤中愈合的速度。Adjei 等(1996)使用酪蛋白日粮、无蛋白日粮、添加了单独的核苷酸或核苷成分的无蛋白质日粮或添加了核苷酸和核苷混合物的日粮来饲喂小鼠，以研究日粮对内毒素(*E. coli* O26:B6)引起的细菌迁移和小肠损伤的影响。与蛋白质缺乏的小鼠相比，日粮中添加了核苷酸和核苷混合物或胞嘧啶的小鼠，其绒毛高度增加且细菌易位的发生率降低。但是，饲喂酪蛋白日粮与饲喂含有核苷酸和核苷混合物的无蛋白质日粮相比，绒毛长度更高，细菌易位发生率更低(Adjei 等，1996)。目前还不清楚日粮中添加核苷酸对断奶仔猪有何影响。但在特殊的啮鼠动物模型中，核苷酸的添加可提高肠道从慢性腹泻或营养不良中康复的速度。

8.4 结 语

血浆皮质醇浓度的增加以及行为习性的改变表明断奶行为是一个应激事件(Worsaae 和 Schmidt，1980)。在断奶后的第 2 天，断奶仔猪血浆皮质醇浓度比未断奶仔猪高出 2.5 倍以上(Wu 等，2000a；2000b)。在许多类型的应激中，食欲不振、采食量降低、嗜睡、活力下降和发热是经常出现的症状(Elsasser 等，2000)。从哺乳向采食固体饲料的转变往往造成营养不足(Leibrandt 等，1975；Okai 等，1976；Le Dividich 和 Herpin，1994)。Le Dividich 和 Herpin(1994)以及 Pluske 等(1995)分析了大量数据后认为，代谢能(ME)的摄入量要到断奶后第 5 天才能满足其维持需要。到断奶后第 2 周末，ME 的摄入才能达到断奶前的水平。显然，仔猪断奶造成了营养不足。

断奶后采食量和粘膜完整性降低，均对早期断奶仔猪的生长性能和健康有负效应。断奶后一般会出现腹泻发生率增加(Nabuurs，1991)。要降低或消除断奶引起的粘膜屏障功能降低所带来的不良影响，最基本的营养措施是设法增加饲料采食量和/或利用特异性功能成分配制适宜的日粮。大量试验证实了日粮采食水平在肠道完整性中的关键作用。肠道粘膜表面积减少和总的刷状缘酶活力下降表明，饲料采食量的降低与消化吸收能力下降有关。饲料采食量的降低往往造成肠道对大分子的通透性增加。与饲粮采食水平相反，迄今为止，我们只发现日粮成分对断奶仔猪小肠粘膜的完整性有边际效应。与健康的断奶仔猪相比，日粮成分的影响一般对于营养不良或患病仔猪比较明显。有一些潜在的功能性成分可用于提高小肠粘膜的完整性，但是关于断奶仔猪的数据相对缺乏，尽管对于人类婴儿来说，断奶仔猪是良好的模型(Reed 等，1997)。大多数关于潜在的功能性成分的研究是用啮鼠动物或新生仔猪(而不是 3 周龄断奶的仔猪)进行的。

断奶仔猪日粮的研究应集中于决定断奶后饲料采食量的关键性因子和功能性饲料成分，以刺激肠上皮细胞的增殖和分化，增强免疫功能和促进有益菌的生长。功能性饲料成分的联合使用比单个成分的使用更有效。这些成分的效价比将决定它们在实际中的应用。

参考文献

Adjei, A.A., K. Yamauchi, Y C. Chan, M. Konishi and S. Yamamoto, 1996. Comparative effects of dietary nucleoside-nucleotide mixture and its components on endotoxin induced bacterial translocation and small intestinal injury in protein deficient mice. Gut, 38, 531-537.

Alverdy, J.C., 1990. Effects of glutamine supplemented diets on immunology of the gut. Journal of Parenteral and Enteral Nutrition 14, 109S-113S.

Ayonrinde, A.I., I.H. Williams, R. McCauley and B.P. Mullan, 1995a. Reduced plasma concentrations of glutamine and its metabolites in weaned piglets. In: D.P. Hennessy and P.D. Cranwell (editors), Manipulating Pig Production V. Australasian Pig Science Association, Werribee, Australia, pp. 179.

Ayonrinde, A.I., I.H. Williams, R. McCauley and B.P. Mullan, 1995b.Glutamine stimulates intestinal hyperplasia in weaned piglets. In: D.P. Hennessy and P.D. Cranwell (editors), Manipulating Pig Production V. Australasian Pig Science Association, Werribee, Australia, pp. 180.

Barber, J., P.H. Brooks and J.L. Carpenter, 1989. The effects of water delivery rate on the voluntary food intake, water use and performance of early-weaned pigs from 3 to 6 weeks of age. In: J.M. Forbes, M.A. Varley, and T.L.J. Lawrence (editors), The Voluntary Food Intake of Pigs. Occasional publication No. 13. British Society of Animal Production. Edinburgh, UK. 103-104.

Bertolo, R.F.P., C.Z.L. Chen, P.B. Pencharz and R.O. Ball, 1999. Intestinal atrophy has a greater impact on nitrogen metabolism than liver by-pass in piglets fed identical diets via gastric, central venous or portal venous routes. Journal of Nutrition 129, 1045-1052.

Bishop, W.P., S.I. Kim, M. Yamazato, H. Yoshino and K. Kimura, 1992. Mucosal morphology in isolated bowel segments: importance of exposure to luminal contents. Journal of Pediatric Surgery 27(8), 1061-1065.

Bjarnason, I., A. Macpherson and D. Hollander, 1995. Intestinal permeability: an overview. Gastroenterology 108, 1566-1581.

Blachier, F. 1997. Intestinal Polyamines. In: J.P. Laplace, C. Fevrier and A. Barbeau (editors), Digestive Physiology in pigs. Proceedings of the VII Symposium. Saint Malo, France. EAAP publication no. 88, 222-233.

Blanchard, P.J., H. Miller, D. Perris and P. Toplis, 2000. Benefits of gruel feeding to gut integrity of newly weaned pigs. In: M. Varlley, J. Wiseman (editors), The Weaner Pig. British Society of Animal Science Occasional Meeting. University of Nottingham. Sutton Bonington Campus. 17.

Blok, W.L., M.B. Katan, J.W.M. van der Meer, 1996. Modulation of inflammation and cytokine production by dietary (n-3) fatty acids. Journal of Nutrition 126, 1515-1533.

Boza, J., J. Jimenez, M. Jose Faus and A. Gil, 1992. Influences of postnatal age and dietary nucleotide on plasma fatty acids in the weanling rat. Journal of Parenteral and Enteral Nutrition 16, 322-326.

Boza, J., O. Martinez, L. Baro, M.D. Suarez and A, Gu, 1995. Influence of casein and casein hydrolysate diets on nutritional recovery of starved rats. Journal of Parenteral and Enteral Nutrition - Parent Enter. 19, 216-221.

Brunsgaard, G. and B.O. Eggum, 1995. Small intestinal tissue structure and proliferation as influenced by adaptation period and indigestible polysaccharides. Comparative Biochemistry and Physiology 1112A (3/4), 365-377.

Buddle, J.R. and J.R. Bolton, 1992. The pathophysiology of diarrhoea in pigs. Pig News and Information 13, 41N-45N.

Bueno, J., M. Torres, A. Almendros, R. Carmona, M.C. Nuñez, A. Rios and A. Gill, 1994. Effect of dietary nucleotides on small intestinal repair after diarrhoea. Histological and ultrastructural changes. Gut 35, 926-933.

Bueno, L., F. Praddaude, J. Fioramonti and Y. Ruckebush, 1981. Effect of dietary fiber on gastrointestinal motility and jejunal transit time in dogs. Gastroenterology 8, 701-707.

Burrin, D.G., R.J. Shulman, M.C. Sterm and P.J. Reeds, 1991. Glutamine or glutamic acid effects on intestinal growth and disaccharidase activity in infant piglets receiving total parenteral nutrition. Journal of Parenteral and Enteral Nutrition 15, 262-266.

Burrin, D.G., B. Stoll, R. Jiang, X. Chang, B. Hartmann, J.J. Holst, G.H. Greely and P.J. Reeds, 2000. Minimal enteral nutrient requirements for intestinal growth in neonatal piglets: how much is enough? American Journal of Clinical Nutrition 71, 1603-1610.

Calder, P.C., 1998. Dietary fatty acids and the immune system. Nutritional Reviews 56, S70-S83.

Carver, J.D. and W.A. Walker, 1995. The role of nucleotides in human nutrition. Nutritional Biochemistry 6, 58-72.

Caspary, W.F, 1987. Absorption: general aspects and transport mechanisms in the small intestine. In: W.F. Caspary (editor), Structure and Function of the small intestine; delaying of absorption as a therapeutic principle; treatment of diabetes mellitus. Excerpta Medica, Amsterdam, the Netherlands, pp 63-88.

Caspary, W.F., 1992. Physiology and pathophysiology of intestinal absorption. American Journal of Clinical Nutrition 55, 299S-308S.

Cera, K.R., D.C. Mahan. R.F. Cross, G.A. Reinhart and R.E. Whitmoyer, 1988. Effect of age, weaning and postweaning diet on small intstinal growth and jejunal morphology in young swine. Journal of Animal Science 66, 574-584.

Cera, K.R., D.C. Mahan and G.A. Reinhart, 1990a. Effect of weaning, week postweaning and diet composition on pancreatic and small intestinal luminal lipase response in young swine. Journal of Animal Science 68, 384-391.

Cera, K.R., D.C. Mahan and G.A. Reinhart, 1990b. Evaluation of varous extracted vegetable oils, roasted soybeans and animal-vegetable fat blend for postweaning swine. Journal of Animal Science 68, 2756-2765.

Chen, K., T. Okuma, K. Okamura, Y. Torigoe and Y. Miyauchi, 1994. Glutamine-supplemented parenteral nutrition improeves gut mucosa integrity and function in endotoxemic rats. Journal of Parenteral and Enteral Nutrition 18, 167-171.

Cohen, V.L., A.L. Scott, C.A. Dinarello and R.A. Prendergast, 1991. Interleukin-1 is a mucus secretagogue. Cellular Immunology 136, 425-434.

Deitch, E.A., 1993. Nutrition and the gut mucosal barrier. Current Opinions in General Surgery 85-91.

Deprez, P., P. Deroose, C. van den Ende, E. Muylle and W. Oyaert, 1987. Liquid versus dry feeding in weaned piglets: The influence on small intestinal morphology. Journal of Veterinary Medicine B. 34, 254-259.

Dufour, C., G. Dandrifosse, P. Forget, F. Vermesse, N. Romain and P. Lepoint, 1988. Spermine and spermidine induce intestinal maturation in the rat. Gastroenterology 95, 112-116.

Dugan, M.E.R. and M.I. McBurney, 1995. Luminal glutamine perfusion alters endotoxin-related changes in ileal permeability of the piglet. Journal of Parenteral and Enteral Nutrition 19, 83-87.

Dunsford, B.R., W.E. Haensly and D.A. Knabe, 1991. Effects of diet on acidic and neutral goblet cell populations in the small intestine of early weaned pigs. American Journal of Veterinary Research 52 (10), 1743-1746.

Dunsford, B.R., D.A. Knabe and W.E. Haensly, 1989. Effect of dietary soybeanmeal on the microscopic anatomy of the small intestin in the early weaned pig. Journal of Animal Science 67, 1855-1863.

Dyce, K.M., W.O. Sack, C.J.G. Wensing, 1987. Textbook of Veterinary Anatomy. W.B. Saunders Company, Philadelphia. pp. 746-758.

Efird, R.C., W.D. Armstrong and D.L. Herman, 1982. The development of digestive capacity in young pigs: effects of age and weaning system. Journal of Animal Science 55, 1380-1387..

Elsasser, T.H., K.C. Klasing, N. Filipov and F. Tomphson, 2000. The metabolic consequences of stress: targets for stress and priorities of nutrient use. In: G. Moberg and J.A. Mench (editors), The biology of animal stress: basic principles and implications for animal welfare. CABI Publishing, Wallingford, UK. pp. 77-110.

Epple, H.J., K.M. Kreusel, C. Hanski., J.D. Schulzke, E.O. Riecken and M. Fromm, 1997. Differential stimulation of intestinal mucin secretion by cholera toxin and carbachol. Pflügers Arch. - Eur. Journal of Physiology 433, 638-647.

Ewtushik, A.L., R.F.P. Bertolo and R.O. Ball, 2000. Intestinal development of early weaned piglets receiving diets supplemented with selected amino acids or polyamines. Canadian Journal of Animal Science 653-662.

Fan , M.Z., B. Stoll, R. Jiang and D.G. Burrin, 2001. Enterocyte digestive enzyme activity along the crypt-villus and longitudinal axes in the neonatal pig small intestine. Journal of Animal Science 79, 371-381.

Fraser, D., B.N. Milligan, E.A. Pajor, P.A. Philips, A.A. Taylor and D.M. Weary, 1998. Behavioural perspectives on weaning in domestic pigs. In: J. Wiseman, M.A. Varley and J.P. Chadwick (editors), Progress in pig science. Nottingham University Press, Nottingham, UK. pp. 121-138.

Forstner, J.F. and G.G. Forstner, 1994. Gastrointestinal mucus. In: Johnson, L.R. (editor), Physiology of the gastrointestinal tract. 3rd edition. Raven Press, New York. pp. 1255-1283.

Gabert, V.M., W.C. Sauer, R. Mosenthin, M. Schmitz and F. Ahrens, 1995. The effect of oligosaccharides and lactitol on the ileal digestibilites of amino acids, monosaccharides and bacterial populations and metabolites in the small intestine of weanling pigs. Canadian Journal of Animal Science 75, 99-107.

Ganessunker, D., H.R. Gaskins, F.A. Zuckermann and S.M. Donovan, 1999. Total parenteral nutrition alters molecular and cellular indices of intestinal inflammation in neonatal piglets. Journal of Parenteral and Enteral Nutrition 23(6), 337-344.

Gaskins, H.R., 1997. Immunological aspects of host / microbiota interactions at the intestinal epithelium. In: R.L. Mackie, B.A. White and R.E. Isaacson (editors), Gastrointestinal Microbiology: Volume 2, Gastrointestinal Microbes and Host Interactions. Chapmann and Hall, New York, pp. 537-587.

Gaskins, H.R. 2000. Intestinal bacteria and their influence on swine nutrition. In: A.J. Lewis and L.L. Southern. Swine Nutrition, 2nd edition. CRC Press, Boca Raton, Florida.

Gill, B.P., J. Mellange and J.A. Rooke, 2000. Growth performance and apparent nutrient digestibility in weaned piglets offered wheat-, barley-, or sugar-beet-pulp diets supplemented with food enzymes. Animal Science 70,107-118.

Goldstein, R.M., T. Hebiguchi, G.D. Luk, F. Taqi, T.R. Guilarte, F.A. Franklin, Jr., P.W. Niemiec and D.L. Dudgeon, 1985. The effects of total parenteral nutrition on gastrointestinal growth and development. Journal of Pedriatric Surgery 20(6), 785-791.

Grant, A.L., R.E. Holland, J.W. Thomas, K.J. King and J.S. Liesman, 1989. Effects of dietary amines on the small intestine in calves fed soybean protein. Journal of Nutrition 1034-1041.

Grant, A.L., J.W. Thomas, K.J. King and J.S. Liesman, 1990. Effects of dietary amines on small intestinal variables in neonatal pigs fed soy protein isolate. Journal of Animal Science 68, 363-371.

Gruys, E., M.J.M. Toussaint, W.J.M. Landman, M. Tivapasi., R. Chamanza and L. van Veen, 1999. Infection, inflammation and stress inhibit growth. Mechanism and non-specific assessment of the processes by acute phase proteins. In. Th. Wensing (editor), Production Diseases in Farm Animals. 10th international conference 1998. Wageningen Pers, Wageningen, The Netherlands. pp. 72-84.

Halász, A. and A. Baráth, 1998. Biogenic amines the chemical compounds of special biological activity. In: S. Bardócz, A. White and G. Hajós. (editors), Biogenically Active Amines in Food. Volume II; Metabolic Effects of Biologically Active Amines in Food. Luxembourg: Office for Official Publications of the European Communities. pp. 1-7.

Hall, G.A. and T.F. Byrne, 1989. Effects of age and diet on small intestinal structure and function in gnotobiotic piglets. Research in Veterinary Science 47, 387-392.

Hambrecht, E., 1998. Effect of non-starch polysaccharides on performance, incidence of diarrhoea and gut growth in weaned pigs. MSc Thesis, Institute of Animal Nutrition. Hohenheim University, Stuttgart.

Hampson, D.J. 1986. Attempts to modify changes in the piglet small intestine after weaning. Research in Veterinary Science 40, 313-317.

Houdijk, A.P.J., P.A.M. van Leeuwen, M.A. Boermeester, T. van Lambalgen, T. Teerlink, E.L. Flinkerbush, H.P. Sauerwein and R.I.C. Wesdorp, 1994. Glutamine-enriched enteral diet increases splanchnic blood flow in rat. American Journal of Physiology 267 (Gastrointestinal Liver Physiology), G1035-G1040.

Houdijk, J. 1998. Effects of non-digestible oligosaccharides in young pig diets. PhD Thesis. Agircultural University of Wageningen, The Netherlands.

Houle, V.M., E.A. Schroeder, J. Odle and S.M. Donovan, 1997. Small intestinal disaccharidase activity and ileal villus height are increased in piglets consuming formula containing recombinant human insulin-like growth factor-I. Pediatric Research 42, 78-86.

Inamoto, T. and M. Watanabe, 1998. Effects of commercial preparations of lactobacilli and streptococci on the performance of weaned piglets. Bulletin of the Akita Prefectural College of Agriculture. 24, 69-72.

Jaeger, L.A., C.H. Lamar, T.R. Cline and C.J. Cardona, 1990. Effect of orally administered epidermal growth factor on the jejunal mucosa of weaned pigs. American Journal of Veterinary Research 51, 471-474.

Jensen, P. and B. Recén, 1989. When to wean - observations from free-ranging domestic pigs. Applied Animal Behavioural Science 23, 49-60.

Jensen, and Mikkelsen, 1998. Feeding liquid diets to pigs. In: P.C. Gransworthy and J. Wiseman (editors), Recent Advances in Animal Nutrition. Nottingham University Press, Nottingham, U.K. pp. 107-126.

Jiang, R., X. Chang, B. Stoll, M.Z. Fan, J. Arthington, E. Weaver, J. Campbell, and D.G. Burrin, 2000. Dietary plasma protein reduces small intestinal growth and lamina propria cell density in early weaned pigs. Journal of Nutrition 130, 121-126.

Jin, L., L.P. Reynolds, D.A. Redmer, J.S. Caton and J.D. Crenshaw, 1994. Effects of dietary fiber on intestinal growth, cell proliferation and morphology in growing pigs. Journal of Animal Science 72, 2270-2278.

Johnson, R.W., 1997. Inhibition of growth by pro-inflammatory cytokines: an integrated view. Journal of Animal Science 75, 1244-1255.

Johnson, L.R. and S.A. McCormack, 1994. Regulation of gastrointestinal mucosal growth. In: L.R. Johnson (editor), Physiology of the gastrointestinal tract. Raven Press, New York. pp. 611-641.

Jost, M. and A. Bracher-Jakob, 1998. The effect of Sanobiotic RS, a multiactive probiotic growth promoter in rearing piglets. Agrarforschung 5, 413.

Junqueira, L. and C.J. Carneiro, 1980. Basic Histology. 3rd edition, Lange Medical Publication, Los Altos, California. pp. 307-357.

Kastel, R., V. Revajova, D. Magic, J. Pistl, M. Levkut, L. Bindas, J. Sajbidor, and M. Horvath, 1999. Effect of oil containing n-3 polyunsatured fatty acids (PUFA) on the immune response and growth factors in piglets. Acta Veterinarian Hungary 47 (3), 325-334.

Kelly, D., 1994. Colostrum, growth factors and intestinal development in pigs. In: W.B. Souffrant and H. Hagemeister (editors), VIth International Symposium on Digestive Physiology in Pigs. EAAP publication no 80, 151-166.

Kelly, D., J.A. Smyth and K.J. McCracken, 1991a. Digestive development of the early weaned pig; effect of continuous nutrient supply on the development of the digestive tract and on changes in digestive enzyme activity during the first weak post-weaning. British Journal of Nutrition 65, 169-180.

Kelly, D., J.A. Smyth and K.J. McCracken, 1991b. Digestive development of the early weaned pig; effect of level of food intake on digestive enzyme activity during the immediate post-weaning period. British Journal of Nutrition 65, 181-188.

Kelly, D., T.P. King, D.S. Brown and M. McFadyen, 1991c. Polyamine profiles of prcine milk and of intestinal tissue of pigs during suckling. Reproduction, Nutrition, Development 31, 73-80.

Kim, J.D., Y. Hyun, K.S. Sohn, H.J. Woo, T.J. Kim and In K. Han, 2000. Effects of immunostimulators on growth performance nad immune response in pigs weaned at 21 days of age. Journal of Animal and Feed Sciences 9, 333-346.

Kitt, S.J., P.S. Miller, A.J. Lewis and R.L. Fischer, 2001. Effect of diet and crystalline glutamine supplementation on growth performance and small intestine morphology of weanling pigs. Journal of Animal Science 79 (suppl. 1), 148.

Kudsk, K.A. 1994. Clinical applications of enteral nutrition. Nutrition and Clinical Practice 9, 165-171.

Kyriakis, S.C., V.K. Tsiloyiannis, J. Vlemmas, K. Sarris, A.C. Tsinas, C. Alexopoulos and L. Jansegers, 1999. The effect of probiotic LSP 122 on the control of post-weaning diarrhoea syndrome of piglets. Research in Veterinary Science 67, 223-228.

Lacey, J.M. and D.W. Wilmore. 1990. Is glutamine a conditionally essential amino acid? Nutritional Reviews 48, 297-309.

Lackeyram, D., X. Yue and M.Z. Fan, 2001. Effects of dietary supplementation of crystalline L-glutamine on the gastrointestinal tract and whole body growth in early-weaned piglets fed corn and soybean meal-based diets. Journal of Animal Science 79(suppl. 1), 322.

Lamont, J.T., 1992. Mucus: the front line of intestinal mucosal defence. Annals of New York Academy of Science 190-201.

Le Dividich, J. and P. Herpin, 1994. Effects of climatic conditions on the performance, metabolism and health status of weaned piglets: a review. Livestock Production Science 38, 79-90.

Leibbrandt, V.D., R.C. Ewan, V.C. Speer and D.R. Zimmerman, 1975. Effect of weaning and age at weaning on baby pig performance. Journal of Animal Science 40, 1077-1080.

Leibholz, J. 1981. Digestion in the pig between 7 and 35 d of age. 6. The digestion of hydrolysed milk and soya-bean proteins. British Journal of Nutrition 46, 59-69.

LeLeiko N.S. and M.J. Walsh, 1996. The role of glutamine, short-chain fatty acids, and nucleotides in intestinal adaptation to gastrointestinal disease. Pediatric Gastroenterology 43, 451 - 469.

Li, D.F., J.L. Nelssen, P.G. Reddy, F. Blecha, R.D. Klemm, D.W. Giesting, J.D. Hancock, G.L. Allee and R.D. Goodband. 1991. Measuring suitability of soybean products for early-weaned pigs with immunological criteria. Journal of Animal Science 69, 3299-3307.

Li, D.F., R.C. Thaler, J.L. Nelssen, D.L. Harmon, G.L. Allee and T.L. Weeden. 1990. Effect of fat sources and combinations on starter pig performance, nutrient digestibility and intestinal morphology. Journal of Animal Science 68, 3694-3704.

Lizardo, R.J. Peiniau, A. Aumaitre, 1997. Inclusion of sugar-beet pulp and change of protein source in the diet of the weaned piglet and their effects on digestive performance and enzymatic activities. Animal Feed Science and Technology 66, 1-14.

Longland, A.C.J. Carruthers and A.G. Low, 1994. The ability of piglets 4 to 8 weeks old to digest and perform on diets containing two contrasting sources of non-starch polysaccharide. Animal Production 58, 405-410.

Lopez-Pedrosa, J.M., M. Ramirez, M.I. Torres, and A. Gill, 1999. Dietary phospholipids rich in long-chain polyunsaturated fatty acids improve the repair of small intestine in previously malnourished piglets. Journal of Nutrition 129, 1149-1155.

Lopez-Pedrosa, J.M., M.I. Torres, M.I. Fernandez, A. Rios and A. Gill, 1998. Severe malnutrition alters lipid composition and fatty acid profile of the small intestine in newborn piglets. Journal of Nutrition 128, 224-233.

Madara, J.L., 1989. Loosening tight junctions; Lessons from the intestine. Journal of Clinical Investigation 83, 1089-1094.

Madara, J.L., S. Nash, R. Moore and K. Atisook, 1990. Structure and function of the intestinal epithelial barrier in health and disease. In. H. Goldman, H.D. Appelman and N. Kaufman, Gastrointestinal Pathology. Williams and Wilkins, Baltimore. pp. 306-324.

Mahan, D.C., 1991. Efficacy of initial postweaning diet and supplemental coconut oil or soybean oil for weanling swine. Journal of Animal Science 69, 1397-1402.

Makinde, M.O., E. Umapathy, B.T. Akingbemi, K.T. Mandisodza and E. Skadhauge, 1996. Effects of dietary soybean and cowpea on gut morphology and faecal composition in creep and noncreep-fed pigs. Journal of Veterinary Medicine A. 43, 75-85.

Makkink, C.A. 1993. Of piglets, dietary proteins and pancreatic proteases. PhD Thesis. Agricultural University Wageningen, Wageningen, The Netherlands.

Mantle, M. and A. Allen, 1989. Gastrointestinal mucus. In: J. S. Davison (editor), Wright, Londen, UK. pp. 202-229.

Mathew, A.G., C.M. Robbins, S.E. Chattin and J.D. Quigley, 1997. Influence of galactosyl lactose on energy and protein digestibility, enteric microflora and performance of weanling pigs. Journal of Animal Science 75, 1009-1016.

McCauley, R.D., K.A. Heel, K.J. Christiansen and J.C. Hall, 1996. The effect of minimum luminal nutrition on bacterial translocation and atrophy of the jejunum during parenteral nutrition. Journal of Gastroenterolgy and Hepatology 11, 65-70.

McCormack, S.A. and L.R. Johnson. 1991. Role of polyamines in gastrointestinal mucosal growth. American Journal of Physiology 260 (Gastrointestinal Liver Physiology 23), G795-G806.

McCracken, B.A., H.R. Gaskins, P.J. Ruwe-Kaiser, K.C. Klasing and D.E. Jewell, 1995. Diet-dependent and diet-independent metabolic responses underlie growth stasis of pigs at weaning. Journal of Nutrition 125, 2838-2845.

McCracken, B.A., M.E. Spurlock, M.A. Roos, F.A. Zuckermann and H.R. Gaskins, 1999. Weaning anorexia may contribute to local inflammation in the piglet small intestine. Journal of Nutrition 129, 613-619.

McCracken, B.A., R.T. Zijlstra, S.M. Donovan, J. Odle, E.L. Lien and H.R. Gaskins, 1998. Neither intact nor hydrolysed soy proteins elicit intestinal inflammation in neonatal piglets. Journal of Parenteral and Enteral Nutrition 22, 91-97.

Miller, B.G., P.S. James, M.W. Smith and F.J. Bourne, 1986. Effect of weaning on the capacity of pig intestinal villi to digest and absorb nutrients. Journal of Agricultural Science (Cambridge) 107, 579-589.

Moon, H.W., 1971. Epithelial cell migration in the alimentary mucosa of the suckling pig. Proceedings of the Society for Experimental Biology and Medicine 137, 151-154.

Moore, R.J., E.T. Kornegay, R.L. Grayson and M.D. Lindemann, 1988. Growth, nutrient utilization and intestinal morphology of pigs fed high fiber diets. Journal of Animal Science 66, 1570-1579.

Mosenthin, R., and E. Hambrecht, 1998. Physiology of dietary fibers in monogastric animals. In: Proceedings Symposium Series 1 of the 8th World Conference of Animal Production. Seoul National University, Seoul, pp. 78-91.

Mouwen, J.M.V.M. 1972. White scours in piglets at three weeks of age. PhD Thesis. University of Utrecht, The Netherlands.

Nabuurs, M.J.A., 1991. Etiologic and pathogenic studies on postweaning diarrhea. PhD Thesis. University of Utrecht, The Netherlands.

Nabuurs, M.J.A., A. Hoogendoorn, E.J. van der Molen and A.L.M. van Osta, 1993. Villus height and crypt dept in weaned and unweaned pigs, reared under various circumstances in the Netherlands. Research in Veterinary Science 55, 78-84.

Nagafuchi, S., T. Katayanagi, E. Nakagawa, T. Takahashi, T. Yaijma, A. Yonekubu and T. Kuwata, 1997. Effects of dietary nucleotides on serum antibody and splenic cytokine production in mice. Nutritional Research 17, 1163-1174.

National Research Council (NRC), 1998. Nutrient Requirements of Swine. 10th edition. National Academy Press, Washington DC. pp. 190.

Newport, M.J. and H.D. Keal, 1983. Artificial rearing of pigs 13. Effect of replacement of dried skim-milk by a functional fish protein concentrate on the performance of the pigs and digestion of protein. British Journal of Nutrition 49, 43-50.

Noy, Y. and D. Sklan, 1999. Different types of early feeding and performance in chicks and poults. Journal of Applied Poultry Research. 8, 16-24.

Núñez, M.C., J.D. Bueno, M.V. Ayudarte, A. Almendros, A. Rios, M.D. Suarez and A. Gil, 1996. Dietary restriction induces biochemical and morphometric changes in the small intestine of nursing pigs. Journal of Nutrition 126, 933-944.

Odle, J., R.T. Zijlstra and S.M. Donovan, 1996. Intestinal effects of milkborne growth factors in neonates of agricultural importance. Journal of Animal Science 74, 2509-2522.

Okai, D.B., F.X. Aherne and R.T. Hardin, 1976. Effects of creep and starter composition on feed intake and performance of young pigs. Canadian Journal of Animal Science 56, 573-586.

Opleta-Madsen, K., J. Hardin and D.G. Gall, 1991. Epidermal growth factor upregulates intestinal electrolyte and nutrient transport. American Journal of Physiology 260 (Gastrointest. Liver Physiol. 23), G807-G814.

Orban, J.I., J.A. Patterson, O. Adeola, A.L. Sutton and G.N. Richards, 1996. Growth performance and intestinal microbial populations of growing pigs fed diets containing sucrose thermal oligosaccharide caramel. Journal of Animal Science 74, 170-175.

Osman, N.E., B. Weström, Q. Wang, L. Persson and B. Karlsson, 1998. Spermine affects intestinal in vitro permeability to different-sized molecules in rats. Comparative Biochemistry and Physiology C. 120, 211-216.

Owsley, W.F., D.E. Orr, and L.F. Tribble. 1986. Effects of age and diet on the development of the pancreas and the synthesis and secretion of pancreatic enzymes in the young pig. Journal of Animal Science 63, 497-504.

Park, Y.K., M.M. Monaco and S.M. Donovan, 1998. Delivery of total parenteral nutrition (TPN) via umbilical catheterization: development of a piglet model to investigate therapies to improve gastrointestinal structure and enzyme activity during TPN. Biology of the Neonate. 73, 295-305.

Pekas, J.C., 1991. Digestion and absorption capacity and their development. In: E. R. Miller and D. E. Ullrey (editors), Swine Nutrition. Butterworth - Heinemann, Boston. pp. 37-73.

Pell, J.D., J.M. Gee, G.M. Wortly and I.T. Johnson, 1992. Dietary corn oil and guar gum stimulate intestinal crypt cell proliferation in rats by independent but potentially synergistic mechanisms. Journal of Nutrition 122, 2447-2456.

Pinchasov, Y. and Y. Noy, 1993. Comparison of post-hatch holding time and subsequent early performance of broiler chicks and turkey poults. British Poultry Science 34, 111-120.

Plaisancié, P., A, Barcelo, F. Moro, J. Claustre, J.A. Chayvialle and J.C. Cuber, 1998. Effects of neurotransmitters, gut hormones and inflammatory mediators on mucus discharge in rat colon. American Journal of Physiology 275 (Gastrointest. Liver Physiol. 38), G1073-G1084.

Playford, R.J., A.C. Woodman, P. Clark, P. Watanapa, D. Vesey. P.H. Deprez, R.C.N. Williamson and J. Calam, 1993. Effect of luminal growth factor preservation on intestinal growth. Lancet 341, 843-848.

Pluske, J.R., D.J. Hampson and I.H Williams, 1997a. Factors influencing the structure and function of the small intestine in the weaned pig: a review. Livestock Production Science 51, 215-236.

Pluske, J.R., I.H. Williams and F.X. Aherne, 1995. Nutrition of the neonatal pig. In: M.A. Varley, (Editor), The Neonatal Pig: Development and Survival. CAB International, Wallingford. UK. pp. 187-235.

Pluske, J.R., G.N. Power, P.D. Cranwell, S.G. Pierzynowski, R.G. Campbell, D.J. Kerton, R.H. King and F.R. Dunshea, 1997b. Sex and age at weaning affect small intestinal histology and enzymatic capacity. In: P.D. Cranwell (editor),Manipulating Pig Production VI. Australasian Pig Science Association, Werribee, Australia, p. 67.

Pluske , J.R., I.H. Williams and F.X. Aherne, 1996a. Maintenance of villous height and crypt depth in piglets by providing continuous nutrition after weaning. Animal Science 62, 131-144.

Pluske , J.R., I.H. Williams and F.X. Aherne, 1996b. Villous height and crypt depth in piglets in response to increases in the intake of cows' milk after weaning. Animal Science 62, 145-158.

Poullain, M.G., J.P. Cezard, L. Roger and F. Mendy, 1989. Effect of whey proteins, their oligopeptide hydrolysates and free amino acid mixtures on growth and nitrogen retention in fed and starved rats. Journal of Parenteral and Enteral Nutrition 13, 382-386.

Reeds, P.J., D.G. Burrin, T.A. Davis, B. Stoll, L.J. Wijkes, D. Wray-Cahen, F. Jahoor, M.A. Dudley, M.L. Fiorotto and N.J. Gannon, 1997. A review - Growth, development and nutrient metabolism in piglets and infants. In: P.D. Cranwell (editor), Manipulating Pig Production VI. Aurstralian Pig Science Association. Werribee, Australia, pp. 1-32.

Roberfroid, M., 1993. Dietary fiber, inulin and oligofructose: a review comparing their physiological effects. Critical Reviews in Food Science 33, 103-148.

Roediger, W.E.W., 1982. Utilitzation of nutrients by isolated epithelial cells of the rat colon. Gastroenterology 83, 424-429.

Rooke, J.A., M. Slessor, H. Fraser and J.R. Thomson, 1998. Growth performance an gut function of piglets weaned at four weeks of age and fed protrease-treated soya-bean meal. Animal Feed Science and Technology 70, 175-190.

Roomi, N., M. Laburthe, N. Fleming, R. Crowther and J. Forstner, 1984. Cholera-induced mucin secretion from rat intestine: lack of effect cAMP, cycloheximide, VIP, and colchicine. American Journal of Physiology 247 (Gastrointest. Liver Physiol. 10), G140-G148.

Russell, P.J., T.M. Geary, P.H. Brooks and A. Campbell, 1996. Performance, water use and effluent output of weaner pigs fed ad libitum with either dry pellets or liquid feed and the role of microbial activity in the liquid feed. Journal of the Science of Food and Agriculture 72, 8-16.

Roth, F.X., M. Kirchgessner and U. Eidelsburger, 1993. Zur Nutritiven Wirksamkeit von Milchsaure in der Ferkelaufzucht. Agrobiological Research 46, 229-239.

Sakata, T., 1987. Stimulatory effect of short-chain fatty acids on epithelial cell proliferation in the rat intestine: a possible explanation for trophic effects of fermentable fibre, gut microbes and luminal trophic factors. British Journal of Nutrition 58, 95-103.

Salway, J.G., 1995. Metabolism at a glance. Blackwell Science, Oxford, U.K. pp. 97.

Schellingerhout, A.B., A.J. van Dijk, H. Everts, R. Hovenier, A.G. Lemmens, J. Van der Kuilen, G. Hemke and A.C. Beynen, 2002a. Effect of increasing intakes of linseed oil on growth performance, fatty acid status and plasma lipids in weanling piglets (Submitted for publication).

Schellingerhout, A.B., G.W. Jimmink, H. Everts and A.C. Beynen, 2002b. High water content of feed raises dry matter intake by weanling piglets (Submitted for publication).

Scheppach, W., W. Burghardt, P. Bartram and H. Kasper, 1990. Addition of dietary fiber to liquid formula diets: the pros and cons. JPEN- Parenter Enter. 14, 204-209.

Scholten, R. 2001. Fermentation of liquid diets for piglets. PhD Thesis. Agricultural University Wageningen, Wageningen, The Netherlands.

Shanahan, F., 1994. In: L.R. Johnson (editor), Physiology of the gastrointestinal tract. 3rd edition, Raven Press, New York, pp. 643-684.

Silk, D.B.A., 1989. Fibre and enteral nutrition Gut 30, 246-264.

Smith, S.D., M.A. Cardona, S.A. Wishnev, A.G. Kurkchubasche and M.I. Rowe, 1992. Unique characteristics of the neonatal intestinal mucosal barrier. Journal of Pediatric Surgery 27, 333-338.

Smith, M.W., B.G. Miller, P.S. James and F.J. Bourne, 1985. Effect of weaning on the structure and function of piglet small intestine. In: A. Just, H. Jorgensen and J.A. Fernandez (editors), Digestive physiology in the pig. National Institute of Animal Science, Denmark, pp. 75-78.

Smolders, M.A.H.H., M.M. Krimpen, R.H.J. van Scholten and D.J.P.H. Loo. 2000. De invloed van melkzuur op de technische en financiële resultaten en gezondheid van gespeende biggen. Proefverslag - Praktijkonderzoek Varkenshouderij, No. P 1.246, 20 pp.

Souba, W.W., 1993. Intestinal glutamine metabolism and nutrition. Journal of Nutritional Biochemistry 4, 2-9.

Spaeth, G., R.D. Berg, R.D. Specian and E.A. Deitch, 1990. Food without fiber promotes bacterial translocation from the gut. Surgery 108, 240-247.

Specian, R.D. and M.R. Neutra, 1982. Regulation of intestinal goblet cell secretion. I. Role of parasympathic stimulation. American Journal of Physiology 242 (Gastrointest. Liver Physiol 5), G370-G379.

Spreeuwenberg, M.A.M., J.M.A.J. Verdonk, H.R. Gaskins and M.W.A. Verstegen, 2001. Small intestine epithelial barrier function is compromised in pigs with low feed intake at weaning. Journal of Nutrition 131, 1520-1527.

Spreeuwenberg, M.A.M., 2002. Diet composition and gut integrity in weaned piglets. PhD Thesis. Wageningen University, Wageningen, The Netherlands.

Stokes, C. and J.F. Bourne, 1989. In. R.E.W. Halliwell (editor), Veterinary Clinical Immunology. W.B. Saunders Co., Philadelphia, pp. 164-191.

Stoll, B., J. Henry, P.J. Reeds, H. Yu, F. Jahoor and D.G. Burrin, 1998. Catabolism dominates the first-pass intestinal metabolism of dietary essential amino acids in milk protein-fed piglets. Journal of Nutrition 128, 606-614.

Trier J.S. and J.L. Madara, 1981. Functional morphology of the mucosa of the small intestine. In: Johnson, L. R. (editor), Physiology of the gastrointestinal tract. Raven Press, New York, pp. 925-961.

Touchette, K.J., G.L. Allee, K. Watanabe, Y. Toride, I. Shinzato and J.L. Usry. 2000. The effect of arginie and glutamine on postweaning performance and intestinal morphology of pigs. Journal of Animal Science 83(suppl. 1), 182.

Uil, J.J., R.M. van Elburg, F.M. van Overbeek and C.J.J. Mulder, 1997. Clinical implications of the sugar absorption test: intestinal permeability test to assess mucosal barrier function. Scandanavian Journal of Gastroenterology 32 (Suppl. 223), 70-78.

Uni, Z., S. Ganot and D. Sklan, 1998. Posthatch development of mucosal function in the broiler small intestine. Poultry Science 77, 75-82.

Van Beers-Schreurs, H., 1996. The changes in the function of the large intestine of weaned pigs. PhD Thesis. University of Utrecht, Utrecht, The Netherlands.

Van Dijk, A.J., P.M.M. van Enthoven, S.G.C. van den Hoven, M.M.M.H. van Laarhoven, T.A. Niewold, M.J.A. Nabuurs and A.C. Beynen, 2002. The effect of dietary spray-dried porcine plasma on clinical response in weaned piglets challenged with pathogenic Escherichia coli. Veterinary Microbiology 84, 207-218.

Van Dijk, A.J., H. Everts, M.J.A. Nabuurs, R.J.C.F. Margry and A.C. Beynen, 2001. Growth performance of weanling pigs fed spray-dried animal plasma: a review. Livestock Production Science 68, 263-274.

Van Dijk, A.J., T.A. Niewold, R.J.C.F. Margry, S.G.C. van den Hoven, M.J.A. Nabuurs, N. Stockhofe-Zurwieden and A.C. Beynen, 2001. Small intestinal morphology in weaned piglets fed a diet containing spray-dried porcine plasma. Research in Veterinary Science 71, 17-22.

Van Weerden, E.J. and J. Huisman (editors), 1989. Antinutritional factors (ANF) in the nutrition of monogastric farm animals. PUDOC, Wageningen, The Netherlands.

Vellenga, L., 1989. Intestinal permeability in pigs and rats. PhD Thesis. University of Utrecht, Utrecht, The Netherlands.

Verdonk, J.M.A.J., M.A.M. Spreeuwenberg, G.C.M. Bakker and M.W.A. Verstegen. 2001. Nutrient intake level affects histology and permeability of the small intestine in newly weaned piglets. In: J.E. Lindberg and B. Ogle (editors), Digestive Physiology of Pigs. CABI Publishing, Wallingford, UK, pp. 332-334.

Walker, R.I. and R.L. Owen, 1990. Intestinal barriers to bacteria and their toxins. Annual Review of Medicine 41, 393-400.

Wang, Q. 1995. Pathologically and experimentally induced intestinal barrier changes evaluated by permeability measurements. PhD thesis, Department of Animal Physiology, Lund University, Sweden.

Windmueller, H.G., 1982. Glutamine utilization by the small intestine. Advances in Enzymology 53, 201-237.

Wirén, M., J.D. Söderholm, J. Lindgren, G. Olaison, J. Permert, H. Yang and J. Larsson, 1999. Effects of starvation and bowel resection on paracellular permeability in rat small-bowel mucosa in vitro. Scandinavian Journal of Gastroenterology 34, 156-162.

Worsaae, H. and M. Schmidt, 1980. Plasma cortisol and behaviour in early weaned piglets. Acta Veterinariae Scandanavica 21, 640-657.

Wu, G., 1998. Intestinal mucosal amino acid catabolism. Journal of Nutrition 128, 1249-1252.

Wu, G., N.E. Flynn, D.A. Knabe and L.A. Jaeger, 2000a. A cortisol surge mediates the enhanced polyamine synthesis in porcine enterocytes during weaning. American Journal of Physiology Regulatory Integrative Comp Physiol. 279, R554-R559.

Wu, G. and D.A. Knabe, 1994. Free and protein bound amino acids in sow's colostrum and milk. Journal of Nutrition 124, 415-424.

Wu, G., S.A. Meijer and D.A. Knabe, 1996. Dietary glutamine supplementation prevents jejunal atrophy in weaned pigs. Journal of Nutrition 126, 2578-2584.

Wu, G, C.J. Meininger, K. Kelly, M. Watford and S.M. Morris, Jr., 2000b. A cortisol surge mediates the enhanced expression of pig intestinal pyrroline-5-carboxylate synthase during weaning. Journal of Nutrition 130, 1914-1919.

Wu G. and S.M. Morris jr., 1998. Arginine metabolism: nitric oxide and beyond. Biochemical Journal 336, 1-17.

Xu, R.J., 1996. Development of the newborn GI tract and its relation to colostrum / milk intake: a review. Reproduction, Fertility and Development 8, 35-48.

Yang, H., J. Söderholm, J. Larsson, J. Permert, G. Olaison, J. Lindgren and M. Wirén. 1999. Glutamine effects on permeability and ATP content of jejunal mucosa in starved rats. Clinical Nutrition 18, 301-306.

Yoo, S.S., C.J. Field and M.I. McBurney, 1997. Glutamine supplementation maintains intramuscular glutamine concentration and normalizes lymphocyte function in infected early weaned pigs. Journal of Nutrition 127, 2253-2259.

Zarkadas, L.N. and J. Wiseman, 2000a. Inclusion of differently processed full fat soya bean in diets for piglets I. Performance. In: M. Varley, J. Wiseman (editors), The Weaner Pig. BSAS Occasional Meeting. British society of animal science. Penicuik, Midlothian, UK, pp. 45.

Zarkadas, L.N. and J. Wiseman, 2000b. Inclusion of differently processed full fat soya bean in diets for piglets II. Digestibility and intestinal morphology. In: M. Varley, J. Wiseman (editors), The Weaner Pig. BSAS Occasional Meeting. British society of animal science. Penicuik, Midlothian, UK, pp. 46.

Zijlstra, R.T., J. Odle, W.F. Hall, B.W. Petschow, H.B. Gelberg, and R.E. Litov, 1994. Effect of orally administered epidermal growth factor on intestinal recovery of neonatal pigs infected wiht rotavirus. Journal of Pediatric Gastroenterology and Nutrition 19, 382-390.

Zarrinkalam, M.R., J. Le Dividich, F. Strullu and D.R. Tivey, 1999. Insulin like growth factor-I (IGF-I) alters the morphology of epithelial tight junctions in the duodenum of 36-hour old piglets. In: P.D. Cranwell (editor), Manipulating Pig Production VII. Australian Pig Science Association. Werribee, Australia, pp. 124.

9 肠道微生物、日粮和腹泻的相互关系及其对断奶仔猪健康的影响

D. E. Hopwood 和 *D. J. Hampson*

摘　要

仔猪断奶后要经历很多环境、行为以及日粮的应激,刚断奶的仔猪其小肠微环境是特别不稳定的。随着断奶后日粮的巨大转变,导致胃肠道微生物的种类和数量,以及肠道的生理和功能发生了明显变化。在这种环境中,刚断奶的仔猪感染上段肠道疾病的可能性比较高。健康的肠道微生物发育与细菌性的肠道疾病之间的平衡很容易向出现疾病的方向倾斜(Aumaitre 等,1995;Nabuurs,1995)。本章在简要描述断奶后肠道存在的主要微生物的基础上,概述了断奶这段时间容易发生的特定的肠道疾病,以及一些潜在的日粮因素的影响。尤其要强调的是大肠杆菌及其所造成的断奶后大肠杆菌病(post-weaning colibacillosis,PWC),因为这是断奶仔猪肠道疾病最普遍的原因。而且还特别注意了日粮纤维在改变断奶仔猪对大肠杆菌病易感性方面的作用。

9.1 断奶时肠道微生物的变化

仔猪一出生就要接触环境中的微生物。新生仔猪接触到母猪的粪便就会引起细菌进入胃肠道并进行繁殖。这些细菌会定殖在适合其生存的特定空间,并在那里相互竞争,相互影响,最后形成一个相对稳定的复杂的群体,这个群体就是正常的肠道微生物。一旦微生物区系建立后,除非饲粮和环境发生明显变化,例如断奶,肠道微生物就保持相对稳定(Radecki 和 Yokoyama,1991;Conway,1994;Jesen,1998)。

与其他种类的动物相比,猪的胃和小肠远端一般含有相对庞大数目的细菌群体。与此一致的是,微生物发酵在胃和小肠中大量进行,特别是在食糜通过速度比较缓慢和细菌数量庞大的回肠中(Jensen,1998)。当仔猪吃奶的时候,在胃里和小肠里占主导地位的细菌趋向于乳酸杆菌和链球菌,这两种细菌都善于利用母乳中的底物。大肠内的微生物群落在仔猪出生以后开始发育,然后发展成为庞大的有不同选择性的、以专性厌氧菌为主的菌群,包括类菌体、真杆菌、双歧杆菌属、丙酸菌属、梭菌属和梭状芽孢杆菌(Radecki 和 Yokoyama,1991)。这个复杂又稳定的微生物区系的代谢活动造成了一种定殖阻碍效应,可阻止和减少其他的临时性细菌包括潜在的致病性细菌的定殖(Nurmi 和 Rantala,1973)。

断奶之后，特别是断奶比较突然的情况下，短期的饥饿以及对新的固体饲料的采食，会造成胃肠道所有部位细菌的特定底物的利用率发生改变。微生物底物的数量与种类受到断奶后仔猪采食饲料的数量和类型以及胃肠道相对消化能力的影响。突然断奶会对小肠的结构产生深远的影响，相关的消化能力也受到干扰，要恢复其消化功能需要数周(Hampson，1986；van Beers-Schreurs，1996；Pluske 等，1997)。与此同时，肠道的这些变化会造成肠道微生物区系的组成和复杂性发生变化。

Jensen(1998)定量测定了 28 日龄断奶仔猪小肠和大肠内细菌群落的变化。在断奶后第 1 周，小肠内先前占明显优势的乳酸杆菌的数量减少了，而细菌总数和梭状芽孢杆菌的比例，特别是大肠杆菌的比例增加了。在仔猪刚断奶之后，从大肠肠腔中采样培养的细菌大多数是革兰氏阴性菌。Jensen(1998)的研究发现，从断奶开始到此后的 20 d 内，大肠内微生物的活性没有显著增加，而在小肠内只需要 1 周就可以建立起细菌群落的新区系并进行最大量的发酵反应。在经历了这段时间的紊乱之后，肠道微生物又恢复了稳定。

要详细了解猪肠道微生物以及在传统方法和现代分子技术基础上对肠道微生物的测定结果，读者可以阅读 Conway (1994)、Stewart (1997)、Mackie 等 (1999)、Jensen (2001)、Gaskins (2001)、Leser 等 (2002)和 Pluske 等 (2002)发表的文章。在这些研究中，很少特别关注刚断奶的健康仔猪的微生物区系的变化，因为这是一个动态且不断变化的过程，如果不屠宰大量的仔猪连续进行采样，这个过程是很难进行监测的。例如，在不同的时间进行断奶，可能看到仔猪的微生物区系完全不同(Franklin 等，2002)。本章的主要目的是阐述断奶后微生物区系的组成、稳定性以及所经历的暂时性紊乱，这种紊乱使仔猪更容易受到潜在的致病性细菌过量繁殖的影响。

9.2 断奶后主要的肠道疾病

断奶仔猪的胃肠道疾病一般会表现各种形式的腹泻。这种疾病可能与细菌、病毒或肠道寄生虫的过量繁殖和生长有关，也可能与营养不平衡造成的刺激有关，还可能与肠道渗透压的增加有关。腹泻是由于肠道发炎引起的，这可能是由肠道上皮细胞的吸收或分泌过程的紊乱造成的，或者是由肠道运动紊乱造成的(Liebler-Tenorio 等，1999)。当粪便中水分含量增加和(或)每天的排粪次数增加的时候就会出现明显的腹泻。一旦粪便中水分的含量超过 80%，就可通过肉眼观察到腹泻。由小肠内细菌性肠毒素的活动引起的腹泻通常是水样的和碱性的(如大肠杆菌“分泌性”腹泻)，而与肠道上皮细胞和刷状缘功能的损伤或损失有关的腹泻则趋向于粪便呈酸性和松散状(如轮状病毒性腹泻或肠道致病性大肠杆菌的“渗透性”腹泻)。如果大肠有受到感染的地方，则粪便中通常会有粘膜的出现，如果组织受到损害的话，则粪便中可能会出现新鲜的血液(如猪下痢)。如果肠道上段出血的话则会出现黑焦油样的粪便(如胃底部溃疡)。

病毒并不是断奶后出现腹泻的主要原因。断奶后轮状病毒(轮状病毒性腹泻)和冠状病毒(传染性肠胃炎,猪流行性腹泻)可能会在小肠内进行增殖,但是这些微生物在幼小的哺乳仔猪往往比较常见(Fu 和 Hampson,1987;Will 等,1994)。这种疾病确实会在断奶后发生,但这些病毒可能是造成疾病的一个因素或者是腹泻恶化,并不是腹泻的起始原因(Hampson 等,1985;Cox 等,1988)。猪瘟能够导致严重的肠道损害和腹泻,但是也会出现全身性的症状,而且这种疾病也不会只发生在刚断奶的仔猪身上。大肠感染了寄生虫(猪鞭毛虫)会造成粘液样的腹泻,这是将仔猪饲养在肮脏的地板上通常会出现的典型结果,但是这种病通常在断奶后的后期发生。另外,球虫感染通常会发生在哺乳期,这样会造成白痢。

与断奶后腹泻有关的细菌包括大肠杆菌(断奶后大肠杆菌病或断奶后腹泻,水肿病)和沙门氏菌属,特别是 S 血清型及其相似血清型的伤寒沙门氏菌(沙门氏菌病)。猪采食了被沙门氏菌污染的蛋白质原料,或接触了感染沙门氏菌的啮齿动物或者野鸟的粪便之后通常会感染上沙门氏菌。感染了肠道螺旋体短螺菌属的猪痢疾密螺旋体(猪痢疾,SD)和肠道螺旋体(猪肠道螺旋体病,PIS),以及感染了细胞内劳森菌(猪增殖性肠病,PPE),沙门氏菌在较大一点的断奶仔猪上比较常见。PPE 和 PIS 通常是温和但慢性腹泻的最普通的原因,而沙门氏菌和 SD 则可以引起严重的疾病,带有痢疾(粪便中带有血液),有全身性症状并且有时会引起死亡。在所有的细菌性疾病中,由肠毒素性的大肠杆菌引起的大肠杆菌病是断奶仔猪最普遍和分布范围最广的一种疾病,也是本章重点关注的问题。

9.3 断奶后仔猪大肠杆菌病(PWC)

大肠杆菌病(PWC)是世界范围内断奶仔猪发病和死亡的主要原因,造成了巨大的经济损失(Cutler,1981;Cutler 和 Gardner,1988)。尽管大肠杆菌在大肠和小肠中都存在,但是小肠前端是感染的重点,也是体液和电解质流失到肠腔中的地方。在断奶后第 1 周内,仔猪粪便中出现大肠杆菌且细菌数增加是很普通的(Mathew 等,1993)。尽管大肠杆菌在健康仔猪和腹泻仔猪身上都会存在,但是在腹泻仔猪的粪便中潜在的致病性大肠杆菌的数量和比例会比较高(Kenworthy 和 Crabb,1963;Svendsen 等,1977;Hampson 等,1985;Hinton 等,1985;Gyles,1993)。大肠杆菌的大部分菌株是无害的,但造成断奶后腹泻的大肠杆菌通常是通过它们能够溶解血红细胞的能力进行区分的,这些大肠杆菌叫做 β-溶血性大肠杆菌。这种溶血活性并不是它自身的致病性因子。出现断奶后腹泻的仔猪在小肠内存在大量的溶血性大肠杆菌,其数量达 10^9 菌落形成单位或者更多,而肠道内其他细菌只有很小的变化(Smith 和 Jones,1963)。尽管食糜通过小肠的速度相对比较快,但是致病性大肠杆菌拥有一种叫做菌毛或鞭毛的表面结构,这种表面结构能粘附在小肠微绒毛的上皮细胞上,或者粘附在覆盖微绒毛表面的粘液上面。粘附作用可以防止这些细菌被冲到大肠内,在大肠内的生存竞争更大。能导致 PWC 的大肠杆菌菌株,其表面最常见的配体为 K88(或 F4)和 F18(或 F107),这两种配体都有多种抗原变异特性(Francis,2002)。

粘附和定殖在小肠以后,具有肠毒性的溶血性肠毒素大肠杆菌(ETEC)通过释放特有的肠毒素引发了高分泌性的腹泻。这种对热不稳定的毒素可以不可逆地结合到粘膜细胞,并且激活腺苷酸环化酶-cAMP 系统,导致 Cl^-、Na^+、HCO_3^-和水分泌到肠腔中(Argenzio,1992)。对热稳定的毒素(ST,变种 STa 和 STb)能够抑制 Na^+ 和 Cl^- 通过鸟苷酸环化酶-cGMP 通道从肠腔吸收进入肠上皮细胞(Gyles,1993)。大肠内存在正常发育的微生物群落,在其本身的能力没有超载的情况下,只有在无病的时候肠腔中过量的液体和电解质才可以在大肠内被重新吸收(Argenzio,1992)。在某些情况下,一些大肠杆菌菌株所拥有的其他一些不常见的致病性因子,包括作用仍然不太确定的肠聚集性大肠杆菌热稳定性肠毒素 1 也参与了 PWC 的发生(Choi 等,2001),肠毒素 1 还参与肠道致病性大肠杆菌的粘附和消除基因编码 (Higgins 等,1997)。位于外面的膜蛋白是用于细菌对肠上皮细胞的吸附,加速肠道微绒毛的脱落以及重组肠上皮细胞的细胞骨架(Natero 和 Kaper,1998)。在断奶仔猪肠道增殖的其他大肠杆菌菌株产生一种外毒素,这种细菌外毒素能够导致水肿病,有时还会伴随腹泻发生(Osek,1999)。

20 世纪 60 年代第 1 次发现,断奶仔猪肠道内过量增殖的溶血性 ETEC 与腹泻有关,很多研究随后证实了这种关系(Richards 和 Fraster,1961;Palmer 和 Hulland, 1965; Hill 和 Kenworthy, 1970; Armstrong 和 Lawrence, 1981; Ball 和 Aherne,1982;Hampson,1983;Cooke,1985)。这种疾病叫做断奶后大肠杆菌病(PWC),其特征性症状是腹泻、脱水、消瘦、代谢性酸中毒、被毛变化以及颤抖(Hampson,1994;MacKinnon,1998;Bertschinger,1999)。在严重的情况下,如果没有进行特定的抗生素治疗和(或)补充电解质,则会造成死亡。

对大肠杆菌的一个菌株进行免疫并不能防止其他菌株引起的感染,并且感染能够传染整群仔猪。现在还没有有效的疫苗可以控制这种疾病,而且很多菌株对多种抗生素有抗药性(Amezcua 等,2002)。感染通常会持续 4～14 d,主要通过粪-口腔途径传播,但是也可以通过空气中的悬浮微粒和传染媒介进行传播(Bertschinger,1999)。近年来的研究表明,与断奶仔猪腹泻有关的大部分大肠杆菌菌株都是能够产生肠毒素的溶血性菌株。导致疾病的溶血性大肠杆菌通常都局限在小部分的血清型,特别是 O8、O9、O71、O115、O138、O139、O141、O147、O149、O157 和 NT (Hampson,1994;Mackinnon,1998)。

9.4 断奶时容易感染断奶后大肠杆菌病的因素

9.4.1 小肠的作用

虽然溶血性的ETEC被认为是断奶后大肠杆菌病(PWC)最主要的感染源,但是大量的证据表明,要发生这种疾病其他的因素也是必需的(Madec等,2000)。无论在什么日龄断奶,断奶这一行为都是断奶后大肠杆菌病发生的一个必需的因素。在断奶过程中涉及到的因素为ETEC和其他病源微生物创造了在小肠内增殖的适宜环境。刚断奶的仔猪其小肠蠕动较慢,小肠内相对稳定的环境给了细菌粘附到小肠上皮细胞的机会和进行繁殖的时间。仔猪失去了从母乳中获得免疫球蛋白的保护作用,小肠肠腔中未消化的饲料颗粒为细菌提供了生长的底物。体温调节能力差通常会造成冷应激,这样会改变小肠的运动性,是导致PWC发生的又一个重要因素(Wathes等,1989)。

混栏、打斗和拥挤带来的应激引发了血液中皮质醇的释放,降低了免疫系统对细菌感染的应答。由于转到新的栏舍,增加了接触残留在粪便中抗原的机会。环境中其他微生物,如轮状病毒的存在,增加了暴发疾病的可能性与严重性(Lecce,1983;Tzipori等,1983),而且较差的栏舍卫生环境也会经粪-口腔循环而造成更大的抗原性负担(Madec等,1998)。

断奶造成的小肠绒毛形态的变化和小肠功能的降低可能会加剧PWC的发展。当小肠受到溶血性大肠杆菌感染时,断奶所引起的小肠微绒毛的萎缩和吸收水与电解质的能力的下降进一步恶化,因而造成更加严重的腹泻(Nabuurs,1998)。微绒毛萎缩作为PWC的一个因素,其作用还不是很清楚,然而,在实验诱导的微绒毛萎缩的猪上,发现了肠毒性大肠杆菌定殖能力的下降(Cox等,1988)。断奶时仔猪由于对新饲料不熟悉通常会造成厌食,然后又是暴食,这样就会使小肠上皮细胞感到饥饿,然后又使得消化过程超负荷。单个猪的暴食与在这些猪身上发生PWC的机会的增加是有关系的(Hampson和Smith,1986)。

在小肠里面,大肠杆菌的菌毛可以结合在小肠绒毛上刷状缘细胞表达的糖蛋白受体上。F4和F18的受体在新生仔猪上不进行表达,但以后这种表达就会发育起来。尽管在成年猪上仍然存在F4和F18的受体,但是随着年龄的增长,猪对ETEC的易感性降低(Erickson等,1992)。有些猪对PWC有抵抗力,其原因是由于它们从来就不表达F4和F18的受体,而有些猪虽然有受体,但受体的粘附能力很弱(Chandler等,1994)。不同品种猪受体的存在情况不同(Baker等,1997),甚至同窝内不同的个体之间受体的存在情况也不同。总的来说,这将会对PWC是否发生产生极大的影响(Madec等,2000)。

9.4.2 大肠的作用

逐渐有证据证明，断奶仔猪未完全发育的大肠对营养性和感染性的腹泻有影响(Bolduan 等，1988；van Beers-Schreurs 等，1992；Aumaitre 等，1995；Hambrecht，1998；van Beers-Schreurs 等，1998a；van Beers-Schreurs 等，1998b)。大肠通常被认为是一个废物再利用的器官。寄居在大肠内的微生物可以降解和再利用未消化的饲料和脱落的细胞，大肠上皮细胞还可以吸收由微生物发酵产生的挥发脂肪酸(VFA)，同时重吸收大量的水分与电解质。

即使存在小肠绒毛萎缩的情况(Argenzio 等，1984)，3 周龄仔猪也能通过大肠吸收相当数量的水分与电解质(Hamilton 和 Roe，1977)。与未断奶的仔猪相比，断奶仔猪大肠重吸收 VFA 和水的能力是相似的，然而，在断奶 2 周以后，断奶仔猪的吸收能力增强了。在断奶后几天，VFA 的吸收并不能增加水分的吸收(van Beers-Schreurs 等，1998a)，而成年猪却可以增加(Argenzio，1992)，但是这几天对于仔猪来说是比较容易受到伤害的时间。有证据表明，大肠吸收的减少可能会加剧肠毒素在小肠内的影响(Nabuurs，1998)。一些研究者建议，在断奶仔猪饲粮中提高 VFA 的浓度，尤其是丁酸盐的浓度，可以增加大肠上皮细胞的吸收能力(van Beers-Schreurs 等，1998b)。因此，可以通过在饲粮中添加纤维性饲料原料来达到这个目标。因为饲料中的粗纤维在小肠中并不能得到消化，但是随后可以在大肠中发酵而生成 VFA。

9.4.3 饲粮的特殊作用

断奶仔猪饲粮的组成对肠道疾病的发生有重要影响，因为它影响着小肠的形态、消化和吸收能力、小肠的运动能力和蠕动时间、微生物的选择性生长以及发酵模式。断奶时微生物的变化十分剧烈，仔猪是否生病要依赖于所存在的微生物的性质、数量和活性。PWC 是否发生尤其依赖于一系列的饲粮因子和其他的容易感染的因子，风险因子越多，导致疾病暴发的危险就越大(Madec 等，1998)。

很早之前我们就知道，通过改变断奶仔猪的饲粮来影响 PWC 的发展是很有可能的(参见 Hamspon 的综述，1987)。尽管没有一直监测大肠杆菌的存在，但是一些消化率高的和以乳制品为主的饲粮与减少断奶后腹泻的临床表现有关(English，1981)。相反，有证据表明，纤维含量高的饲粮能够在一定程度上防止该疾病的发生(Bertchinger 和 Eggenberger，1978；Bodulan 等，1988；Aumaitre 等，1995)。另外，一些饲料原料成分，例如豆粕，被认为是对断奶仔猪有害的，因为它会引发肠道粘膜的损伤(Li 等，1990，1991)和肠道液体积累(Nanuurs 等，1996)。如果饲粮蛋白质含量较高，将会使仔猪比较容易感染 PWC，这是因为蛋白质在胃里有较强的酸结合能力，会使得 ETEC 能够逃离胃内微弱的酸性环境而寄居在小肠(Prohaszka 和 Baron，1980)。考虑到 PWC，应考虑饲粮组成中的蛋白质来源。与蛋白质来源比较单一的饲料相比，含有复杂或者多种蛋白质来源的饲料可能会增加腹泻的严重性(Okai 等,1976 ;Ball 和 Aherne,1982;Etheridhe 等,1984)。肠道内过量的蛋白质要由微生物来降解,这样就算是不考虑大肠杆菌的存在,也可能会造成蛋白水解性腹泻,还会产生有害的胺的副产物,而胺的副产物会刺激粘膜并引起腹泻(Nollet 等,1999)。血浆蛋白粉的使用在一些国家,特别是在美国很流行,它能够明显提高断奶仔猪的生长性能和健康(Ermer 等,1994)。

9.4.4 饲粮中非淀粉多糖(NSP)在 PWC 上的特定作用

先前已经提到,饲粮中纤维影响断奶后仔猪的小肠生理和微生物。最近,我们一直在研究饲粮中纤维的类型与水平对 PWC 的影响(McDonald 等理学 2000;McDonald,2001; McDonald 等,2001;Hopwood 等,2002),下面是从这些研究中总结的一些观点。

在这些工作中,饲喂断奶仔猪的饲粮中含有不同水平以非淀粉多糖(NSP)形式提供的日粮纤维。试验中饲喂了这些饲料的仔猪,被用于监测自然感染 PWC 的发展过程,或者是用于监测实验性的感染致病性的溶血性 ETEC 菌株的情况。用一种消化率较高的饲粮(其主要原料是蒸煮过的大米)作为对照饲粮,其 NSP 含量很少(少于 1%)。在其他的试验饲粮中,用不同来源的 NSP 取代蒸煮过的大米,所选用的 NSP 是这些饲粮中的主要的碳水化合物来源(多于 50%)。不同的试验饲粮之间蛋白质和能量的含量保持不变。提供 NSP 来源的饲料原料是通过它们本身含有的 NSP 的种类进行挑选的。包括如下成分:混合的、低粘性的可溶性(容易发酵的)NSP 和不溶性(发酵较慢的)NSP 的量大约相等(磨成粉的小麦和挤压过的小麦饲粮),中度粘性的可溶解 NSP(蒸煮大麦饲粮)以及高粘性的可溶性合成 NSP,这种 NSP 可以抵抗大肠的发酵作用(羧甲基纤维素饲粮,CMC)。试验中还使用了以水解后大米为基础的饲粮,目的是用来与以蒸煮的大米为基础的对照饲粮作比较,并且在蒸煮大麦的饲粮中添加了外源性的消化酶,用于确定它们是否能够扭转由可溶性 NSP 造成的影响。

在所有的试验中,试验猪是从特定的没有致病源的猪舍中挑选出来的长白×大白猪,21 日龄断奶后转移到一个专门用于研究的猪舍中,在确保所有试验组猪的平均体重相等的情况下对他们进行分组。从断奶到每个试验结束,每天都用拭子采集粪便进行培养以检查溶血性 ETEC 是否存在。准确记录这些拭子上粪便中 ETEC 的比率。自然感染 PWC 的 ETEC 的血清型有 O149、K91 和 K88(肠外毒素 LT、STa 和 STb)。在实验性感染的试验组,在断奶后 48～72 h 内,对试验猪饲喂每毫升平均含有 $10^{8.5}$ 个溶血性 ETEC,血清型是 O8、K88 和 K87(肠外毒素 LT、STa 和 STab),或者是 O149、K91 和 K88(肠外毒素 LT、STa 和 STb)的肉汤的方式进行接种,后者与自然感染组的血清型相同。

结果发现,在接种后 24 h 内,试验性感染 ETEC 的猪的粪便中开始有细菌排出,随后出现严重的水样性腹泻,该腹泻与猪粪便中出现大量溶血性的 ETEC(几乎是纯种)的增殖有关联。自然感染 PWC 的猪通常是在断奶后 4～5 d 出现腹泻,腹泻开始后 1 d 内粪便中开始排出大量的溶血性 ETEC 的增殖体。

因为从粪便拭子上培养的溶血性 ETEC 的数量能够反映出大肠中大肠杆菌的生长状况，而不是小肠一刺激产生腹泻的地方（Armstrong 和 Cline，1977；Sarmiento，1988），来源于粪便拭子的增殖体并不是溶血性大肠杆菌增殖的唯一的指标。一种确定增殖位点的准确的方法是对肠道内容物中的细菌进行计数。据报道实验性感染的猪，其小肠内活菌的范围是 2.7～9.7 CFU/g（$\log_{10}$）（Smith 和 Halls，1968）。本系列试验中也得到了相似的数据。将断奶后 7～8 d（腹泻开始后 3～4 d）的猪屠宰，并采集小肠壁的刮屑。试验中得到的活菌数可以用来比较不同来源 NSP 的效果，也可以测定感染对肠道发育的影响。图 9.1 总结了所有饲粮组猪小肠中段的溶血性 ETEC 的活菌数。

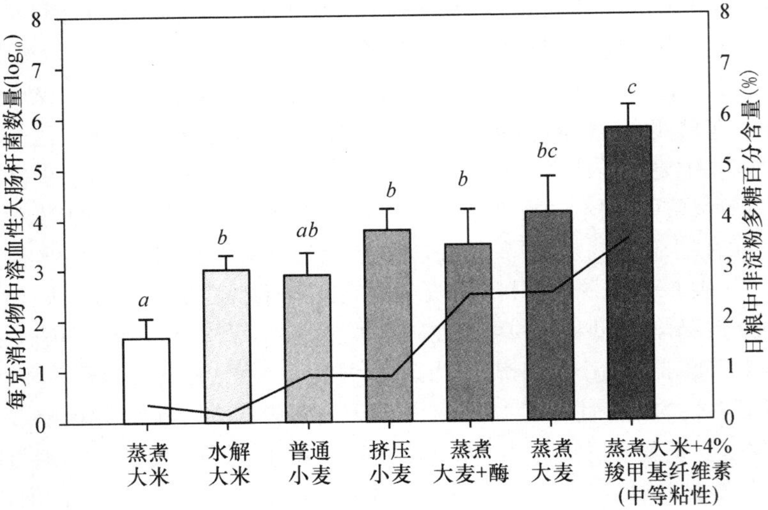

图 9.1　饲喂不同饲粮的猪小肠中段肠毒性大肠杆菌的活菌数

柱形表示饲粮对实验性或自然性感染 PWC 的猪，其小肠中段肠毒性溶血性大肠杆菌数量的影响（$p=0.0001$），折线表示饲粮中相对应的可溶性非淀粉多糖（NSP）的百分含量（%）。柱形图中无相同字母者代表饲粮的效果差异显著。

小肠中段 ETEC 的数量以及 PWC 的发生随饲料中可溶性非淀粉多糖（NSP）含量的增加而增加。另外，所有能加剧 PWC 的天然来源的 NSP 都是可溶性的、能够被肠道细菌快速发酵且在性质上趋向于粘性的，较高的粘性与较大的 ETEC 数量有关（图 9.2）。在饲料和肠道食糜中存在合成的、粘性的、可溶性 CMC 时，ETEC 的增殖达到最大。含 CMC 的饲粮的特性是其具有高持水性、高粘性、高可溶性，以及对肠道发酵有较强的抗性。饲喂这种不能发酵且高粘性 CMC 日粮的猪，小肠中溶血性 ETEC 的增殖体增加，表明 CMC 降低了猪的发酵能力（这也是含有煮过的大米型饲粮的一个特征）。粘性本身对肠道微生物、饲粮和肠道疾病之间复杂的相互作用有重大的影响，这种观点在家禽科学上得到了认可（Choct 和 Annison，1992；Langhout，1998）。

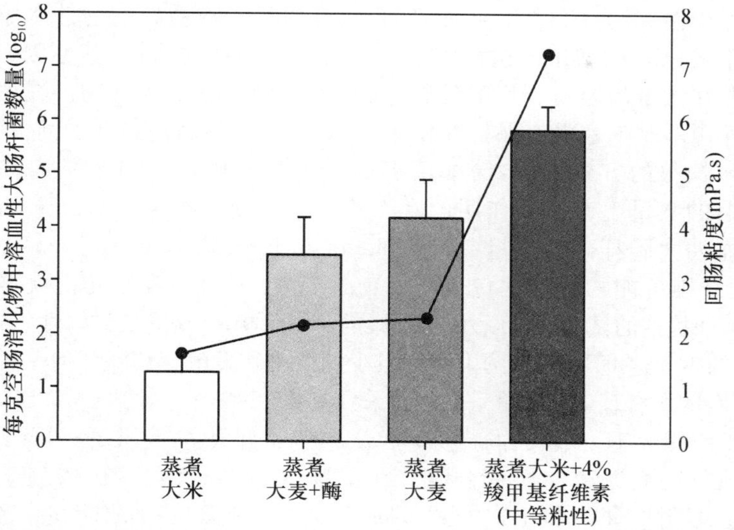

图 9.2　饲喂可溶性 NSP 含量不同的饲粮的断奶仔猪，其肠道粘性与肠道肠毒性大肠杆菌数量的比较

柱形表示饲喂不同饲料的经由实验或自然感染 PWC 的猪，小肠中段肠毒性溶血性大肠杆菌数量的平均数，折线表示小肠内容物相对应的平均粘度。

所有的饲粮都含有蒸煮米。蒸煮大麦、蒸煮大麦＋E(加酶)型饲粮中含有 50％的蒸煮大麦，CMC 饲粮是在蒸煮大米型饲粮中使用了 4％的 CMC。

在所有的 PWC 感染试验中，最显著又可靠的结果是饲喂了蒸煮大米日粮的猪，其肠道溶血性 ETEC 的增殖水平比较低。虽然有一头猪其肠道内有中等数量的细菌数，但绝大多数猪的肠道内 ETEC 很低。尽管不是完全的保护，但是这种饲粮似乎可以减少疾病的损害，抑制细菌在小肠内寄居的能力。蒸煮大米饲粮的突出特征是它具有较高的可消化性，低的膨胀系数，低的粘性以及缺少可发酵的底物(如日粮纤维)。一般来说，高消化性饲粮可以减少疾病对机体的损害和腹泻的持续时间。这是人类治疗腹泻时从口腔补充水溶性物质的原理。

蒸煮大米饲粮在胃肠道中很少有残留，这样可能会通过减少可利用底物的量来抑制小肠病原微生物的生长。刚断奶的仔猪不能完全消化固体饲料，造成残留的饲料进入了大肠，这些残留的饲料在大肠里进行发酵，这一作用增加了肠道内容物的渗透压(Etheridge 等，1984)，造成了大量的水分流向肠腔，可能比较容易造成腹泻(Etheridge 等，1984)。NSP 或其他持水能力比较强的物质的存在最有可能恶化这个问题。与此一致的是，蒸煮饲粮可以将腹泻的发生率降到最低。

能够明显把溶血性 ETEC 在肠道的定殖降到最小的也仅仅局限于纤维含量低的蒸煮饲粮。在最近的几年里，用豚鼠进行的试验发现了一种存在于蒸煮大米中的物质，这种物质可以抑制由肠毒素造成的分泌性腹泻的作用机制的某些环节(Mathews 等，1999)。很可能就是这种物质形成了上述试验中观察到的蒸煮大米型饲粮的保护性作用。令人不可思议的是，像面粉一样质地均匀的水解大米饲粮并不能阻止 ETEC 的增殖。这种水解大米没有防护性的作用，其原因可能是因为在小肠中存在大量的容易利用的淀粉，而淀粉是细菌生长的底物。在蒸煮大麦饲粮中添加外源酶制剂也没有保护性作用，可能是因为酶制剂提高了饲粮的消化率，与水解大米饲粮的方式相似，给细菌提供了大量的底物。与小肠内的底物在调节大肠杆菌的数量上起重要作用的观点相一致的是，含不溶性 NSP 高的饲粮也能减少溶血性大肠杆菌的数量（Bertschinger 和 Eggenberger，1978）。在这种情况下，不溶性纤维可能物理性地包裹了底物，阻止了 ETEC 在小肠内获得底物。

除了上面提到的试验情况以外，与健康的对照猪相比，所有的试验性感染或自然感染 PWC 猪的生长速度下降，大肠内含有较少的微生物发酵。饲喂任何一种 NSP 含量大于 1%饲料的所有感染猪体重量变小。采食蒸煮大米饲料（小于 1% NSP）的感染猪，比饲喂 NSP 含量大于 1%饲料的猪要更活泼，食欲也好很多，但同样发生了腹泻。

一种入侵的病原微生物是否能够在胃肠道内寄居和繁殖，依赖于这种微生物在小肠壁粘附的速度和正常的调节因子抑制这种微生物的能力。这些调节机制包括竞争性排斥（对营养物质和粘附位点的竞争）和有毒的代谢产物的产生，这些代谢产物能够直接抑制病原微生物或者创造不利的环境条件（Hentges，1992）。有四个细菌可以增殖的栖息地，包括上皮细胞表面，小肠隐窝的粘液层，上皮细胞下面的粘液以及小肠的肠腔（Freter，1974）。粘液对动物的健康可以是有益的，也可以是有害的，这取决于它是否能够作为细菌的粘附位点，或者它是否能够抑制细菌进入上皮细胞。在食糜里有粘性物质存在的情况下，肠道粘液层增厚（如 CMC），增加饲料中纤维的含量可以提高粘液的产量。这样增加的粘液厚度不只是增加了营养物质在吸收之前要经过的距离（Blackburn 和 Johnson，1981；Blackburn 等，1984），而且还给溶血性大肠杆菌提供了充满着细菌生长所需的可降解营养物质的附着位点。大肠杆菌有能力附着到粘液上，这样就可以减少到达附着地点的距离，缩短其开始寄居的时间。事实上，比较厚的或者是更大体积的粘液可以使细菌更快地定居，因为实际上，这样会有更多的可以利用的附着位点。在肠腔中最重要的抑制细菌的机制是肠道机械力。食糜混合的减慢会有利于细菌的增殖，粘性和非粘性纤维的存在都会干扰混合的方式和蠕动的速度。

有趣的是，日龄稍大一些的断奶仔猪，饲粮中可发酵的和不可发酵的可溶性 NSP 的存在也会增加和促进肠道螺旋体从大肠中的脱落（Siba 等，1996；Pluske 等，1998；Hampson 等，2000；Hopwood 等，2002）。与此相似，上述 PWC 试验中使用的很容易被消化的蒸煮大米饲粮，是减少和阻止试验性肠道螺旋体病（SD 和 PIS）发生的最成功的饲粮。这些观察结果都强调，应对粘性 NSP 在猪肠道致病性细菌的寄居和增殖上的作用做进一步的研究。

9.5 结 论

引起断奶后肠道疾病的因素是多方面的，预防这些疾病应以减少风险因素的存在为目标(Hampson,1994;Madec 等,1998;Bertschinger 和 Fairbrother,1999)。从比较易于实施的观点出发,处理肠道疾病主要有下面 3 种方法:

- 优化断奶环境(管理、温度和卫生)
- 优化饲粮(成分、形式、采食量或添加剂),减少断奶对肠道环境的影响
- 规范使用药物或饲粮(组成和抗菌性的特殊添加剂),调节肠道微生物区系的发育和稳定性。

容易消化和含有低浓度可溶性 NSP 的饲粮,可推荐用于控制 PWC 的发生。

致　谢

本章描述的部分研究由 Australian Pork Limited(以前的 Australian Pig Research and Development Corporation)资助完成。在进行所述研究时,Dr. Hopwood(nee McDonald)收到了来自 Australian Pig Research and Development Corporation 的硕士奖学金。

参考文献

Amezcua, R., R.M. Friendship, C.E. Dewey, C.L. Gyles and J.R. Fairbrother, 2002. Presentation of postweaning *Escherichia coli* diarrhea in southern Ontario, prevalence of hemolytic *E. coli* serogroups involved, and their antimicrobial resistance patterns. Canadian Journal Veterinary Research 66, 73-78.

Argenzio, R.A., 1992. Pathophysiology of diarrhea. In: N. Anderson (editor), Veterinary Gastroenterology, 2nd ed. Lea and Febiger, Philadelphia, pp. 163-172.

Argenzio, R.A., H.W. Moon, L.J. Kemeny and S.C. Whipp, 1984. Colonic compensation in transmissible gastroenteritis of swine. Gastroenterology 86, 1501-1509.

Armstrong, W.D. and T.R. Cline, 1976. Effects of various dietary nutrient levels on the incidence of colibacillary diarrhea in pigs: Intestinal ligation studies. Journal of Animal Science 42, 592-598.

Armstrong, W.D. and T.R. Cline, 1977. Effects of various nutrient levels and environmental temperatures on the incidence of colibacillary diarrhea in pigs: intestinal fistulation and titration studies. Journal of Animal Science 45, 1042-1050.

Aumaitre, A., J. Peiniau and F. Madec, 1995. Digestive adaptation after weaning and nutritional consequences in the piglet. Pig News and Information 16, 73-79N.

Baker, D.R., L.O. Billey and D.H. Francis, 1997. Distribution of K88 *Esherichia coli*-adhesive and non-adhesive phenotypes amongst four breeds. Veterinary Microbiology 54, 123-132.

Ball, R.O. and F.X. Aherne, 1982. Effect of diet complexity and feed restriction on the incidence and severity of diarrhoea in early weaned pigs. Canadian Journal of Animal Science 62, 907-913.

Bertschinger, H.U., 1999. Postweaning *Escherichia coli* diarrhoea and oedema disease. In: B.E. Straw, S. D'Allaire, W. L. Mengeling and D.J. Taylor (editors), Diseases of Swine 8th Edition. Iowa State University Press, Ames, Iowa, pp. 441-454.

Bertschinger, H.U. and E. Eggenberger, 1978. Evaluation of low nutrient, high fibre diets for the prevention of porcine *Escherichia coli* enterotoxaemia. Veterinary Microbiology 3, 281-290.

Bertschinger, H.U. and J.M. Fairbrother, 1999. *Escherichia coli* infections. In: B.E. Straw, S. D'Allaire, W.L. Mengeling and D.J. Taylor (editors). Diseases of Swine, 8th edition. Iowa State University Press, Ames, Iowa, pp. 431-433.

Blackburn, N.A. and I.T. Johnson, 1981. The effect of guar gum on the viscosity of the gastrointestinal contents and on glucose uptake from the perfused jejunum in the rat. British Journal of Nutrition 46, 239-246.

Blackburn, N.A., J.S. Redfern, H. Jarjis, A.M. Holgate, I. Hanning, J.H.B. Scarpello, I.T. Johnson and N.W. Read, 1984. The mechanism of action of guar gum in improving glucose tolerance in man. Clinical Science 66, 329-336.

Bolduan, G., H. Jung, E. Schnabel and R. Schneider, 1988. Recent advances in the nutrition of weaner piglets. Pig News and Information 9, 381-385.

Chandler, D.S., T.L. Mynott, R. Luke and J.A. Craven, 1994. The distribution and stability of *Escherichia coli* K88 receptor in the gastrointestinal tract of the pig. Veterinary Microbiology 38, 203-215.

Choct, M. and G. Annison, 1992. Anti-nutritive effect of wheat pentosans in broiler chickens: roles of viscosity and gut microflora. British Poultry Science 33, 821-834.

Choi, C., W-S. Cho, H-K Chung, T. Jung, J. Kim and C. Chae, 2001. Prevalence of the enteroaggregative *Escherichia coli* heat-stable enterotoxin 1 (EAST 1) gene in isolates in weaned pigs with diarrhea and/or edema disease. Veterinary Microbiology 81, 65-71.

Conway, P.L. 1994. Function and regulation of the gastrointestinal microbiota of the pig. In: W-B. Souffrant and H. Hagemeister (editors). Proceedings of the VIth International Symposium on Digestive Physiology in Pigs Proceedings. EAAP Publication, Ban Doberan, Germany, pp.231-240.

Cooke, E.M., 1985. *Escherichia coli*—an overview. Journal of Hygiene (Lond) 95, 523-530.

Cox, E., V. Cools, H. Thoonen, J. Hoorens and A. Houvenaghel, 1988. Effect of experimentally-induced villus atrophy on adhesion of K88ac-positive *Escherichia coli* in just-weaned piglets. Veterinary Microbiology 17, 159-169.

Cutler, R., 1981. Post weaning diarrhoea in young pigs. In: T.G. Hungerford (editor). Pigs. The Post-Graduate Committee in Veterinary Science, Bendigo, Victoria, Australia. pp. 49-51.

Cutler, R. and I. Gardner, 1988. A Blue Print for Pig Health Research. Australian Pig Research Council, Canberra, Australia.

English, P.R., 1981. Establishing the early weaned pig. Proceedings of the Pig Veterinary Society 7, 29-37.

Erickson, A.K., J.A. Willgohs, S.Y. McFarland, D.A. Benfield and D.H. Francis, 1992. Identification of two porcine brush border glycoproteins that bind the K88ac adhesin of *Escherichia coli* and correlation of these binding glycoproteins with the adhesive porcine phenotype. Infection and Immunity 60, 983-988.

Ermer, P. M., P. S. Miller and A.J. Lewis, 1994. Diet preference and meal patterns of weanling pigs offered diets containing either spray-dried porcine plasma or dried skim milk. Journal of Animal Science 72, 1548-1554.

Etheridge, R.D., R.W. Seerley and T.L. Huber, 1984. The effect of diet on fecal moisture, osmolarity of fecal extracts, products of bacterial fermentation and loss of minerals in feces of weaned pigs. Journal of Animal Science 58, 1403-1411.

Francis, D.H., 2002. Enterotoxigenic *Escherichia coli* infections in pigs and its diagnosis. Journal of Swine Health and Production 10, 171-175.

Franklin, M.A., A.G. Mathew, J.R. Vickers and R.A. Clift, 2002. Characterization of microbial populations and volatile fatty acid concentrations in the jejunum, ileum, and cecum of pigs weaned at 17 vs 24 days of age. Journal of Animal Science 80, 2904-2910.

Freter, R., 1974. Interactions between mechanisms controlling the intestinal microflora. American Journal of Clinical Nutrition 27, 1409-1416.

Fu, Z.F. and D.J. Hampson, 1987. Group A rotavirus excretion patterns in naturally infected pigs. Research in Veterinary Science 43, 297-300.

Gaskins, H.R., 2001. Intestinal bacteria and their influence on swine growth. In: A.J Lewis and L.L. Southern (editors). Swine Nutrition, 2nd ed. CRC Press LLC, Florida, pp. 585-608.

Gyles, C.L., 1993. *Escherichia coli*. In: C.L Gyles and C. O. Thoen (editors). Pathogenesis of Bacterial Infections in Animals. Iowa State University Press, Ames, Iowa. pp. 164-187.

Hambrecht, E., 1998. Effect of non-starch polysaccharides on performance, incidence of diarrhoea and gut growth in weaned pigs. Masters thesis, Hohenheim University, Stuttgart-Hohenheim, Germany.

Hamilton, D.L. and W.E. Roe, 1977. Electrolyte levels and net fluid and electrolyte movements in the gastrointestinal tract of weanling swine. Canadian Journal of Comparative Median 41, 241-250.

Hampson, D.J., 1983. Post-weaning changes in the piglet small intestine in relation to growth checks and diarrhoea. PhD thesis, University of Bristol, Bristol, UK.

Hampson, D.J., 1986. Alterations in piglet small intestinal structure at weaning. Research in Veterinary Science 40, 32-40.

Hampson, D.J., 1987. Dietary influences on porcine post-weaning diarrhoea. In: J.L Barnett, E.S. Batterham, G.M. Cronin, C. Hansen, P.H. Hemsworth, D.P. Hennessy, P.E. Hughes, N.E. Johnston and R.H. King (editors). Manipulating Pig Production. Australasian Pig Science Association, Werribee, Victoria, Australia. pp. 202-214.

Hampson, D.J., 1994. Postweaning *Escherichia coli* diarrhoea in pigs. In: C.L. Gyles (editor). *Escherichia coli* in Domestic Animals and Humans. CAB International, Wallingford, England. pp. 171-191.

Hampson, D.J. and W.C. Smith, 1986. Influence of creep feeding and dietary intake after weaning on malabsorption and occurrence of diarrhoea in the newly-weaned pig. Research in Veterinary Science 41, 63-69.

Hampson, D.J., M.H. Hinton, and D.E. Kidder, 1985. Coliform numbers in the stomach and small intestine of healthy pigs following weaning at three weeks of age. Journal of Comparative Pathology 95, 353-362.

Hampson, D.J., I.D. Robertson, T. La, S.L. Oxberry and D.W. Pethick, 2000. Influences of diet and vaccination on colonisation of pigs with the intestinal spirochaete *Brachyspira (Serpulina) pilosicoli*. Veterinary Microbiology 73, 75-84.

Hentges, D.J., 1992. Gut flora and disease resistance. In: R. Fuller (editor). Probiotics. The scientific basis. Chapman and Hall, London, pp. 87-110.

Higgins, R.J., G.R. Pearson and C. Wray, 1997. Attaching and effacing *E. coli*. Microscopic and ultrastructural observations of intestinal infections in pigs. Advances in Experimental Medicine and Biology 412, 59-62.

Hill, I.R. and R. Kenworthy, 1970. Microbiology of pigs and their environment in relation to weaning. Journal of Applied Bacteriology 33, 299-316.

Hinton, M., D.J. Hampson, E.M. Hampson and A.H. Linton, 1985. A comparison of the ecology of *Escherichia coli* in the intestines of healthy unweaned pigs and pigs following weaning. Journal of Applied Bacteriology 58, 471-478.

Hopwood, D.E, Pethick, D.W. and D.J. Hampson, 2002. Increasing the viscosity of the intestinal contents stimulates proliferation of enterotoxigenic *Escherichia coli* and *Brachyspira pilosicoli* in weaner pigs. British Journal of Nutrition 88, 523-532.

Jensen, B.B. 1998. The impact of feed additives on the microbial ecology of the gut in young pigs. Journal of Animal and Feed Sciences 7, 45-64.

Jensen, B.B., 2001. Possible ways of modifying type and amount of products from microbial fermentation in the gut. In: A. Piva, K.E. Bach Knudsen and J-E. Lindberg (editors). Gut Environment of Pigs. Nottingham University Press, Loughborough, England, pp.181-200.

Kenworthy, R. and W.E. Crabb, 1963. The intestinal flora of young pigs, with reference to early weaning *Escherichia coli* and scours. Journal of Comparative Pathology 73, 215-228.

Langhout, D.J., 1998. The role of the intestinal flora as affected by non-starch polysaccharides in broiler chicks. PhD thesis, Wageningen Agricultural University, Wageningen, The Netherlands.

Lecce, J.G., 1983. Dietary regimen, rotavirus, and hemolytic enteropathogenic *Escherichia coli* in weanling diarrhea of pigs. Annales Recherches Veterinaires 14, 463-8.

Leser, T.D., J.Z. Amenuvor, T.K. Jensen, R.H. Lindecrona, M. Boye and K. Moller, 2002. Culture-independent analysis of gut bacteria: The pig gastrointestinal tract microbiota revisited. Applied Environmental Microbiology 66, 673-690.

Li, D.F., J.L. Nelssen, P.G. Reddy, F. Blecha, J.D. Hancock, G.L. Allee, R.D. Goodband and R.D. Klemm, 1990. Transient hypersensitivity to soybean meal in the early-weaned pig. Journal of Animal Science 68, 1790-1799.

Li, D.F., J.L. Nelssen, P.G. Reddy, F. Blecha, R. Klemm and R.D. Goodband, 1991. Interrelationship between hypersensitivity to soybean proteins and growth performance in early-weaned pigs. Journal of Animal Science 69, 4062-4069.

Liebler-Tenorio, E. M., J. F. Pohlenz and S.C. Whipp, 1999. Diseases of the digestive system. In: B.E. Straw, S. D'Allaire, W.L. Mengeling and D.J. Taylor (editors). Diseases of Swine. Iowa State University Press, Ames, Iowa, USA. pp. 821-831.

Mackie, R.I., A. Sghir and H.R. Gaskins, 1999. Developmental microbial ecology of the neonatal gastrointestinal tract. American Journal of Clinical Nutrition. 69, 1035S-1045S.

MacKinnon, J.D., 1998. Enteritis in the young pig caused by *Escherichia coli*. The Pig Journal 41, 227-255.

Madec, F., N. Bridoux, S. Bounaix and A. Jestin, 1998. Measurement of digestive disorders in the piglet at weaning and related risk factors. Preventative Veterinary Medicine 35, 53-72.

Madec, F., N. Bridoux, S. Bounaix, R. Cariolet, Y. Duval-Iflah, D.J. Hampson and A. Jestin, 2000. Experimental models of porcine postweaning colibacillosis and their relationship to postweaning diarrhoea and digestive disorders as encountered in the field. Veterinary Microbiology 72, 295-310.

Mathew, A.G., A.L. Sutton, A.B. Scheidt, J.A. Patterson, D.T. Kelly and K.A. Meyerholtz, 1993. Effect of galactan on selected microbial populations and pH and volatile fatty acids in the ileum of the weanling pig. Journal of Animal Science 71, 1503-1509.

Mathews, C.J., R.J. MacLeod, S-X. Zheng, J.W. Hanrahan, H.P.J. Bennett and J.R. Hamilton, 1999. Characterization of the inhibitory effect of boiled rice on intestinal chloride secretion in guinea pig crypt cells. Gastroenterology 116, 1342-1347.

McDonald, D.E. 2001. Dietary fibre for the newly weaned pig; influence on pig performance, intestinal development and expression of post-weaning colibacillosis and intestinal spirochaetosis. PhD thesis, Murdoch University, Perth, Western Australia.

McDonald, D.E., D.W. Pethick, B.P. Mullan, J.R. Pluske and D.J. Hampson, 2000. Soluble non-starch polysaccharides from pearl barley exacerbate experimental post-weaning colibacillosis. In: J.E. Lindberg and B. Ogle (editors). Digestive Physiology of Pigs. CABI Publishing, Wallingford, England. pp. 280-282.

McDonald, D.E., D.W. Pethick, B.P. Mullan and D.J. Hampson, 2001. Increasing the viscosity of the intestinal contents alters small intestinal structure and intestinal growth, and stimulates proliferation of enterotoxigenic *Escherichia coli* in newly weaned pigs. British Journal of Nutrition 86, 487-498.

Nabuurs, M.J.A., 1995. Microbiological, structural and functional changes of the small intestine of pigs at weaning. Pig News and Information 16, 93N-97N.

Nabuurs, M.J.A., 1998. Weaning piglets as a model for studying pathophysiology of diarrhea. Veterinary Quarterly 20, S42-S45.

Nabuurs, M.J.A., A. Hoogendoorn and van Zijderveld-van Bemmel, 1996. Effect of supplementary feeding during the sucking period on net absorption from the small intestine of weaned pigs. Research in Veterinary Science 61, 72-77.

Nataro, J.P. and J.B. Kaper, 1998. Diarrheagenic *Escherichia coli*. Clinical Microbiological Reviews 11, 142-201.

Nollet, H., P. Deprez, E. Van Driessche and E. Muylle, 1999. Protection of just weaned pigs against infection with F18+ *Escherichia coli* by non-immune plasma powder. Veterinary Microbiology 65, 37-45.

Nurmi, E. and M. Rantala, 1973. New aspects of Salmonella infection in broiler production. Nature 241, 210-211.

Okai, D.B., F.X. Aherne and R.T. Hardin, 1976. Effects of creep and starter composition on feed intake and performance of young pigs. Canadian Journal of Animal Science 56, 573-586.

Osek, J., 1999. Prevalence of virulence factors of *Escherichia coli* strains isolated from diarrheic and healthy piglets after weaning. Veterinary Microbiology 68, 209-217.

Palmer, N.C. and T.J. Hulland, 1965. Factors predisposing to the development of coliform gastroenteritis in weaned pigs. Canadian Veterinary Journal 6, 310-316.

Pluske, J.R., D.J. Hampson and I.H. Williams, 1997. Factors influencing the structure and function of the small intestine in the weaned pig: a review. Livestock Production Science 51, 215-236.

Pluske, J.R., Z. Durmic, D.W. Pethick, B.P. Mullan and D.J. Hampson, 1998. Confirmation of the role of non-starch polysaccharides and resistant starch in the expression of swine dysentery in pigs following experimental infection. Journal of Nutrition 128, 1737-1744.

Pluske, J.R., D.W. Pethick D.E. Hopwood and D.J. Hampson, 2002. Nutritional influences on some major enteric bacterial diseases of pigs. Nutritional Research Reviews 15, 333-371.

Prohaszka, L. and F. Baron, 1980. The predisposing role of high dietary protein supplies in enteropathogenic *Escherichia coli* infections in weaned pigs. Zbl Veterinary Medicine B, 27, 222-232.

Radecki, S.V. and M.T. Yokoyama, 1991. Intestinal bacteria and their influence on swine nutrition. In: E.R. Miller, D. E. Ullrey and A. J. Lewis (editors). Swine Nutrition. Butterworth Heinemann, Boston, USA, pp. 439-447.

Richards, W.P.C. and C.M. Fraser, 1961. Coliform enteritis of weaned pigs. A description of the disease and its association with haemolytic *Escherichia coli*. Cornell Veterinarian 51, 245-257.

Sarmiento, J.I., 1988. Postweaning diarrhea in swine: Experimental model of enterotoxigenic *Escherichia coli* infection. American Journal of Veterinary Research 49, 1154-1159.

Siba, P.M., D.W. Pethick and D.J. Hampson, 1996. Pigs experimentally infected with *Serpulina hyodysenteriae* can be protected from developing swine dysentery by feeding them a highly digestible diet. Epidemiology and Infection 116, 207-216.

Smith, H.W. and S. Halls, 1968. The production of oedema disease and diarrhoea in weaned pigs by the oral administration of *Escherichia coli*: Factors that influence the course of the experimental disease. Journal of Medical Microbiology 1, 45-59.

Smith, H.W. and J.E.T. Jones, 1963. Observations on the alimentary tract and its bacterial flora in healthy and diseased pigs. Journal of Pathology and Bacteriology 86, 387-412.

Stewart, C.S., 1997. Microorganisms in hindgut fermenters. In: R.I. Mackie, B.A. White and R.E. Isaacson (editors). Gastrointestinal Microbiology. Chapman and Hall, New York, USA, pp. 142-186.

Svendsen, J., H.J. Riising and S. Christensen, 1977. Studies of the pathogenesis of enteric *E. coli* infections in weaned pigs: bacteriological and immunofluorescent studies. Nordisk Veterinary Medicine 29, 212-20.

Thomlinson, J.R. and T.L. Lawrence, 1981. Dietary manipulation of gastric pH in the prophylaxis of enteric disease in weaned pigs: Some field observations. Veterinary Record 109, 120-122.

Tzipori, S., D. Chandler and M. Smith, 1983. The clinical manifestation and pathogenesis of enteritis associated with rotavirus and enterotoxigenic *Escherichia coli* infections in domestic animals. Progress in Food Nutrition and Science 7, 193-205.

van Beers-Schreurs, H.M.G., 1996. The changes in the function of the large intestine of weaned pigs. PhD thesis, University of Utrecht, Utrecht, The Netherlands.

van Beers-Schreurs, H.M.G., L. Vellenga, T. Wensing and H.J. Breukink 1992. The pathogenesis of the post-weaning syndrome in weaned piglets; a review. Veterinary Quarterly 14, 29-34.

van Beers-Schreurs, H.M.G., M.J.A. Nabuurs, L. Vellenga, H.J. Kalsbeek-van der Valk, T. Wensing and H.U. Breukink, 1998a. Weaning piglets, microbial fermentation, short chain fatty acids and diarrhoea. Veterinary Quarterly 20, S64-S69.

van Beers-Schreurs, H.M.G., M.J.A. Nabuurs, L. Vellenga, T. Wensing and H.J. Breukink, 1998b. Role of the large intestine in the pathogenesis of diarrhoea in weaned pigs. American Journal of Veterinary Research 59, 696-703.

Wathes, C.M., B.G. Miller and F.J. Bourne, 1989. Cold stress and post-weaning diarrhoea in piglets inoculated orally or by aerosol. Animal Production 49, 483-496.

Will, L.A., P.S. Paul, T.A. Proescholdt, S.N. Aktar, K.P. Flaming, B.H. Janke, J. Sacks, Y.S. Lyoo, H.T. Hill and L.J. Hoffman, 1994. Evaluation of rotavirus infection and diarrhea in Iowa commercial pigs based on an epidemiologic study of a population represented by diagnostic laboratory cases. Journal of Veterinary Diagnostic Investigation 6, 416-422.

10 断奶前后猪的肠道免疫

M. R. King, D. Kelly, P. C. H. Morel 和 J. R. Pluske

10.1 前 言

小肠有两个同样重要的功能，即饲粮营养物质的消化吸收和防御经由胃肠道途径的感染。这两个任务之间存在拮抗作用，因为肠道消化和吸收面积的任何增加都会加大肠道免疫系统必须保护的面积。肠道提供了吸收营养物质的巨大面积，通过抗原激活的免疫应答作用形成了一个对付大多数的肠腔抗原的天然屏障。肠道的免疫系统一直接触着一系列的抗原物质，这些抗原物质包括与致病性细菌病毒有关的危险抗原和存在于饲粮中的无害抗原。肠道经过发育形成了一个复杂的系统，该系统通过诱导有效的免疫应答反应来对抗有害抗原，但对那些无害抗原也形成了耐受力。

仔猪出生时，胃肠道的免疫系统尚未发育完全，在出生后的早期其发育特别重要。现代养猪中一般采用早期断奶，这种突然断奶的生产方式对于仔猪来说是非常不自然的，正常情况下，仔猪应在较大日龄和较高的发育成熟水平上逐渐进行断奶。现在的断奶措施使仔猪突然失去了母猪乳源免疫球蛋白和其他保护性免疫因子的被动保护作用，不得不面对新的饲料和环境中的抗原。伴随着这些变化，这就需要仔猪迅速适应饲料形态及其组成和环境的变化，同时保持一种高水平的生长速度和生产性能。在这些心理和生理障碍下，断奶期无疑会出现生长性能变差。断奶通常会伴随着肠道免疫力（Vega-López 等，1995；McCracken 等，1999；Pluske 等，1999；Solano-Aguilar 等，2001）和肠道免疫应答的显著改变，特别是直接对抗饲料和细菌抗原的炎症反应，这一反应在断奶综合征的发病机理中已经提到（Li 等，1990；Pluske 等，1997）。

10.2 免疫系统概述

10.2.1 主动免疫

10.2.1.1 先天性免疫

在动物进化发展的过程中，脊椎动物和非脊椎动物都要经受由感染性致病源导致的选择压力，这样就造成了非特异性或者是先天性免疫系统的早期发育（Mushegien 和 Medzhitov，2001）。先天性免疫功能与先前的病源菌无关，先天性免疫能够特别快速地应答细菌的入侵，并且被认为是抵抗细菌感染的第一道防线。在调节先天性免疫系统的作用中，占优势地位的粒细胞包括自然杀伤细胞、柱状细胞、巨噬细胞和中性粒细胞，它们是由骨髓中造血干细胞的骨髓淋巴细胞演化来的。中性粒细胞大概占血液中粒细胞的50%，它是参与先天性免疫应答的细胞中最活跃、最有效的细胞，一直存在于血液循环中。

胃肠道上皮细胞提供了接触细菌抗原和饲料抗原的第一道防线。这些细胞通过分泌化学因子和细胞因子在启动炎症性免疫反应中起关键作用，化学因子和细胞因子能够促进骨髓淋巴细胞的效应细胞在感染和损害部位的活化和聚集。上皮细胞的一个重要特征是能够区分有害和无害的抗原，至于与肠道细菌有关的抗原，在顶部和基底外侧表面表达的多种受体鉴别系统可以完成这种功能。在细菌鉴别中最重要的受体是钟形受体（TLR）（Cario 等，2000）；这些受体能够识别与致病源有关的分子模式（PAMPS），例如，革兰氏阴性菌的脂多糖和革兰氏阳性菌的肽聚糖，并且引发下游区的信号级联，以活化启动上皮细胞中控制发炎基因表达的转录因子。含有 IL-8 和 MIP-2α 的基因产物是中性粒细胞和巨噬细胞的趋化剂（McCormick 等，1993；Hang 等，1999）。上皮细胞还能够产生一种抗菌肽，即 β-防御因子——它是先天性免疫系统的一个重要成员，能够杀死细菌，因而可以抑制细菌在感染和入侵过程中跨越上皮细胞屏障的易位（O'Neil 等，1999）。

肠道发炎导致了排列组织中毛细血管周围的内皮细胞粘连分子的表达，血液中的中性粒细胞通过它们表达的补体细胞表面受体结合到组织的毛细血管上（Osbrne，1990；Butcher，1991）。结合到毛细血管上的中性粒细胞通过一种叫做血细胞渗出的过程经由毛细血管壁渗透到组织中，这种血细胞渗出的过程能够使细胞恰好通过孔径比细胞的尺寸小很多的孔。在进入到被感染的组织以后，中性粒细胞也能够通过特有的细胞表面识别受体（包括 TLRs）来识别 PAMPs（Kelly 和 King，2001）。中性粒细胞通过一种叫做化学趋化性的过程向抗原移动，并且非特异性地吞噬入侵的细菌。这种对细菌抗原的识别过程激活了中性粒细胞，结果形成一种以激活补体系统为特征的效应器状态，同时分泌一些炎性物质，如化学增活素和细胞因子，其中细胞因子包括白细胞介素（IL）-1、IL-6、干扰素（IFN）-γ、肿瘤坏死因子（TFN）-α 以及活性的氧化代谢产物，所有这些物质都有间接或直接的抗菌作用（Sandborg 和 Smolen，1998；Zhang 等，2000；Morein 和 Hu，2001）。然而，这些物质在新生动物体内含量很低，血液中的中性粒细胞直到断奶后 21 d 才能达到成年猪的水平（McCauley 和 Hartmann，1984），而且有报道称，中性粒细胞（以及巨噬细胞）的趋化作用机制在仔猪是受到损害的，还有补体系统要到 4 周龄以后才能达到成年猪的浓度(Stokes 等,1992)。

先天性免疫系统的另外一个成员是柱状细胞。柱状细胞存在于肠道的固有层,对抗原和非抗原依赖性的刺激做出免疫应答,并释放一种更大范围的活性介质来召集更远的白细胞,如中性粒细胞,促进肠道炎症反应的发展(Befus 等,1988;Malaviya 和 Abraham,2001;Yu 和 Perdue,2001)。柱状细胞在过敏反应的发病机理中特别重要,它起一种关键性的作用(Befus 等,1988;Malaviya 和 Abraham,2001;Yu 和 Perdue,2001)。

先天性免疫系统对细菌的反复感染提供了一种遗传上的免疫应答,除了先天性免疫系统之外,还存在适应性免疫(adaptive immunity)系统,这一系统提供所谓获得性免疫。它是由免疫系统的两部分组成,并暴露给抗原的时候就开始启动,出现一种特异性的抗原免疫应答,且持续时间较长。这些免疫系统的功能是有区别的,它们的启动取决于抗原本身的性质。如果是病毒感染,病毒就在哺乳动物的宿主细胞里利用细胞器进行病毒的复制,要清除病毒致病源就必须破坏被感染的细胞。这些都是由免疫系统的细胞免疫承担的。如果是细菌感染,细菌能够在大部分的环境中独立进行复制,这样的细胞毒素的免疫应答大多是无效的,这就必须要启动免疫系统中由抗体介导的体液免疫进行免疫应答。下面对这些免疫系统做简要讨论。

10.2.1.2 适应性免疫

体液免疫

适应性免疫的激活是以免疫系统中体液或细胞免疫对细胞内抗原的递呈和处理开始的。在体液免疫的情况下,细菌或其他的可溶性抗原被专门的抗原递呈细胞(antigen-presenting cells,APCs),如巨噬细胞和树状细胞(Kagnoff,1987)所吸收,这些细胞利用蛋白水解酶将抗原降解成为免疫性肽类物质。这些小肽被递呈到 APC 的细胞表面,与专门的抗原受体分子,即主要组织相容性抗原复合物(major histocompatibility complex)Ⅱ(MHCⅡ)分子结合起来。MCHⅡ随后被抗原特异性的辅助性 T 细胞所识别。T 细胞通常由表达在其分子表面的特有的分化群分子进行识别的(如果辅助性 T 细胞是 CD4,那么在这个基础上的 T 细胞通常被称为 $CD4^+$ T 细胞)。辅助性 T 细胞对抗原的识别过程使得它们分泌特异性淋巴因子。这些淋巴因子刺激抗原特异性 B 细胞进行增殖和分化,产生大量的抗体分泌浆细胞(Gaskins 和 Kelley,1995)。由浆细胞分泌的免疫球蛋白(抗体)对这些特异性抗原进行识别和结合,抗原分子上的致病因子引起免疫应答,并且通过调理作用和补体介导的直接性细胞毒性作用有效清除了抗原分子上的致病性因子(Gaskins 和 Kelley,1995)。因此,体液免疫系统对细胞外的感染提供了一种潜在的抗原特异性免疫应答。

细胞免疫

病毒感染是破坏宿主细胞的细胞器使其用于病毒的复制。病毒感染后必须通过所谓的细胞免疫应答的细胞毒性作用来破坏被感染的细胞。大多数体细胞都比较容易受到病毒的感染，并且大多数细胞都可以处理和呈递病毒抗原给免疫系统的免疫分子。抗原递呈过程是从在细胞内把病毒抗原亚类处理成免疫性肽类开始的，然后产生的免疫性肽类被递呈到细胞表面，形成主要组织相容性抗原复合物Ⅰ(Jackson 和 Peterson，1993)。与体液免疫相比，细胞免疫系统在抗原递呈过程中使用主要组织相容性抗原复合物Ⅰ(MHCⅠ)分子，由MHCⅠ介导抗原特异性的细胞毒性T淋巴细胞对抗原进行识别。细胞毒性T淋巴细胞表达CD8表面分子，因此被称作是$CD8^+$ T细胞。对MHCⅠ的识别激活了细胞毒性T细胞，使得T细胞通过同源细胞扩增进行增殖，并且合成和分泌生物活性因子来破坏被感染的细胞(Gaskins 和 Kelley，1995)。像体液免疫中的B淋巴细胞一样，一旦被激活，T细胞的细胞毒性作用是抗原特异性的，这就意味着它只是杀死与免疫应答中起诱导作用的MHCⅠ分子结合的刺激性抗原的细胞(Kagnoff，1987)。因此，细胞介导的免疫应答仅仅特异性地瞄准和破坏被感染的作为病毒复制来源的细胞，有效清除细胞内的致病性隐患而不影响正常细胞的功能。

10.2.2 被动免疫

用来源于一个个体的抗体为另外一个个体提供抗感染的暂时性保护，成为被动免疫。被动免疫对新生仔猪的存活是至关重要的，原因有以下几点：第一，在妊娠期，胎儿上皮绒毛膜胎盘的形成阻止了母源抗体的转移(Sterzl 和 Silverstein，1967)，这样就造成了仔猪出生时免疫机能低下(Salmon，1984)。第二，尽管出生时就存在免疫系统的分子成分(Binns，1973)，但是在数量上和功能上是不成熟的(Stokes 和 Bourne，1989；Stokes 等，1992)。因此，被动免疫的获得为机体免于病源感染提供了关键性的保护作用，直到免疫系统的细胞成分成熟。

被动免疫是通过母源的免疫球蛋白来提供的，这些免疫球蛋白在妊娠末期选择性地聚集在乳腺，并且在仔猪刚开始吃奶时就被新生仔猪的小肠完整地吸收(Holland，1990)。出生后48 h内的仔猪，其胃肠道能够直接摄取大量的大分子物质例如免疫球蛋白，使仔猪血清中抗体滴度与母猪十分相近(Holland，1990)，而且抗体的图谱与母猪并没有差异(Bourne，1977)。吸收的抗体在血液中循环，为机体提供了短期的系统性的被动免疫保护。然而，新生仔猪被动获得的抗体，其所有组成成分必然局限于母猪曾经接触感染过的抗原和已经发育的记忆性B细胞(Porter，1986)。初乳中最主要的免疫球蛋白是IgG，它与来源于血清的免疫球蛋白G属于同一类型(Jensen 和 Pedersen,1979;Bulter 和 Brown,1994)。来自于血浆和在乳腺内合成(Bourne 和 Curtis,1973)的免疫球蛋白 A(IgA)和 M(IgM)在初乳中的浓度要比 IgG 小很多(Jensen 和 Pedersen,1979;Bulter 和 Brown,1994)。

肠道对大分子物质的胞饮作用是没有选择性的,并且在出生后的 48 h 内逐渐停止(称作肠道关闭),到 48 h 的时候完全封闭(Murata 和 Namioka,1977;Westrom 等,1984)。这样会阻止大分子的免疫球蛋白的吸收,但是同时也有利于阻止可能在实质上是抗原或致病性大分子的吸收。在初乳形成以后,随着泌乳的进行,常乳中的免疫球蛋白的特性发生变化,这种变化反映出其合成部位发生了变化,常乳中大部分的免疫球蛋白来源于乳腺的内部合成(Stokes 等,1992;Salmon,1999)。这种变化使常乳中总的免疫球蛋白浓度降低,且相对浓度也发生了改变,IgA 占据主导地位(Jensen 和 Pedersen,1979;Stokes 等,1992;Bulter 和 Brown,1994;Salmon,1999)。这些变化与肠道的封闭是同时进行的,并且标志着母体来源的免疫球蛋白对仔猪主要功能的改变。

在肠道封闭之前,未被吸收的母源免疫球蛋白的第二个功能是提供局部的被动保护,以免受到到达肠道粘膜的致病性因子的损害。在肠道封闭以后,这就变成了母源免疫球蛋白最主要的功能。可是,IgG 抗体在粘膜表面是相对无效的(Gaskins 和 Kelley,1995;Gaskins,1998),而 IgA 能够极大地抵抗消化和细菌蛋白水解酶的作用,并且结合到粘膜的组成成分上(Kerr,1990),并在粘膜周围非常有效地结合抗原,阻止细菌和病毒在粘膜表面的附着和感染,并且能中和细菌的肠毒素(Poster,1986;Kagnoff,1993;Salmon,1999)。虽然 IgM 在初乳和常乳中含量较少,但它仍然粘附到上皮表面的粘膜层,从而提供局部的被动免疫,这样 IgM 特别适合于对付肠腔内的致病源(Salmon,1999)。

与系统的被动免疫相比,局部的被动免疫提供的保护只是针对母猪已经感染过的和已经建立了主动免疫的抗原。初乳和常乳中的其他保护性因子,如乳铁蛋白和乳酸过氧化物酶,也发挥了非特异性的抗菌功能,但这些因子不在本章讨论的范围内,读者可以直接查阅最近的文献综述(Chierici,2001;van der Strate 等,2001;van Hooijdonk 等,2000;Wagstrom 等,2000)。所有形式的被动免疫保护延续到整个哺乳期,仔猪断奶使这种免疫保护出现了一个巨大的缺口,关于这个问题本章稍后再进行讨论。

10.3 肠道免疫系统

肠道上皮组织在仔猪的免疫系统及其环境之间提供了一个广泛又复杂的界面,上皮组织一方面吸收营养物质,同时提供了抵抗大量摄入抗原时的屏障。这道屏障是由位于上皮细胞下面的基底膜、上皮细胞本身、细胞间的紧密连接和细胞上的糖被(glycocalyx)所组成(Kagnoff,1987;Perdue,1999;Podolsky,1999)。除了其屏障功能,上皮组织还行使监测功能,通过产生细胞因子对肠腔内的内容物与粘膜免疫系统进行信息交流(Gaskins,1998;Perdue,1999;Lu 和 Walker,2001;Sanderson,2001)。上皮组织的杯状细胞提供了一种天然的防御,杯状细胞分泌的粘蛋白和三叶肽形成了一种弹性凝胶覆盖在粘膜表面,从而提供了一种屏障,保护粘膜不受肠腔中细菌和抗原的损害(Kindon 等,1995;Podolsky,1999;Deplanke 和 Gaskins,2001)。三叶肽还可以应用于粘膜的修补以及防止损伤(BaByatsky 等,1996;Playford,1997;Podolsky,1999)。另外一个天然的防御机制是由上皮组织的潘尼氏细胞(Paneth cell)来执行的,它分泌抗菌肽到肠腔中,形成一种防止细菌定殖的生化屏障(Ouellette,1999;Zhang 等,2000)。上皮细胞从隐窝持续而快速地移动,最后从绒毛上脱落到肠腔中,这样可以除掉被损害或被感染的细胞,并且提供了一种粘膜损伤后快速修复的机制(Podolsky,1999)。肠道免疫系统是脊椎动物最大的免疫器官,提供了更深层次的防护(Gaskins,1998;Kraehenbuhl 和 Neutra,1992)。肠道粘膜大约有 25%是由淋巴组织组成的,这些淋巴占整个机体淋巴组织的 50%(James,1993)。

肠道淋巴组织,通常简称为 GALT,含有 3 个主要的淋巴层,包括:①留在固有层和上皮层的弥散性的或非组织性的细胞(固有层粒细胞和上皮内 T 淋巴细胞);②高度组织化的淋巴滤泡的集结,如派伊尔淋巴集结(Peyer's patches)和淋巴结;③分散的淋巴滤泡体或者是小的淋巴滤泡集结(Kagnoff,1987;Gaskins,1998)。有 20~30 个分散的派伊尔淋巴集结分布在猪的空肠和回肠上端,这些淋巴集结在刚刚出生后的时期,数量上只是轻微增加但是在大小和细胞构成上却显著增长(Pabst 等,1988;Stokes 等,1994)。存在于回肠远端的一个连续的集结,能够延伸到 2.5 m,不过大约在 1 周岁的时候退化(Pabst 等,1988;Stokes 等,1994)。

抗原的转运功能是由专门的称之为 M 细胞的抗原转运细胞来完成的,M 细胞存在于上皮组织的淋巴滤泡,如派伊尔淋巴集结的上面(Neutra 等,1980;Neutra,1999;Kreahenbuhl 和 Neutra,2000)。M 细胞有效地内吞和转运肠腔中的抗原,如细菌和病毒,然后又与位于淋巴滤泡下面的 APCs 相互作用,成为一个抗原采集点(Neutra 等,1980;Neutra,1999;Kreahenbuhl 和 Neutra,2000)。APCs 将抗原处理成免疫抗原肽,然后将其呈递给 MHCⅡ 分子连接起来,最后呈递给辅助性 T 淋巴细胞。抗原的呈递过程引起 T 细胞分泌淋巴因子,淋巴因子诱导 B 淋巴细胞在淋巴滤泡里进行专门的免疫球蛋白类型的转变,从而产生单独的一类抗体。由于滤泡微环境中不明因子的存在,B 细胞在派伊尔淋巴集结内类别的转换倾向于 IgA(Kagnoff,1987,1993)。

在进入系统循环之前，一部分激活的T细胞和B细胞从派伊尔淋巴集结内移出，穿过整个淋巴系统，于是又回到小肠的固有层和上皮区域内(Kagnoff，1987；Thiele，1991；Gaskins 和 Kelley，1995；Corthey 和 Kraehenbuhl，1999)。一旦回到固有层，激活的B细胞分化成浆细胞，后者分泌大量的IgA抗体，这个过程由细胞因子(例如 TGF-β、IL-4、IL-5 和 IL-6)调控，这些细胞因子是由辅助性T淋巴细胞在应答与抗原的再次刺激时产生的(Corthesy 和 Kraehenbuhl，1999)。

由固有层内的浆细胞产生的IgA与小肠上皮细胞基底部表面的特异性受体结合，被结合的IgA经过胞饮和胞转作用穿过细胞被释放到肠腔中，保留了受体的一个断裂的部分，该部分称作促分泌性组分(Solari 和 Kraehenbuhl，1985；Kerr，1990；James，1993)。促分泌性组分的存在稳定了抗体的结构，称作分泌型IgA，这个过程增加了抗体对蛋白水解酶的抗性(Lindh，1975；James，1993)，使它特别适合在肠腔中发挥活性。分泌型IgA主要在粘膜表面发挥作用，IgA在粘膜表面与抗原结合，并阻止细菌和病毒对上皮细胞的感染(Williams 和 Gibbons，1972；Kagnoff，1987，1993；Kraehenbuhl 和 Neutra，1992)。还有实验证明，分泌型IgA能够在固有层作用于抗原，并被排出到肠腔中(Kaetzel 等，1991；Mazanec 等，1993)。

与其他的免疫球蛋白相比，无论是参与补体反应还是直接的抗体细胞毒性免疫应答，二聚体IgA的另外一个特征是针对非炎症性的(Kagnoff，1987，1993)。既然通常存在于肠腔中的大量的抗原可能是无害和没有致病性的，在粘膜表面占主要地位的免疫球蛋白通过对抗原结合和排除来行使功能，而不是引发粘膜的炎症反应，从专业的角度来说，这是合理的(Kagnoff，1987，1993)。

除了专门的APCs外，假定肠腔内抗原向免疫系统的递呈和处理过程是通过小肠上皮细胞表达的MHC Ⅱ类分子进行的(Bland 和 Warren，1986a，b；Hoyne 等，1993；Kaiserlian，1999)。尽管已经表明上皮细胞有MHC Ⅰ型和Ⅱ型抗原的存在(Olivier 等，1994)，但是它们在抗原呈递过程中的作用仍然有异议(Dvorak 等，1987；Vega-López 等，1993，1995；Chianini 等，2001)。

10.3.1 肠道炎症

除了由上述的天然屏障和分泌型IgA提供的保护之外，肠上皮细胞也能通过跨细胞转运作用转运一小部分的肠腔抗原物质到下层组织(Wheeler 等，1993；Heyman，2001)。与此相似，肠道的致病源和抗原性物质也能够通过细胞旁路途径入侵上皮组织和下面的固有层，在肠道粘膜缺乏抵抗力的时候，如肠道感染和炎症反应期间更是如此(Heyman，2001)。

上皮单细胞层分散着一群异源的上皮内T淋巴细胞。虽然也存在所谓的双阴性T细胞(既不表达$CD4^+$表面抗原也不表达$CD8^+$表面抗原)，特别是在刚刚出生的时候，但是这些 T 淋巴细胞还是有细胞毒性作用的（Vega-López 等，1993，2001）。上皮内 T 细胞，在成年猪体内占所有肠道淋巴细胞的 50%（Vega-López 等，2001），能够介导抗体依赖性和直接的细胞毒性作用（stokes 等，1994；MacDonald，1999），并且由于其靠近肠腔，所以能够潜在地影响和调节免疫应答（Vega-López 等，2001）。虽然上皮内 T 细胞的功能还不十分清楚，但是猜测它们可能通过破坏损伤的、病毒感染的或者寄生的上皮细胞来保持上皮的完整性（Kraehenbuhl 和 Neutra，1992；MacDonald，1999），或者通过免疫应答期间产生细胞因子来促进上皮细胞的生长和更新（Mowat 和 Viney，1997）。

固有层定居着范围很广的分散性的免疫细胞，如 T 淋巴细胞、形成抗体的 B 淋巴细胞和浆细胞、巨噬细胞、树突状细胞、柱状细胞、嗜酸性细胞、中性粒细胞以及具有生物活性的成纤维细胞（Kagnoff，1987；Gaskins 和 Kelley，1995；Gaskins，1997）。6 月龄猪的 T 细胞在固有层的分布有明显的差别（Vega-López 等，1993；Olivier 等，1994），细胞毒性（$CD8^+$）T 细胞一般位于上皮组织内或者周围，而辅助性（$CD4^+$）T 细胞一般分布在较深的固有层。这种分布对形态发育和功能的重要意义现在还不确定。

出现在固有层的抗原物质由于上皮屏障的阻断而被固有层中的 APCs，如树状细胞和巨噬细胞进行处理（Stokes 等，1992，1996；Iwasaki 和 Kelsall，1999；Haverson 等，2000）。在 APC 转移到肠系膜淋巴结以后，抗原就在 MHC Ⅱ类和协同刺激分子的作用下，作为免疫源性肽被呈递给固有层内的辅助性 T 淋巴细胞或成熟的树状细胞（Haverson 等，2000；Guermonprez 等，2001）。辅助性 T 淋巴细胞对抗原的识别引起了一系列细胞因子的分泌和激活（Murtaugh，1994；Wood 和 Seow，1996）。肠系膜淋巴结内已经激活的 T 细胞在感应到炎症信号后，增殖并移动到粘膜与抗原特异性的 B 细胞相互作用（Jenkins 等，2001）。激活的 T 淋巴细胞释放的细胞因子招集和进一步激活更远的淋巴细胞和先天性免疫系统的细胞成分，如嗜酸性粒细胞、中性粒细胞以及固有层的柱状细胞，它们依次产生促炎症反应细胞因子（例如 IL-1、IL-4、IL-8、IFN-γ、TNF-α 以及单细胞克隆因子），中性转运载体及其他促炎症反应的介质，如补体、一氧化氮、粒细胞蛋白，执行或者辅助抗菌功能（Murtaugh，1994；Elwood 和 Garden，1999；Miller 和 Sandoval，1999；Zhang 等，2000）。

促炎症反应的细胞因子和其他的介质在粘膜内产生了一系列的反应，如诱导巨噬细胞基质中金属蛋白酶的表达，这样就可以破坏粘膜内的协助元素；诱导 APCs 细胞内 MHCⅡ的表达；增加进入肠腔的离子分泌；增加上皮细胞的渗透性；诱导杯状细胞的分化和隐窝细胞的有丝分裂等（MacDonald 和 Spencer，1988；Gotezl 等，1996；Elwood 和 Garden，1999；Ferreia 等，1990；Pender 等，1997；MacDondald 等,1999;Monteleone 等,1999)。肠道粘膜炎症反应过程的本质并不是本章的重点,先前的解释非常简单。肠道的生理和免疫过程意味着免疫细胞与非免疫细胞以及细胞间质之间存在着非常复杂的互作关系,如果这些组分中的一个或者多个发生异常,就会导致病理性炎症反应,造成一种所有组成成分参加的 homeorhetic 反应(参看 Fiocchi,1997)。已经观察到断奶后仔猪肠道炎症反应的证据(McCracken 等,1999),这一点将在本章的后面阐述。

10.3.2 耐受性

胃肠道免疫系统一直不断地从肠腔中采样抗原物质,这些物质中大部分都是饲料蛋白。对于肠道免疫系统来说,能够区分饲料来源的抗原和来自于致病性细菌的抗原是十分重要的,对于饲料来源的抗原就必须产生免疫耐受,而对于细菌来源的致病性抗原就必须进行有效的免疫应答。如果免疫系统不能对此进行很好地鉴别的话,将会造成对无害抗原不恰当的免疫应答,这样就会产生对饲料成分的过敏反应。也有这样的事实,肠道免疫系统对栖生在肠道的无害细菌产生了免疫耐受性(Duchmann 等,1995,1996),这样的紊乱状态是慢性肠道炎症反应的发展与维持的关键(Duchmann 等,1997)。

诱导免疫耐受性的最普遍的例子是给动物饲喂新的蛋白质抗原,当动物持续受到同一种抗原刺激时,就会造成免疫系统的敏感性降低(Challacombe 和 Tomasi,1980)。诱导免疫耐受性产生的机制仍是需要研究的课题,目前还不完全清楚;尤其是引起粘膜产生免疫耐受性的特定分子与细胞之间的相互作用以及它们的确切位置都还不清楚,粘膜免疫系统准确区分无害的和有害的抗原的机制也还不是很清楚(Bailey 等,2001a)。关于免疫耐受性最新研究的讨论,读者可以直接参看最近的文献(Strobel 和 Mowat,1998;Weiner,2000;Gerside 和 Mowat,2001)。

当粘膜接触到致病性抗原时,一般会引起局部或系统性的免疫系统的启动,然而接触到可溶性抗原时,最普通的是引起耐受性(Kagoff,1993;Strobel 和 Mowat,1998;Strobel,2001)。目前对耐受性的了解牵涉到一些可能的引发机制,如同源细胞过敏、同源细胞抑制或调节以及同源细胞缺失等(Strobel 和 Mowat,1998;Czerkinsky 等,1999;Strobel,2001;Bailey 等,2001a)。还有人建议,把 T 淋巴细胞的凋亡也作为一种粘膜的无反应性,这样可以得到保持的一种机制(Bu 等,2001)。有人认为,免疫耐受性产生和保持可能会涉及多种机制,这些机制中有很多并没有必要相互排斥(Strobel 和 Mowat,1998;Weiner,2000;Garside 和 Mowat,2001;Strobel,2001)。

抗原的处理和呈递可能是引起机体产生主动免疫或对抗原产生耐受性的一个关键性的决定因素。可溶性抗原可能是通过能表达 MHCⅡ的 APC 细胞处理和呈递给辅助性 T 淋巴细胞的,但并不是所有的辅助性刺激分子。通常产生免疫应答需要的分子[如 B7-1(CD80)或 B7-2(CD86)]都会造成同源性的过敏或免疫耐受性(Strobel,2001;Strobel 和 Mowat,1998)。表达 MHC Ⅱ的 APC 细胞可能会表达一种专门的抑制性受体(如与细胞毒性 T 淋巴细胞相关的抗原-4),这可能通过与调节性 T 细胞的相互作用(Toms 和 Powrie,2001)而引起耐受性(Bluestone,1997;Franwirth 和 Thomson,2002)。对于低剂量的抗原,耐受性可能是通过表达 MHC Ⅰ分子或非典型的Ⅰ型限制因子的非专门的 APCs 产生的,APCs 细胞将免疫性肽呈递给抑制性 T 细胞,产生一种剂量依赖性的 T 细胞介导的同源细胞的抑制(Strobel 和 Mowat,1998;Strobel,2001)。

T 细胞介导的免疫应答的调节或者抑制可能会受到转换性生长因子(TGF)-β,以及其他的免疫抑制性因子,如 IL-4 和 IL-10 的影响(Khoury 等,1992;Chen 等,1994;Friedman 和 Weiner,1994)。有趣的是,这些细胞因子还参与 B 细胞向 IgA^+ 的转变过程(Murray 等,1987;Defrance 等,1992;van Vlasselaer 等,1992),这与观察到的系统性耐受和体液分泌性的免疫应答能够同时发育的现象是一致的(Challacombe 和 Tomasi,1980)。

有一个意义重大的事实,即猪的肠道免疫系统能被很好地调节,而且可能比较偏重于对抗原粘膜耐受性的产生而不是主动免疫应答。体外试验显示,激活猪的 T 细胞能够引起免疫抑制性淋巴因子 IL-4、IL-10 以及 IL-2 的低水平分泌,这就表明免疫系统是优先引起耐受性和分泌性的免疫应答而不是细胞免疫(Bailey 等,1994,1998;Whary 等,1995)。还有一些研究证明,与离体的脾淋巴细胞相比,离体的猪固有层淋巴细胞只要被激活,就出现细胞凋亡数增加(Stokes 等,2001)。这种比较容易凋亡的特性与观察到的现象是一致的,也就是固有层的 T 细胞一般分化比较早,表明它处于一种记忆或刚被激活的状态(Haverson 等,1999),这就使得 T 细胞比较容易在激活以后凋亡(Salmon 等,1994)。进一步来说,在猪的固有层,有很多 MHCⅡ$^+$细胞都是非特异性的 APCs 细胞(如内皮细胞和嗜酸性细胞),这些细胞在不存在合适的辅助性刺激分子的情况下,会通过呈递抗原来引起过敏反应(Haverson 等,1994;Stokes 等,1996;Wilson 等,1996;Haverson 等,2000)。

耐受性的引起可能是由于很多免疫因子的复杂的相互作用引起的。目前对这些免疫因子只有部分了解。就像上面说的一样,如果不能使肠道粘膜免疫系统对无害的抗原产生耐受性,将会在固有层引起有效的免疫应答,造成肠道病理性的炎症反应。这种情况的一个例子就是对谷蛋白的不耐受造成了人的腹部疾病(Ferguson 等,1984)。在猪上,耐受性的产生过程被早期断奶扰乱了,这样就造成了对饲料蛋白包括豆粕蛋白的过敏反应(Miller 和 Stokes,1994;Bailey 等,2001a,b),这一点将会在后面讨论。能够支持这种假设的是,有报道称,在大鼠上断奶降低了耐受性产生的容易性(Strokes,1996)。

10.3.3 肠道免疫的发育

由于体内用于抗原呈递的肠道 MHCⅡ$^+$ 细胞以及用于诱导免疫应答的 CD4$^+$ 和 CD8$^+$ T 细胞的数量很低，一般认为新生仔猪在出生时，本质上是没有能力产生免疫反应的(Bianchi 等，1992；Vega-López 等，1995，2001；Pabst 和 Rothkotter，1999；Rothkotter 等，1999)。可是，在肠道中存在 T 细胞(可以表达特征性的 CD2$^+$ 表面抗原，因此被划分为 CD2$^+$ 细胞)，但是这些细胞既不表达 CD4 表面抗原，也不表达 CD8 表面抗原，因此是双阴性的表型 CD2$^+$、CD4$^-$ 和 CD8$^-$(Rothkotter 等，1991；Vega-López 等，1995，2001；Whary 等，1995)。也有其他报道认为，猪体内含有双阴性的 T 细胞(Pescovitz 等，1985；Saalmuller 等，1989；Binns 等，1992；Vega-López 等，1993)和双阳性的 T 细胞(Whary 等，1995；Zuckermann 和 Gaskins，1996；Zuckermann，1999；Solano-Aguilar 等，2001)，但其功能现在还不清楚。肠上皮内 T 细胞在出生的时候就存在了，大约占所有肠道 T 细胞的 40%，而且主要是双阴性表型(Chu 等，1979；Vega-López 等，2001)。出生时肠道中存在有少量的 IgA$^+$ 细胞和 IgM$^+$ 细胞(Bianchi 等，1992)。先天性免疫系统的组成成分在出生时也已经存在了，少量的巨噬细胞和粒细胞均匀分布在整个微绒毛和隐窝区域内(Vega-López 等，1995)，但是它们在功能上还没有完全成熟(Stokes 等，1992)。像前面所说的一样，尽管在回肠远端的派伊尔淋巴集结在大约 1 周岁时已经退化，但出生时空肠和回肠的上端就已经存在有派伊尔淋巴集结，且数量和位置大约与成年动物一样。

在仔猪出生后的一段时期内，因为猪接触到大量存在于环境中的抗原(有害的和无害的)，肠道免疫系统经历了明显的变化。多核白细胞和巨噬细胞的数量也在增加，并相对地向隐窝部位而不是固有层的微绒毛区域集中，并且在 5 周龄时达到成年猪的水平(Vega-López 等，1995)。尽管树状细胞的数量在出生后也同样增加，但是与巨噬细胞相比，树状细胞相对集中在固有层的微绒毛区而不是隐窝部分(Stokes 等，1992)。这是通过 MHCⅡ$^+$ 细胞的发育来证实的。到 1 周龄的时候，与固有层的隐窝部位相比，微绒毛区的 MHCⅡ$^+$ 细胞数量几乎是以前的 2 倍(虽然大部分还是在隐窝区)，并在出生后 5 周达到成年猪水平(Vega-López 等，1995)。固有层表面 APCs 细胞的区域性分布特征在功能上的意义直到现在还不清楚。

仔猪出生后，肠道粘膜淋巴细胞的分布发生了明显的变化，在出生后 4 周，固有层 T 细胞的数量增加了 1 倍(Rothkotter 等，1991；Stokes 等，1992)。对微生物抗原的接触极大地推动了这一变化过程，因为限制接触细菌的仔猪尽管也接触到了营养性抗原，但其肠道淋巴细胞只有很小的增加(Pabst 和 Rothkotter，1999；Rothkotter 等，1991，1994，1999)。到出生后第 5 天，固有层未发育成熟的 T 细胞开始分化为 CD4$^+$ 和 CD8$^+$ 亚型，到第 12 天其总的数量与 CD2$^+$ T 细胞的数量相等(Rothkotter 等，1994)。然而 CD4$^+$ 和 CD8$^+$ 亚型的 T 细胞表现出不同的发育模式，$CD4^+$亚型T细胞在出生以后立即迅速增加，而$CD8^+$亚型T细胞的数量则是在出生后5～7周以一种相对稳定的方式增长（Rothkotter等，1991；Bianchi等，1992；Stokes等，1992；Vega-López等，1995，2001）。到6月龄时，固有层的$CD4^+$和$CD8^+$T细胞在固有层内的分布呈现截然不同的形式，就像前面叙述过的一样，在固有层微绒毛区域的数量是隐窝区域数量的4倍（Vega-López等，1993）。

随着年龄和接触到的微生物抗原的数量的增长，上皮细胞内的T淋巴细胞的数量也显著增长，到5周龄时，上皮内的淋巴细胞大约占所有肠道淋巴细胞数量的50%（Rothkotter等，1999；Whary等，1999；Vega-López等，2001）。在生命的早期阶段，上皮细胞内积聚的淋巴细胞主要是$CD2^+$，而在生命的后期阶段才能检测到明显数量的$CD8^+$T淋巴细胞。在出生后的前5周，上皮内的T细胞的数量相对比较少，这样与缺少$CD8^+$T淋巴细胞合在一起，使得仔猪肠道比较容易受到感染（Vega-López等，2001）。大约到24周龄的时候，上皮内T淋巴细胞的数量才达到成年猪的水平。24周龄时，上皮内T淋巴细胞约有一半是$CD8^+$T细胞、一半是双阴性T细胞，也有一些颗粒淋巴细胞（Vega-López等，2001）。

仔猪出生后，在固有层B淋巴细胞对抗原刺激的应答中，出生后的6～28 d，产生IgA^+的浆细胞的数量迅速增加，大约到28日龄时就达到成年猪的水平（Brown和Bourne，1976）。IgM^+浆细胞的数量十分庞大，在4周龄以前比IgA^+细胞的数目多，但是到4周龄以后，IgA^+细胞占据主导地位（Brown和Bourne，1976；Allen和Potter，1977；Butler等，1981；Rothkötter等，1991；Bianchi和van der Heijen，1994；Pabst和Rothkötter，1999）。与T细胞相比，浆细胞比较多地集中在固有层的隐窝部位而不是微绒毛部分（Brown和Bourne，1976；Rthkötter等，1991；Pabst和Rothkötter，1999）。

派伊尔淋巴集结在出生后的时间内增大很多，在出生后的第38天，其长度大约增加了3倍（Pabst等，1988）。派伊尔淋巴集结的增大以及淋巴细胞的组成，至少部分是由环境条件例如疾病所造成的。无菌状态下生长的猪在出生后第38天，其回肠派伊尔淋巴集结只有稍微的增长，而空肠内的集结则没有变化（Pabst等，1988）。大约在6周龄时，传统方式饲养的猪，其派伊尔淋巴集结内最主要的淋巴细胞是B细胞，而无菌条件下饲养的猪，T淋巴细胞占主要地位（Pabst和Rothkötter，1989；Pabst和Rothkötter，1999）。

仔猪出生后，MHCⅡ$^+$APCs细胞以及$CD4^+$和$CD8^+$亚型T淋巴细胞快速增加，体现了仔猪在快速发育，且有直接识别抗原以及随后诱导小肠固有层有效的免疫应答的潜能。然而，仔猪通常在3周龄时开始断奶，其肠道免疫系统的组成与成年猪的组成差异很大。此时$CD4^+$T细胞与$CD8^+$T细胞的比率与成年猪中观察到的情况恰恰相反。在成年猪中，这个比率是小于1的，而对仔猪来说，由于这些T细胞亚型相对增殖的数量不一致，使得该比率大于1，这将会潜在地影响仔猪调节肠道免疫应答的能力(Miller 和 Stokes,1994)。进一步说,在断奶时,仔猪固有层和上皮细胞内淋巴细胞的绝对水平要远低于成年猪的水平,这将会造成肠道抵抗感染的免疫缺失(Vega-López 等,1995,2001)。由于母源供给的免疫球蛋白在这个时候停止了,它们在肠腔内的免疫保护也随即消失,使得粘膜比较容易受到条件性病原菌的感染,如溶血性大肠杆菌和轮状病毒(参看 van Beers-Scheurs 等,1992;Pluske 等,1997)。仔猪断奶后要面对许多来源的应激,仔猪必须要克服这些应激而尽量保持体内环境的稳定,因此,断奶对仔猪肠道免疫产生了重大的影响。

10.4 断奶对仔猪肠道免疫系统的影响

10.4.1 断奶概述

在现代养猪生产中,通常是在 2～4 周龄时进行断奶。断奶过程的基本特征是,使母猪与仔猪分离,仔猪马上完全停止吸吮乳汁;把仔猪转移到保育舍(在仔猪进入保育舍之前,必须对保育舍进行彻底清洁和消毒,同时舍温保持在适宜温度);将不同窝的仔猪混合饲养(分栏是完全随机的,或者根据体重或者性别进行分栏);提供高营养浓度的配合日粮,这些日粮是干的(颗粒或者粉状)或者是液体形式的,必须放在容易看到的饲喂器里面;采用专门的饮水器进行自由饮水;提供电解质溶液。这种断奶方式与自然状态下的断奶形成了鲜明的对比。在自然状态下,仔猪逐渐减少采食母乳,一般在 15～22 周龄时才停止(Jensen 和 Stangel,1992),在这段时间内,仔猪学会了觅食来补充营养需要,并且最终取代逐渐减少的母体营养的供应。

目前大部分的商业化条件下,在世界范围内实行的断奶措施一般会造成仔猪的生长瓶颈,其特征是饲料采食量低、增重很少或者失重、偶然腹泻、发病甚至死亡(参看 Pluske 等,1995)。这种影响一直持续到断奶后 14 d。与没有断奶的同日龄仔猪相比,在这段时间内断奶仔猪生长性能降低了 25%～40%(Musgrave 等,1991;Pajor 等,1991)。造成这种现象的原因很多,营养性的应激:母乳的消失以及要面对新的饲粮;心理应激:母猪被赶走,栏舍发生变化与混栏,对断奶饲粮的性质不熟悉;环境应激:环境温度的波动,空气中的粉尘以及环境抗原等。

断奶生长瓶颈的另外一个更深层次的原因可能是免疫应激的影响。由于动物的免疫状态受到营养、心理以及环境因子的改变的影响(Kelley,1980),免疫应激渗透着所有这些变化的影响,形成了断奶后生长停滞的第二个潜在原因。促炎症反应细胞因子如 IL-1、IL-6 以及 TNF-α 是这种影响的主要介质,通过它们对蛋白质、脂肪和碳水化合物中间代谢的调节,抑制了自由采食量,刺激了肝脏在急变期蛋白质的合成以及影响了的生理和行为。这种免疫应激抑制动物生长的观点已经确定(Kelley 等,1994;Johnson,1997)。

10.4.2 肠道形态的变化

小肠绒毛萎缩和隐窝超常增生是断奶后仔猪的特征性变化(参看 Kelly 等,1992;Pluske 等,1997)。21 d 断奶的仔猪,在断奶后 24 h 之内,绒毛的高度迅速降低,减少到大约是断奶前绒毛高度的 75%,尽管萎缩的速度比较慢,但这种绒毛萎缩一直持续到断奶后 5 d 才停止(图 10.1;Hampson,1986)。在断奶后 11 d 内,隐窝以一种比较慢的速度在增生,这就意味着上皮细胞有丝分裂的增加(Hampson,1986)。也有报道认为,断奶以后微绒毛的长度也降低(Cera 等,1988)。经历了断奶的小肠,新生仔猪典型的又细又长的微绒毛,变成了成年猪所特有的短舌状或叶子形状的微绒毛。在天然的情况下,这种转变将会在一个逐渐的断奶过程中缓慢进行,但现代养猪生产中,所使用的突然的断奶方法引起了小肠绒毛形态的剧烈变化。

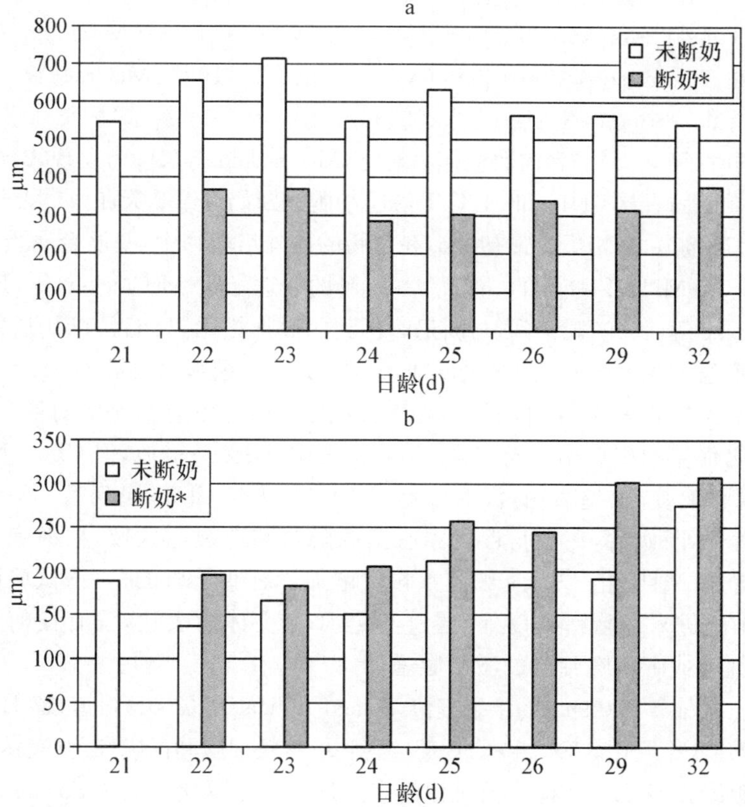

图 10.1 21 日龄断奶仔猪与未断奶仔猪 2%小肠处的微绒毛高度(a)和隐窝深度(b)的比较

* 断奶仔猪与未断奶仔猪之间差异显著($p<0.001$)。

资料来源:Hampson,1986。

断奶对肠道结构的不良影响可能与断奶后 4～5 d 内刷状缘上酶(如乳糖酶、异麦芽糖酶和蔗糖酶)的活性降低有关(Hampson 和 Kidder,1986;Miller 等,1986)。刷状缘酶活性的降低以及肠道吸收面积的减少,可能会损害断奶后仔猪小肠的吸收功能。这一点已经在一些研究中通过测定标准剂量的右旋木糖(Miller 等,1984a,b;Hampson 和 Smith,1986)、丙氨酸(Smith,1984;Miller 等,1986)以及含有葡萄糖和电解质的溶液(Nabuurs 等,1994)的吸收状况得到证实。然而,与这些结果相反的是,Kelly 等(1990,1991a)和 Pluske 等(1996c)却发现,断奶后微绒毛吸收木糖的能力并没有降低。不过,肠道吸收能力的降低可能是断奶后生长停滞严重程度的关键性决定因素,有报道认为,断奶后生长速度与小肠绒毛高度之间存在高度相关(Li 等,1991b;Pluske 等,1995,1996b)。

10.4.3 肠道免疫系统的激活

断奶时肠道免疫系统的激活在很多动物上都有报道,包括鼠(Cummins 等,1988a,b,1991;Thompson 等,1996;Masjedi 等,1999)、人(Machado 等,1994;Cummins 和 Thompson,1997)和猪(Vega-López 等,1995;McCracken 等,1999;Pluske 等,1999;Solano-Aguilar 等,2001)。

以断奶时(第 0 天)得到的数据作为对比,McCracken 等(1999)发现,21 日龄断奶的仔猪,其空肠固有层 $CD4^+$ 和 $CD8^+$ T 淋巴细胞在断奶后第 2 天和第 7 天分别增加。这些研究者还报道,断奶后的最初 7 d,在空肠的体外培养物中,基质金属蛋白酶活性的表达增加,而 MHC Ⅰ 和 Ⅱ 的 mRNA 在空肠的表达降低(McCracken 等,1999)。相似的是,Pluske 等(1999)观察到,与断奶时得到的数据相比,21 日龄断奶后的 24 h 之内,空肠固有层 $CD4^+$ T 细胞的数量增加,但是 $CD8^+$ T 细胞的数量没有变化。

与这些结果相反,Vega-López 等(1995)报道称,与没有断奶的对照仔猪相比,21 日龄断奶仔猪断奶后第 4 天,其固有层 T 细胞($CD2^+$)增加,但 $CD4^+$ 和 $CD8^+$ T 细胞的数量没有变化,这表明,浸润细胞是 $CD2^+CD4^-CD8^-$ 表现型。Vega-López 等(1995)发现,断奶后,在小肠近段固有层的隐窝和微绒毛区域,粒细胞与巨噬细胞的比值增加,MHC $Ⅱ^+$ APCs 细胞数量也增加。有些矛盾的是,该试验除了观察到有免疫细胞进入仔猪粘膜以外,通过测定 IL-2 受体的表达,没有任何证据证明断奶后 T 细胞或者巨噬细胞的激活数增加。

与 Vega-López 等(1995)的结果相似,Solano-Aguilar 等(2001)报道,17 日龄断奶的仔猪在断奶后 1 个月内,$CD4^+$ 和 $CD8^+$ T 细胞、单核粒细胞和巨噬细胞(表达 SWC3 表面抗原的细胞)以及 SLA-DQ 表面抗原的表达逐渐发生变化。但在 Solano-Aguilar 等(2001)的研究没有与未断奶仔猪作比较,由于淋巴细胞产量的局限性使采样不规律,因此,区分与年龄和断奶相关的变化有问题。同样地,由于两次采样的间隔很长,以及在很多情况下缺少断奶时的数据,确定紧接断奶后的时间内(即断奶后 1～7 d)免疫活性随时间变化的规律是十分困难的。在这个试验中,断奶前最后一次采样是在断奶前的

6 h,断奶后的第一次取样是在断奶后的第1天。既然能够观察到断奶后24 h内免疫指标(例如T淋巴细胞和MHC mRNA表达)的明显变化(McCracken 等,1999;Pliske 等,1999),要说明肠道免疫系统在断奶后动力学变化就需要及时准确的采样。然而Solano-Aguilar 等(2001)的试验仍然提供了大量有用的数据,这些数据描述了断奶后1个月内粘膜淋巴细胞亚型的相对长期的变化。

在一个系统的水平上把断奶时肠道免疫系统的激活与代谢性的炎症反应结合起来,McCracken 等(1995)发现,断奶后绒毛高度与隐窝深度的比率马上降低通常伴随着血浆中促炎症反应细胞因子IL-1、急变期的纤维蛋白素原和胰高血糖素浓度的增加,肝脏重量也增加,这些变化与急变期的反应是相关的。

确定断奶时免疫系统激活的原因,已经成为寻找改善断奶过程对仔猪生理反应的核心。在本节中,有两个主要的假设:①在断奶阶段,仔猪的厌食症损害了肠道的完整性,使得肠腔中的抗原能够穿过上皮细胞屏障在固有层引发免疫应答。②断奶时肠道免疫系统还处于一种未发育完全的状态,这不利于肠道区别有害的和无害的抗原,然后产生恰当的有效的免疫应答。我们下面将要讨论这些假设。

10.4.3.1 上皮的屏障功能

断奶后短暂性的厌食在现代养猪生产中是普遍存在的。断奶以后仔猪的饲料采食量变异非常大。尽管断奶到采食的时间间隔从0到断奶后4 d不等,有报道说27日龄断奶的仔猪在断奶后要平均15 h才开始采食(Bruininx 等,2001)。在一个对几组数据的总结中,Le Dividich 和 Herpin(1994)发现,21日龄断奶仔猪的采食量要到断奶5 d后才能满足其维持所需要的代谢能,并且断奶后2周仔猪摄入的代谢能才能达到断奶前的水平。

越来越多的事实支持这样一种观点,即肠腔内的营养成分是决定小肠结构和功能的关键。例如,与提供肠腔养分的仔猪相比,通过肠道外提供营养物质造成下列问题:小肠微绒毛萎缩和隐窝深度减少(Park 等,1998;Ganessunker 等,1999;Burrin 等,2000),空肠和回肠固有层的 $CD4^+$ 和 $CD8^+$ T细胞的数量增加,回肠MHCⅡ mRNA的表达量以及空肠杯状细胞数量增加(Ganessunker 等,1999),上皮细胞有丝分裂减少(Burrin 等,2000),粘膜蔗糖酶和乳糖酶的特异性活性降低(Park 等,1998),以及肠道内蛋白的负增长(Stoll 等,2000)。用小鼠做实验动物进行的研究表明,采用全部的肠外营养,增加了肠道上皮的通透性和细菌跨过上皮细胞屏障的易位,而这种影响可以通过提供肠腔内的养分供应来防止(Omura 等,2000;Mosenthal 等,2002)。在断奶后的仔猪上也可以观察到相同的特征,由此可以推断,就像Kelly 等(1984)以及McCracken 和 Kelly(1984)的研究结果一样,断奶后肠腔所获得的养分水平在决定仔猪肠道结构和功能上可能起关键作用。

很多研究都阐述了采食量对仔猪肠道粘膜的影响(Kelly 等,1984,1991a,b;McCracken 和 Kelly,1984;Pluske 和 Williams,1995;Nunez 等,1996;Pluske 等,1996a,b,c;McCracken 等,1999;Spreeuwenberg 等,2001;Verdonk 等,2001a,b)。总的来说,这些研究都表明,肠腔营养物质的减少会造成肠道粘膜的萎缩,而这种粘膜萎缩可以通过给肠腔持续供应营养物质得到改善。而且由此可以推断,断奶仔猪暂时性的厌食症将会损害肠道的屏障功能,允许肠腔抗原渗透到固有层,并引起肠道的炎症反应,这将会加剧肠道形态受到进一步损害(McCracken 等,1999)。

与上述推论一致的是,Verdonk 等(2001a)观察到,26 日龄断奶仔猪断奶后 2 d 内,跨细胞转运而不是细胞内转运增加,这种现象持续到至少断奶后第 4 天,同时,微绒毛高度在断奶后特征性地减少,隐窝深度增加。Verdonk 等(2001a)也指出,在断奶以后,与保持较高水平的营养物质采食量的仔猪相比,采食低水平营养物质的断奶仔猪,其跨细胞转运明显增加,小肠近端微绒毛高度降低。Spreeuwenbrug 等(2001)也报道了相似的结果,作者总结指出,26 日龄断奶的仔猪在断奶后 2 d 内,减少断奶时的肠道刺激和应激会对猪的小肠屏障功能不利。与研究中观察到的跨细胞转运的增加相当,固有层隐窝处 $CD8^+$ T 细胞大量增加,而 $CD8^+$ T 细胞与跨细胞转运和胞内转运呈正相关(其转运量可通过分别测定 GlySar 和甘露醇的转运来计算),以及 $CD4^+$ T 细胞数量大量减少,造成 $CD4^+$ 与 $CD8^+$ T 细胞的比率显著减少(表 10.1)。Spreeuwenbrug 等(2001)注意到,这些变化与肠道微绒毛的萎缩是同时进行的,微绒毛的高度以及微绒毛高度与隐窝深度的比率与固有层 $CD8^+$ T 细胞的数量呈负相关,并且与固有层 $CD4^+$ T 细胞的数量也呈负相关趋势。总的来说,这些结果意味着断奶后较低的营养摄入量会损害小肠上皮细胞之间的紧密连接,增加了跨上皮转运的通透率,潜在性地使肠腔抗原容易进入到固有层,并在那里引起有效的免疫应答。

表 10.1 断奶后饲喂液态代乳粉仔猪的小肠跨上皮转运和 T 淋巴细胞亚型(Spreeuwenburg 等,2001)

断奶后天数	跨上皮转运			T 淋巴细胞亚型			
	n	GlySar	甘露醇	n	$CD4^+$	$CD8^+$	$CD4^+$: $CD8^+$
		10～6 cm/s			$n/10^6$ mm^2 隐窝固有层		
0	12	16.6	6.6^b	12	216	117	2.2^a
1	12	15.6	8.1^b	18	125	116	1.1^c
2	12	16.8	12.2^a	18	195	168	1.4^{bc}
4	12	19.8	11.9^a	18	226	167	2.0^{ab}
SEM		152	0.88		30.7	28.9	0.26
模型的 P 值		NS	0.01		NS	NS	0.05

^{a,b,c}表示在同一列中标记不同字母者有显著差异。NS 表示差异不显著($p>0.05$)。

McCracken 等(1999)也报道了相似的结果,他们在实验中观察到,21 日龄断奶的仔猪在断奶后 2 d 内,其固有层中 $CD4^+$ 和 $CD8^+$ T 细胞增加(图 10.2),这与微绒毛高度的减少是一致的。与刚断奶时观察到的微绒毛高度相比,此时的微绒毛高度大约是刚断奶时的 65%。这种变化伴随着基质金属蛋白酶的基质降解酶表达的增加，这种降解酶在断奶后第 4 天达到峰值，意味着促炎症反应的基质金属蛋白酶的表达与断奶仔猪的肠道萎缩有关。McCracken 等(1999)还观察到，断奶当天 MHCⅠmRNA 的表达降低，这是由断奶应激导致血浆皮质醇水平增加造成的，这一点与 Wu 等(2000)观察到的结果相同。在 McCracken 等(1999)的试验中，在断奶后 7 d 内没有发生通常在炎症反应过程中发生的 MHCⅠmRNA 表达增加的现象，但作者认为这可能反映了皮质醇诱导的、对可以激活 MHCⅠ基因表达的 AP-1 转录因子的抑制，因为断奶后皮质醇的波动直到断奶后 2～8 d 才会降低(Wu 等,2000)。

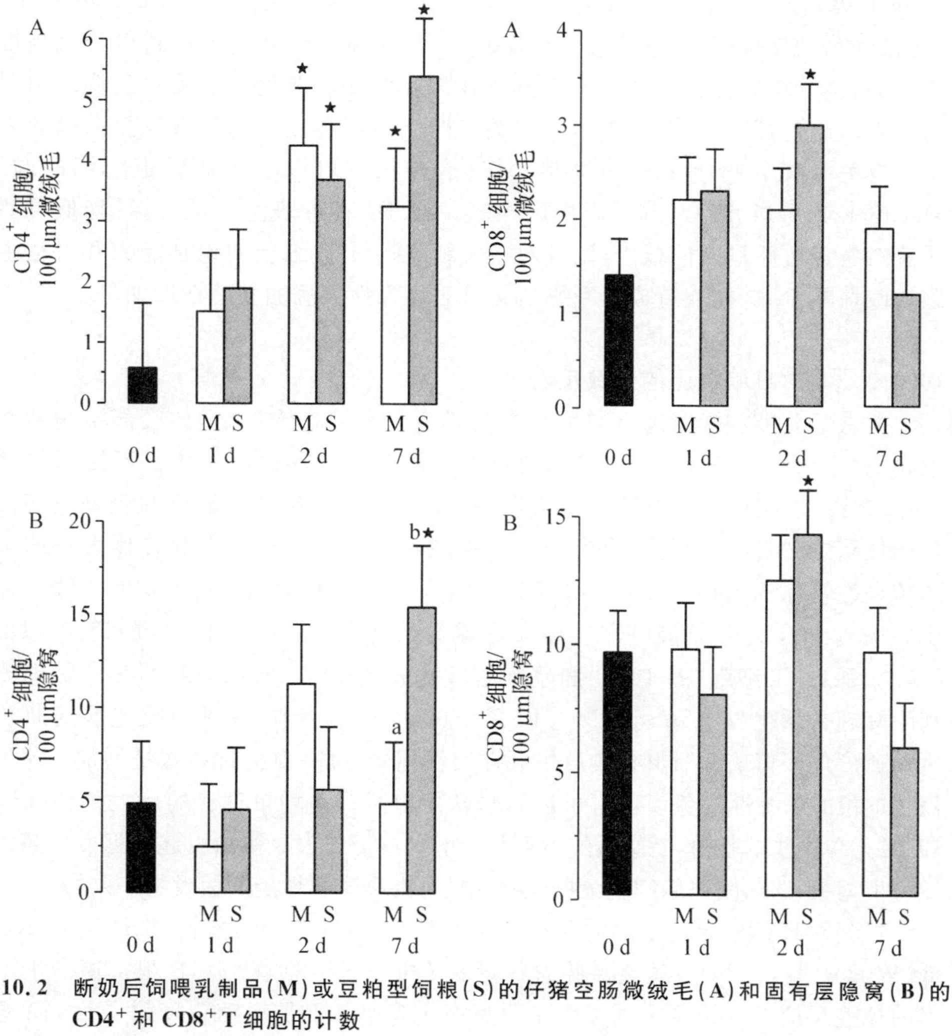

图 10.2　断奶后饲喂乳制品(M)或豆粕型饲粮(S)的仔猪空肠微绒毛(A)和固有层隐窝(B)的 $CD4^+$ 和 $CD8^+$ T 细胞的计数

★表示与断奶当天相比差异显著($p<0.05$)；字母不同代表 M 组和 S 组差异显著($p<0.05$)。
资料来源：McCracken 等，1999。

Pluske 等(1999)也报道过与 McCracken 等(1999)和 Spreeuwenbrug 等(2001)相似的研究结果。Pluske 等(1999)观察到,28 日龄断奶的仔猪,在断奶后 24 h 内固有层 $CD4^+$ T 细胞的数量增加,但是与断奶时观察到的情况相比,$CD8^+$ T 细胞数量并没有发生变化。$CD8^+$ T 细胞的扩张与激活意味着引起了细胞免疫应答,这将会促进各种促炎症反应细胞因子,如 INF-γ 和 TNF-α 的分泌,这些细胞因子支撑着炎症反应并且造成胃肠道组织的损伤(MacDonald,1999)。用这种方式进行的 T 细胞的激活,意味着能够引起隐窝的超常增生、微绒毛的萎缩以及金属蛋白酶对细胞内基质蛋白的降解(MacDonald 和 Spencer,1988;Ferreira 等,1990;Pender 等,1997;MacDonald 等,1999;Monteleone,1999)。在 Spreeuwenbrug 等(2001)的数据中,$CD8^+$ 以及较少程度的 $CD4^+$ T 细胞的数量与肠道微绒毛高度呈负相关,这就意味着厌食诱导了 T 细胞亚型在断奶后肠道粘膜萎缩的病理情况下的扩张。而且,McCracken 等(1999)关于断奶后厌食症与基质金属蛋白酶的表达增加有关的观点阐明了一种机制,通过这种机制可以介导猪肠道组织的改型。McCracken 等(1999)观察到断奶后 MHC Ⅰ mRNA 的表达降低,这种降低可能意味着对病毒抗原呈递的减少,以及对相关细胞毒性 T 细胞的识别能力和对宿主细胞的破坏减少,这样就造成了断奶后肠道对病毒性疾病的易感性增加。

10.4.3.2 对日粮抗原的过敏反应

微绒毛萎缩和隐窝超常增生与在断奶后人类的食物过敏,如腹部疾病的情况很相似(Ferguson 等,1984),其原因可能是肠道对日粮抗原做出了不恰当的粘膜免疫应答而引起的。在断奶后的仔猪,经常可以看到对日粮抗原的免疫应答。给断奶仔猪饲喂含有大豆蛋白的饲粮,会造成血清抗大豆球蛋白和 β-伴大豆球蛋白的特异性抗体的出现(Wilson 等,1989;Li 等,1990,1991a,b;Dreau 等,1994)。断奶后采食含有大豆球蛋白和 β-伴大豆球蛋白的大豆蛋白日粮时,肠道中 $CD2^+$、$CD4^+$、$CD8^+$ T 细胞(图 10.3)和浆细胞(Dreau 等,1995)的密度增加,微绒毛萎缩和隐窝超常增生(Dreau 等,1994;Li 等,1990,1991a,b)。这种免疫应答与断奶后生长速度的下降有关,同时,皮肤出现迟发性超敏反应,血清抗体水平增加。这种对豆粕饲粮的系统性的免疫应答可以解释断奶以后仔猪增重存在的巨大差异(Li 等,1990)。在这些试验中,断奶后的增重与注射到皮下的大豆蛋白引起的迟发性超敏反应呈负相关,这与断奶后细胞免疫应答会损害动物生长性能的假设是一致的。

仔猪对日粮中大豆蛋白的免疫反应最明显,随着年龄的增长,抗体反应逐渐降低(Wilson 等,1989)。这就意味着仔猪的免疫系统特别容易对日粮抗原产生不恰当的免疫反应。大豆蛋白诱导的主要免疫应答通常不是启动免疫耐受性,而是随后才出现免疫耐受性。与那些没有接触过大豆蛋白的仔猪相比,在接触过大豆蛋

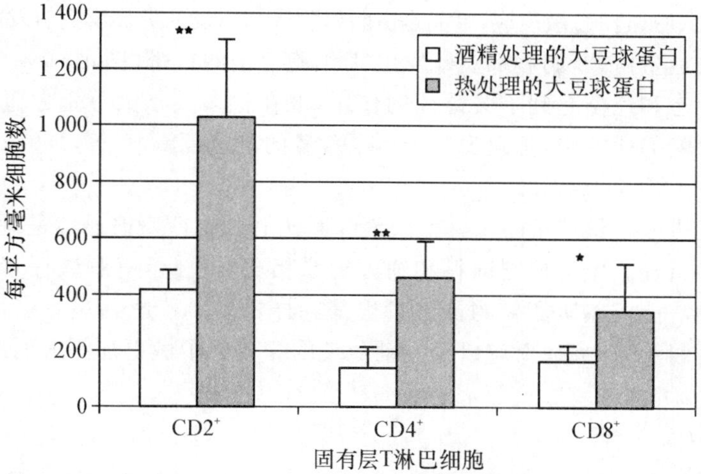

图 10.3 21 日龄断奶仔猪断奶后 7～9 d 饲喂含有低和高水平的酒精处理的大豆球蛋白和热处理的大豆球蛋白(分别是 ETSP 和 HTSP)时固有层淋巴细胞亚型的比较

★,★★分别指与 ETSP 组差异显著($p<0.05$)或极显著($p<0.01$)。

资料来源:Dréau 等,1995。

白的仔猪上注射大豆蛋白,其免疫应答要小得多(Bailey 等,1993)。也就是说,调控大豆蛋白过敏反应的主要免疫机制是典型的口服耐受性(Bailey 等,2001a)。想要更加详细地了解这方面的研究,读者可以参看 Stokes 等(1987),Miller 等(1994)和 Bailey 等(2001a,b)的文献。

确切地讲,是哪些免疫因子使断奶仔猪比较容易对日粮蛋白产生过敏反应目前还不清楚。但目前的研究显示,断奶与体液免疫应答的抑制有关(Blecha 等,1983;Wattrang 等,1998)。混栏和猪舍条件的改变会改变免疫和免疫应答的有关指标(Hicks 等,1998;Kelly 等,2000)。断奶应激因子,如较低的温度或者通风会影响 T 细胞对非特异性丝裂原的免疫应答(Blecha 和 Kelley,1981;Scheepens 等,1994)。应激诱导的皮质醇的释放,会抑制免疫系统的功能(Westly 和 Kelley,1984;Brown-Borg 等,1993),并可能会扰乱肠道免疫系统的发育,损害其对有害或者无害抗原的辨别能力(Bailey 等,2001)。

虽然大豆蛋白引发过敏反应是断奶后仔猪生长停滞最普遍的原因这一论断已得到养猪科学界的普遍认可,但是还没有肠道粘膜柱状细胞参与其致病机理的证据(Gaskins,1997)。粘膜柱状细胞是经典的过敏反应必需的组成成分,它能产生一系列的炎症反应介质来应答抗原刺激,导致分泌到肠腔中的离子增多和上皮细胞以及血管的通透性增强(Befu 等,1988;Malaviya 和 Abraham,2001;Yu 和 Perdue 等,2001)。日粮和非日粮因素都参与断奶后仔猪的生长停滞,因为仔猪日粮中通常含有大豆蛋白。如果真的存在的话,对大豆蛋白的过敏反应可能是造成断奶后生产性能差的原因之一(McCracken,1995)。McCracken 等(1999)的结果显示,断奶时发生的大豆蛋白过敏反应,可能是由断奶后厌食引发的炎症反应引发的,因为无论是否采食大豆蛋白,断奶后都立即发生T细胞亚型的扩张(图10.2)。假定采食量对肠道的形态和免疫起到了关键性的作用,但在很多关于大豆蛋白过敏反应对免疫和形态影响的研究中,都缺少对个体采食量的测定(Dreau 等,1994;Li 等,1990,1991a,b)。

通过促进采食量的策略来降低或消除断奶后的食欲不振显然是现代养猪生产中一项重要目标。但与控制饲料和细菌抗原相比,正确了解刺激仔猪正在发育的免疫系统的功能成熟所需要的摄食量也是同样重要。考虑到这一点,我们还需要对调节免疫耐受力、炎症反应以及主动免疫的相关因子做更加深入的研究。

10.5 小 结

现代早期突然断奶的实践意味着对肠道免疫系统的巨大的挑战,我们必须面对断奶引起的肠道免疫的巨大变化。然而,在断奶这种多种应激因素中,确定不同因素的相对重要性是非常困难的,而且结果可能会因微小的不可预测的因素而变化。更确切地说,这使得我们很难确定导致断奶后生产性能差、变异大的主要原因。大量的证据支持肠腔营养和大豆蛋白过敏反应的推论。有的试验同时涉及到两个因素(McCracken 等,1995;McCracken 等,1999),说明两个推论不是互相矛盾的,因为两种情况都会显著影响断奶后仔猪的生长性能。由于没有不可反驳的事实来反驳任何一个推论,因此在断奶后保持一定水平的肠腔营养成分,同时推迟在断奶饲粮中使用大豆蛋白,到肠道免疫系统比较成熟的时候再使用,这是非常正确的选择。在较大的日龄断奶,肠道免疫系统发育比较成熟,这样可以减少断奶引起的免疫应答(Wilson 等,1989;Bianchi 等,1992)。既然已经知道促炎症反应的细胞因子对生理和行为有广泛的影响,其主动免疫应答会阻碍生长(Kelley 等,1994;Johnson,1997;Stahly,2001),如何控制断奶后免疫应答也是养猪生产中一项有价值的目标。

参考文献

Allen, W.D. and P. Porter, 1977. The relative frequencies and distribution of immunoglobulin-bearing cells in the intestinal mucosa of neonatal and weaned pigs and their significance in the development of secretory immunity. Immunology 32, 819-824.

Babyatsky, M.W., M. de Beaumont, L. Thim and D.K. Podolsky, 1996. Oral trefoil peptides protect against ethanol and indomethacin-induced gastric injury in rats. Gastroenterology 110, 489-497.

Bailey, M., L. Hall, P.W. Bland and C.R. Stokes, 1994. Production of cytokines by lymphocytes from spleen, mesenteric lymph node and intestinal lamina propria of pigs. Immunology 82, 577-583.

Bailey, M., B.G. Miller, E. Telemo, C.R. Stokes and F.J. Bourne, 1993. Specific immunological unresponsiveness following active primary responses to proteins in the weaning diet of pigs. International Archives of Allergy and Immunology 101, 266-271.

Bailey, M., F.J. Plunkett, A. Clarke, D. Sturgess, K. Haverson and C. Stokes, 1998. Activation of T cells from the intestinal lamina propria of the pig. Scandanavian Journal of Immnology 48, 177-182.

Bailey, M., F.J. Plunkett, H-J. Rothkötter, M.A. Vega-López, K. Haverson and C.R. Stokes, 2001a. Regulation of mucosal immune responses in effector sites. Proceedings of The Nutrition Society 60, 427-435.

Bailey, M., M.A. Vega-López, H.-J. Rothkötter, K. Haverson, P.W. Bland, B.G. Miller and C.R. Stokes, 2001b. Enteric immunity and gut health. In: Varley, M.A. and J. Wiseman (editors), The Weaner Pig: Nutrition and Management. CAB International, USA, pp. 207-222.

Befus, D., H. Fujimaki, T.D. Lee and M. Swieter, 1988. Mast cell polymorphisms. Present concepts, future directions. Digestive Diseases and Sciences. 33 (Supplement), 16S-24S.

Bianchi, A.T.J. and P.J. van der Heijden, 1994. Antigen presenting cells and B-cells in the pig. Veterinary Immunology and Immunopathology 43, 63-68.

Bianchi, A.T.J., R.J. Zwart, S.H.M. Jeurissen and H.W.M. Moonen-Leusen, 1992. Development of the B- and T-cell compartments in porcine lymphoid organs from birth to adult life: an immunohistological approach. Veterinary Immunology and Immunopathology 33, 201-221.

Binns, R.M. 1973. Cellular immunology in the pig. Proceedings of the Royal Society of Medicine 66, 115-1160.

Binns, R.M., I.A. Duncan, S.J. Powis, A. Hutchings and G.W. Butcher, 1992. Subsets of null and $\gamma\delta$ T-cell receptor^{+} T lymphocytes in the blood of young pigs identified by specific monoclonal antibodies. Immunology 77, 219.

Bland, P.W. and L.G. Warren, 1986a. Antigen presentation by epithelial cells of the rat small intestine I. Kinetics, antigen specificity and blocking by anti-Ia antisera. Immunology 58, 1-7.

Bland, P.W. and L.G. Warren, 1986b. Antigen presentation by epithelial cells of the rat small intestine I. Selective induction of suppressor T cells. Immunology 58, 1-7.

Blecha, F. and K.W. Kelley, 1981. Effects of cold and weaning stressors on the antibody-mediated immune response of pigs. Journal of Animal Science 53, 439-447.

Blecha, F., D.S. Pollmann, and D.A. Nichols, 1983. Weaning pigs at an early age decreases cellular immunity. Journal of Animal Science 56, 396-400.

Bluestone, J.A., 1997. Is CTLA-4 a master switch for peripheral T-cell tolerance? The Journal of Immunology 158, 1989-1993.

Bourne, F.J., 1977. The mammary gland and neonatal immunity. Veterinary Science Communications 1, 141-151.

Bourne, F.J. and J. Curtis, 1973. The transfer of immunoglobulins IgG, IgA and IgM from serum to colostrum and milk. Immunology 24, 157-162.

Brown-Borg, H.M., H.G. Klemcke and F. Blecha, 1993. Lymphocyte proliferative responses in neonatal pigs with high or low plasma cortisol concentration after stress induced by restraint. American Journal of Veterinary Research. 54, 2015-20.

Brown, P.J. and F.J. Bourne, 1976. Development of immunoglobulin-containing cell populations in intestine, spleen and mesenteric lymph node by peroxidase-conjugated antiserums. American Journal of Veterinary Research 37, 1309-1314.

Bruininx, E.M.A.M., C.M.C. van der Peet-Schwering, J.W. Schrama, P.F.G. Vereijken, P.C. Vesseur, H. Everts, L.A. den Hartog and A.C. Beynen, 2001. Individually measured feed intake characteristics and growth performance of group-housed weanling pigs: effects of gender, initial body weight, and body weight distribution within groups. Journal of Animal Science 79, 301-308.

Bu, P., A. Keshavarzian, D.D. Stone, J. Liu, P.T. Le, S. Fisher and L. Qiao, 2001. Apoptosis: one of the mechanisms that maintains unresponsiveness of the intestinal mucosal system. The Journal of Immunology 166, 6399-6403.

Burrin, D.G., B. Stoll, R. Jiang, X. Chang, B. Hartmann, J.J. Holst, G.H. Greeley Jr., P.J. Reeds, 2000. Minimal enteral nutrient requirements for intestinal growth in neonatal piglets: how much is enough? American Journal of Clinical Nutrition 71, 1603-1610.

Butcher, E.C. 1991. Leukocyte-endothelial cell recognition: three or more steps to specificity and diversity. Cell 67, 1033-1066.

Butler, J.E. and W.R. Brown, 1994 .The immunoglobulins and immunoglobulin genes of swine. Veterinary Immunology and Immunopathology 43, 5-12.

Butler, J.E., F. Klobasa and E. Werhahn, 1981. The differential localization of IgA, IgM and IgG in the gut of suckled neonatal piglets. Veterinary Immunology and Immunopathology 2, 53-65.

Cario, E., I.M. Rosenberg, S.L. Brandwein, P.L. Beck, H.C. Reinecker and D.K. Podolsky, 2000. Lipopolysaccharide activates distinct signaling pathways in intestinal epithelial cell lines expressing Toll-like receptors. Journal of Immunology 164, 966-972.

Cera, K.R., D.C. Mahan, R.F. Cross, G.A. Reinhart and R.E. Whitmoyer, 1988. Effect of age, weaning and post-weaning diet on small intestinal growth and jejunal morphology in young swine. Journal of Animal Science 66, 574-584.

Challacombe, S.J. and B. Tomasi, 1980. Systemic tolerance and secretory immunity after oral immunisation. Journal of Experimental Medicine 152, 1459-1472.

Chen, Y., V.K. Kuchroo, J-I. Inobe, D.A. Haffler and H.L. Weiner, 1994. Regulatory T cell clones induced by oral tolerance: suppression of autoimmune encephalomyelitis. Science 265, 1237-1240.

Chierici R. 2001. Antimicrobial actions of lactoferrin. Advances in Nutritional Research 10, 247-269.

Chianini, F., N. Majo, J. Segales, J. Dominguez and M. Domingo, 2001. Immunohistological study of the immune system cells in parrifin-embedded tissues of conventional pigs. Veterinary Immunology and Immunopathology 82, 245-255.

Chu, R.M, R.D. Glock, R.F. Ross and D.F. Cox, 1979. Lymphoid tissues of the small intestine of swine from birth to one month of age. American Journal of Veterinary Research 40, 1713-1719.

Corthesy, B. and J.-P. Kraehenbuhl, 1999. Antibody-mediated protection of mucosal surfaces. In: Kraehenbuhl, J-P. and M.R. Neutra (editors), Defense of Mucosal Surfaces: Pathogenesis, Immunity and Vaccines. Springer-Verlag, Germany, pp. 93-111.

Cummins, A.G., G.H. Munro, H.R.P. Miller and A. Ferguson, 1988a. Association of maturation of the small intestine with mucosal mast cell activation in the rat. Immunology and Cell Biology 66, 417-422.

Cummins, A.G., T.W. Steele, J.T. La Brooy and D.J.C. Shearman, 1988b. Maturational of the rat small intestine at weaning: changes in epithelial cell kinetics, bacterial flora and mucosal immune activity. Gut 29, 1672-1679.

Cummins, A.G. and F.M. Thompson, 1997. Postnatal changes in mucosal immune response: a physiological perspective of breast feeding and weaning. Immunology and Cell Biology 75, 419-429.

Cummins, A.G., F.M. Thompson and G. Mayrhofer, 1991. Mucosal immune activation and maturation of the small intestine at weaning in the hypothymic (nude) rat. Journal of Pediatric Gastroenterology and Nutrition. 12, 361-368.

Czerinsky, C., J-B. Sun and J. Holmgren, 1999. Oral tolerance and anti-pathological vaccines. In: Kraehenbuhl, J-P. and M.R. Neutra (editors), Defense of Mucosal Surfaces: Pathogenesis, Immunity and Vaccines. Springer-Verlag, Germany, pp. 79-91.

Defrance, T., B. Vanbervliet, F. Briere, I. Durand, F. Rousset and J. Banchereau, 1992. Interleukin 10 and transforming growth factor β cooperate to induce anti-CD40-activated naïve human B cells to secrete immunoglobulin A. Journal of Experimental Medicine 167, 440-451.

Deplanke, B and H.R. Gaskins, 2001. Microbial modulation of innate defense: goblet cells and the intestinal mucus layer. American Journal of Clinical Nutrition 73 (supplement), 1131S-1141S.

Dréau, D., J.P. Lalles, V. Philouze-Romé, R. Toullec and H. Salmon, 1994. Local and systemic immune responses to soybean protein ingestion in early-weaned pigs. Journal of Animal Science 72, 2090-2098.

Dréau, D., J.P. Lallès, R. Toullec and H. Salmon, 1995. B and T lymphocytes are enhanced in the gut of piglets fed heat-treated soyabean proteins. Veterinary Immunology and Immunopathology 47, 69-79.

Duchmann, R., I. Kaiser, E. Hermann, W. Mayet, K. Ewe and K.H. Meyer zum Buschenfelde, 1995. Tolerance exists towards resident intestinal flora but is broken in active inflammatory bowel disease (IBD). Clinical and Experimental Immunology 102, 448-455.

Duchmann, R., E. Schmitt, P. Knolle, K.H. Meyer zum Buschenfelde and M. Neurath 1996. Tolerance towards residential flora in mice is abrogated in experimental colitis and restored by treatment with interleukin-10 or antibodies to interleukin-12. European Journal of Immunology 26, 934-938.

Duchmann, R., M.F. Neurath and K.H. Meyer zum Buschenfelde, 1997. Responses to self and non-self intestinal microflora in health and inflammatory bowel disease. Research in Immunology 148, 589-594.

Dvorak, P., V. Hruban and V. Horak, 1987. The distribution of class II molecules in the pig intestine. Folia Morphologica 35, 396-399.

Elwood, C.M. and O.A. Garden, 1999. Gastrointestinal immunity in health and disease. Veterinary Clinics of North America: Small Animal Practice 29, 471-500.

Ferguson, A., K. Ziegler and S. Strobel, 1984. Gluten intolerance (coeliac disease). Annals of Allergy 53, 637-642.

Ferreira, R. da C., L.E. Forsyth, P.I. Richman, C. Wells, J. Spencer and T.T. MacDonald, 1990. Changes in the rate of crypt epithelial cell proliferation and mucosal morphology induced by a T-cell-mediated response in human small intestine. Gastroenterology 98, 1255-1263.

Fiocchi, C. 1997. Intestinal inflammation: a complex interplay of immune and non-immune cell interactions. American Journal of Physiology 273, G769-G775.

Frauwirth, K.A. and C.B. Thomson, 2002. Activation and inhibition of lymphocytes by costimulation. The Journal of Clinical Investigation 109, 295-299.

Friedman, A. and H.L. Weiner, 1994. Induction of anergy or active suppression following oral tolerance is determined by antigen dosage. Proceedings of the National Academy of Sciences of the United States of America 91, 6688-6692.

Ganessunker, D., H.R. Gaskins, F.A. Zuckermann and S.M. Donovan, 1999. Total parenteral nutrition alters molecular and cellular indices of intestinal inflammation in neonatal piglets. Journal of Parenteral and Enteral Nutrition 23, 337-344.

Garside, P. and A.M. Mowat, 2001. Oral tolerance. Seminars in Immunology 13,177-185.

Gaskins, H.R. 1997. Intestinal defense mechanisms. Feed Mix 5, 14-17.

Gaskins, H.R. 1998. Immunological development and mucosal defense in the pig intestine. In: Wiseman, J., M.A. Varley and J.P. Chadwick (editors), Progress in Pig Science. Nottingham University Press, UK, pp. 81-101.

Gaskins, H.R. and K.W. Kelley, 1995. Immunology and neonatal mortality. In: Varley, M.A. (editor), The Neonatal Pig: Development and Survival. CAB International, UK, pp. 39-55.

Goetzl, E.J., M.J. Banda and D. Leppert, 1996. Matrix metalloproteinases in immunity. The Journal of Immunology 156, 1-4.

Guermonprez, P., J. Valladeau, L. Zitvogel, C. Thery and S. Amigorena, 2002. Antigen presentation and T cell stimulation by dendritic cells. Annual Review of Immunology 20,621-667.

Hang, L., M. Haraoka, W.W. Agace, H. Leffler, M. Burdick, R. Strieter and C. Svanborg, 1999. Macrophage inflammatory protein-2 is required for neutrophil passage across the epithelial barrier of the infected urinary tract. Journal of Immunology 162, 3037-3044.

Hampson, D.J. 1986. Alterations in piglet small intestine structure at weaning. Research in Veterinary Science 40, 32-40.

Hampson, D.J. and D.E. Kidder, 1986. Influence of creep feeding and weaning on brush border enzyme activities in the piglet small intestine. Research in Veterinary Science 40, 24-31.

Hampson D.J. and W.C. Smith, 1986. Influence of creep feeding on and dietary intake after weaning on malabsorption and occurrence of diarrhoea in the newly weaned pig. Research in Veterinary Science 41, 63-69.

Haverson, K., M. Bailey, V.R. Higgins, P.W. Bland and C.R. Stokes, 1994. Characterization of monoclonal antibodies specific for monocytes, macrophages and granulocytes from porcine peripheral blood and mucosal tissues. Journal of Immunological Methods 170, 233-245.

Haverson, K., M. Bailey, and C.R. Stokes, 1999. T-cell populations in the pig intestinal lamina propria: memory cells with unusual phenotypic characteristics. Immunology 96, 66-73.

Haverson, K., S. Singha, C.R. Stokes and M. Bailey, 2000. Professional and non-professional antigen-presenting cells in the porcine small intestine. Immunology 101, 492-500.

Heyman, M. 2001. How dietary antigens access the mucosal immune system. Proceedings of the Nutrition Society 60, 419-426.

Hicks, T.A., J.J. McGlone, C.S. Wisnant, H.G. Kattesh, and R.L. Norman, 1998. Behavioural, endocrine, immune and performance measures for pigs exposed to acute stress. Journal of Animal Science 76, 474-483.

Holland, R.E. 1990. Some infectious causes of diarrhea in farm animals. Clinical Microbiology Reviews 3, 345-375.

Hoyne, G.F., M.G. Callow, M-C. Kuo and W.R. Thomas, 1993. Presentation of peptides and proteins by intestinal epithelial cells. Immunology 80, 204-208.

Iwasaki, A. and B.L. Kelsall, 1999. Mucosal immunity and inflammation I. Mucosal dendritic cells: their specialized role in initiating T cell responses. American Journal of Physiology 276, G1074-G1078.

Jackson, M.R. and P.A. Peterson, 1993. Assembly and intracellular transport of MHC class I molecules. Annual Review of Cell Biology 9, 163-206.

James S.P. 1993. The gastrointestinal mucosal immune system. Digestive Diseases 1, 146-156.

Jenkins, M.K., A. Khoruts, E. Ingulli, D.L. Mueller, S.J. McSorley, R.L. Reinhardt, A. Itano and K.A. Pape, 2001. In vivo activation of antigen-specific CD4 T cells. Annual Review of Immunology 19, 23-45.

Jensen, P.T. and K.B. Pedersen, 1979. Studies on immunoglobulins and trypsin inhibitor in colostrum and milk from sows and in serum of their piglets. Acta Veterinaria Scandinavica 20, 60-72.

Jensen, P. and G. Stangel, 1992. Behaviour of piglets during weaning in a semi-natural enclosure. Applied Animal Behavioural Science 33, 227-238.

Johnson, R.W. 1997. Inhibition of growth by proinflammatory cytokines: an integrated view. Journal of Animal Science 75, 1244-1255.

Kaetzel, C.S., J.K. Robinson, K.R. Chintalacharuvu, J.P. Vaerman and M.E. Lamm, 1991. The polymeric immunoglobulin receptor (secretory complex) mediates transport of immune complexes across epithelial cells: a local defense function for IgA. Proceedings of the National Academy of Sciences of the United States of America 88, 8796-8800.

Kagnoff, M.F. 1987. Immunology of the digestive system. In: Johnson, L.R. (editor), Physiology of the Gastrointestinal Tract, 2nd edition. Raven Press, USA, pp. 1699-1728.

Kagnoff, M.F. 1993. Immunology of the intestinal tract. Gastroenterology 105, 1275-1280.

Kaiserlian, D. 1999. Epithelial cells in antigen sampling and presentation in mucosal tissues. In: Kraehenbuhl, J-P. and M.R. Neutra (editors), Defense of Mucosal Surfaces: Pathogenesis, Immunity and Vaccines. Springer-Verlag, Germany, pp. 55-78.

Kelley, K.W. 1980. Stress and immune function: a bibliographic review. Annales de Recherches Veterinaires 11,445-478.

Kelley, K.W., R.W. Johnson and R. Dantzer, 1994. Immunology discovers physiology. Veterinary Immunology and Immunopathology 43, 157-165.

Kelly, D., R. Begbie and T.P. King, 1992. Postnatal intestinal development. In: Varley, M.A., P.E.V. Williams and T.L.J. Lawrence (editors), Neonatal Srvival and Growth. British Society of Animal Production, Occasional Publication 15, 63-79.

Kelly, D., J. Greene, J.J. O'Brien and K.J. McCracken, 1984. Gavage feeding of early-weaned pigs to study the effect of diet on digestive development and changes in intestinal microflora. In: Tensaert, M, J. Hoorens, P.H. Lampo, P.B. Onte, W. Coussement and P. Debouck (editors), Proceedings of the VIIIth IPVS Congress. International Pig Veterinary Society, USA, pp. 317.

Kelly, D. and T.P. King, 2001. A review - luminal bacteria and regulation of gut function and immunity. In: Cranwell, P.D. (editor), Manipulating Pig Production VIII. Australasian Pig Science Association, Australia, pp. 263-276.

Kelly, D., J.A. Smyth and B.A. McCracken, 1990. Effect of creep feeding on structural and functional changes of the gut of early weaned pigs. Research in Veterinary Science 48, 350-356.

Kelly, D., J.A. Smyth and B.A. McCracken, 1991a. Digestive development of the early-weaned pig. 1. Effect of continuous nutrient supply on the development of the digestive tract and on changes in digestive enzyme activity during the first week post-weaning. British Journal of Nutrition 65, 169-180.

Kelly, D., J.A. Smyth and B.A. McCracken, 1991b. Digestive development of the early-weaned pig. 2. Effect of level of food intake on digestive enzyme activity during the immediate post-weaning period. British Journal of Nutrition 65, 181-188.

Kelly, H.R.C., J.M. Bruce, S.A. Edwards, P.R. English and V.R. Fowler, 2000. Limb injuries, immune responses and growth performance of early-weaned pigs in different housing systems. Animal Science 70, 73-83.

Kerr, M.A. 1990 The structure and function of human IgA. Biochemical Journal 271, 285-96.

Khoury, S.J., W.W. Hancock and H.L. Weiner, 1992. Oral tolerance to myelin basic protein and natural recovery from experimental autoimmune encephalomyelitis are associated with downregulation of inflammatory cytokines and differential upregulation of TGF-βm IL-4 and PGE expression in the brain. Journal of Experimental Medicine 176, 1355-1364.

Kindon, H., C. Pothoulakis, L. Thim, K. Lynch-Devaney and D.K. Podolsky, 1995. Trefoil peptide protection of intestinal epithelial barrier function: cooperative interaction with mucin glycoprotein. Gastroenterology 109, 516-523.

Kraehenbuhl, J-P. and M.R. Neutra, 1992. Molecular and cellular basis of immune protection at mucosal surfaces. Physiological Reviews 72, 853-879.

Kraehenbuhl, J-P. and M.R. Neutra 2000. Epithelial M cells: differentiation and function. Annual Review of Cell and Developmental Biology 16, 301-332.

Le Dividich, J. and P. Herpin, 1994. Effects of climatic conditions on the performance, metabolism and health status of weaned piglets: a review. Livestock Production Science 38, 79-90.

Li, D.F., J.L. Nelssen, P.G. Reddy, F. Blecha, J.D. Hancock, G.L. Allee, R.D. Goodband and R.D. Klemm, 1990. Transient hypersensitivity to soybean meal in the early-weaned pig. Journal of Animal Science 68, 1790-1799.

Li, D.F., J.L. Nelssen, P.G. Reddy, F. Blecha, R.D. Klemm, D.W. Geisting, J.D. Hancock, G.L. Allee and R.D. Goodband, 1991a. Measuring suitability of soybean products for early-weaned pigs with immunological criteria. Journal of Animal Science 69, 3299-3307.

Li, D.F., J.L. Nelssen, P.G. Reddy, F. Blecha, R. Klemm and R.D. Goodband, 1991b. Interrelationship between hypersensitivity to soybean proteins and growth performance in early-weaned pigs. Journal of Animal Science 69, 4062-4069.

Lindh, E. 1975. Increased resistance of immunoglobulin A dimers to proteolytic degradation after binding of secretory component. The Journal of Immunology 114, 284-286.

Lu, L. and W.A. Walker, 2001. Pathologic and physiologic interactions of bacteria with the gastrointestinal epithelium. American Journal of Clinical Nutrition 73 (supplement), 1124S-1130S.

MacDonald, T.T. 1999. Effector and regulatory lymphoid cells and cytokines in mucosal sites. In: Kraehenbuhl, J-P. and M.R. Neutra (editors), Defense of Mucosal Surfaces: Pathogenesis, Immunity and Vaccines. Springer-Verlag, Germany, pp. 113-135.

MacDonald, T.T., M. Bajaj-Elliot and S.L.F. Pender, 1999. T cells orchestrate intestinal mucosal shape and integrity. Immunology Today 20, 505-510.

MacDonald, T.T. and Spencer, J. 1988. Evidence that activated mucosal T cells play a role in the pathogenesis of enteropathy in human small intestine. Journal of Experimental Medicine. 167, 1341-1349.

Machado, C.S., M.A. Rodrigues and H.V. Maffei, 1994. Gut intraepithelial lymphocyte counts in neonates, infants and children. Acta Paediatrica 83, 1264-1267.

Malaviya, R. and S.N. Abraham, 2001. Mast cell modulation of immune response to bacteria. Immunological Reviews 179, 16-24.

Masjedi, M., D.R. Tivey, F.M. Thompson and A.G. Cummins, 1999. Activation of the gut-associated lymphoid tissue with expression of interleukin-2 receptors that peaks during weaning in the rat. Journal of Pediatric Gastroenterology and Nutrition. 29, 556-562.

Mazanec, M.B., J.G. Nedrud, C.S. Kaetzel and M.E. Lamm, 1993. A three-tiered view of the role of IgA in mucosal defense. Immunology Today 14, 430-435.

McCauley, I. and P.E. Hartmann, 1984. Changes in piglet leucocytes, B lymphocytes and plasma cortisol from birth to three weeks after weaning. Research in Veterinary Science 37, 234-241.

McCracken, B.A., H.R. Gaskins, P.J. Ruwe-Kaiser, K.C. Klasing and D.E. Jewell, 1995. Diet dependent and diet-independent metabolic responses underlie growth stasis of pigs at weaning. Journal of Nutrition 125, 2838-2845.

McCracken, B.A., M.E. Spurlock, M.A. Roos, F.A. Zuckermann and H.R. Gaskins, 1999. Weaning anorexia may contribute to local inflammation in the piglet small intestine. Journal of Nutrition 129, 613-619.

McCracken, K.J., and D.Kelly, 1984. Effect of diet composition on digestive development of early weaned pigs. Proceedings of the Nutrition Society 43, 110A.

McCormick, B.A., Colgan, S.P., Delp-Archer, C., Miller, S.I. and Madara, J.L. 1993. Salmonella typhimurium attachment to human intestinal epithelial monolayers: transcellular signalling to subepithelial neutrophils. Journal of Cell Biology 123, 895-907.

Miller, B.G., P.S. James, M.W. Smith and F.J. Bourne, 1986. Effect of weaning on the capacity of pig intestinal villi to digest and absorb nutrients. Journal of Agricultural Science, Cambridge 107, 579-589.

Miller, B.G., T.J. Newby, C.R. Stokes and F.J. Bourne, 1984a. Influence of diet on post-weaning malabsorption and diarrhoea in the pig. Research in Veterinary Science 36, 187-193.

Miller, B.G., A.D. Phillips, T.J. Newby, C.R. Stokes and F.J. Bourne, 1984b. Immune sensitivity and post-weaning diarrhoea in the pig. Proceedings of the Nutrition Society 43, 116A.

Miller, B. and C. Stokes, 1994. The neonatal and postweaned pig. In: Cole, D.J.A., J. Wiseman and M.A. Varley (editors), Principles of Pig Science. Nottingham University Press, UK, pp. 75-84.

Miller, M.J.S. and M. Sandoval, 1999. Nitric oxide III. A molecular prelude to intestinal inflammation. American Journal of Physiology 276, G795-G799.

Monteleone, G., T.T. MacDonald, N.C. Wathen, F. Pallone and S.L.F. Pender, 1999. Enhancing lamina propria Th1 cell responses with interleukin 12 produces severe tissue injury. Gastroenterology 117, 1069-1077.

Morein, B. and K-F. Hu, 2001. Microorganisms exert bioactive and protective effects through the innate immune system. In: Piva, A., K.E. Bach Knudsen and J.E. Lindberg (editors), Gut Environment of Pigs. Nottingham University Press, UK, pp.105-111.

Mosenthal, A.C., D. Xu and E.A. Deitch, 2002. Elemental and intravenous total parenteral nutrition diet-induced gut barrier failure is intestinal site specific and can be prevented by feeding nonfermentable fibre. Critical Care Medicine. 30, 396-402.

Mowat, A.M. and J.L. Viney, 1997. The anatomical basis of intestinal immunity. Immunological Reviews 156, 145-166.

Murata, H. and S. Namioka, 1977. The duration of colostral immunoglobulin uptake by the epithelium of the small intestine of neonatal piglets. Journal of Comparative Pathology 87, 431-439.

Murray, P.D., D.T. McKenzie, S.L. Swain and M.F. Kagnoff, 1987. Interleukin 5 and interleukin 4 produced by Peyer's patch T cells selectively enhance immunoglobulin A expression. The Journal of Immunology 139, 2669-2674.

Murtaugh, M.P. 1994 Porcine cytokines. Veterinary Immunology and Immunopathology 43, 37-44.

Musgrave, K., M.A. Varley, P.E. Hughes, J. Ferlazzo and G.P. Pearce, 1991. The effects of weaning, moving and mixing on the growth and behaviour of piglets after weaning. Animal Production 52, 575-576 (Abstract).

Mushegian, A., R. Medzhitov, 2001. Evolutionary perspective on innate immune recognition. Journal of Cell Biology 155, 705-710.

Nabuurs, M.J.A., A. Hoogendoorn and F.G. van Zijderveld, 1994. Effects of weaning and enterotoxigenic *Escherichia coli* on net absorption in the small intestine of pigs. Research in Veterinary Science 56, 379-385.

Neutra, M.R. 1999. M cells in antigen sampling in mucosal tissues. In: Kraehenbuhl, J-P. and M.R. Neutra (editors), Defense of Mucosal Surfaces: Pathogenesis, Immunity and Vaccines. Springer-Verlag, Germany, pp. 17-32.

Neutra, M.R., T.L. Phillips, E.L. Mayer and D.J. Fishkind, 1980. Transport of membrane-bound macromolecules by M cells in follicle-associated epithelium of rabbit Peyer's patch. Cell Tissue Research 247, 537-546.

Núñez, M.C., J.D. Bueno, M.V. Ayudarte, A. Almendros, A. Ríos, M.D. Suárez and A. Gil, 1996. Dietary restriction induces biochemical and morphometric changes in the small intestine of nursing piglets. Journal of Nutrition 126, 933-944.

O'Neil, D.A. , E.M. Porter, D. Elewaut, G.M. Anderson, L. Eckmann, T. Ganz and M.F. Kagnoff, 1999. Expression and regulation of the human beta-defensins hBD-1 and hBD-2 in intestinal epithelium. Journal of Immunology 163, 6718-6724.

Olivier, M., P. Berthon and H. Salmon, 1994. Immunohistochemical localization of the humoral and cellular components of the immune response in the porcine intestine. Veterinary Research 25, 57-65.

Omura, K., K. Hirano, E. Kanehira, K. Kaito, M. Tamura, S. Nishida, K. Kawakami and Y. Watanabe, 2000. Small amount of low-residue diet with parenteral nutrition can prevent decreases in intestinal mucosal integrity. Annals of Surgery 231, 112-118.

Osborn, L. 1990. Leukocyte adhesion to endothelium in inflammation. Cell 62, 3-6.

Ouellette, A.J. 1999. Mucosal immunity and inflammation IV. Paneth cell antimicrobial peptides and the biology of the mucosal barrier. American Journal of Physiology 277, G257-G261.

Pabst, R., M. Geist, H.J. Rothkötter and F.J. Fritz 1988. Postnatal development and lymphocyte production of jejunal and ileal Peyer's patches in normal and gnotobiotic pigs. Immunology 64,539-544.

Pabst, R. and H.J. Rothkötter, 1999. Postnatal development of lymphocyte subsets in different compartments of the small intestine of piglets. Veterinary Immunology and Immunopathology 72, 167-173.

Pajor, E.A., D. Fraser and D.L. Kramer, 1991. Consumption of solid food by suckling pigs: individual variation and relation to weight gain. Applied Animal Behavioural Science 32, 139-151.

Park, Y.K., M.M. Monaco and S.M. Donovan, 1998. Delivery of total parenteral nutrition (TPN) via umbilical catheterization: development of a piglet model to investigate therapies to improve gastrointestinal structure and enzyme activity during TPN. Biology of the Neonate. 73, 295-305.

Pender, S.L., S.P. Tickle, A.J. Docherty, D. Howie, N.C. Wathen and T.T. MacDonald, 1997. A major role for matrix metalloproteinases in T cell injury in the gut. Journal of Immunology 158, 1582-1590.

Perdue, M.H. 1999. Mucosal immunity and inflammation III. The mucosal antigen barrier: cross talk with mucosal cytokines. American Journal of Physiology 277, G1-G5.

Pescovitz, M.D., J.K. Lunney and D.H. Sachs, 1985. Murine anti-swine T4 and T8 monoclonal antibodies: distribution and effects on proliferative and cytotoxic T cells. The Journal of Immunology 134, 37-44.

Playford, R.J. 1997. Trefoil peptides: what are they and what do they do? Journal of the Royal College of Physicians of London 31, 37-41.

Pluske, J.R., H.R. Gaskins, P.C.H. Morel, D.K. Revell, M.R. King and E.A.C. James, 1999. The number of villous and crypt $CD4^+$ T cells in the jejunum of piglets increases after weaning. In: Cranwell, P.D. (editor), Manipulating Pig Production VII. Australasian Pig Science Association, Australia, pp. 244.

Pluske, J.R., D.J. Hampson and I.H. Williams, 1997. Factors influencing the structure and function of the small intestine in the weaned pig: a review. Livestock Production Science 51, 215-236.

Pluske, J.R., M.J. Thompson, C.S. Atwood, P.H. Bird, I.H. Williams and P.E. Hartmann, 1996a. Maintenance of villus height and crypt depth, and enhancement of disaccharide digestion and monosaccharide absorption, in piglets fed cows' whole milk after weaning. British Journal of Nutrition 76, 409-422.

Pluske, J.R., I.H. Williams and F.X. Aherne, 1995. Nutrition of the neonatal pig. In: Varley, M.A. (editor), The Neonatal Pig: Development and Survival. CAB International, UK, pp. 187-235.

Pluske, J.R., I.H. Williams and F.X. Aherne, 1996b. Maintenance of villous height and crypt depth in piglets by providing continuous nutrition after weaning. Animal Science 62, 131-144.

Pluske, J.R. I.H. Williams and F.X. Aherne, 1996c. Villous height and crypt depth in piglets in response to increases in the intake of cows' milk after weaning. Animal Science 62, 145-158.

Pluske, J.R. and I.H. Williams, 1995. The response of villous height and crypt depth to nutrition in the weaned pig. Proceedings of the Nutrition Society of Australia 19, 62.

Podolsky, D.K. 1999. Mucosal immunity and inflammation V. Innate mechanisms of mucosal defense and repair: the best offense is a good defense. American Journal of Physiology 277, G495-G499.

Porter, P. 1986. Immune system. In: Leman, A.D. (editor), Diseases of Swine, 6th edition. Iowa State University Press, USA, pp. 44-57.

Rothkötter, H.J., T. Kirchhof and R. Pabst, 1994. Lymphoid and non-lymphoid cells in the epithelium and lamina propria of intestinal mucosa of pigs. Gut 35, 1582-1589.

Rothkötter, H.J., S. Möllhoff and R. Pabst, 1999. The influence of age and breeding conditions on the number and proliferation of intraepithelial lymphocytes in pigs. Scandanavian Journal of Immunology 50, 31-38.

Rothkötter, H.J. and R. Pabst, 1989. Lymphocyte subsets in jejunal and ileal Peyer's patches of normal and gnotobiotic minipigs. Immunology 67, 103-108.

Rothkötter, H.J., H. Ulbrich and R. Pabst, 1991. The postnatal development of gut lamina propria lymphocytes: number, proliferation and T and B cell subsets in conventional and germ-free pigs. Pediatric Research 29, 237-242.

Saalmuller, A., W. Hirt and M.J. Reddehase, 1989. Phenotypic discrimination between thymic and extrathymic $CD4^-CD8^-$ and $CD4^+CD8^+$ porcine T lymphocytes. European Journal of Immunology 19, 2011-2016.

Salmon, H 1984. Immunity in the fetus and the newborn infant: a swine model. Reproduction, Nutrition, Développement 24, 197-206.

Salmon, H. 1999. The mammary gland and neonate mucosal immunity. Veterinary Immunology and Immunopathology 72, 143-155.

Salmon, M., D. Pilling, N.J. Borthwick, N. Viner, G. Janossy, P.A. Bacon and A.N. Akbar, 1994. The progressive differentiation of primed T cells is associated with an increasing susceptibility to apoptosis. European Journal of Imunology 24, 892-899.

Sanderson, I.R. 2001. Nutritional factors and immune functions of gut epithelium. Proceedings of the Nutrition Society 60, 443-477.

Sandborg, R.R. and J.E. Smolen, 1998. Early biochemical events in leukocyte activation. Laboratory Investigation 59, 300-320.

Scheepens, C.J.M., M.J.C. Hessing, E.J. Hensen and P.A.J. Henricks, 1994. Effect of climatic stress on the immunological reactivity of weaned pigs. Veterinary Quarterly 16, 137-143.

Smith, M.W. 1984. Effect of postnatal development and weaning on the capacity of pig intestinal villi to transport alanine. Journal of Agricultural Science, Cambridge 102, 625-633.

Solano-Aguilar, G.I., K.G. Vengroski, E. Beshah, L.W. Douglass and J.K. Lunney, 2001. Characterization of lymphocyte subsets from mucosal tissues in neonatal swine. Developmental and Comparative Immunology 25, 245-263.

Solari, R. and J-P. Kraehenbuhl 1985. The biosynthesis of secretory component and its role in the transepithelial transport of IgA dimer. Immunology Today 6, 17-20.

Spreeuwenberg, M.A.M., J.M.A.J. Verdonk, H.R. Gaskins and M.W.A. Verstegen, 2001. Small intestine epithelial barrier function is compromised in pigs with low feed intake at weaning. Journal of Nutrition 131, 1520-1527.

Stahly, T. 2001. Impact of immune system activation on growth and optimal dietary regimens of pigs. In: Garnsworthy, P.C. and J. Wiseman (editors), Recent Developments in Pig Nutrition 3. Nottingham University Press, UK, pp. 1-9.

Sterzl, J. and A.M. Silverstein, 1967. Developmental aspects of immunity. Advances in Immunology 6, 337-459.

Stokes, C.R., M. Bailey and K. Haverson, 2001. Development and function of the pig gastrointestinal immune system. In: Lindberg, J.E. and B. Ogle (editors), Digestive Physiology of Pigs. CAB International, USA, pp. 59-66.

Stokes, C.R., M. Bailey and A.D. Wilson, 1994. Immunology of the porcine gastrointestinal tract. Veterinary Immunology and Immunopathology 43, 143-150.

Stokes, C.R. and J.F. Bourne, 1989. Mucosal immunity. In: Halliwell, R.E.W. and N.T. Gorman (editors), Veterinary Clinical Immunology. W.B. Saunders Company, USA, pp. 164-192.

Stokes, C.R., K. Haverson and M. Bailey, 1996. Antigen presenting cells in the porcine gut. Veterinary Immunology and Immunopathology 54, 171-177.

Stokes, C.R., B.G. Miller, M. Bailey, A.D. Wilson and F.J. Bourne, 1987. The immune response to dietary antigens and its influence on disease susceptibility in farm animals. Veterinary Immunology and Immunopathology 17, 413-423.

Stokes, C.R., M.A. Vega-López, M. Bailey, E. Telemo and B.G. Miller, 1992. Immune development in the gastrointestinal tract of the pig. In: Varley, M.A., P.E.V. Williams and T.L.J. Lawrence (editors), Neonatal Survival and Growth. British Society of Animal Production, Occasional Publication 15, 9-12,.

Stoll, B., X. Chang, M.Z. Fan, P.J. Reeds and D.G. Burrin, 2000. Enteral nutrient intake level determines intestinal protein synthesis and accretion rates in neonatal pigs. American Journal of Physiology - Gastrointestinal and Liver Physiology. 279, G288-94.

Strobel, S. 1996. Neonatal oral tolerance. Annals of the New York Academy of Sciences 778, 88-102.

Strobel, S. 2001. Immunity induced after a feed of antigen during early life: oral tolerance v. sensitisation. Proceedings of the Nutrition Society 60, 437-442.

Strobel, S. and A.M. Mowat, 1998. Immune response to dietary antigens: oral tolerance. Immunology Today 19, 173-181.

Thiele, H-G. 1991. Lymphocyte homing: an overview. Immunological Research 10, 261-267.

Thompson, F.M., G. Mayrhofer and A.G. Cummins, 1996. Dependence of epithelial growth of the small intestine on T-cell activation during weaning in the rat. Gastroenterology 111, 37-44.

Toms, C. and F. Powrie, 2001. Control of intestinal inflammation by regulatory T-cells. Microbes and Infection 3, 929-935.

van Beers-Schreurs, H.M., L. Vellenga, T. Wensing and H.J. Breukink, 1992. The pathogenesis of the post-weaning syndrome in weaned piglets: a review. Veterinary Quarterly 14, 29-34.

van der Strate BW., L. Beljaars, G., Molema, M.C. Harmsen and D.K. Meijer, 2001. Antiviral activities of lactoferrin. Antiviral Research 52, 225-239.

van Hooijdonk, A.C., K.D. Kussendrager and J.M. Steijns, 2000. In vivo antimicrobial and antiviral activity of components in bovine milk and colostrum involved in non-specific defence. British Journal of Nutrition 84 (Supplement 1), S127-S134.

van Vlasselaer, P., J. Punnonen and J.E. de Vries, 1992. Transforming growth factor β directs IgA switching in human B cells. The Journal of Immunology 148, 2062-2067.

Vega-López, M.A., G. Arenas-Contreras, M. Bailey, S. González-Pozos, C.R. Stokes, M.G. Ortega and R. Mondragón-Flores, 2001. Development of intraepithelial cells in the porcine small intestine. Developmental Immunology 8, 147-158.

Vega-López, M.A., M. Bailey, E. Telemo and C.R. Stokes, 1995. Effect of early weaning on the development of immune cells in the pig small intestine. Veterinary Immunology and Immunopathology 44, 319-327.

Vega-López, M.A., E. Telemo, M. Bailey, K. Stevens and C.R. Stokes, 1993. Immune cell distribution in the small intestine of the pig: immunohistological evidence for an organized compartmentalization in the lamina propria. Veterinary Immunology and Immunopathology 37, 49-60.

Verdonk, J.M.A.J., M.A.M. Spreeuwenberg, G.C.M. Bakker and M.W.A. Verstegen, 2001a. Nutrient intake level affects histology and permeability of the small intestine in newly weaned piglets. In: Lindberg, J.E. and B. Ogle (editors), Digestive Physiology of Pigs: Proceedings of the 8th Symposium. CABI Publishing, UK, pp. 332-334.

Verdonk, J.M.A.J., M.A.M. Spreeuwenberg, G.C.M. Bakker and M.W.A. Verstegen, 2001b. Effect of protein source and feed intake level on histology of the small intestine in newly weaned piglets. In: Lindberg, J.E. and B. Ogle (editors), Digestive Physiology of Pigs: Proceedings of the 8th Symposium. CABI Publishing, UK, pp. 347-349.

Wagstrom, E.A., K.J. Yoon and J.J. Zimmerman, 2000. Immune components in porcine mammary secretions. Viral Immunology 13, 383-397.

Wattrang, E., P. Wallgren, A. Lindberg and C. Fossum, 1998. Signs of infections and reduced immune functions at weaning of conventionally reared and specific pathogen free pigs. Journal of Veterinary Medicine Series B 45, 7-17.

Weiner, H.L. 2000. Oral tolerance, an active immunologic process mediated by multiple mechanisms. The Journal of Clinical Investigation 106, 935-937.

Westly, H.J. and K.W. Kelley, 1984. Physiologic concentrations of cortisol suppress cell-mediated events in the domestic pig. Proceedings of the Society for Experimental Biology and Medicine 177, 156-164.

Weström, B.R., J. Svendsen, B.G. Ohlsson, C. Tagesson and B.W. Karlsson, 1984. Intestinal transmission of macromolecules (BSA and FITC-labelled dextrans) in the neonatal pig: influence of age of piglet and molecular weight of markers. Biology of the Neonate 46, 20-26.

Whary, M.T., A. Zarkower, F.L. Confer and F.G. Ferguson, 1995. Age-related differences in subset composition and activation responses of intestinal intraepithelial and mesenteric lymph node lymphocytes from neonatal swine. Cellular Immunology 163, 215-221.

Wheeler, E.E., D.N. Challacombe, P.J. Kerry and E.C. Pearson, 1993. A morphological study of beta-lactoglobulin absorption by cultured explants of the human duodenal mucosa using immunocytochemical and cytochemical techniques. Journal of Pediatric Gastroenterology and Nutrition 16, 157-164.

Williams, R. and R. Gibbons, 1972. Inhibition of bacterial adherence by secretory immunoglobulin A: a mechanism of antigen disposal. Science 177, 697.

Wilson, A.D., K. Haverson, K. Southgate, P.W. Bland, C.R. Stokes and M. Bailey, 1996. Expression of major histocompatibility complex class II antigens on normal porcine intestinal endothelium. Immunology 88, 98-103.

Wilson, A.D., C.R. Stokes and F.J. Bourne, 1989. Effect of age on absorption and immune responses to weaning or introduction of novel dietary antigens in pigs. Research in Veterinary Science 46, 180-186.

Wood, P.R. and H.-F. Seow, 1996. T cell cytokines and disease prevention. Veterinary Immunology and Immunopathology 54, 33-44.

Wu, G., C.J. Meininger, K. Kelly, M. Watford and S.M. Morris, 2000. A cortisol surge mediates the enhanced expression of pig intestinal pyrroline-5-carboxylate synthase during weaning. Journal of Nutrition 130, 1914-1919.

Yu, L.C.H. and M.H. Perdue, 2001. Role of mast cells in intestinal mucosal function: studies in models of hypersensitivity and stress. Immunological Reviews 179, 61-73.

Zhang, G., C.R. Ross and F. Blecha, 2000. Porcine antimicrobial peptides: new prospects for ancient molecules of host defense. Veterinary Research 31, 277-296.

Zuckermann, F.A. 1999. Extrathymic CD4/CD8 double positive T cells. Veterinary Immunology and Immunopathology 72, 55-66.

Zuckermann, F.A. and H.R. Gaskins, 1996. Distribution of porcine CD4/CD8 double positive T lymphocytes in mucosa-associated lymphoid tissues. Immunology 87, 493-499.

11 断奶仔猪的营养需要

M. D. Tokach, S. S. Dritz, R. D. Goodband 和 J. L. Nelssen

摘 要

饲养早期断奶仔猪所面临的挑战超出了日粮配制(diet formulation)和营养需要的领域,只有清楚地认识到这些挑战中多数因子是相互关联的,并控制好这些关键因素,才能制订出饲养断奶仔猪的成功方案。

11.1 前 言

制订一个成功的断奶仔猪营养方案的基本原则为:①仔猪开始饲养时体重要尽可能大;②饲喂的日粮要尽可能简单(低成本);③重点搞好仔猪的管理。本章将讨论这3个要点以及它们在设计断奶仔猪营养方案中的重要性,并重点讨论仔猪的营养需要和日粮配制。但是,不能忽视猪的初始体重、日龄、饲养管理质量的重要性以及它们对猪生产性能和日粮配方策略的影响。

11.2 仔猪的体重和日龄的重要性

哺乳母猪的最佳饲养模式现在仍无定论,但是对哺乳母猪的研究结果已经很清楚地表明,在哺乳期的任何时候限制饲料、蛋白质或能量的摄入不仅会降低产奶量和仔猪断奶窝重,还会降低母猪整个繁殖周期的繁殖性能(King 和 Martin,1989;Koketsu 等,1997;Koketsu 和 Dial,1998;Tokach 等,1992)。随着早期断奶策略的实施(<21 d),仔猪断奶窝重显得更为重要。断奶时体重较重或日龄较大的仔猪在保育阶段容易管理,肠道疾病的发生率也比较低(Cranwell 等,1995;Madec 等,1998)。其他一些研究资料表明,断奶体重较轻的仔猪,其在保育阶段的死亡率也较高(Deen 等,1998)。哺乳期管理不好导致母猪能量摄入不足,从而造成无法获得潜在的断奶重。这是许多商业化养猪场存在的主要问题。

在最近的一个试验中,我们测定了断奶日龄和体重对断奶后28 d内仔猪生长性能的重要性。将试验仔猪按日龄(12～15 d、16～18 d 和 19～21 d)和体重(轻或重)分组(表 11.1),结果发现,断奶日龄与生长性能之间存在互作关系($p<0.07$)。值得注意的是,体重较重的试验组与较轻的试验组之间,仔猪的平均体重相差大约 1 kg(图 11.1)。12～15 日龄体重较重的试验组与 16～18 日龄体重较轻的试验组的平均断奶体重大致相当,16～18 日龄较重的试验组与 19～21 日龄较轻的试验组的平均断奶体重也大致相当。

表 11.1 断奶日龄和断奶体重对仔猪生长性能的影响(Dritz,2002)

断奶日龄(d)	12～15		16～18		19～21			P 值		
断奶体重	轻	重	轻	重	轻	重	SEM	体重	日龄	体重×日龄
断奶后 0～28(d)										
ADG(g)	213	241	286	286	309	295	5	0.05	0.01	0.07
ADFI(g)	309	331	381	395	395	409	9	0.04	0.01	0.79
饲料/增重	1.46	1.38	1.35	1.39	1.37	1.39	0.02	0.83	0.10	0.04

注:以上每个数据是 12 栏(21 头/栏)的平均值,猪的平均断奶体重为 5.3 kg。

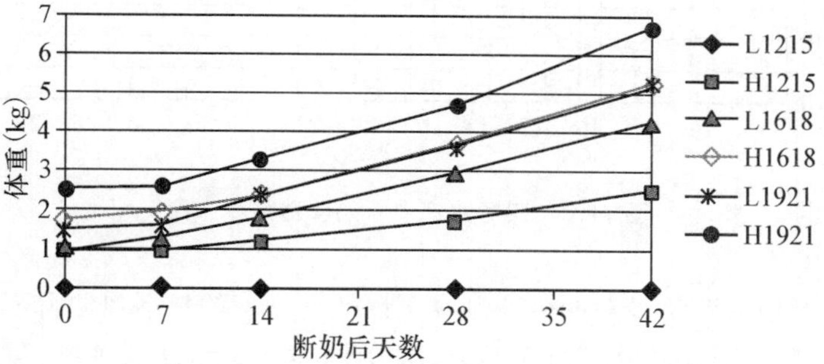

图 11.1 不同组间断奶体重和日龄对体重的影响

资料来源:Dritz,2002。

断奶日龄最小的猪在断奶后 0～42 d 增重最小。试验数据清楚地表明,断奶体重对所有日龄段的猪都是重要的。但是,断奶体重的影响比断奶日龄要小。当比较 16 日龄与更大日龄的断奶仔猪时,断奶后第 42 天体重的差距仅有很小的扩大。断奶体重对于断奶日龄小于 16 d 的仔猪也是重要的。但是,断奶日龄仍然是一个关键的因素。12～15 日龄体重较重的断奶仔猪不可能补偿其断奶日龄太小造成的影响。12～15 日龄断奶的体重较重的组与 16～18 日龄断奶的体重较轻的组有着几乎相同的断奶重,但是它们在断奶后第 42 天体重的差距扩大到了 2 kg。仔猪断奶体重的差异在生长过程中被放大,值得注意的是,12～15 日龄断奶的体重较轻的仔猪比 16～18 日龄断奶的体重较轻的仔猪只轻 1 kg,但这个差距在断奶后第 42 天被扩大到 4 kg。

在大多数的记录系统中,平均断奶日龄或哺乳期长短是根据母猪的最后一头仔猪的断奶日龄来计算的。在许多猪场,仔猪是每周多批次断奶的,在同一窝中体重最大的仔猪往往最先断奶。因此，仔猪的实际平均断奶日龄要比总结报告中的短。我们的观察发现，仔猪的实际断奶日龄要比报道的、按母猪最后一头仔猪断奶的日龄来计算的平均哺乳期大约早 1 d。在生产实践中，猪场有严格的转圈制度，以防止日龄较大但体重较轻的仔猪在日龄很大时才断奶。

Donavan 和 Dritz(2000)的研究表明，在一个实行最迟 21 d 断奶制度的农场，其中 7.8%(83/1 062)的仔猪实际断奶日龄比 21 日龄要大(图 11.2)，1.4%(15/1 062)的仔猪实际断奶日龄大于 26 日龄，12%(128/1 062)的仔猪在 15 日龄或更小就断奶。在另外一个生产系统中，用 1 800 头标记了出生日期的仔猪所进行的试验也表明，在实行最迟 21 d 断奶制度的情况下，有 17%的仔猪断奶日龄要大于 21 d。

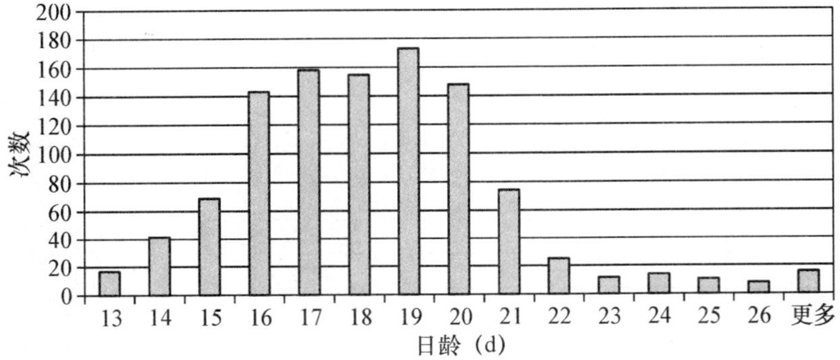

图 11.2　实际生产中断奶年龄的分布图

资料来源：Dritz，2002。

严格执行最大断奶日龄的生产制度可以使传染病的传播风险降到最低。已经证明，断奶日龄相近是成功实施最迟 20 日龄同期断奶制度的关键，可以控制或消除猪的大多数病原体(Harris，2000)。经验表明，基于产房管理基础的猪群的实际断奶日龄是高度可变的，因此，即使大多数断奶仔猪的营养方案是基于仔猪的体重而定的，但正确理解平均断奶日龄及其变化对制定成功的营养方案是非常重要的。

11.3　断奶仔猪的营养特点

设计断奶仔猪日粮时要坚持 3 个关键原则。首先，要考虑养猪行业的经济效益，使仔猪在断奶后能尽快适应最简单日粮(例如：玉米和豆粕)，且相对成本最低。其次，刚断奶的仔猪正处于一个极度依赖于能量的生长阶段，所以要使饲料(特别是能量)的摄入量最大。第三，必须根据仔猪的消化生理特点，使用易消化的原料设计日粮，使日粮组成与仔猪消化酶的发育和分泌相对应。

在断奶日粮中使用豆粕便体现了上述 3 个关键因素。一些营养学家相信，仔猪断奶后应该饲喂不含或含有非常少的豆粕的日粮，并且豆粕的使用水平应随日龄的增加逐步提高。这种在断奶仔猪日粮中缓慢地、逐步增加豆粕用量的做法，将使大豆蛋白、伴大豆球蛋白、β-伴大豆球蛋白所引起的迟发型过敏反应的发生几率降到最低（Li 等，1990a，b；1991a，b）。总的来说，这种做法使断奶初期的生长性能非常优秀，但饲料成本非常高。第 2 个选择是饲喂含有适当水平（15～21 日龄断奶的仔猪日粮中使用 10%～15%）的豆粕，以减少一些昂贵的蛋白质原料的使用（Friesen 等，1993a）。这是一个以非常昂贵的乳制品和特定动物蛋白质为基础的日粮与简单的谷物-豆粕型日粮之间的折中方案。乳糖和特殊的蛋白质原料具有很好的消化率和适口性，可以刺激仔猪的采食量，增加仔猪的能量摄入。与此同时，仔猪可适应适量（中等水平）的豆粕蛋白质，使迟发型过敏反应的负面影响降到最低。因而在仔猪多阶段饲养体系中，可逐步增加日粮中豆粕的用量，减少对昂贵的蛋白质原料的需要。

以这种方式使用豆粕的最终结果是，我们仍然可以提供一个断奶后可立即刺激仔猪采食的、具有高消化率的复杂日粮，并通过逐步增加豆粕蛋白的用量来迅速降低日粮组成的复杂性（diet complexity）（Dritz 等，1996a）。这个策略利用了日粮复杂性对采食量的影响和断奶后仔猪生长性能迅速下降的事实，尤其是体况好的仔猪。因此，这个饲养方案既能满足最大生长性能所需要的营养，在经济上也具有竞争力。

11.3.1 基于仔猪消化能力来选择原料

选择不同类型和数量的其他饲料原料也要遵循能迅速减少饲料的复杂性以降低饲料成本、最大的饲料（能量）摄入量，并符合消化系统生理特点这 3 个主要原则。除了成本以外，原料的选择应考虑营养物质的消化率、氨基酸含量、乳糖含量以及对饲料采食和生长的影响等因素。此外，还应考虑饲料加工方法对一种原料或多种原料的混合物的影响。比如添加脂肪，刚断奶的仔猪对脂肪利用率不高，添加脂肪不是断奶仔猪很好的能量来源，但如果要将含有高水平乳制品和其他特殊动物蛋白质的日粮制成颗粒，则添加脂肪是必要的。

刚断奶的仔猪消化系统相对来说还不成熟，但是，在断奶时却能很好地适应和消化蛋白质、乳糖和来自母乳的脂肪。因此，饲料中使用含有乳糖的原料有助于仔猪适应从母乳向固体饲料的转变（Tokach 等，1989；Mahan，1992；Nessmith 等，1997）。虽然人们努力尝试在干料中模拟母乳的营养组成，但是小肠绒毛的大小、形状和机能都发生了巨大的变化（Cera 等，1988a；Li 等，1990a，1991a，b；Jiang 等，2000）。断奶后小肠绒毛在解剖学上的变化可能是不能很好利用某些原料的重要原因，比如，小肠绒毛解剖学上的变化可能导致脂肪酸结合蛋白的分泌减少，这与在断奶后 10～14 d 时仔猪对脂肪的利用效果差有很大的联系（Reinhart 等，1990）。

原料的选择可以改变小肠绒毛结构和功能上发生变化的程度，例如，在仔猪断奶后立即饲喂含过多豆粕的日粮，所引起的迟发型过敏反应造成肠绒毛变短（图 11.3；Li 等，1990a，b）。合适的原料，如喷雾干燥血浆蛋白粉对肠道的发育有着积极的影响（Jiang 等，2000）。尽管我们对饲料原料对肠绒毛的结构和功能的影响的理解已经提高，但断奶时肠绒毛功能的剧烈变化仍然是断奶仔猪营养所面临的主要挑战。尽管在断奶时消化生理发生了改变，但蛋白质在小肠内的溶解度似乎是影响早期断奶仔猪消化的主要限制因素（Asche 等，1989a，b）。

图 11.3　断奶后 2 周仔猪的小肠绒毛

含高水平的豆粕（左）；以乳制品为基础的日粮（右）

11.4　断奶仔猪的营养需要量

11.4.1　能量

断奶仔猪并不能采食足够的饲料以使它们蛋白质沉积潜能最大化，因此在维持养分与能量适当比例的条件下，任何饲料（能量）摄入量的增加都会提高其生长速度。为了使能量摄入最大，选择的原料应具备消化率高、净能含量高、适口性好的特点，这样才能刺激饲料的采食。当选择蛋白质和能量来源时，必须细心考察其对饲料采食量的影响。个别的饲料原料及增加饲料采食量的管理措施的重要性将在以后的章节中进行讨论。

11.4.2　氨基酸

由于人们对断奶仔猪所需要的环境和管理的认识有了明显的提高，生产中仔猪接触病原的程度做到了最小化，因此，过去 10 年中蛋白质沉积量和氨基酸需要量都提高了。在近期的出版物中(NRC，1998)，尽管已经提高了仔猪赖氨酸需要量的估测值，但许多人仍然认为，在商业生产系统中这样的需要量对于高健康度、高瘦肉生长潜力的猪来说，可能仍然太低。Owen 等(1995d，e)、Chung 等(l996)、Williams 等(1997b)的数据都认为，对于 14～22 日龄断奶的仔猪，在断奶后的 14 d 里，总赖氨酸需要量约为 1.60%，表观可消化赖氨酸需要量约为 1.40%。由于断奶仔猪的生长处于一个能量依赖的阶段，所以日粮配方的设计应该依据氨基酸与能量的比率，而不是在日粮中的百分含量。这些研究者建议，14～22 日龄断奶的仔猪日粮中表观可消化赖氨酸与代谢能的比为 4.1～4.2 g/Mcal。由于仔猪断奶后对额外添加脂肪的利用受到限制，所以实际上赖氨酸与能量的比可能被低估。随着仔猪年龄的增大和体重的增加，22 kg 仔猪日粮的表观可消化赖氨酸与代谢能的最佳比例下降为 3.3 g/Mcal (Nam 和 Aherne，1994；Smith 等，1999b)。有关断奶仔猪对其他氨基酸需要量的估测，尤其是与赖氨酸的比率，研究资料并不丰富。但基于目前的资料，以真可消化氨基酸为基础，其他氨基酸与赖氨酸的最佳的最小比率分别为：蛋氨酸 30%(Chung 和 Baker，1992；Owen 等，1995a，b)、蛋氨酸加胱氨酸 55%、异亮氨酸 55%(Kerr，1999；James 等，200la)、色氨酸 16%(Han 等，1993)、缬氨酸 60%(James 等，2001c)。然而，用梯度增加的方法研究确定的苏氨酸需要量是不准确的。苏氨酸相对于赖氨酸的比例估计为 60%～68%(Johnston 等，2000；James 等，2001b)。因为在饲喂断奶仔猪的很多特定的蛋白质饲料中，苏氨酸的含量相对比较低，加之晶体苏氨酸的价格问题，使得其需要量估测上差异可能成为潜在的经济负担。表 11.2 给出了 3～22 kg 猪的赖氨酸与能量以及其他氨基酸相对于赖氨酸的比例。

表 11.2　3～22 kg 猪的氨基酸需要推荐量

指　　标	体重范围(kg)			
	3～5	5～7	7～11	11～23
总赖氨酸：能量(g/McalME)	4.7	4.5	4.0	3.8
表观可消化赖氨酸：能量	4.0	3.9	3.4	3.2
真可消化赖氨酸：能量	4.2	0.1	3.5	3.3
总赖氨酸(%)	1.65	1.55	1.35	0.30
真可消化赖氨酸(%)	1.50	1.4	1.22	1.16
相对于赖氨酸比率(真可消化基础)				
异亮氨酸(%)	55			
蛋氨酸(%)	27.5			
总的含硫氨基酸(%)	55			
苏氨酸(%)	62			
色氨酸(%)	16			
缬氨酸(%)	60			

11.4.3 其他的估测方法

用典型的梯度增加的方法所测定的动物营养需要量通常与商业化生产条件下设定不同水平来测定的需要量,其结果之间存在差异,这可能与定义需要量的方法有关。在学术研究上,通常会设计一个氨基酸梯度增加的日粮,记录所饲养动物在增重和饲料转化效率上的反应,然后用得到的数据拟合非线性模型,在模型上可以找到剂量反应的拐点(需要量),超过该拐点后,动物的生产性能不会再有提高。通常情况下,学术研究不会从经济角度来评价动物氨基酸需要量,但可能对单位增重的饲料成本有一个估计。不幸的是,由于研究条件的局限性,进行动物试验时试验日粮的处理和重复数达不到理想的水平,因此,对试验数据的拟合存在缺陷。从生物学的角度来看,超过估测的需要量时,生产速度虽然有小幅度下降,但仍在继续改进,因此通过非线性模型拟合的需要量有其本身的缺陷,大多数情况下氨基酸需要量被低估。

例如,用非线性模型对表 11.3 中的数据进行拟合,平均日增重对赖氨酸的需要量约为 1.10%(James 等,2000)。但是对于饲料增重比来说,在赖氨酸含量达到 1.40%时仍有改进。我们试图测定这个商业生产系统中日粮赖氨酸的最佳水平。为回答这个问题,我们按照 De La Llata(2001)的方法,用连续 10 年玉米、大豆粕、精选白色油脂和商品肥猪的价格,来测算每个月每磅增重消耗的饲料成本最低、饲料成本边际效应最大化的日粮。测算的 10 年(120 个月)期间的平均值见表 11.3。在这 10 期间,当日粮含有 0.95%的赖氨酸时,有 100 个月或 83%的时间,每磅增重所消耗的饲料成本最低。而含有 1.10%或1.40%赖氨酸的日粮,则分别有 5 个月(4%的时间)和 15 个月(13%的时间),每磅增重所消耗的饲料成本最低。

表 11.3 40～80 磅猪增加日粮中赖氨酸水平的经济价值(美元)(James 等,2000)

经济核算	日粮总赖氨酸,%				
	0.80	0.95	1.10	1.25	1.40
日粮成本(美元/t)	147.52	154.53	161.55	168.82	176.05
饲料成本,(美元/头)	4.65	4.67	5.18	5.27	5.40
28 d 增重(磅)	15.7	16.9	18.6	18.5	18.9
饲料成本(美元/kg 增重)	0.295	0.276	0.280	0.287	0.284
增重价值(美元/头)(1.025 美元/kg 增重)	16.13	17.30	18.99	18.86	19.38
弥补饲料成本后的收益(美元/头)	13.58	14.88	16.28	16.05	16.51
与 0.8%赖氨酸相比的额外收益(美元)		1.30	2.70	2.57	2.93

然而,当用饲喂较高赖氨酸日粮的猪所获得额外增重来考察上述结果时,答案则有所不同。平均来说,与含 0.95%赖氨酸的日粮相比,含 1.10%、1.25%或 1.40%赖氨酸的日粮带来 1.27～1.63 美元的额外利润。与含 0.80%赖氨酸的日粮相比,则可获得 2.57～2.93 美元的额外利润。当日粮含有 1.40%赖氨酸时,在 120 个月中有 118 个月(占 98%)提供的经济回报最高,而在另外 2 个月中,日粮中含有 1.10%赖氨酸时经济回报最高。

上述分析结果表明,对于 18～35 kg 猪来说,日粮含 1.10%～1.40%的赖氨酸时,其经济收益相似。在较高赖酸酸水平时,猪的料重比有较小幅度的提高,这样可以抵消日粮成本的增加。值得注意的是,最佳的赖氨酸水平(1.10%～1.40%)很少使每磅增重的饲料成本达到最小化,但弥补饲料成本后的边际报酬几乎总是最大化。很明显,这种分析方法可能导致需要量估计值的差异要大于传统方法所估测的需要量的差异。由此可以部分解释日粮营养浓度存在差异的原因。

另外一种方法是回归分析。回归分析就是利用生长试验的数据建立回归方程,用回归方程可以预测平均日增重和料重比对日粮中梯度增加赖氨酸的反应。另外,回归方程也可以根据 120 个月中每个月的价格系数来预测哪一个日粮赖氨酸水平可以提供最大的利润(图 11.4)。分析表明:除了 1998 年后期(当时生猪的价格明显下跌)以外,最佳的日粮赖氨酸水平总是在 1.25%～1.3%之间。

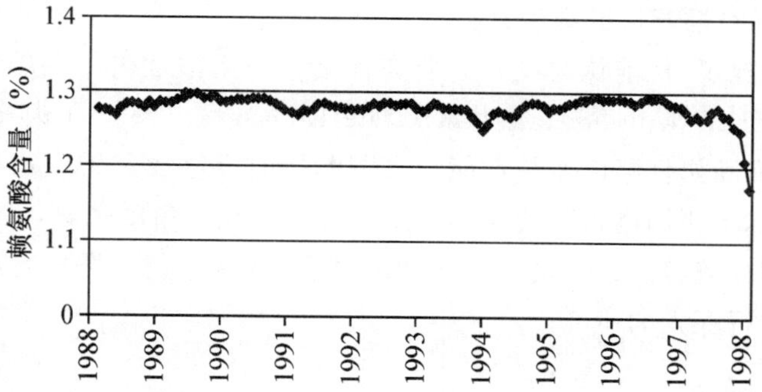

图 11.4 每个月提供最高饲料回报的日粮赖氨酸水平

资料来源:James 等,2000。

11.4.4 维生素

由于不同试验的结果存在巨大差异,评价断奶仔猪维生素需要量的研究令人沮丧。研究结果经常存在矛盾可能是维生素需要量研究的特征。日龄、健康状况、环境、瘦肉生长潜力及日粮因素等都可能影响添加维生素的效果。虽然试验与试验之间猪对添加维生素的反应存在巨大差异,但有一点是肯定的,即当前 NRC(1998)关于维生素需要的推荐量对猪的商业化生产来说是太低了。在断奶仔猪日粮中,脂溶性维生素 A、D、E、K 和水溶性维生素 B_{12}、烟酸、泛酸、核黄素都是通常需要添加的维生素。由于通常情况下维生素 E 是添加到日粮中最昂贵的维生素,因此对脂溶性维生素的研究集中在维生素 E 上。试验数据表明,如果在妊娠和哺乳母猪日粮中添加足够的维生素 E 和硒(分别为 44 IU/kg 和 0.3 mg/kg;Mahan,1994),保育日粮中添加 44 IU/kg 的维生素 E 是比较合适的。但是,如果繁殖母猪日粮中维生素 E 含量少于 44 IU/kg,那么保育日粮中的维生素 E 的添加量可能要多于 44 IU/kg 才能使断奶后桑葚心(mulberry heart)的发生率最低。

Wilson 等(1991,1993)在一系列的研究中发现,添加 NRC 需要量的 3～4 倍的多种 B 族维生素可以提高断奶仔猪的生长性能。多数饲料企业在强化仔猪日粮时的添加量与这个量相当(BASF,1997)。Stahly 等(1996)报道,当主要的 B 族维生素 6 倍于 NRC 的推荐量时,可改善健康程度高、瘦肉生长潜力大的猪的生长性能。由于几种维生素的添加量一直在提高,这些研究结果的应用受到限制。因此不可能确定这种表现是由于一种特殊的维生素还是由多种维生素的复合物引起的。导致这种偏差的另一个因素可能是,试验前猪日粮中的维生素含量不足。但一个维生素生产商近来做报道,补充 16 倍于 NRC(1998)推荐量的维生素,猪的生长性能有相似的提高(Coelho 等,2001)。在维生素领域,需要更多的研究来确定猪在这些"超营养"浓度下的反应。目前的证据说明,在生产条件下应该补充 3～4 倍于 NRC(1998)推荐量的维生素。

也有资料建议,从前认为没有必要在仔猪日粮中添加的一些维生素,比如,吡哆醇(Woodworth 等,1998)、维生素 C(de Rodas 等,1998)和肉毒碱(Real 等. 2001)可以提高断奶仔猪的生长性能。且刚断奶时吡哆醇和维生素 C 的添加效果最好。断奶后 2～4 周肉毒碱的添加效果最好。从经济角度来看,在断奶仔猪日粮中添加吡哆醇比较容易让人接受。在做出最后结论前,仍然需要对维生素 C 和肉毒碱的效果进行深入的研究。

11.4.5 矿物质

断奶仔猪日粮中应补充常量矿物元素钙、磷、钠和氯化物以及微量元素铜、碘、铁、锰、硒和锌。就常量元素来说,由于它们在母乳和其他蛋白质饲料中的含量相对丰富,利用率也相对较高,在生产条件下为猪提供一个高于实际需要量的安全阈值既不困难也不昂贵。由于生长早期骨骼发育的重要性,从断奶到 20 kg,日粮钙和有效磷的浓度只能分别在 0.73%～0.90%和 0.40%～0.48%变动。其他可提高生长性能的常量元素是钠和氯(Mahan 等,1996)。尽管乳清粉和喷雾干燥血浆蛋白粉中钠和氯的浓度比较高,但研究表明,当日粮中含有高水平的这些原料时,补充食盐还是可以提高生长性能(Mahan,1996)。断奶后的最初一段时间内,仔猪对钠和氯的需要量明显地要比 NRC(1998)推荐量高。

由于可作为生长促进剂,铜和锌是最受关注的两种微量元素。铜和锌的基础需要量分别为 10 mg/kg 和 100 mg/kg。NRC(1998)对高铜(100～250 mg/kg)作为一种生长促进剂在仔猪日粮中的作用进行了总结。在最近的几年中,许多试验研究证明,日粮中添加高水平的氧化锌(3 000 mg/kg)可提高断奶仔猪的生产性能(Hahn 和 Baker,1993;Carlson 等,1999;Woodworth 等,1999a,b,d),而且其效果比硫酸铜更大(Smith 等,1997)。Woodworth 等(1999a)开展了一系列的试验,证实了 Hahn 和 Baker (1993) 及 Mc Cully 等 (1995)的研究结果,结果显示,氧化锌的生长促进作用要比硫酸锌或锌的氨基酸复合物更有效。Woodworth 等(1999b)也发现,尽管对生物利用率来说是重要的(Edwards 和 Baker,1999),但氧化锌并不影响药理上的生长促进作用。现在大多数的商业化日粮在断奶后立即使用 2 000～3 000 mg/kg 的来源于氧化锌的锌和 100～250 mg/kg 的来源于硫酸铜的铜作为生长促进剂,或在保育后期日粮中不补充铜或锌。

11.4.6 断奶后腹泻与氧化锌

与溶血性大肠杆菌有关的断奶后腹泻是早期断奶仔猪普遍存在的问题。已经发现,在乳仔猪日粮中补充 3 000 mg/kg 的来源于氧化锌的锌,对生产条件下控制断奶后与大肠杆菌有关的挑战是有效的(Holm 和 Poulsen,1996;Tokach 等,2000)。

由 Tokach 等(2000)进行的一个研究清楚阐述了 ZnO 可控制断奶后腹泻在临床上和经济学上的效果。用于试验的断奶仔猪来自于 1 400 头母猪,并被送到 3 个不同的养猪场,试验猪场的养殖规模为每周可接纳 600 头仔猪。生产记录表明,与另外两个猪场的试验猪群相比,其中一个猪场的试验猪群的生产性能比较差,与大肠杆菌有关的腹泻较为严重(平均日增重分别为 394 g 和 436 g,死亡率分别为 8.0%和 0.96%)。由于猪场在环境和管理上没有差异,所以无法解释这 3 个试验猪群为何表现不同。当检查生产表现差的试验猪群的日粮配方时发现,表现差的猪群其日粮中仅含有 612 mg/kg 来源于氧化锌的锌,而不是 3 000 mg/kg。而其他两个试验猪群的日粮中含有 3 000 mg/kg 的锌。日粮配方错误被修正以后,该试验猪群的生长性能得到改进。这个案例说明,在确定日粮配方错误所导致的经济损失时生产记录的价值,本案例中每头断奶仔猪的损失为 3.13～5.88 美元。

Jensen-Waern 等(1998)的激发性研究发现,日粮中添加 2 500 mg/kg 来源于 ZnO 的锌可防止断奶后腹泻,但不影响大肠杆菌在粪便中排出的数量。另外一个激发性研究结果(Mores 等,1998)也表明,日粮中高浓度的锌(4 种 ZnO 源中的任意一种)可以减少大肠杆菌性腹泻,但不影响大肠杆菌在粪便中排出的数量。在这些激发性试验中,凡是没有接受高浓度 ZnO 的仔猪,其腹泻的发生率都很高。

Huang 等(1999)的研究表明,在猪日粮中补充 3 000 mg/kg 的氧化锌可以减少细菌向回肠肠系膜淋巴结的转移。产生上述结果的机理还不清楚。由于锌为 DNA 和蛋白质合成所必需,已经证明锌对细胞的快速周转有影响。锌在稳定细胞膜和调节细胞膜功能上也有一定的作用(Bray 和 Bettger,1990)。锌还是一种有效的抗炎症因子,而仔猪断奶后肠道经常存在非特异性的炎症反应。因此,锌的有益效果可能部分是由于它对小肠上皮细胞具有保护作用(Huang 等,1999)。

如何处理断奶后大肠杆菌所带来的问题变得越来越复杂,这需要在改进预防或干预技术方面进行不懈的努力。在仔猪日粮中使用高锌是一个有效的选择,它可以使这个问题最小化并能提高仔猪的生长速度。由于饲喂高锌日粮会对环境带来危害,因此受到社会的关注。尽管在断奶后的最初 2 周仔猪饲料的摄入量最少而氧化锌效果最大,但还是应该限制在日粮中使用 3 000 mg/kg 的氧化锌。

11.4.7 有机微量元素

微量元素的化学形态在最近的几年中受到了相当的重视。铜的有机化合物对生长的促进作用和硫酸铜相似(Coffey 等,1994;Apgar 和 Komegay,1996)。有机形态的锌(赖氨酸锌、蛋氨酸锌、锌的氨基酸复合物)也可以在猪的日粮中加以利用。但是向日粮中以促生长的水平补充有机态的锌,在提高猪的生长性能方面不是总能达到与氧化锌同样的程度(Hahn 和 Baker,1993;Woodworth 等,1999a,c)。由微量元素在猪的排泄物中蓄积所带来的环境问题将迫使我们继续对猪用的不同矿物质来源进行评估,以力图降低锌和铜的排泄。

11.5 断奶仔猪饲料原料的选择

11.5.1 能量饲料

11.5.1.1 乳糖

对高质量的乳糖来源的研究已经表明,即使乳糖水平高达 45%,日粮中乳糖水平的增加可线性提高仔猪的生长性能(Mahan,1990)。大多商业化断奶仔猪日粮中含 15%～20%的乳糖,这一水平比较适宜,也比较经济。在仔猪日粮中添加乳糖可持续提高生长性能直到断奶后的 21～28 d,或体重达到 10～13 kg(Crow 等,1995)。在这一阶段之后,乳糖可以被其他的更经济的碳水化合物原料代替,如谷物。

高质量、食用级的乳清粉是仔猪开食料中优秀的乳糖来源。最近对乳糖的研究集中在评价价格比较便宜并可用来代替乳清粉的乳糖原料上。包括 *L*-乳糖、去蛋白乳清粉和乳清渗出物在内的几种乳糖来源已经出现。这些原料的价值在过去是有问题的,但是生产者已经提高了干燥工艺以生产出高质量的产品。另外,由于人类食品生产中对乳清蛋白的需要,这些产品的产量也已经提高。营养学家对应用乳清替代品的理解也已经提高。起初在乳糖产品代替乳清粉的试验中,往往是在相同乳糖水平基础上进行比较,由于乳清粉被代替后没有考虑乳清蛋白,所以最初的试验并没有考虑用另外的高质量的蛋白原料代替乳清蛋白。最近的试验已经证明,在下面两个原则下其他乳糖来源可以代替日粮中的乳清粉(Nessmith 等,1997;Touchette 等,1995):①必须控制好喷雾干燥工艺;②必须用一种高质量的蛋白质来代替乳清蛋白。

目前,市场上在推销一些非乳糖碳水化合物作为乳糖或干乳清粉的替代品。这些碳水化合物包括葡萄糖、蔗糖或生产糖果的副产品。研究结果表明,总体看来这些原料可以替代日粮中的部分乳清粉,但是不能代替全部乳糖(Stephas 和 Miller,1998)。

我们要以怀疑的态度来看待乳清或高质量蛋白质的替代品,如动物血浆粉。如果蛋白质或碳水化合物原料不能直接代替乳清粉或血浆粉,就要注意替代的方法。例如,试验已经证明乳糖水平从 15%降低到 10%将不会明显降低动物的生产性能(Owen 等,1993)。同样如果将血浆粉的水平从 7%降低到 5%,试验中动物也没有出现明显的差异。但是如果试验中重复数足够多或血浆粉和乳糖水平同时降低,那么会经常发现明显的差异。在评估某一原料替代品的效果时,要谨慎对待研究结果,这些试验可以很容易被设计成用于寻找想要的或潜在的有偏差的结果。

11.5.1.2 脂肪

高营养浓度的断奶仔猪日粮中含有 8%~10%的补充脂肪,以提供与母猪乳汁相似的脂肪水平(Nelssen,1986)。自从高营养浓度日粮提出以来,已经进行了大量的研究仔猪利用脂肪的能力的试验。Nelssen (1990)解释了日粮中添加脂肪的两个原因:①增加日粮的能量浓度;②提高制粒质量和制粒的效率。但是,在检测含高水平乳制品日粮中补充脂肪的效果的早期研究中,并没有考虑添加的脂肪对制粒质量的重要性。在含高水平乳制品的日粮中如果不补充脂肪,则很难制粒,因为其通过制粒机的速度非常慢,使饲料在压模中停留的时间延长并且有可能被焦化,从而降低赖氨酸的有效性和乳制品的质量。在日粮中添加高水平的脂肪可防止饲料的焦化。因此在早期的研究中,对添加脂肪的效果主要归结为对饲料制粒质量的提高而不是脂肪本身的效果。

在小心控制制粒质量的前提下,研究者(Li 等,1989;Tokach 等,1995)并没有发现在断奶仔猪日粮中添加 10%的脂肪能提高仔猪的生长性能。但是在含有高水平乳制品的日粮中添加脂肪时,影响制粒质量的因素必须考虑。制粒过程中理想的脂肪水平依赖于日粮中乳制品的用量、压模的厚度以及制粒机操作者的技术(Leaver,1988)。在含有高水平的乳制品的日粮中,要保证 3%~6%的脂肪添加量以提高制粒的效率,但添加更高水平的脂肪似乎是不合适的。

猪在 35 日龄之前对脂肪利用的能力有限,其原因还不清楚。断奶后的最初一段时间内，仔猪对脂肪的消化率较低可能是这个问题的一部分原因（Leibbrandt 等，1975；Cera 等，1988a，b）。低消化率可能是由种种原因引起的。日粮中的脂肪会导致小肠绒毛细胞的脱落，因此削弱了刚断奶仔猪的消化能力（Cera 等，1988a）。在断奶后的两周内，仔猪体内脂肪酸结合蛋白的量也已经降低（Reinhart 等，1990）。另外，在断奶后的早期阶段酶的分泌量和（或）活性也是有限的。几位研究者（Scherer 等，1973；Corring 等，1978；Lindemann 等，1986；Cera 等，1990）报道，随着断奶后日龄的延长，胰脂肪酶的活性和分泌也随之增加。日粮中的钙和铜对脂肪的消化率有影响。小肠中高水平的钙会增加脂肪酸钙的形成，因此可能会降低脂肪的吸收（Atteh 和 Leeson，1983）。相反地，Dove 和 Haydon（1992）以及 Dove（1993）证实，仔猪日粮中高浓度的硫酸铜可以提高脂肪的利用。

表观消化率低并不能完全解释小猪比年龄较大的猪对脂肪能量利用率差的原因。脂肪利用能力差的一部分原因也可能发生在组织水平。Cera 等（1988c）发现，在断奶后的最初 2 周日粮中补充脂肪，降低了氮的沉积并增加了血清中尿素的浓度。在这个阶段补充脂肪也会增加胴体脂肪（Endres 等，1988）并降低蛋白质沉积（Leibbrandt 等，1975）。这些结果表明，仔猪能消化和吸收大部分日粮中的脂肪并以胴体脂肪的形式来储存。但是，在断奶后最初几周内，仔猪不可能有效地分解脂肪以用于供能，因此，能量不足时仔猪会利用摄入的蛋白质作为能量来源。这可以解释 Cera 等（1988c）所发现的氮沉积下降和血浆尿素氮浓度增加这一结果。如果说脂肪代谢存在限制，那么需要进一步研究来确定这一限制是否发生在脂解、转运或 β-氧化。人类营养领域的研究表明，婴儿合成将脂肪酸转运到线粒体进行 β-氧化所必需的酰基肉毒碱转移酶的能力有限。一些试验结果表明，断奶后立即在日粮中添加 L-肉毒碱可以提高仔猪的生产性能（Rincker 等，2001）。但是它不能解决与脂肪利用有关的所有问题。

随着断奶后日龄的增长，仔猪利用脂肪的能力也随之提高。在 42 日龄以后的仔猪日粮中添加脂肪，可以提高饲料转化效率和生长速度。在这个日龄之后，猪利用脂肪的能力不是关注的重点，因此，日粮中添加脂肪应该从经济角度来考虑。

近年来开展了大量的关于早期断奶仔猪日粮中适宜脂肪来源的研究。Cera 等（1988b）发现，玉米油比猪油或牛油更容易被消化，但是在断奶后 1～4 周这些脂肪来源之间消化率的差异不大。Tokach 等（1995）发现，玉米油和豆油的效果没有差异。Li 等（1989）发现，日粮中添加豆油和椰子油的混合物要比豆油、精选白色油脂或精选白色油脂与椰子油的混合物效果要好。但是精炼椰子油价格高，限制了它在猪日粮中的应用。牛油和餐桌油对于仔猪日粮来说是最差的脂肪来源。在仔猪日粮中添加脂肪时，应该选择质量高、稳定性好的脂肪来源。营养物质与能量的比率要保持不变。同时不应该低估高含量乳制品日粮中脂肪对于维持制粒质量的重要性。

11.5.1.3 谷物原料

几种谷物原料(grain sources)已经成功地应用于断奶仔猪的日粮中。在含有高水平专用蛋白质或乳糖的日粮中，可以用谷物原料如木薯淀粉、高粱或大米(Rantanen 等，1995b)、脱壳燕麦(Mahan 和 Newton，1993)、全燕麦片、脱壳燕麦或燕麦粉(Rantanen 等，1995b)、裸燕麦片(Landbloln 和 Poland，1998)、土豆淀粉(Dritz 等，1994a；Kerr 等，1998b)或小麦来代替玉米。但这些试验均未发现用这些原料代替玉米后猪的生产性能得到了改善。在保育后期，可以用含高能量浓度的谷物来提高猪的生产性能。

11.5.2 蛋白质原料

11.5.2.1 血浆蛋白粉

尽管血浆蛋白粉很贵，但其对激励断奶仔猪最大采食量上是必需的(Gatnau 等，1991；Hansen 等，1993；Kats 等，1994c)。对早期隔离断奶仔猪来说，如果将日粮中血浆蛋白粉的水平从 5%提高到 15%，则猪的生产性能线性增加(Dritz 等，1994b)。添加 5%血浆蛋白粉的效果是明显的(Hansen 等，1993)，因此大多数营养学家在早期隔离断奶日粮中使用 5%～7%的血浆蛋白粉，具体比例取决于价格和日粮中其他蛋白质原料的组合。

血浆蛋白粉含有高浓度的半胱氨酸，但是蛋氨酸含量低。因此，在配制日粮时除了要考虑总含硫氨基酸外，还要注意蛋氨酸的水平。在比较不同的血浆来源时，要考虑其溶解度和细菌含量。溶解度高表明在喷雾干燥过程中热变性少。细菌含量低表明其原料质量好。近年来，De Rouchey 等 (2001a，b)发现，通过辐射或甲醛制品来降低血浆中细菌的含量可提高猪的生产性能。

日粮中添加血浆蛋白粉的主要效果是提高饲料采食量。众多研究者试图找出这种采食反应的机理。Owen 等(1995c)和 Peirce 等(1995)发现，与白蛋白的功能或血浆中其他成分相比时，免疫球蛋白的功能似乎对饲料的采食效果最好。血浆中含有 15%～18%的免疫球蛋白。

由于血浆蛋白粉对饲料采食量有明显的促进效果，因此，它迅速地成为猪开食料中最主要的蛋白质原料。由于血浆蛋白粉价格昂贵，开展了很多研究用来确定日粮中血浆蛋白粉的最佳水平，以及其他蛋白质原料或碳水化合物原料是否可以代替一部分血浆蛋白粉。其他蛋白质原料，如高质量鱼粉、喷雾干燥血粉和喷雾干燥蛋粉，可替代仔猪开食料中部分血浆蛋白粉。但是这些蛋白质原料没有一种可以完全替代日粮中的血浆蛋白粉。

血浆蛋白粉的另一个特性是停止添加高水平血浆蛋白粉后猪的转移效应。许多试验在断奶后1～2周内饲喂高水平的血浆蛋白粉(5%～10%)日粮,此后如果换成不含血浆蛋白粉的日粮,在未来的1周或2周内仔猪就会失去生长优势。为了克服这个问题,我们主张在日粮中逐步减少血浆蛋白粉的用量。如果饲喂的第1种日粮含有5%或更多,则在日粮中不用血浆蛋白粉之前,饲喂的第2种日粮应该含有1%～2.5%血浆蛋白粉(Dritz等,1996b;Bergstrom等,1997)。由于血浆蛋白粉太贵,与在日粮中持续使用高水平的血浆蛋白粉相比,采用这种策略会节约成本。在断奶后分阶段改变日粮组成,降低血浆蛋白粉使用水平是一个将猪的生物学特性与昂贵原料使用相匹配以取得最大经济效益的例子。

血浆蛋白粉可以增加饲料采食量,其效果也与猪的健康水平有互作关系。如果猪群非常健康,即使饲料中没有使用血浆蛋白粉,那么猪的饲料摄入量也高,此时,血浆蛋白粉所带来的效益要比健康状态差或环境恶劣时的效益差(Coffey和Cromwell,1995)。

一些欧洲国家由于担心疯牛病,动物蛋白质(除了乳制品)不能用于猪的饲料。因此,在这些国家使用血浆蛋白粉是不合法的。由于这个禁令,设计日粮时要使用下列的蛋白质原料。

11.5.2.2 浓缩乳清蛋白

浓缩乳清蛋白(whey protein concentrate)是一种高质量的蛋白质原料。最近的研究(Grinstead等,2000)表明,高蛋白(78%)浓缩乳清蛋白可能与动物血浆蛋白粉功效相似,是能持续提高猪生产性能的少数蛋白原料中的一种。高蛋白浓缩乳清蛋白与血浆蛋白粉的氨基酸组成相似。Grinstead等(2000)研究了日粮中使用3%～7%该产品的效果,平均日增重和饲料转化效率与血浆蛋白粉的效果非常接近。不幸的是,高蛋白浓缩乳清蛋白在人类食品工业中用于生产脱脂食品,需求量高,因此,其数量非常有限。在美国,价格可能限制了它的应用,但其经济竞争力应该在全球范围内受到重视。

11.5.2.3 高品质鱼粉

几种来源的鱼粉可以用于仔猪开食料中。最好的鱼粉来自美国(精选鲱鱼鱼粉)、欧洲(低温挪威鱼粉)和智利(低胺产品),已经证明这些鱼粉是仔猪优良的蛋白质来源。研究发现,这些高品质鱼粉之间在饲养价值上几乎没有差异,但是这些不同来源的鱼粉没有一种可直接代替仔猪开食料中的血浆蛋白粉。仔猪开食料中一般用3%～6%的高品质鱼粉,目的是增加氨基酸含量和饲料采食量,但不会明显增加成本。断奶仔猪饲料中可以最多使用12%的精选鲱鱼鱼粉而不影响生长性能(Stoner 等,1990)。与其他蛋白质来源相似,鱼粉的质量取决于高品质的原料和正确的干燥方法,如果加工不当,鱼粉会很容易变质。

11.5.2.4 脱脂奶粉

过去大多断奶仔猪日粮中通常使用10%～25%的脱脂奶粉(dried skim milk)。血浆蛋白粉出现以后,很快代替了脱脂奶粉作为仔猪饲料中的蛋白质来源。脱脂奶粉有两个问题:①价格高;②酪蛋白会降低饲料采食量。Dritz 等(1994c)发现,当日粮中含有适量的血浆蛋白粉和乳糖时,再使用脱脂奶粉并没有好处。实际上,当不用脱脂奶粉时可提高饲料采食量。当饲喂含有脱脂奶粉的日粮时,仔猪看起来比较干净和干燥,所以在某些情况下脱脂奶粉还是会被用在断奶仔猪日粮中。问题是仔猪生长速度不快。但是,有些养猪生产者依靠视觉而不是生产性能做决定,此时脱脂奶粉和燕麦这些原料的价值有所提高。由于脱脂奶粉生物学价值高,一般情况下含脱脂奶粉的日粮比含血浆蛋白粉的日粮的饲料转化效率要高,但采食量和平均日增重将会下降。尽管如此,除了比其他的蛋白质来源更昂贵外,研究发现在不影响生长性能的情况下,可以用价格低廉的蛋白质来源代替仔猪日粮中的脱脂奶粉。

11.5.2.5 喷雾干燥血粉或血球粉

喷雾干燥血球粉是血浆蛋白粉生产过程中的副产品。喷雾干燥血粉的优点就是在加工过程中不需要将血浆分离出去。喷雾干燥血粉和喷雾干燥血球粉有很高的蛋白质含量(85%～95%),因此可以少量用在断奶日粮中以提高氨基酸浓度。当饲喂5～10 kg 的仔猪时,血液制品可增加采食量和生长速度(Hansen 等,1993;Kats 等,1994b)。在体重小于5 kg 的猪日粮中使用这两种产品时必须谨慎,含量超过2%会降低饲料采食量。血粉或血球粉在日粮中用量不能高于3%,如果高于这个水平,大多数情况下实际日粮中会发生异亮氨酸缺乏。喷雾干燥血液类产品还缺乏蛋氨酸。如果日粮中喷雾干燥血液类产品(血浆蛋白粉和/或血球粉或血粉)含量高于5%时,蛋氨酸就会变成一种限制性氨基酸(Kats 等,1994b)。为了达到最佳的生长性能,在含有血浆蛋白粉和其他血液类产品的断奶日粮中添加合成蛋氨酸是非常重要的(Owen 等,1995b)。喷雾干燥的加工方法对于维持蛋白质的质量也是非常重要的。Kats 等 (1994b)证实,饲喂含喷雾干燥血粉日粮仔猪的生产性能要好于饲喂含滚筒干燥血粉日粮的仔猪。

11.5.2.6 猪肠膜蛋白粉

猪肠膜蛋白粉(dried porcine solubles)是猪肠粘膜和小肠加工过程中的产品,含蛋白质30%～55%,灰分含量高(大约32%)。纤维含量变异比较大,这取决于在干燥过程中是否把大豆皮作为载体加入到产品中(18%)。这个产品含很高的钠(3.5%)和铁(500 mg/kg)。氨基酸组成良好,但赖氨酸水平相对比较低(2.0%～3.8%,取决于蛋白质含量)。研究工作中使用猪肠膜蛋白粉的困难在于如何确定代替其他蛋白质原料的方法。起初的研究比较了猪肠膜蛋白粉和乳清粉的效果,价格和营养组成使许多研究者怀疑这是否是一个有价值的比较。后续的试验试图比较猪肠膜蛋白粉与血浆蛋白粉的效果,由于二者在蛋白质和氨基酸含量上存在比较大的差异而无法直接比较。由于猪肠膜蛋白粉可提高饲料采食量,并且即使把它从日粮中除去后,仔猪后续的采食量也会提高,因此,它可能是断奶仔猪日粮中蛋白质来源的一个良好的选择(Zimmerman 等,1997),但是仍然缺乏关于其最佳使用方法的研究资料。

11.5.2.7 豆粕

大豆粕是猪饲料中主要的蛋白来源。大豆含有许多抗营养因子,如胰蛋白酶抑制因子、外源凝集素、复合糖和复合蛋白质,降低了猪利用大豆蛋白质的能力。加热处理能去除大量的胰蛋白酶抑制因子,但不能去除复合蛋白和复合糖。豆粕中的复合蛋白被认为是早期断奶仔猪短暂过敏反应的主要原因。在断奶之前,仔猪可以通过进食少量的母猪饲料或教槽料来采食大豆蛋白,从而使其对大豆蛋白致敏。Bourne(1984)解释,仔猪对大豆蛋白之类的抗原产生耐受性之前,机体会产生强化的过敏反应。在这个阶段饲喂大豆蛋白质能够导致破坏性的过敏反应,如增加隐窝的细胞分裂和绒毛上未成熟肠上皮细胞的出现,导致消化和吸收能力降低并增加对肠毒素的敏感性。大豆中的抗原蛋白,如大豆球蛋白和β-聚球蛋白导致这些反应的出现。在试验条件下,通常通过测定猪在免疫应答过程中免疫球蛋白 G 对大豆蛋白的滴度来检测短暂过敏反应。最终结果一般表现为消化异常,包括消化道蠕动紊乱和炎症反应、肠粘膜上绒毛脱落和吸收能力降低。

早期断奶仔猪日粮中大豆蛋白的来源和用量一直是猪营养学家争论的焦点,因为大豆蛋白导致免疫介导的病理反应,从而导致生长性能下降(Li 等,1990)。Engle(1994) 阐述了豆粕在引发免疫介导的迟发型过敏反应(DTH)中的作用。一些营养学家认为,在断奶后第一阶段的日粮配方中不应该含有豆粕,以避免对豆粕中的抗原产生短暂过敏反应。大多数研究者认为,仔猪对大豆抗原蛋白产生免疫耐受性的最佳时间是断奶前(Engle,1994)。然而,由于断奶日龄比较早,仔猪在哺乳期很难采食足够的大豆蛋白而建立耐受性。提倡在仔猪断奶后第一阶段日粮中不使用豆粕的营养学家建议,用大豆浓缩蛋白、大豆分离蛋白、挤压膨化的大豆蛋白等大豆蛋白深加工产品来代替豆粕。几个试验结果表明,如果在饲料配方中使用大豆蛋白的深加工产品,湿法挤压膨化的大豆产品比那些没有经过湿法挤压膨化的产品占有明显的优势(Friesen 等,1993b)。

其他研究者和营养学家持有不同的意见。他们认为,在幼龄仔猪日粮中分阶段增加不同水平的豆粕能够促使仔猪更快地克服对大豆蛋白的短暂过敏反应,而不会导致生产性能的长期下降。这种方法实质上比延迟仔猪适应大豆蛋白的方法合算。Friesen 等(1993a)指出,推迟到断奶后第 14 天才使用豆粕只能延缓迟发型过敏反应的效应。实际上,断奶后 0~35 d 内,断奶后第 14 天后才使用豆粕的方法相比,断奶后立即使用豆粕的仔猪,其总体生长性能要好些。因此,在配制早期隔离断奶仔猪的饲料时,必须考虑与下一阶段生长性能之间的关系。

仔猪出生时免疫系统发育不成熟。出生后前几周内免疫系统逐渐发育,才形成了区分自身和外源蛋白的能力。如果在其很小的时候遇到外源蛋白(如大豆蛋白),免疫系统会认为是自身的蛋白质。在早期日粮中使用豆粕以及在下一阶段日粮中使用高水平豆粕并没有降低仔猪的生产性能。关于早期隔离断奶仔猪日粮中大豆蛋白适宜水平和来源的研究还远远不够。我们推荐在断奶后第 1 阶段日粮中使用低水平(10%~15%)的豆粕,以培养仔猪适应大豆蛋白的能力(Dritz 等,1994c,1996b)。Friesen 等(1993a)和 Dritz 等(1994c)的研究表明,在早期日粮中使用豆粕可能是有利的。

11.5.2.8 大豆深加工产品

为了确定大豆的深加工是否能够改善大豆产品对幼龄仔猪的利用价值,已经进行了一些试验。被测试的大豆产品包括豆粕(蛋白含量 44%或 48%)、大豆粉(蛋白含量 50%)、大豆浓缩蛋白(蛋白含量 70%)或大豆分离蛋白(蛋白含量 90%)。研究表明,如果这些产品经过湿法挤压处理,其效果要优于豆粕(Li 等,1990a,b)。这些研究显示,与含有高水平豆粕的日粮相比,大豆蛋白的深加工产品可以降低短暂的迟发型过敏反应,增加小肠绒毛长度、促进营养吸收以及提高生长性能。但是与以大豆深加工产品为基础的日粮相比,采食以乳制品为基础日粮的仔猪具有更高的小肠绒毛长度和养分消化率。这项研究表明,加工方法在很大程度上影响仔猪对大豆蛋白的利用。

进一步的研究(Friesen 等,1993b)表明,湿法膨化的豆粕能明显改善对仔猪的营养价值。实际上,经过湿法膨化豆粕与湿法膨化大豆浓缩蛋白对仔猪的效果基本一样。湿法膨化是有效改善较便宜的大豆蛋白产品利用价值的一个有效途径。随后的试验比较了以乳蛋白为基础的日粮与以豆粕、湿法膨化豆粕、干法膨化豆粕为基础的日粮对仔猪的效果,结果表明湿法膨化具有优势。如果想将大豆浓缩蛋白、大豆分离蛋白等大豆深加工产品用于断奶仔猪的日粮配方中,应该先膨化然后再使用。相关的研究一致表明,如果没有经过膨化,大豆深加工产品(further processed soy products)的营养价值与豆粕相似,但价格比较高。一旦经过膨化,如膨化的大豆浓缩蛋白,就是仔猪开食料中优秀的蛋白质来源,可与其他蛋白饲料结合使用。如果一个营养学家不想在断奶仔猪日粮中使用豆粕，那么膨化大豆浓缩蛋白将会是一个很好的蛋白来源。

11.5.2.9 土豆蛋白

Kerr 等(1998a)用多种土豆蛋白做了一系列试验。这些精制的产品含有大约 85％的蛋白质。这些产品中的一部分存在的主要问题是产品生物碱的含量。已剔除生物碱的深加工土豆蛋白似乎是优质的蛋白质来源。尽管土豆蛋白不可能代替日粮中的血浆蛋白粉，但是它可以与其他蛋白质来源在开食料中配合使用。土豆蛋白是一种在将来有发展前途的蛋白来源，它面临的最大问题是剔除生物碱的成本。

11.5.2.10 喷雾干燥鸡蛋蛋白

鸡蛋中高含量的免疫球蛋白使之成为一种可以部分替代血浆蛋白粉的蛋白质原料。鸡蛋产品有希望用在开食料中，但是它的使用仍存在问题。不同的试验中效果不同，其潜在的原因包括：①原材料的纯度；②产品中蛋清和卵黄的含量；③喷雾干燥的温度；④产品的后处理；⑤卵白素含量。所有这些因素都可能影响喷雾干燥鸡蛋蛋白的使用效果。与土豆蛋白一样，鸡蛋产品也可以作为仔猪日粮的蛋白质来源，但是必须深入研究才能确定其必须的质量参数和日粮配方的变化，以充分利用鸡蛋产品。喷雾干燥鸡蛋蛋白的价格相对比较低，因此，人们对如何将鸡蛋产品作为幼龄仔猪的蛋白质来源产生了兴趣。

11.5.2.11 喷雾干燥小麦面筋

就像鸡蛋蛋白质一样，喷雾干燥小麦面筋(spray-dried wheat gluten)是一种值得研究的蛋白质来源。初期的实验结果较不一致(Richert 等，1993)。喷雾干燥面筋粉是一种蛋白含量高但赖氨酸极度缺乏的蛋白质来源。当把它用到日粮中时必须要添加高水平的合成氨基酸。因此，喷雾干燥小麦面筋可以与其他高赖氨酸蛋白来源结合使用，以改善日粮的氨基酸平衡。在有关喷雾干燥小麦面筋的试验中，有一个试验的结果显示，在日粮中用了该产品以后，发现猪在下一个阶段的生产性能得到提高。与其他干燥产品一样，加工工艺是决定最终产品质量的重要因素。面筋粉必须通过喷雾干燥以维持蛋白质的品质(Richert 等，1993)。由于还不清楚在不同试验中出现的反应不一致的原因，因此，面筋粉是一种还没有被充分利用的蛋白质来源。

11.5.3 非营养性饲料添加剂(抗生素、酶、有机酸等)

NRC(1998)提供了已经用于断奶日粮中的饲料添加剂的良好背景材料，这些添加剂包括抗菌剂、微生物添加剂、寡糖、酶、酸化剂、香味剂和颗粒粘合剂等。Straw(1994)

综述了如何选择具有促生长作用的抗菌剂，并提出了如何决定在猪群中使用促生长抗生素的方法。总体来说，抗菌剂对仔猪的促生长效果比生长肥育猪的效果要好，在恶劣环境中比在良好环境中使用效果要好，在动物健康程度低时比健康程度高时使用效果要好(NRC，1998)。现有证据表明，与旧体系相比，现代多点养猪生产体系中猪对日粮中使用促生长抗菌剂的反应要低很多(Dritz 等，2002)。另外，现在越来越关注在畜牧业中使用抗菌剂，会导致对其有耐药性的病原体传播给人类(Witte，1998)。毫无疑问，在面对较低的选择压力的情况下，降低促生长抗菌剂的用量可以减少抗药性的产生(Levy，1998；Dunlop 等，1998)。因此，我们提倡在生产中执行既可提高动物健康状况，又不要长期依赖于饲料抗菌剂的持续使用的用药规范。

已有报道表明，尽管微生物添加剂或益生菌可在一些饲养条件下提高动物的生长表现，但是很多试验不能获得持续的有益效果(NRC，1998)。如果寡糖和单糖在一些试验中提高了猪的生长表现。应该进行更多的研究以确定在日粮中正确使用寡糖的条件(日粮、环境、病原的压力等)。其他饲料添加剂包括植物提取物和调味剂(Turner 等，2001)。很多这些添加剂被提倡作为抗生素的替代物。尽管如此，支持这些添加剂使用的数据很少并且不一致。因此我们相信，实施良好的生产规范，如改善卫生条件等，比使用这些添加剂在经济上更为合算。

植酸酶(phy tase)是养猪业上十分有用的一种有效的酶制剂。在日粮中添加植酸酶可提高植酸磷的利用率，降低磷向环境的排放。但是，市场上许多酶类包括蛋白酶、纤维素酶和半纤维素酶并没有显示出具有一致的持续效果。Gabert 和 Sauer(1994)发现，在断奶日粮中添加有机酸可提高仔猪的生长性能。对于简单日粮来说，这种效果比复杂日粮要明显(Giesting 和 Easter，1985)。在断奶后的头两周，无机酸、磷酸和丙酸都能提高仔猪的生长性能(Bergstrom 等，1995)。随着断奶后仔猪年龄的增长，日粮酸化的效果很快降低。在猪的日粮中经常添加调味剂目的是提高适口性并增加采食量。当可以进行选择的时候，猪会更多地采食含有调味剂的日粮。但是，当无法选择时，大多研究认为调味剂作用很小(NRC，1998)。粘结剂经常用于保育期仔猪饲料中，其目的是提高颗粒饲料的质量。由于在断奶后前 2 周的日粮中使用了高水平的乳制品，所以不需要粘结剂来生产高质量的颗粒饲料。粘结剂一般较多使用于仔猪后期的饲料中，因为这一时期的日粮组分使饲料难以制粒。除非需要提高制粒的质量，否则非营养性的粘结剂不应该添加到猪的日粮中。

11.6 早期断奶仔猪的阶段饲养

11.6.1 SEW 日粮：断奶至 5 kg

断奶后要尽可能提高采食量，这样可以降低应激，并通过减少体内脂肪的分解来提供蛋白质沉积需要的能量，从而提高生长速度（Whittemore 等，1978）。因此，当制作 SEW（separated early Weaning，早期隔离断奶）日粮配方时，按照重要的程度其主要目标依次为：①选择能刺激采食的原料；②有效氨基酸的含量要充足，比例要适宜；③使猪做好采食下一阶段低成本日粮的准备。

SEW 日粮要使用高氨基酸含量，需要用多种蛋白质来源以满足仔猪的营养需要（表 11.4）。通常将下面的几种蛋白质原料结合使用来配制 SEW 日粮，以满足氨基酸的需要并刺激采食：喷雾干燥血浆蛋白粉、鱼粉、脱脂奶粉、浓缩乳清蛋白、喷雾干燥鸡蛋蛋白粉、喷雾干燥血粉、大豆粕以及深加工的大豆产品。目前认为 SEW 日粮中必须使用喷雾干燥血浆蛋白粉，因为它能影响采食量。SEW 日粮中通常含有 5%～7%的血浆蛋白粉，其他蛋白质原料的使用取决于其在生长性能方面的有效性以及在特殊区域的价格。围绕大豆蛋白在此阶段日粮中使用水平的争论在蛋白质来源部分已经进行了讨论。本章作者推荐在 SEW 日粮中使用 10%～15%的豆粕，目的是使仔猪能更好地适应下一阶段日粮中更高水平的豆粕。血浆蛋白粉的高成本和高水平豆粕的有害作用限制了它们在此阶段日粮中的用量。因此，需要用其他蛋白质来源来增加日粮氨基酸的含量。喷雾干燥血粉（最高2.5%）和/或高品质鱼粉（最高 7.5%）是除了豆粕以外的最经济的蛋白质来源，它能提高断奶后仔猪的采食量，因此，它们经常被用于 SEW 日粮。

表 11.4　SEW 营养计划的推荐方案

体重小于 5 kg 猪的 SEW 日粮	体重为 5～7 kg 猪的过渡日粮
以谷物为基础	以谷物-豆粕为基础
1.6%～1.7%的赖氨酸	1.5%～1.6%的赖氨酸
0.44%～0.47%的蛋氨酸	0.38%～0.43%的蛋氨酸
18%～25%的乳糖	15%～20%的乳糖
5%～7%的喷雾干燥血浆蛋白粉	2%～3%的喷雾干燥猪血浆蛋白粉
10%～15%的豆粕	2%～3%的喷雾干燥血粉和(或)精选鲱鱼鱼粉
3%～6%的添加脂肪	3%～5%添加脂肪
0%～2%的喷雾干燥血粉	3 000 kg/mg 氧化锌
3%～7.5%的高质量鱼粉	颗粒料或粉料
3 000 kg/mg 的氧化锌	
颗粒料	
第 2 阶段：体重 7～11 kg 的猪	第 3 阶段：体重 11～25 kg 的猪
以谷物豆粕为基础	以谷物豆粕为基础
1.30%～1.40%的赖氨酸	1.15%～1.30%的赖氨酸
0.36%～0.38%的蛋氨酸	0.32%～0.36%的蛋氨酸
6%～8%的等量乳糖	不添加特殊原料
2%～3%的喷雾干燥血粉或 3～5%高质量鱼粉	0%～6%的添加脂肪
0%～3%的添加脂肪	100%～250 mg/kg 硫酸铜
2 000 kg/mg 氧化锌	颗粒料或粉料
颗粒料或粉料	

SEW 日粮应含有 18%～25%乳糖，高水平的乳糖对刺激采食和提高生长性能是有好处的。但值得注意的是，高水平的乳制品会增加制粒的难度（Leaver，1988）。SEW 日粮中脂肪的适宜添加水平取决于乳制品的用量以及制粒机操作人员的技术（Leaver，1988）。通常在日粮中添加 3%～6%的脂肪，目的是润滑制粒机的环模。含有血浆蛋白粉和高水平乳制品的日粮应在低于 77 ℃条件下进行制粒（Steidinger 等，2000）。

尽管 SEW 日粮中含有高水平的乳糖，但是谷物仍然是重要的能量来源。经过深加工的燕麦产品（燕麦片、燕麦粉）能改善日粮的外观、粪便的质地和猪的外观。但研究发现，在燕麦粉或玉米粉的粒度为 600 μm 时，猪的生产性能没有差异（Dritz 等，1994a）。另外，精制的燕麦产品的价格一般为其他谷物原料（玉米、高粱、小麦等）的 2～3 倍，因此，在日粮中是否使用以及用量必须仔细考虑。

SEW 日粮中通常使用具有促生长作用的抗生素。就像在本章之前提到的，试验证明 3 000 kg/mg 的 ZnO 比硫酸铜更能促进早期断奶仔猪的生长。添加高水平 ZnO 并不是在每个国家都是合法的。但当将其用在商业化的日粮中时，它能提供明显的促生长效果。可用于 SEW 日粮的其他潜在的添加剂包括酸制剂，如丙酸、富马酸或其他酸类。Bergstrom 等（1995）的研究表明，缓冲型丙酸能提高 14 日龄断奶仔猪的生长性能，是可用于 SEW 日粮的成本合理的添加剂。

11.6.2 过渡日粮：5～7 kg

过渡日粮是 SEW 日粮的自然延伸，它含有许多与 SEW 日粮相同的原料。但是，健康程度比较高的猪群饲料采食量增加得较快。免疫刺激最小化会限制细胞因子的产生，从而引起采食量的增加（Klasing，1998；Williams 等，1997a）。因此，设计过渡日粮配方的主要目的是要提供比例适宜、含量足够的有效氨基酸，并使仔猪适应采食下一阶段价格更低的日粮。选择能刺激采食的原料仍然重要但已成为次要目的。Dritz 等（1996a）指出，在断奶后第 1 阶段日粮与第 2 阶段日粮之间使用过渡日粮，可以使猪的生长性能最佳，经济成本最低。

常规的第 1 阶段日粮与过渡日粮最主要的区别是喷雾干燥动物血浆蛋白粉的使用水平。在日粮中使用血浆蛋白粉主要是为了提高采食量，饲喂过渡日粮是为了使仔猪适应下一阶段的饲料，与 SEW 日粮中含 5%～7%的血浆蛋白粉相比，过渡料只含有 2%～3%的血浆蛋白粉。另外，动物对含有血浆蛋白粉的过渡料的反应不像对 SEW 日粮的反应那样始终一致。在一次试验中，当向含有 2.5%喷雾干燥血粉和 20%乳清粉的过渡料中使用血浆蛋白粉或优质鲱鱼粉的时候，仔猪并没有表现出生长性能的提高（Bergstrum 等，1997）。试验中使用的全部是非常健康的试验猪，生产方式为全进全出。同一个研究者在接下来的一个试验研究表明，与不含血浆蛋白粉的过渡料相比，含 2.5%血浆蛋白粉、2.5%喷雾干燥血粉和 20%乳清粉的过渡料提高了 5～7 kg 仔猪的生长性能。两次试验最大的不同就是第二次试验是在猪场进行的，猪场的保育舍中有很多房间，每个房间都是全进全出的。直到有更进一步的研究结果，我们推荐在过渡料中要用 2.5%的血浆蛋白粉，而且这个水平应该与猪群的健康程度相一致。

喷雾干燥血粉和优质鱼粉通常也是过渡日粮的主要蛋白来源。然而，与 SEW 日粮一样，蛋白质原料的用量与来源主要依赖于质量与价格的平衡。因为饲喂 SEW 日粮是为了让仔猪能够适应豆粕，因此，过渡料中可以使用较高水平的豆粕(20%～25%)而不会出现过敏反应。使用豆粕可使仔猪在接下来的时期能够有效地利用相对比较便宜的饲料资源。

与 SEW 日粮相比，过渡料中乳糖的水平通常是降低的。然而，要想获得最佳的生长性能，在过渡料中至少含有 15%的乳糖还是非常关键的。与 SEW 日粮中添加脂肪的目的一样(提高颗粒质量)，过渡料中也要添加 3%～6%的优质脂肪。像 SEW 日粮一样，过渡料中也应添加抗生素、ZnO(3 000 mg/kg)以及酸化剂作为生长促进剂。

11.6.3 第 2 阶段:7～11 kg

在 SEW 系统中，当仔猪体重达到 11 kg 的时候，它们已经采食了 3～5 kg 的饲料。随着健康仔猪采食量的增加，促进采食量已经不是这个时期所要关心的重点了。最主要的问题是在设计饲料配方时，要提供较高水平的氨基酸使蛋白质的沉积量达到最大。需要用较低水平的特定产品，目的是使仔猪的生长性能最大，成本最低，并能够在下一个阶段适应谷物蛋白质来源的饲料。调整好饲喂方式后，就可以饲喂成本较低的配合饲料，因而，为了降低总的饲料成本，饲料中不必再用血浆蛋白粉。

第 2 阶段日粮是典型的谷物-豆粕型日粮，配合高品质的乳糖来源以及少量特殊蛋白质来源。特殊蛋白质来源通常选择喷雾干燥血粉和高品质鱼粉。研究发现，这两种蛋白来源在第 2 阶段日粮中一直有相似的效果(Kats 等，1994b)。因此，蛋白质来源的选择将依赖于经济合理性。其他的特殊蛋白质来源可以用在这一阶段日粮中，具体应根据生产者或不同区域在经济方面的考虑而定。

研究表明，高品质鱼粉(如经挑选的鲱鱼粉)与乳清粉之间在第 2 阶段日粮中存在交互作用(Stoner 等，1990)。这些研究者发现，当在第 2 阶段日粮中使用 4%鲱鱼粉和 10%乳清粉时，猪的生长表现与含 20%乳清粉但不含鱼粉的日粮所获得的效果相似。另外一些研究发现，当在第 2 阶段日粮中使用 2.5%喷雾干燥血粉和大约 10%的乳清粉时，可以使成本和猪的生长表现之间取得最佳的平衡(Dritz 等，1993)。还有一些研究表明，在第 2 阶段的日粮中，饲用级的乳糖是乳清粉的可接受的代替品(Crow 等，1995)。因此，我们推荐在第 2 阶段日粮中可使用乳清粉或其他高品质的乳糖来源。

如果有经济合理的脂肪来源，第 2 阶段日粮中应添加 3%～5%的脂肪。作为早期隔离断奶和过渡日粮中使用的促生长抗生素和 ZnO 也可添加到第 2 阶段日粮中。研究表明，较低水平(2 000 mg/kg)的 ZnO 可获得最佳的生长性能(Smith 等，1999a)。

许多生产者在其自己的养殖场配制第 2 阶段日粮，并以粉料方式饲喂。研究发现，采用颗粒料形式饲喂，其饲料转化效率可提高约 14%(Stark 等，1994)。饲料转化效率的提高依赖于日粮组成、颗粒质量和料槽。但是，饲料转化效率提高所带来的好处应该能弥补制粒所引起的成本的增加。

11.6.4 第 3 阶段：11.5～23 kg

在 SEW 系统中，过渡料和第 2 阶段日粮中配合使用了多种特殊蛋白质和碳水化合物原料，其目的在于使仔猪顺利过渡到可采食低成本普通的第 3 阶段日粮。因此，当给 SEW 仔猪配制第 3 阶段日粮时，其目标应在于提供一种普通的谷物蛋白来源的饲粮，而这种饲粮可提供高水平的氨基酸。氨基酸可使肌肉组织的沉积达到最大。由于之前已经进行了适宜的饲粮过渡，在此阶段可饲喂普通的谷物蛋白来源的饲粮。

第 3 阶段日粮是 SEW 养殖计划中成本最低的日粮。但是由于此阶段日粮的消耗量最大(表 11.5)，它占了从断奶到 23 kg 阶段总饲料成本的 50%。因此，此阶段日粮的成本是使总饲料成本最小化和仔猪生长性能最佳化的关键。一些原料如喷雾干燥血粉、鱼粉或乳清粉成本高，因此在此阶段日粮中不宜使用，同时也没有研究证明这些原料能提高这一阶段猪的生长性能(Kats 等，1994a)。日粮中脂肪的添加水平由生产者的经济能力来决定。在第 3 阶段日粮中，随着脂肪水平的提高，猪的平均日增重和饲料转化效率也提高了，因此，基于经济考虑，3%～6%的脂肪添加量是一般的推荐用量。就像在 SEW 系统中过渡日粮一样，在第 3 阶段日粮中也应添加促生长的抗生素。由于对生长表现没有改善以及会引起高水平的排泄，所以，在此阶段不用高水平的 ZnO。而许多营养学家添加高水平的硫酸铜(125～250 mg/kg)作为生长促进剂。

表 11.5 饲喂饲料量预算举例(每头猪采食的每一种饲料的数量，kg)(Dritz 等，1996b)

日粮	猪的体重(kg)	断奶日龄与初始体重		
		14 d，4 kg	21 d，5.9 kg	24 d，6.8 kg
SEW	＜5	0.9	0.4	—
过渡时期	5～7	2.3	0.9	0.9
第 2 阶段	7～11	6	6	5
第 3 阶段	11～25	23	23	23

11.7 管理对营养计划成功的重要性

一个成功的营养计划并不是通过投入到动物舍的饲料成本来进行评定的。设计合理的日粮以及已喂饲料量的预算还不足以确定计划的成功，许多管理因素对饲喂计划的成功起关键作用。在动物舍饲喂计划的管理中有两个因素起着关键作用：①合适的管理以促进采食；②调整料槽以尽可能减少饲料浪费。

11.7.1 促进采食的管理措施

有很多管理措施可以提高仔猪的采食量及改善其生产性能。提高采食量所必须的条件包括：给仔猪提供一个温暖没有贼风的环境，一整套的保健计划以及猪群转移时接触到的抗原要最少。合适的饮水设备和充足的水量供应也是必需的。因为对于断奶仔猪来说，饮水量与采食量呈线性相关（Brooke 等，1984）。经常被忽视但又非常重要的工作就是要及时分辨出有饥饿迹象的仔猪（表 11.6 ），然后用群养或单独饲喂的方式慢慢地教会仔猪在哪里采食以及如何采食（Dritz 等，1996b）。有一些猪在断奶后并不是立即开始采食饲料。要教会它们采食而不是用抗生素处理，这样才能救活更多的仔猪。提高采食量的最重要的措施是使用自由采食的饲喂方式。通常情况下，当仔猪腹泻或者拉稀的时候，饲养员就会限制仔猪的采食，认为这样就可以使仔猪断奶综合征的严重程度最小化。然而，如果没有查清造成腹泻的原因（如不适合的温度或者是通风，卫生条件很差，不恰当的饲料原料或者原料质量有问题），就不可能解决问题。在这种情况下限制采食量会造成仔猪的出栏重降低，这个现象可以通过一个很大的生产线上的仔猪的出栏重变轻的例子来得到证实（图 11.5）。在仔猪断奶后第一周限制采食量会使得保育期结束时的平均体重在 18～22 kg。然而，当管理方式转变为整个保育期都实行自由采食的饲喂方式时，采食量和保育期结束时的平均体重明显增加。

表 11.6 辨别饥饿仔猪的特征

- 精神状况——机警或者抑郁
- 身体状况——正常或者消瘦
- 腹部形状——圆形或者瘦长
- 皮肤——表皮光滑或者粗糙
- 食欲——在料槽周围采食或者蜷缩在一边
- 脱水迹象——眼窝正常或者深陷

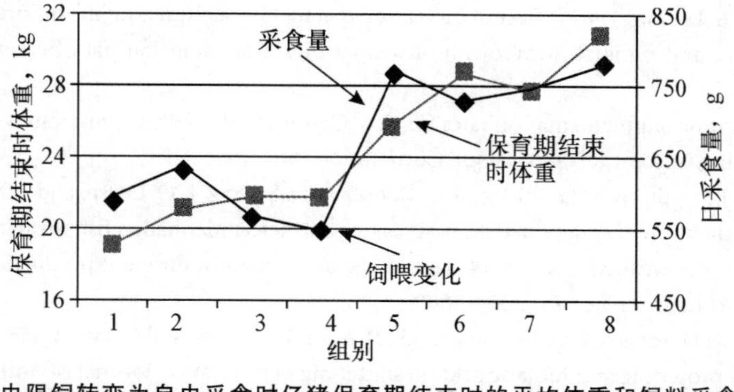

图 11.5　由限饲转变为自由采食时仔猪保育期结束时的平均体重和饲料采食量的变化

资料来源：Dritz，2002

11.7.2　经常调试喂料器减少饲料浪费

经常对喂料器进行恰当的调整，对于获得良好的饲料转化效率和较低的饲料成本是非常关键的步骤。在第一次往喂料器中添加饲料的时候就要开始对喂料器进行调整。不管饲料是袋装的还是散装的，在向喂料器添加饲料之前，所有喂料器的门都要关上，然后打开喂料器的门使得在喂料器的料盘上可以看到少量的饲料。如果把颗粒饲料放到开着门的喂料器中，会造成大量的饲料进入料槽从而导致饲料浪费和调试喂料器时比较困难。

尽管在断奶后仔猪的喂料器中总是要有足够量的饲料，但是在喂料器的料盘中有太多的饲料也会降低生长速度。为了促进采食行为，一些饲养员在喂料器的料盘中放置了大量的第一阶段饲料。这样做的目标尽管是正确的，但是结果却往往相反。仔猪的挑食和料盘中饲料的结块会造成能量的缺乏。这些结块往往挡在门口，使得新的饲料不能流出喂料器。这个问题可以通过控制流入饲料盘中饲料的量来进行校正。在断奶后的前几天要可以看见料盘上有大约 50％的饲料。当仔猪慢慢适应了饲料的位置和调整采食行为后，喂料器的料盘上饲料应该减少到少于 25％。要对喂料器进行经常性的调试，以确保饲料的输出顺利，不会出现堵塞。

参考文献

Apgar, G.A., and E.T. Kornegay, 1996. Mineral balance of finishing pigs fed copper sulfate or a copper lysine complex at growth promoting levels. Journal of Animal Science 74, 1594.

Asche, G.L., A.J. Lewis, and E.R. Peo Jr, 1989a. Protein digestion in weanling pigs: effect of feeding regimen and endogenous protein secretion. J Nutr 119, 1083-1092.

Asche, G.L., A.J. Lewis, and E.R. Peo Jr, 1989b. Protein digestion in weanling pigs: effect of dietary protein source. J Nutr 119, 1093-1099.

Atteh, J.O. and S. Leeson, 1983. Effect of increasing dietary fat, calcium and phosphorus levels on performance and mineral metabolism of weaner pigs. Canadian Journal of Animal Science 63, 699.

BASF, 1997. Vitamin supplementation rates for U. S. Commercial Poultry, Swine, and Dairy Cattle. BASF Keeping Current KC 9305. BASF Corporation, Mt. Olive, NJ.

Bergstrom, J.R., J.L. Nelssen, M.D. Tokach, R.D. Goodband, S.S. Dritz, K.Q. Owen, and W.B. Nessmith Jr, 1997. Evaluation of spray-dried animal plasma and select menhaden fish meal in transition diets fed to pigs weaned at 12 to 14 days of age and reared in different production systems. Journal of Animal Science 75, 3004-3009.

Bergstrom, J.R., M.D. Tokach, R.D. Goodband, J.L. Nelssen, T.L. Signer, and G. Lynch, 1995. Influence of buffered propionic and fumaric acid on starter pig performance. Journal of Animal Science (Suppl. 2) 73 (Abstr.).

Bourne, F.J., 1984. Gut immunity in the pig - Hypersensitivity responses to dietary antigens. Animal Production 38, 526(Abstr.).

Bray, T.M. and W.J. Bettger, 1990. The physiologic role of zinc as an antioxidant. Free Radicals Biology Medicine 8, 281.

Brooks, P.H., S.J. Russel, and J.L. Carpenter, 1984. Water intake of weaned piglets from three to seven weeks old. Veterinary Record 115, 513-515.

Carlson, M.S., G.M. Hill, and J.E. Link, 1999. Early and traditional weaned nursery pigs benefit from phase-feeding pharmacological concentrations of zinc oxide. Journal of Animal Science 77, 1199.

Cera, K.R., D.C. Mahan, R.F. Cross, G.A. Reinhart, and R.E. Whitmoyer, 1988a. Effect of age and postweaning diet on small intestinal growth and jejunal morphology in young swine. Journal of Animal Science 66, 574-584.

Cera, K. R., D. C. Mahan and G. A. Reinhart, 1988b. Weekly digestibilities of diets supplemented with corn oil, lard or tallow by weanling swine. Journal of Animal Science 66, 1430.

Cera, K.R., D.C. Mahan, and G.A. Reinhart, 1988c. Effects of dietary dried whey and corn oil on weanling pig performance, fat digestibility and nitrogen utilization. Journal of Animal Science 66, 1438.

Cera, K.R., D.C. Mahan, and G.A. Reinhart, 1990. Effect of weaning, week postweaning and diet composition on pancreatic and small intestinal luminal lipase response in young swine. Journal of Animal Science 68, 384.

Chung, J., B.Z. deRodas, C.V. Maxwell, and M.E. Davis, 1996. The effect of increasing whey protein concentrate as a lysine source on performance of segregated early weaned pigs. Journal of Animal Science 74(Suppl.1), 195 (Abstr.).

Chung, T.K. and D.H. Baker, 1992. Methionine requirement of pigs between 5 and 10 kilograms body weight. Journal of Animal Science70, 1857-1863.

Coelho, M., B. Cousins, and W. McKnight, 2001. Impact of a targeted B-vitamin regimen on rate and efficiency of growth on lean growth genotype pigs from 6 to 110 kilograms of body weight. Journal of Animal Science 79(Suppl. 1), 68 (Abstr.).

Coffey, R.D., G.L Cromwell, H.J. Monegue, 1994. Efficacy of a Copper-Lysine Complex as a Growth Promotant for Weanling Pigs. Journal of Animal Science 72, 2880.

Coffey, R.D., and G.L. Cromwell, 1995. The impact of environment and antimicrobial agents on growth response of early-weaned pigs to spray-dried porcine plasma. Journal of Animal Science 73, 2532.

Corring, T., A. Aumaitre, and G. Durand, 1978. Development of digestive enzymes in the piglet from birth to 8 weeks. I. Pancreas and pancreatic enzymes. Nutrition and Metabolism 22, 231.

Cranwell, P.D., Ma.L. Tarvid I, and R.G. Harrison, 1995. Weight at weaning, causes and consequences. In: D.P. Hennesey and P.D. Cranwell (editors), Manipulating Pig Production V. Proceedings of the Australasian Pig Science Association, Werrribee, Victoria, p. 119.

Crow, S.D., K.J. Touchette, G.L. Allee, and M.D. Newcomb, 1995. Late nursery pigs respond to lactose (d 7 to 21 postweaning). Journal of Animal Science (Suppl. 2), 73 (Abstr.).

De La Llata, S.S. Dritz, M., M. Langemeier, M.D. Tokach, R.D. Goodband, and J.L. Nelssen, 2001. Economics of increasing lysine: calorie ratio and dietary fat addition for growing-finishing pigs reared in a commercial environment. Journal of Swine Health and Production 9, 215-223.

de Rodas, B.Z., C.V. Maxwell, M.E. Davis, S. Mandali, E. Broekman, and B.J. Stoecker, 1998. L-ascorbyl-2-polyphosphate as a vitamin C source for segregated and conventionally weaned pigs. Journal of Animal Science 76, 1636-1643.

Deen, J., S. Dritz, L.E. Watkins, and W.C. Weldon, 1998. The effect of weaning weights on the survivability, growth and carcass characteristics of pigs in a commercial facility. In: Proceedings of the 15th International Veterinary Pig Society Congress, Birmingham, England, p. 172.

DeRouchey, J.M., M.D. Tokach, J.L. Nelssen, R.D. Goodband, S.S. Dritz, J.C. Woodworth, M.J. Webster, B.J. James, and D.E. Real, 2001a. Effects of irradiation processing of specialty protein products on nursery pig performance. Journal of Animal Science 79(Suppl. 1), (Abstract).

DeRouchey, J.M., M.D. Tokach, J.L. Nelssen, R.D. Goodband, S.S. Dritz, and R.E. Musser, 2001b. Evaluation of Termin-8 addition to spray-dried animal plasma or base mix on growth performance of nursery pigs. Journal of Animal Science 79(Suppl. 1), (Abstract).

Donovan, T.S. and S.S. Dritz, 2000. Effect of split nursing on variation in pig growth from birth to weaning. Journal of the American Veterinary Medical Assocciation 217, 79-81.

Dove, C.R., 1993. The effect of adding copper and various fat sources to the diets of weanling swine on growth performance and serum fatty acid profiles. Journal of Animal Science 71, 2187.

Dove, C.R., and K.D. Haydon, 1992. The effect of copper and fat addition to the diets of weanling swine on growth performance and serum fatty acids. Journal of Animal Science 70, 805.

Dritz, S.S., M.D. Tokach, J.L. Nelssen, R.D. Goodband, and L.J. Kats, 1993. Optimal dried whey level in starter pig diets containing spray-dried blood meal and comparison of avian and bovine spray-dried blood meals. Journal of Animal Science (Suppl. 1)71, 57 (Abstr.).

Dritz, S.S., R.D. Goodband, J.L. Nelssen, M.D. Tokach, and C.A. Kerr, 1994a. Comparison of carbohydrate sources for the early weaned pig. Journal of Animal Science (Suppl. 2)72, 69 (Abstr.).

Dritz, S.S., M.D. Tokach, R.D. Goodband, J.L. Nelssen, and K.Q. Owen, 1994b. Optimum level of spray-dried porcine plasma for early-weaned (10.5 d of age) starter pigs. Journal of Animal Science (Suppl. 2)72, 69 (Abstr.).

Dritz, S.S., M.D. Tokach, R.D. Goodband, J.L. Nelssen, and K.Q. Owen, 1994c. Optimum level of soybean meal for early-weaned (12 d of age) starter pigs. Journal of Animal Science (Suppl. 2)72, 70, (Abstr.).

Dritz, S.S., K.Q. Owen, J.L. Nelssen, R.D. Goodband, and M.D. Tokach, 1996a. Influence of weaning age and nursery diet complexity on growth performance and carcass characteristics and composition of high health status pigs from weaning to 109 kilograms. Journal of Animal Science 74, 2975.

Dritz, S.S., M.D. Tokach, R.D. Goodband, and J.L. Nelssen, 1996b. Nutritional programs for segregated early-weaned pigs: Part I. Management procedures and nutritional principles. Compendium of Continuing Education for Practicing Veterinariansacticing Veterinarians 18, S222.

Dritz, S.S. Personal communications.

Dritz, S.S., M.D. Tokach, R.D. Goodband, and J.L. Nelssen, 2002. An Evaluation of In-Feed Antimicrobial Regimens in Multi-Site Pig Production Systems. Journal of the American Veterinary Medical Assocciation 220, 1690-1695.

Dunlop, R.H., S.A. McEwen, A.H. Meek, R.C. Clarke, W.D. Black, and R.M. Friendship, 1998. Associations among antimicrobial drug treatments and antimicrobial resistance of fecal Escherichia coli of swine on 34 farrow-to-finish farms in Ontario, Canada. Preventative Veterinary Medicine 34, 283-305.

Edwards, H.M., and D.H. Baker, 1999. Bioavailability of zinc in several sources of zinc oxide, zinc sulfate, and zinc metal. Journal of Animal Science. 77, 2730-2735.

Endres, B., F.X. Aherne, L. Ozimek, and H. Spicer, 1988. The effects of fat supplementation on ileal versus fecal fat digestibilities, performance and body composition of weaned pigs. Canadian Journal of Animal Science 68, 225.

Engle, M.J., 1994. The role of soybean meal hypersensitivity in postweaning lag and diarrhea in piglets. Swine Health and Production 4, 7.

Friesen, K.G., R.D. Goodband, J.L. Nelssen, F. Blecha, D.N. Reddy, P.G. Reddy, and L.J. Kats, 1993a. The effect of pre- and post weaning exposure to soybean meal on growth performance in the early-weaned pig. Journal of Animal Science 71, 2089.

Friesen, K. G., J. L. Nelssen, R. D. Goodband, K. C. Behnke, and L. J. Kats, 1993b. The effect of moist extrusion of soy products on growth performance and nutrient utilization in the early weaned pig. Journal of Animal Science 71, 2099.

Gabert, V.M., and W.C. Sauer, 1994. The effects of supplementing diets for weanling pigs with organic acids. A review. Journal of Animal and Feed Sciences 3, 73-87.

Gatnau, R., D. R. Zimmerman, T. Diaz and J. Johns, 1991. Determination of optimal levels of spray-dried porcine plasma (SDPP) in diets for weanling pigs. Journal of Animal Science 69(Suppl.1), 369(Abstr.).

Giesting, D.W., and R.A. Easter, 1985. Response of starter pigs to supplementing corn-soybean meal diets with organic acids. Journal of Animal Science 60, 1288-1294.

Grinstead, G.S., R.D. Goodband, S.S. Dritz, M.D. Tokach, J.L. Nelssen, J.C. Woodworth and M. Molitor, 2000. Effects of a whey protein product and spray-dried animal plasma on growth performance of weanling pigs. Journal of Animal Science 78, 647-657.

Hahn, J.D. and Baker D.H, 1993. Growth and plasma zinc response of young pigs fed pharmacological levels of zinc. Journal of Animal Science 71, 3020.

Han, Y., T.K. Chung, and D.H. Baker, 1993. Tryptophan requirement of pigs in the weight category 10 to 20 kilograms. Journal of Animal Science 71, 139.

Hansen, J.A., J.L. Nelssen, R.D. Goodband, and T.L. Weeden, 1993. Evaluation of animal protein supplements in diets of early-weaned pigs. Journal of Animal Science 71, 1853.

Harris, D.L., 2000. Multi-site pig production. Iowa State Press, Ames IA.

Holm, A. and H.D. Poulsen, 1996. Zinc oxide in treating E. coli diarrhea in pigs after weaning. Compendium of Continuing Education for Practicing Veterinariansacticing Veterinarians (Supplement18), S26.

Huang, S.X., M. McFall, A.C. Cegielski, and R.N. Kirkwood, 1999. Effect of dietary zinc supplementation on Escherichia coli septicemia in weaned pigs. Swine Health and Production 7.3, 109.

James, B.W., S.S. Dritz, M.D. Tokach, R.D. Goodband, and J.L. Nelssen, 2000. Effects of lysine level fed from 19 to 36 kg on growth performance and backfat of barrows and gilts. Journal of Animal Science 78(Suppl. 1), 67 (Abstr.).

James, B.W., R.D. Goodband, M.D. Tokach, J.L. Nelssen, J.M. DeRouchey, and J.C. Woodworth, 2001a. The optimum isoleucine: lysine ratio to maximize growth performance of the early-weaned pig. Journal of Animal Science 79(Suppl. 1), (Abstr.).

James, B.W., R.D. Goodband, M.D. Tokach, J.L. Nelssen, J.M. DeRouchey, and J.C. Woodworth, 2001b. The optimum threonine: lysine ratio to maximize growth performance of weanling pigs. Journal of Animal Science 79(Suppl. 1), 148 (Abstr.).

James, B.W., R.D. Goodband, M.D. Tokach, J.L. Nelssen, J.M. DeRouchey, and J.C. Woodworth, 2001c. The optimum valine: lysine ratio in nursery diets to maximize growth performance in weanling pigs. Journal of Animal Science 79(Suppl. 1), (Abstr.).

Jensen-Waern, M., L. Melin, R. Lingerg, R. Johannisson, A. Petersson, and P. Wallgren, 1998. Dietary zinc oxide in weaned pigs-effects on performance, tissue concentrations, morphology, neutrophil functions, and faecal microflora. Research in Veterinary Science 64, 225-231.

Jiang, R., X. Chang, B. Stoll, M.Z. Fan, J. Arthington, E. Weaver, J. Campbell, and D.G. Burrin, 2000. Dietary plasma protein reduces small intestinal growth and lamina propria cell density in early weaned pigs. Journal of Nutrition 130, 21-26.

Johnston, M.E., D.R. Cook, R.D. Boyd, K.D. Haydon, and J.L. Usry, 2000. Optimum threonine: lysine ratio in a corn-soybean meal diet for pigs in the late nursery phase (12-23 kg). Journal of Animal Science 78(Suppl. 2), 148 (Abstr.).

Kats, L.J., J.L. Nelssen, M.D. Tokach, R.D. Goodband, J.A. Hansen, and J.L. Laurin, 1994a. The effect of spray-dried porcine plasma on growth performance in the early-weaned pig. Journal of Animal Science 72, 2075.

Kats, L.J., J.L. Nelssen, M.D. Tokach, R.D. Goodband, J.A. Hansen, K.G. Friesen, and S.S. Dritz, 1994b. Influence of spray-dried blood meal on growth performance of the early-weaned starter pig. Journal of Animal Science 72, 2860.

Kats, L.J., R.D. Goodband, J.L. Nelssen, M.D. Tokach, K.G. Friesen, S.S. Dritz, and K.Q. Owen, 1994c. The effect of spray-dried blood meal in the phase III (d 21 to 42 postweaning) diet. Journal of Animal Science (Suppl. 2) 72 (Abstr.).

Kerr, B.J., 1999. Isoleucine nutrition in starting swine. Eleventh BioKyowa Amino Acid Conference. pp 1-16. Nutri-Quest, Inc. Chesterfield, MO.

Kerr, C.A., R.D. Goodband, J.W. Smith, II, R.E. Musser, J.R. Bergstrom, W.B. Nessmith, Jr., M.D. Tokach, and J.L. Nelssen, 1998a. Evaluation of potato proteins on growth performance of early-weanling pigs. Journal of Animal Science 76, 3024-3033.

Kerr, C.A., R.D. Goodband, M.D. Tokach, J.L. Nelssen, S.S. Dritz, B.T. Richert, and J.R. Bergstrom, 1998b. Evaluation of enzymatically modified potato starches in diets for weanling pigs. Journal of Animal Science 76, 2838-2844.

King, R.H. and G.B. Martin, 1989. Relationships between protein intake during lactation, LH levels and oestrus activity in first-litter sows. Animal Reproduction Science 19, 283-292.

Klasing, K.C., 1988. Nutritional aspects of leukocytic cytokines. Journal of Nutrition 118, 1436-1446.

Koketsu, Y. and G.D. Dial, 1998. Factors associated with average pig weight at weaning on farms using early weaning. Journal of Animal Science 66, 247-253.

Koketsu, Y., G.D. Dial, and V.L. King, 1997. Influence of factors on farrowing rate on farms using early weaning. Journal of Animal Science 75, 2580-2587.

Landblom, D.G., and W. Poland, 1998. Weanling pig response when naked oat and extruded field pea replace corn and soybean meal in pig starter diets. Journal of Animal Science 76(Suppl. 2), 63.

Leaver, R., 1988. *The Pelleting Process* (2nd Ed.). Sprout-Bauer, Mucy, PA.

Leibbrandt, V.D., R.C. Ewan, V.C. Speer, and D.R. Zimmerman, 1975. Effect of age and calorie:protein ratio on performance and body composition of baby pigs. Journal of Animal Science 40, 1070-1079.

Levy, S.B., 1998. The challenge of antibiotic resistance. Scientific American 278, 46-53.

Li, D.F., R.C. Thaler, J.L. Nelssen, D. Harmon, G.L. Allee, T. Weeden, G. Stoner, G. Fitzner, R. Hines and D. Nichols, 1989. Effect of fat source and fat combinations on starter pigs. Journal of Animal Science 67(Suppl.1), 230(Abstr.).

Li, D.F., J.L. Nelssen, P.G. Reddy, F. Blecha, J.D. Hancock, G.L. Allee, R.D. Goodband, and R.D. Klemm, 1990a. Transient hypersensitivity to soybean meal in the early-weaned pig. Journal of Animal Science 68, 1790.

Li, D.F., J.L. Nelssen, P.G. Reddy, F. Blecha, R. Klemm, and R.D. Goodband, 1990b. Interrelationship between hypersensitivity to soybean proteins and growth performance in early-weaned pigs. Journal of Animal Science 69, 4062.

Li, D.F., J.L. Nelssen, P.G. Reddy, F. Blecha, R.D. Klemm, D.W. Geisting, J.D. Hancock, G.L. Allee, and R.D. Goodband, 1991a. Measuring the suitability of soybean products for early-weaned pigs with immunological criteria. Journal of Animal Science 69, 3299.

Li, D.F., J.L. Nelssen, P.G. Reddy, F. Blecha, R.D. Klemm, and R.D. Goodband, 1991b. Interrelationship between hypersensitivity to soybean proteins and growth performance in early-weaned pigs. Journal of Animal Science 69, 4062.

Lindemann, M.D., S.G. Cornelius, S.M. El Kandelgy, R.L. Moser, and J.E. Pettigrew, 1986. Effect of age, weaning and diet on digestive enzyme levels in the piglet. Journal of Animal Science 62, 1298.

Madec, F., F. Bridoux, S. Bounaix, and A. Jestin, 1998. Measurement of digestive disorders in the piglet at weaning and related risk factors. Preventative Veterinary Medicine 35, 53-72.

Mahan, D.C., 1992. Efficacy of dried whey and its lactalbumin and lactose components at two dietary lysine levels on postweaning pig performance and nitrogen balance. Journal of Animal Science 70, 2182-2187.

Mahan, D.C., 1994. Effects of dietary vitamin E on sow reproductive performance over a five-parity period. Journal of Animal Science 72, 2870-2879.

Mahan, D.C., 1990. Carbohydrate - The limiting nutrient in a corn-soybean meal diet for weanling pigs. Journal of Animal Science 69(Suppl.1), 102(Abstr.).

Mahan, D.C., and E.A. Newton, 1993. Evaluation of feed grains with dried skim milk and added carbohydrate sources on weanling pig performance. Journal of Animal Science 71, 3376-3382.

Mahan, D.C., E.M. Weaver, and L.E. Russell, 1996. Improved postweaning performance responses by adding NaCl or HCl to diets containing animal plasma. Journal of Animal Science 74(Suppl. 1), 58(Abstr.).

McCully, G.A., G.M. Hill, J.E. Link, R.L. Weavers, M.S. Carlson, and S.W. Rozeboom, 1995. Evaluation of zinc sources for the newly weaned pig. Journal of Animal Science (Suppl. 2) 73 (Abstr.).

Mores, N., J. Cristani, I.A. Piffer, W. Barioni Jr., and G.M.M. Lima, 1998. Effects of zinc oxide on postweaning diarrhea control in pigs experimentally infected with E. coli. Arquivo Brasileiro de Medicina Veterinária e Zootecnia 50, 513-523.

NRC, 1998. *Nutrient Requirements of Swine*. (10th Ed.) National Academy Press, Washington, D.C.

NRC, 1988. *Nutrient Requirements of Swine* (9th Revised Ed.). National Academy Press, Washington, D.C.

Nam, D.S. and F.X. Ahern, 1994. The effects of lysine:energy ratio on performance of weanling pigs. Journal of Animal Science 72, 1247-1256.

Nelssen, J.L., 1986. High nutrient density diets for weanling pigs. Proceedings 47th Minnesota Nutrition Conference pp 132-154. Minneapolis, MN.

Nelssen, J.L., 1990. Recent advances in high nutrient density starter diet research. Proceedings 51st Minnesota Nutrition Conference pp 217-230. Minneapolis, MN.

Nessmith Jr., W.B., M.D. Tokach, R.D. Goodband, and J.L. Nelssen, 1997. Defining quality of lactose sources used in swine diets. Swine Health and Production 5, 145-149.

Nessmith Jr., W.B., M.D. Tokach, R.D. Goodband, J.L. Nelssen, J.R. Bergstrom, J.W. Smith II, K.Q. Owen, and S.S. Dritz, 1995. The effects of substituting spray-dried whole egg from grading plants only for spray-dried animal plasma in phase I diets. Journal of Animal Science (Suppl. 1) 73 (Abstr.).

Owen, K.Q., J.L. Nelssen, M.D. Tokach, R.D. Goodband, S.S. Dritz and L.J. Kats, 1993. The effect of increasing level of lactose in a porcine plasma-based diet for the early weaned pig. Journal of Animal Science 71(Suppl. 1), 175(Abstr.).

Owen, K.Q., J.L. Nelssen, R.D. Goodband, M.D. Tokach, L.J. Kats, and K.G. Friesen, 1995a. Added dietary methionine in starter pigs diets containing spray-dried blood co-products. Journal of Animal Science 73, 2647.

Owen, K.Q., R.D. Goodband, J.L. Nelssen, M.D. Tokach, and S.S. Dritz, 1995b. The effect of dietary methionine and its relationship to lysine on growth performance of the segregated early-weaned pig. Journal of Animal Science 73, 3666.

Owen, K.Q., J.L. Nelssen, R.D. Goodband, M.D. Tokach, K.G. Friesen, B.T. Richert, J.W. Smith, and L.E, Russell, 1995c. The influence of various plasma fractions on starter pig performance. Journal of Animal Science 73(Suppl. 1), 81(Abstr.).

Owen, K.Q., J.L. Nelssen, R.D. Goodband, M.D. Tokach, B.T. Richert, K.G. Friesen, J.W. Smith, J.R. Bergstrom, and S.S. Dritz, 1995d. Dietary lysine requirements of segregated early-weaned pigs. Journal of Animal Science, 73(Suppl. 1), 68 (Abstr.).

Owen, K.Q., R.D. Goodband, J.L. Nelssen, M.D. Tokach, J.R. Bergstrom, K.G. Friesen, J.W. Smith, and B.T. Richert, 1995e The effects of increasing digestible lysine from 18 to 34 kg on growth performance of segregated early weaned pigs. Journal of Animal Science 73(Suppl. 1), 69 (Abstr.).

Pierce, J.L., G.L. Cromwell, M.D. Lindemann, and R.D. Coffey, 1995. Assessment of three fractions of spray-dried porcine plasma on performane of early-weaned pigs. Journal of Animal Science 73(Suppl. 1), 81(Abstr.).

Rantanen, M.M., R.H. Hines, J.D. Hancock, K.C. Behnke, M.R. Cabrera, and I.H. Kim, 1995a. Effects of novel carbohydrates on growth performance of nursery pigs. Journal of Animal Science 73(Suppl. 1), 179 (Abstr.).

Rantanen, M.M., R.H. Hines, J.D. Hancock, M.R. Cabrera, and L.L. Burham, 1995b. Influence of oat products on growth performance of weanling pigs. Journal of Animal Science 73(Suppl. 1), 78 (Abstr.).

Real, D.E., M.U. Steidinger, J.L. Nelssen, M.D. Tokach, R.D. Goodband, S.S. Dritz, J.M. DeRouchey, J.C. Woodworth, and K.Q. Owen, 2001. Effects of dietary L-carnitine on growth performance of nursery pigs. Journal of Animal Science 79(Suppl. 1), (Abstract).

Reinhart, G.A., F.A. Simmen, D.C. Mahan, C.M. Simmen, and M.E. White, 1990. Isolation, characterization, and developmental expression of pig intestinal fatty acid binding proteins. Journal of Nutritional Biochemistry 1, 592-598.

Richert, B.T.; J.D. Hancock, J.L. Morrill, 1994. Effects of replacing milk and soybean products with wheat glutens on digestibility of nutrients and growth performance in nursery pigs. Journal of Animal Science 72, 151-159.

Rincker, M.J. S.D. Carter, R.W. Senne, and K.Q. Owen, 2001. Effects of L-carnitine and soybean oil on growth performance in weanling pigs. Journal of Animal Science 79(Suppl. 1), 149 (Abstr.).

Scherer, C.W., V.W. Hayes, G.L. Cromwell, and D.D. Kratzer, 1973. Effects of diet and age on pancreatic lipase activity and fat utilization in pigs. Journal of Animal Science 37(Suppl. 1), 290 (Abstr.).

Smith II, J.W., M.D. Tokach, R.D. Goodband, J.L. Nelssen, and B.T. Richert, 1997. Effects of the interrelationship between zinc oxide and copper sulfate on growth performance of early-weaned pigs. Journal of Animal Science 75, 1851.

Smith II, J.W., M.D. Tokach, R.D. Goodband, S.S. Dritz, and J.L. Nelssen, 1999a. The effects of increasing zinc oxide on growth performance of weanling pigs. Professional Animal Science 14, 197.

Smith II, J.W., M.D. Tokach, J.L. Nelssen, and R.D. Goodband, 1999b. Effects of lysine:calorie ratio on growth performance of 10- to 25-kilogram pigs. Journal of Animal Science 77, 3000.

Stahly, T.S., S.G. Swenson, and R.C. Ewan, 1996. Dietary B vitamin needs of high and moderate lean growth pigs fed from 20 to 62 pounds body weight, 1995 Swine Research Report. Iowa State Univ. Ext., AS-633. Ames, IA.

Stark, C.R., K.C. Behnke, J.D. Hancock, and R.H. Hines, 1993. Pellet quality affects growth performance of nursery and finishing pigs. Kansas Agricultural Experiment Station Report of Progress 695. p 67.

Stephas, E.L., and B.L. Miller, 1998. Evaluatioin of dextrose as a replacement for crystalline lactose in phase I and phase II nursery diets. Journal of Animal Science 76(Suppl. 1), 66(Abstr.).

Steidinger, M.U., R.D. Goodband, M.D. Tokach, S.S. Dritz, J.L. Nelssen, L.J. McKinney, B.S. Borg, and J.M. Campbell, 2000. Effects of pelleting and pellet conditioning temperatures on weanling pig performance. Journal of Animal Science 78, 3014-3018.

Stoner, G.R., G.L. Allee, J.L. Nelssen, M.E. Johnston, and R.D. Goodband, 1990. Effect of select menhaden fish meal in starter diets for pigs. Journal of Animal Science 68, 2729.

Straw, B., 1994. Selection and use of antibiotics for swine. In: Proc. George A. Young Swine Conf Ann Nebraska SPF Swine Conf, Lincoln, NE, p.33.

Tokach, L.M., S.S. Dritz, and M.D. Tokach, 2000. Diagnosis and calculation of economic impact of incorrect pharmacologic dosage of zinc oxide supplementation aided by record analysis of nursery performance. Swine Health and Production 8.5, 229.

Tokach, M.D., J.L. Nelssen, and G.L. Allee, 1989. Effect of protein and/or carbohydrate fractions of dried whey on performance and nutrient digestibility of early weaned pigs. Journal of Animal Science 67, 1307.

Tokach, M.D., J.E. Pettigrew, G.D. Dial, *et al.*, 1992. Characterization of luteinizing hormone secretion in the primiparous, lactation sow: relationship to blood metabolites and return-to-estrus interval. Journal of Animal Science 70, 2195-2201.

Tokach, M.D., J.E. Pettigrew, L.J. Johnston, M. Overland, J.W. Rust, and S.G. Cornelius, 1995. Effect of adding fat and (or) milk products to the weanling pig diet on performance in the nursery and subsequent grow-finish stages. Journal of Animal Science 73, 3341.

Touchette, K.J., S.D. Crow, G.L. Allee, and M.D. Newcomb, 1995. Weaned pigs respond to lactose (d 0 to 14 postweaning). Journal of Animal Science (Suppl. 2)73 (Abstr.).

Turner, J.L., S.S. Dritz, and J.E. Minton, 2001. A review of natural alternatives to conventional antimicrobials in swine diets. Professional Animal Science In Press.

Whittemore, C.T., A. Aumaitre, and I.H. Williams, 1978. Growth of body components in young weaned pigs. Journal of Agricultural Science (Cambridge), 91, 681-691.

Williams, N. H., T. S. Stahly, and D. R. Zimmerman, 1997a. Effect of chronic immune system activation on the rate, efficiency, and composition of growth and lysine needs of pigs fed from 6 to 27 Kg. Journal of Animal Science 75, 2463-2471.

Williams, N.H., T.S. Stahly, and D.R. Zimmerman, 1997b. Effect of level of chronic immune system activation on the growth and dietary lysine needs of pigs fed from 6 to 112 kg. Journal of Animal Science 75, 2481-2496.

Wilson, M.E., M.D. Tokach, R.W. Walker, J.L. Nelssen, R.D. Goodband, and J.E. Pettigrew, 1993. Influence of high levels of individual B vitamins on starter pig performance. Journal of Animal Science 71 (Suppl. 1), 56 (Abstr.).

Wilson, M.E., J.E. Pettigrew, L.J. Johnston, J.D. Hawton, J.W. Rust, and H. Chester-Jones, 1991. Provision of additional B vitamins improves growth rate of weanling pigs. Journal of Animal Science 69 (Suppl. 1), 106 (Abstr.).

Witte, W., 1998. Medical consequences of antibiotic use in agriculture. Science 279, 996-997.

Woodworth, J.C., M.D. Tokach, J.L. Nelssen. R.D. Goodband, P.R. O'Quinn, and T.M. Falker, 1999a. The effects of added zinc from an organic zinc complex or inorganic sources on weanling pig growth performance. Journal of Animal Science (Supplement 1) 77, 61.

Woodworth, J.C., M.D. Tokach, J.L. Nelssen, R.D. Goodband, P.R. O'Quinn, and T.M. Falker, 1999b. The effects of different zinc sources on weanling pig growth performance. Journal of Animal Science (Supplement 1) 77, 177.

Woodworth, J.C., M.D. Tokach, J.L. Nelssen, R.D. Goodband, P.R. O'Quinn, and T.M. Fakler, 1999c. The effects of added zinc from organic and inorganic zinc sources on weanling pig growth performance. Journal of Animal Science 77(Suppl. 1), 61(Abstr.).

Woodworth, J.C., M.D. Tokach, J.L. Nelssen, R.D. Goodband, P.R. O'Quinn, and T.M. Fakler, 1999d. The effects of added zinc from zinc sulfate or zinc sulfate/zinc oxide combinations on weanling pig growth performance. Journal of Animal Science 77(Suppl. 1), 61(Abstr.).

Woodworth, J.C., R.D. Goodband, J.L. Nelssen, M.D. Tokach, and R.E. Musser, 2000. Pyridoxine, but not thiamin improves weanling pig growth performance. Journal of Animal Science 78, 88-93.

Zimmerman, D.R., J.C. Sparks, and C.M. Cain, 1997. Carry-over response to an intestinal hydrolysate in weanling pig diets. Journal of Animal Science 75(Suppl. 1), 71(Abstr.).

12 断奶仔猪肠道营养需要

D. Burrin* 和 *B. Stoll

12.1 前 言

仔猪断奶期间营养和环境发生显著变化。幼龄仔猪在生理上对这些变化的适应程度决定其生存、健康和随后的生长速度。胃肠道功能发育尤其是消化、吸收和免疫功能的发育对这一适应过程特别重要。在过去的几年中，对肠道营养代谢，特别是幼龄仔猪肠道营养代谢的认识已取得相当大的进展。然而，尽管已认识到肠道功能发育对仔猪健康和断奶适应的重要性，但目前关于断奶对肠道营养利用速度和利用模式的影响这一重要营养问题的认识仍极其有限。本章首先简要综述断奶仔猪胃肠道生理的内在变化，然后描述这些变化如何影响肠道和仔猪整体的营养需要。尽管本章重点关注的是小肠，但同时也涉及到胃肠道的其他组成部分，包括维持胃、大肠和胰腺生理功能的营养需要。

12.2 断奶期间肠道生理变化

在断奶过程中，有几个关键的营养和环境因素促使胃肠道结构和功能发生显著变化，其中的大部分已在本书其他章节及其他文献中详细阐述（Maxwell 和 Stewart，1995；Pluske 等，1995；Pluske 等，1997；Fraser 等，1998；Gaskins，1998；Dreau 和 Lalles，1999；Le Dividich 和 Seve，2000；Stokes 等，2001）。这些影响因素包括：①营养摄入方式的变化，即由吮吸母乳转变为从料槽中采食饲料；②从液态乳转变为固态饲料的物理和化学组成的变化；③由于营养摄入方式的变化、与母猪分离以及与陌生仔猪混群导致的心理和行为应激；④肠道微生物菌群性质和数量的变化。在断奶期间，这些因素相互作用，导致胃肠道结构和功能的短暂变化。为便于讨论，将这些短暂变化分为急性期（断奶后 5～7 d 内）和随后的适应期（图 12.1）。急性期和适应期的区别主要是由于采食量的变化引起的，因为断奶仔猪需要大约 7 d 的时间学会如何从料槽中采食并恢复到与断奶前相当的采食水平（Plusk 等，1997；Le Dividich 和 Seve，2000）。

12.2.1 急性期

影响断奶后急性期内肠道结构和功能变化的主导因素是采食量的下降(图12.1)。食欲丧失的内在原因尚未阐明,但很可能是由于营养摄入方式的变化、与母猪分离以及与陌生仔猪混群导致的心理和行为应激造成的。采食量降低对肠道的显著影响表现为,小肠整体重量的降低和粘膜结构与功能的变化(图12.2)。断奶后7 d内,采食量降低对胃的重量的影响有限,但结肠重量增加3倍左右(McCracken等,1995;Jiang等,2000)。急性期内,小肠蛋白质和DNA重量以及绒毛高度下降。总体上,众多研究表明,断奶后3～5 d内,绒毛高度降低约50%(Pluske等,1997)。尽管DNA含量和绒毛高度降低,但隐窝深度和隐窝细胞增殖速度显著提高,这意味着隐窝增生。此外,绒毛区域的固有层细胞密度也增加,意味着淋巴样细胞浸润和增殖(Jiang等,2000)。

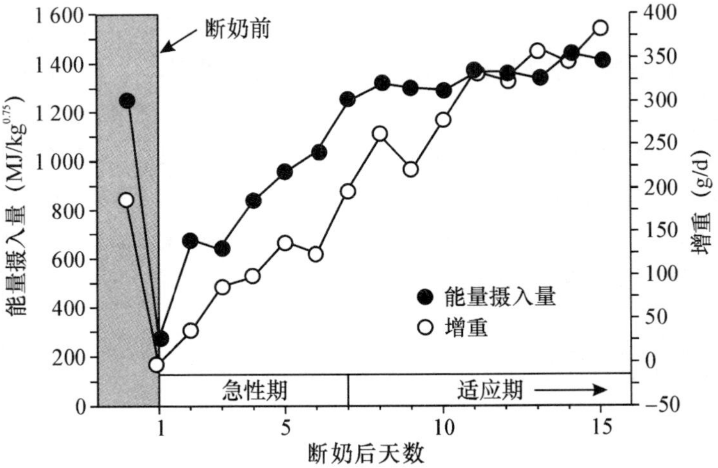

图12.1 幼龄仔猪断奶前与断奶后的能量采食量和体增重的变化

仔猪14日龄断奶,之后饲喂以玉米为基础的日粮,其中含有大豆或乳清蛋白(24%的粗蛋白和14.8 MJ能量)。
资料来源:Jiang等,2000。

采食量的降低导致肠道重量和粘膜厚度降低是众所周知的现象(Bragg等,1991)。由采食量降低,或者肠外营养(parenteral nutrition)所造成的幼龄仔猪肠腔内营养物质缺乏会降低细胞增殖和蛋白质合成的速度,从而导致肠绒毛萎缩(Davis等,1996;Burrin等,2000;Stoll等,2000)。有多种因素可介导肠道重量损失,包括肠腔内适合粘膜上皮细胞生长的底物的缺失,类胰高血糖素肽2(glucagon-like peptide 2)和类胰岛素生长因子-Ⅰ等来自于体液的肠道生长因子的分泌和表达降低(Carroll等,1998;Burrin,2001;Stoll和Burrin,2001)。采食量虽然下降,但隐窝依然增生,这可能和几方面的因素有关。断奶日粮中的某些组分,即植物蛋白(比如大豆球蛋白和植物凝集素)和纤维所引起的肠道过敏反应被认为是隐窝上皮细胞和固有层增生的最重要因素之一(Jin 等,1994;Dreau 和 Lalle,1999;Jordinson 等,1999)。然而,导致肠粘膜中淋巴样细胞密度增大的另外一个因素是获得性免疫的正常发育(Gaskins,1998;Kelly 和 Coutts,2000)。在断奶急性期,仔猪特别容易被病原菌感染,部分原因是母乳的突然撤离,而母乳中含有很多支撑仔猪肠道免疫防御的因子。此外,日粮组分和环境的改变导致肠道共生微生物的定植发生变化,给条件性病原微生物生长提供了适宜的条件。病原感染导致粘膜免疫系统被激活,释放出多种炎性细胞因子(如肿瘤坏死因子-α 和白细胞介素),这些炎性细胞因子可促进隐窝细胞增殖和肠绒毛上皮细胞凋亡(Rafferty 等,1994;Piguet 等,1999)。感染、细菌及炎性细胞因子的存在也可增加急性期肠道蛋白质和粘液的分泌(Higashiguchi 等,1994;Breuille 等,1998;Wang 等,1998;Mack 等,1999)。由此看来,伴随着粘膜免疫系统的被激活,蛋白质代谢活性应该整体提高。但这和断奶急性期观察到的肠道蛋白质损失正好相反(图 12.2)。肠道蛋白质损失意味蛋白质分解代谢在蛋白质合成与分解代谢平衡中占据优势地位。肠绒毛上皮细胞的凋亡和蛋白质降解可能是急性期肠道蛋白质损失的原因,但有关断奶急性期肠道蛋白质代谢变化规律方面的文献极少。

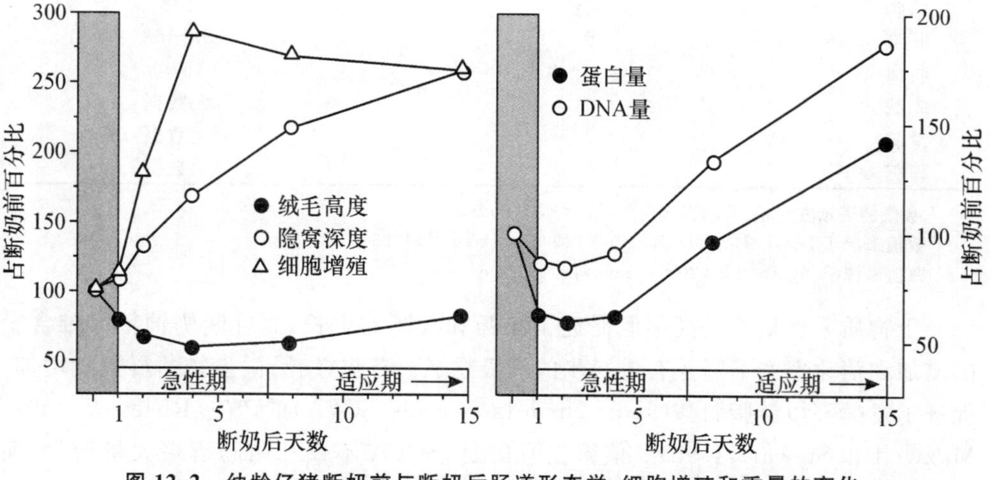

图 12.2 幼龄仔猪断奶前与断奶后肠道形态学、细胞增殖和重量的变化

仔猪 14 日龄断奶,之后饲喂以玉米为基础的日粮,其中含有大豆或乳清蛋白(24%的粗蛋白和 14.8 MJ 能量)。资料来源:Jiang 等,2000。

12.2.2 适应期

在断奶适应期,小猪重新有了食欲,采食量赶上或超过了断奶前的水平(图 12.1)。采食量恢复到相对正常水平的重要表现是,小肠、胃和大肠的重量显著增加且超过了断奶前的重量(图 12.2)(Kelly 等,1991b;Jiang 等,2000;McCracken

等,1995)。小肠粘膜绒毛高度有所增加,但并没有恢复到断奶前水平。隐窝深度持续增加,增殖率则相对稳定。

由断奶仔猪的几篇研究报道似乎可以看出,断奶后肠道蛋白质重量的增加往往伴随着蛋白合成速度的显著提高(表 12.1)(Seve 等,1986;Seve 等,1993;Nyachoti 等,2000)。断奶后小肠蛋白合成速度的相对提高可能是干物质采食量增加的缘故,也可能与纤维以及植物蛋白如植物凝集素的存在有关(Southon 等,1985;Palmer 等,1987)。而且有证据表明,给幼龄仔猪饲喂以谷物为基础的纤维含量较高(69%)的饲粮,其大肠内蛋白质合成速度也高于饲喂含酪蛋白和淀粉的纤维含量低(21%)的饲粮(Nyachoti 等,2000)。以上这些观察结果以及小肠和大肠重量的显著增加表明,断奶适应期胃肠组织对氨基酸的需要量非常大。

表 12.1 饲喂乳制品为基础的幼龄仔猪和断奶生长猪不同组织的蛋白合成速率[1]

	饲喂乳制品为基础的幼龄仔猪[2]	断奶生长猪[3]
胰腺	60～103	162
胃	32	无数据
空肠	39～79	98～119
回肠	53	104
盲肠	无数据	123
结肠	无数据	138
肝脏	56～72	52～68
肌肉	6～8	3～33
皮肤	13	无数据
肾脏	25	无数据
脾脏	14	无数据

[1] 数值的表示方式是%/d,以苯丙氨酸给药方法为基础。
[2] 数值来源于 Davis 等(2000);Burrin 等(1999b);Davis 等(1996)。
[3] 数值来源于 Nyachoti 等(2000);Seve 等(1993)。

干物质采食量的提高不但促进了小肠和大肠的生长,而且断奶饲粮纤维含量的增加和消化率的下降还有进一步的积极意义。首先,结肠微生物菌群数量增加,促进了发酵和短链脂肪酸(short-chain fatty acids,SCFA)的产生(Risley 等,1992;Maxwell 和 Stewart,1995)。值得注意的是,SCFA 不仅在结肠远端大量产生,而且在胃和空肠液内也会有几倍的提高(Risley 等,1992)。有关结肠上皮细胞的研究表明,SCFA 不仅可以作为氧化底物,而且还能促进细胞增殖(Darcy-Vrillon 等,1993;Darcy-Vrillon 等,1996;Sakata 和 Inagaki 等,2001)。但是 SCFA 在小肠上皮细胞内的氧化要低于结肠粘膜细胞(Fleming 等,1991)。小肠后段和结肠内 SCFA 含量提高的另一个潜在的重要作用是增加肠道血流量(Kvietys 和 Granger,1981)。而且,结肠内 SCFA 含量的提高还可以刺激肠道激素的分泌,尤其是胰高血糖素样肽-2(GLP-2)的分泌。GLP-2 是一种强有力的营养依赖性肠道生长因子(Burrin 等,2001)。大鼠的研究也显示,饲喂纤维日粮以及灌注 SCFA 可以上调肠道末端胰高血糖素原的表达,这与 GLP-2 的循环浓度提高有关(Reimer 和 McBurney,1996;Tappenden 等,1998)。GLP-2 在循环中浓度的提高可以作为间接的肠营养信号,介导在以上两种情况下所观察到的细胞增殖的提高。这些观察结果表明,断奶仔猪 SCFA 生成量的增加可促进 GLP-2 的分泌,也解释了隐窝细胞增殖增加的原因。

断奶适应期的另一个特征是消化酶活性,尤其是胃蛋白酶、胰蛋白酶和 α-淀粉酶活性的大幅提高(Lindemann 等,1986;Kelly 等,1999c;Cranwell 等,1995;Bach Knudsen 和 Jorgensen,2001)。另外,小肠中的麦芽糖酶和淀粉酶含量和活性都显著提高。碳水化合物消化酶活性的提高是由日粮诱导的,大多数以谷物为基础的断奶仔猪日粮中淀粉含量高,高含量的淀粉可诱导碳水化合物消化酶活性的提高。而且,胰腺消化酶的增加不仅与酶的比活性增加有关,而且与胰酶总产量的增加有关(Pierzynowski 等,1990;Pierzynowski 等,1993)。从胰腺、胃、小肠、大肠和胆囊分泌的蛋白质,统称为内源性蛋白质。关于内源性蛋白质的分泌,从营养学角度需要考虑的是,这些内源性蛋白质被小肠消化并再利用的程度。特别是粘液中的糖蛋白,它是一种内源分泌蛋白质,在仔猪胃肠道中起到天然屏障作用(Deplanke 和 Gaskins,2001)。假如他们在消化道屏障中起作用,可以预期断奶后杯状细胞密度和粘液分泌增加,在猪上有部分证据支持这一点(Brown 等,1988)。粘液的生成具有营养学意义,因为它在小肠内具有相对的消化抗性,所以粘液糖蛋白中的氨基酸不会被再吸收,但它会被大肠中的微生物发酵降解。关于粘液和其他胃肠道分泌物质被消化的程度,以及其中的氨基酸和己醣组分在结肠被吸收或发酵的数量的资料很少。

12.3 仔猪肠道对养分的利用

在过去 5 年中,对仔猪肠道养分代谢的认识取得了显著进展。通过在仔猪体内使用同位素示踪物,测定葡萄糖、氨基酸等底物的平衡,可定量估测肠道营养物质利用情况及其对动物整体营养需要的影响(Ebner 等,1994;Reeds 等,1996;Bertolo 等,1998;Stoll 等,1998;Stoll 等,1999;Van Goudoever 等,2000;Van der Schoor 等,2001)。这些研究和其他用培养的猪肠细胞进行的体外试验,揭示了关键底物代谢的重要定性特征以及肠道养分利用的内在细胞学基础(Blachier 等,1991;Blachier 等,1992;Blachier 等,1993;Darcy-Vrillon 等,1994;Blachier 等,1995;Wu 等,1998;Wu 和 Morris,1998;Rhoads 等,1999)。近来对饲喂乳制品日粮仔猪肠道养分代谢认识的进展,进一步补充了过去 20 多年间发表的用成年猪(50~70kg 体重)进行的早期前瞻性研究所取得的成果(Rerat 等,1984;Rerat 等,1987;Rerat 和 Simoes-Nunes,1988;Rerat 等,1988;Rerat 和 Simoes-Nunes,1988;

Rerat 等,1992;Yen 等,1997)。然而,尽管目前的知识面拓宽了,但对采食常规谷物基础日粮的幼龄仔猪的肠道养分代谢的认识仍有许多空白。

12.3.1 肠道代谢的生理和细胞基础

12.3.1.1 相对代谢速率

我们对肠道养分利用的了解,大部分源于测量营养物质通过门脉回流组织(portal-drauned visceral,PDV)的代谢进行研究。PDV 组织主要由胃肠道组成,包括胃、胰腺、小肠、大肠,也包括脾脏。猪的 PDV 组织大约占体重的 5%,但它们占整个机体蛋白质周转代谢和能量消耗的 20%～35%(Yen 等,1997;Stoll 等,1999a;Van Goudoever 等,2000)。胃肠组织对整个机体代谢的不成比例的影响,是由胃肠组织相对高的蛋白质合成速率和氧气消耗决定的。在猪上的研究显示,胃肠组织蛋白质合成速率显著高于外周组织(peripheral tissues),特别是骨骼肌(表 12.1)(Simon 等,1982;Seve 等,1986;Burrin 等,1992;Davis 等,1996)。然而,胃肠道不同组织间也存在差别,小肠的蛋白质合成速率要高于胃和大肠(Attaix 和 Arnal,1987;Attaix 等,1992;Burrin 等,1999a;Burrin 等,1999b;Stoll 等,2000)。

肠道内的高速代谢和养分利用,与粘膜中各种上皮细胞和淋巴细胞高速的增殖、蛋白质分泌、细胞死亡和脱落直接相关。仔猪上皮细胞生命周期为 3～10 d(Fan 等,2001)。小肠上皮内具有增殖活性的隐窝区含有多种干细胞,经有丝分裂后分化成 4 种细胞系:吸收性肠细胞、产粘液的杯状细胞、产抗菌肽的潘尼氏(Paneth)细胞和肠内分泌细胞。此外,上皮下部固有层区域有淋巴细胞和其他类型的细胞,包括 T 淋巴细胞和 B 淋巴细胞、巨噬细胞(macrophages)、嗜中性粒细胞(nuetrophils)、柱状细胞(mast cells)、枝状细胞(dendritic cells)和成纤维细胞(fibroblasts)。体外研究显示,这些上皮细胞(Higashiguchi 等,1993;Wu,1998)和淋巴细胞(Szondy 和 Newsholme,1990;Wu 等,1991;Dugan 等,1994)有很高的蛋白质合成速率和谷胺酰胺代谢率。杯状细胞利用了大量的营养物质用以分泌粘液,结肠发酵的内源分泌物中的很大部分来源于这些黏液(Lien 等,1997)。

12.3.1.2 肠腔内营养与动脉营养利用的比较

肠上皮细胞代谢的另外一个关键解剖学因素是它们从两条独立的路线获得营养物质:来源于饲粮的肠腔内途径和来源于动脉血液途径。通过采食以乳制品为基础饲粮的仔猪试验结果估计,动脉循环中的营养物质进入 PDV 组织的绝对速率显著高于来源于食物的营养物质(图 12.3)(Stoll 等,1998)。除天冬氨酸外,饲粮养分占进入 PDV 组织的总养分的比例不到 30%。然而,来源于肠腔内途径的一些氨基酸,主要是谷氨酸和谷氨酰胺会被优先利用(表 12.2)。如果以进入 PDV 组织的百分比表示，来源于腔内途径的谷氨酸和谷氨酰胺分别占 96%和 67%，来源于动脉循环的分别占 11%和 21%。有趣的是，从肠腔内摄取葡萄糖的相对速率和绝对速率都远低于氨基酸。相反地，PDV 组织优先利用来源于动脉循环的葡萄糖。虽然，从动脉循环摄取葡萄糖的相对速率与从饲粮途径获取葡萄糖的相对速率相近，但动脉葡萄糖利用的绝对速率远高于谷氨酸和谷氨酰胺的总和。这样，PDV 组织对葡萄糖的利用大部分来源于动脉循环(85%)，而来源于食物的只占少部分(15%)。

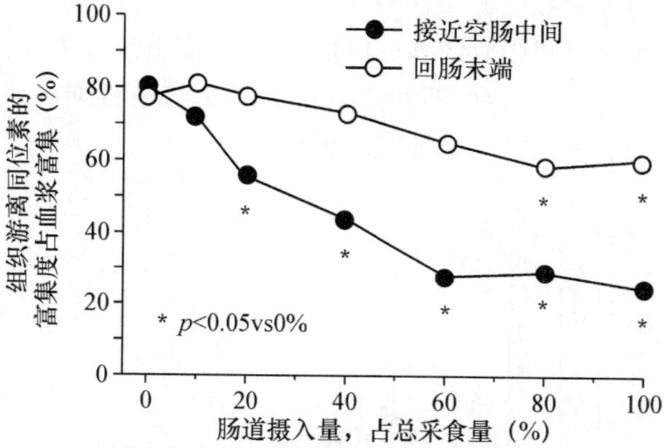

图 12.3 日粮氨基酸和动脉循环向幼龄仔猪 PDV 组织的输入速率

日粮输入量是以母乳代乳品的采食量为基础的，每天饲喂 12 g 蛋白/kg。动脉输入量是根据动脉氨基酸浓度和门静脉血流速度来计算的。计算的前提是动脉和门静脉的血流速度是相同的。

资料来源：Stoll 等，1998。

表 12.2 饲喂以乳制品为基础日粮的仔猪，来源于肠腔和动脉的葡萄糖、谷氨酸和谷氨酰胺的门静脉相对利用率[1]

	葡萄糖	谷氨酸	谷氨酰胺
肠腔			
输入量	3 400	585	219
获取量	217	562	147
%	6.4	96	67
动脉			
输入量	18 874	731	934
获取量	1 227	80	191
%	6.5	11	21

[1] 除非有其他说明，数据的表示方式为 μmol/(kg·h)。

资料来源：Stoll 等，1999a。

如果考虑到营养物质是如何正常运送到 PDV 组织的，则动脉的营养物质被优先利用并不奇怪。在正常情况下，当动物采食含有聚合形式的碳水化合物和蛋白质的饲粮时，胃和大肠肠腔内的游离葡萄糖和氨基酸水平相对较低。因为胃和大肠的消化环境限制了葡萄糖和氨基酸的腔内获得，这些组织对营养物质的需求必须通过动脉循环得到满足。如果假设饲粮中大部分的碳水化合物和蛋白质被消化，其中的单糖和氨基酸在小肠近端被充分吸收，那么上述观点也适用于小肠的近端和末端的比较。为了证明这点，我们研究了静脉注射^{3}H标记亮氨酸的新生仔猪的情况，在维持静脉注射所提供的营养水平不变的情况下，逐步增加经胃摄入的营养水平(Stoll 等，2000)。结果显示，在那些经肠道途径获得100%营养物质的仔猪中，回肠末端粘膜游离氨基酸库的标记亮氨酸比例要显著高于空肠近端(图12.4)。结果同时显示，随着通过肠道提供的营养水平的提高，空肠中部^{3}H同位素富集程度显著降低，这是由于肠道吸收的养分增加，标记的亮氨酸被未标记的亮氨酸稀释的缘故。与这一个观点相一致的额外证据发现，在断奶急性期的研究中，绒毛萎缩主要发生在小肠，而胃和大肠大部分完好无损。

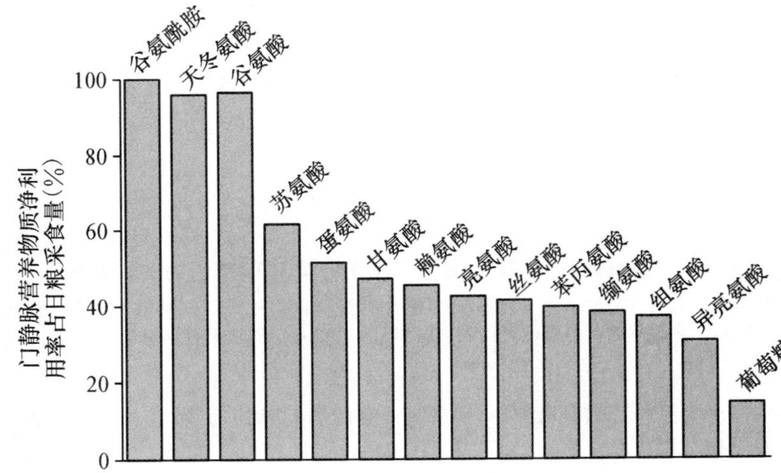

图 12.4　经肠和非经肠道途径摄入养分的新生仔猪，其空肠近端和回肠末端^{3}H亮氨酸同位素富集度的变化

给7日龄仔猪经胃内或静脉内提供基本日粮7 d后，静脉内注射^{3}H亮氨酸6 h后取样。
资料来源：Stoll 等，2000。

12.3.1.3　隐窝和绒毛细胞

另外一个影响上皮细胞从肠腔内或动脉获得营养物质的重要因素是上皮细胞所处的分化期，及其在隐窝-绒毛轴上的位置。早期的研究(Alpers，1972)显示，隐窝细胞主要被来源于血液的示踪物所标记，而绒毛细胞则更多地被来源于腔内的示踪物所标记。这些结果提示，隐窝细胞主要从动脉获得营养物质，而绒毛细胞则主要依赖于来自食物的肠腔内营养物质。如果这种现象是真的，或许能解释断奶急性期绒毛长度缩短的原因，因为断奶后肠腔内营养供给显著减少。然而，动物的肠外营养研究显示，通过静脉注射诸如GLP-2、IGF-I、EGF(表皮生长因子)或SC-FA等肠道生长因子，即使缺乏腔内营养物质，也能维持肠道粘膜生长和绒毛高度

(Koruda 等,1990;Goodlad 等,1992;Peterson 等,1996;Burrin 等,2001)。这些研究显示,如果提供恰当的肠道生长刺激因子,绒毛细胞并不完全依赖于腔内营养物质,而能够从动脉循环中获得生存所必需的足够的营养物质。分化期及其在隐窝-绒毛轴上的位置如何影响上皮细胞的营养来源,还需采用系统同位素标记和腔内同位素标记的方法,结合隐窝细胞和绒毛细胞的分离,进行进一步研究。

12.3.2 主要的氧化供能物质

12.3.2.1 谷氨酰胺、谷氨酸、天冬氨酸

胃肠组织代谢率相对较高,有相当比例的日粮营养物质被胃肠组织代谢。但是,PDV 组织利用营养物质的模式不一致,有些营养物质会被优先代谢。许多研究表明,猪的 PDV 组织能够大量利用日粮谷氨酰胺、谷氨酸和天冬氨酸(Reeds 等,1996;Rerat 等,1992;Van der Muellen 等,1997;Stoll 等,1998;Reeds 等,2000)。对饲喂以乳制品为基础的高蛋白日粮的幼龄仔猪的研究显示,95%以上的日粮谷氨酰胺、谷氨酸和天冬氨酸被肠道利用(图 12.5)(Stoll 等,1998)。这些结果与 Windmueller 和 Spaeth(1974,1975,1976,1978,1980)的开创性研究结果相一致,他们通过给禁食的麻醉大鼠原位肠道灌注谷氨酰胺、谷氨酸和天冬氨酸,首次得到了这 3 种物质被大量代谢的证据。这些研究引发了随后的数百个研究,目的在于证实谷氨酰胺作为肠道的主要氧化供能物质的作用。但值得注意的是,谷氨酸和天冬氨酸在作为肠道氧化供能物质方面可能与谷氨酰胺有同等的重要性。近来对于幼龄猪和人的研究证实,肠道能够大量氧化日粮中^{13}C标记的谷氨酸和谷氨酰胺(Battezati 等,1995;Stoll 等,1999a;Haisch 等,2000)。

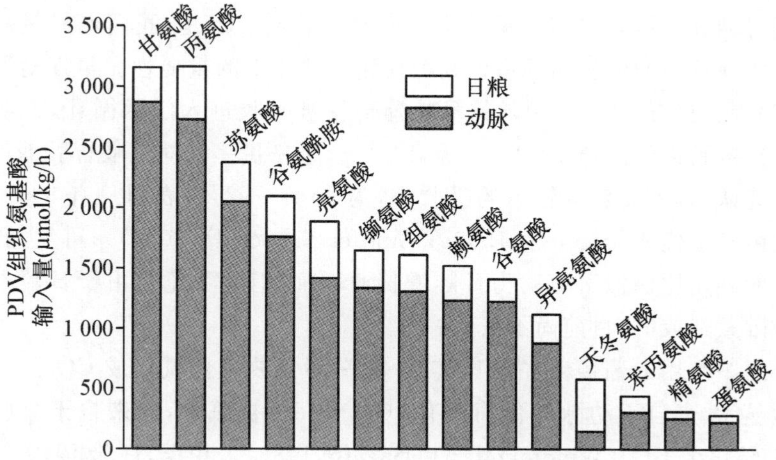

图 12.5 幼龄仔猪门静脉净营养物质利用率

日粮输入量是以母乳代乳品的采食量为基础,每天饲喂蛋白质 12 g/kg。
资料来源:Stoll 等,1998。

谷氨酰胺的代谢首先通过依赖磷酸盐的谷氨酰胺酶的催化，之后经过谷氨酸脱氢酶(glutamate dehydrogenase，GDH)的作用完成，这两种酶在幼龄猪的胃、小肠和结肠中均存在(Madej 等，1999)。令人感兴趣的是，断奶后仔猪小肠 GDH 的活性大约提高了 3 倍。由 GDH 催化产生的酮酸产物是 α-酮戊二酸(α-ketoglutarate)，后者经过三羧酸循环(tricarboxylic acid cycle)被代谢成 CO_2。值得注意的是，虽然肠道大量摄入和代谢这三种氨基酸，但是它们的碳骨架没有被彻底氧化成 CO_2，所产生的 CO_2 也不能代表肠道释放的所有的 CO_2。大鼠肠道原位灌输研究和仔猪以及人的体内研究表明，大多数的谷氨酰胺(55%～70%)、谷氨酸(52%～64%)和天冬氨酸(52%)被氧化成 CO_2(Windmueller 和 Spaeth，1976；Windmueller 和 Spaeth，1978；Stoll 等，1999a)。其残留的没有被氧化成 CO_2 的碳原子，会被转化成乳酸、丙氨酸、脯氨酸、瓜氨酸、鸟氨酸和精氨酸，之后释放入门脉循环(Windmueller 和 Spaeth，1975；Stoll 等，1999a)。这些氨基酸中氮的代谢途径目前还没有完全弄清楚。然而，有证据显示一部分来源于谷氨酰胺和谷氨酸代谢的氮被转化成氨和其他的氨基酸，包括瓜氨酸、鸟氨酸、脯氨酸和精氨酸。经谷氨酰胺代谢所产生的其他潜在的重要的生物合成产物是核苷酸，后者用于合成 RNA 和 DNA(Gate 等，1999)。

12.3.2.2 葡萄糖

葡萄糖是另外一种重要的肠道氧化供能物质。尽管在数量上不如谷氨酸、谷氨酰胺和天冬氨酸重要，但对大多数哺乳动物组织来说，葡萄糖一般被认为是一种“原始的”氧化供能物质。但 Windmueller 和 Spaeth(1978)则认为，吸收后的啮齿动物肠道对动脉谷氨酸和葡萄糖的摄入量基本相同。但是，我们也只是刚刚开始理解饲喂常规日粮的生长猪肠道葡萄糖代谢在数量上的重要性。早期对肥育猪的研究报道显示，只有 57%～70%的日粮葡萄糖被吸收进入门脉循环，说明另外的 30%～43%被肠道代谢掉了(Rerat 等，1984)。近来更多的对饲喂含乳糖代乳品的仔猪的研究认为，葡萄糖有较高的吸收率，为 85%～92%，表明只有 8%～15%的葡萄糖经由肠道代谢(Stoll 等，1999a；Van der Schoor 等，2001)。可见，肠道对日粮葡萄糖的利用比例似乎随动物日龄增长而增加，但这究竟是由于日龄本身还是由于其他因素造成的，目前尚不清楚。

在肠组织利用的葡萄糖中，相对较少的一部分被完全氧化成 CO_2。大鼠肠道灌注试验显示，来自于动脉的葡萄糖有 10%～15%被氧化，而来自于肠腔的葡萄糖有 29%转化为 CO_2(Windmueller 和 Spaeth，1980)。相反，仔猪 PDV 组织葡萄糖代谢的体内测定表明，来自于动脉葡萄糖的氧化率(28%)高于来自于日粮葡萄糖氧化比例(3%)(Stoll 等，1999a)。用分离的肠上皮细胞的研究也证实，葡萄糖的氧化率较低(10%～15%),同时证明,初生到断奶之间的肠上皮细胞对葡萄糖的摄取和氧化都显著降低(Darcy-Vrillon 等,1994;Wu 等,1995)。新生大鼠肠道葡萄糖氧化的个体发育似乎不同于猪,研究表明,在断奶期间和断奶后短时期期内,葡萄糖氧化显著提高(Kimura 等,1996)。然而有意思的是,对从 21、29 和 56 日龄猪分离的内皮淋巴细胞的测定显示,断奶后 29 d 的葡萄糖氧化最高(Dugan 等,1994)。对肠细胞的研究显示,在谷氨酰胺存在时葡萄糖氧化就会被抑制,但是添加葡萄糖却并不会改变谷氨酰胺的氧化(Wu 等,1995)。总体来说,目前的研究结果表明,肠组织优先从谷氨酰胺和谷氨酸而不是从葡萄糖获得更多的能量。考虑到在啮齿动物上的证据,今后需要更多的研究来检验断奶对肠道底物利用的影响,以及葡萄糖是否也能成为数量上更为重要的氧化供能物质的来源。

肠道组织所利用的大部分葡萄糖碳要么被代谢为乳酸和丙氨酸,要么用于生物合成。大鼠肠道灌注试验显示,43%～58%的来自于动脉的葡萄糖被代谢为乳酸,13%～19%被转化为丙氨酸,大约 25%被结合入肠道组织和肠系膜脂质中(Windmueller 和 Spaeth,1978;Windmueller 和 Spaeth,1980)。同样,猪的体内研究证明,PDV 组织利用了相对较少的日粮葡萄糖,其中的 45%和 37%分别被代谢为乳酸和丙氨酸(Stoll 等,1999a)。但是,相当少的来自于动脉的葡萄糖(大约 10%)被代谢为乳酸和丙氨酸。这表明,肠道葡萄糖需要量(主要来源于动脉循环)的大部分可能被用于结构性和功能性分子的生物合成,如粘液糖蛋白、脂肪酸和脂质。

12.3.2.3 酮类和短链脂肪酸

在多种酮类和短链脂肪酸中,其中的一些一直以来被认为是由肠道代谢的,包括乙酰乙酸,β-羟基丁酮、乙酸、丙酸和丁酸。Windmueller 和 Spaeth(1978)的早期研究显示,灌注的大鼠大肠内产生的 CO_2 大约有 50%来源于 β-羟基丁酮(26%)和乙酰乙酸(24%)的氧化。尽管酮类的整体利用率只有谷氨酸和葡萄糖的 40%,但是酮类氧化成 CO_2 的相对比例却很高(64%)。在猪上,关于肠道酮类利用的研究非常少。一般来说,新生仔猪的生酮作用相对较低,随着日龄的增加逐渐提高(Adams 和 Odle,1993;Tetrick 等,1995)。但是,大鼠上的研究表明,哺乳大鼠体内 β-羟基丁酮的氧化相对较低,而断奶后显著升高(Kimura,1996)。这些研究提示,酮类作为肠道的氧化供能物质有潜在的重要代谢作用,尤其在断奶急性期仔猪不采食的情况下,这时血液中的酮类含量可能升高。

短链脂肪酸或挥发性脂肪酸也是非常重要的潜在的氧化供能物质。仔猪断奶后，肠腔内容物中 SCFA 的含量相对较高(500～4 000 mmol)，这种情况不仅出现在盲肠中，胃和空肠也是如此(Risley 等，1992)。胃和空肠内最丰富的 SCFA 是乙酸，而丙酸和丁酸的浓度微不足道。在盲肠，乙酸也是含量最丰富的 SCFA，但也有相当浓度的丙酸和丁酸，乙酸、丙酸和丁酸的摩尔百分比分别为 54%、28%和 18%。给肥育猪饲喂玉米-鱼粉型日粮时，门静脉 SCFA 的吸收率大约是 1 000 μmol/kg/h，而乙酸、丙酸和丁酸的相对百分比分别为 52%、38%和 10%(Rerat 等，1987)。禁饲犬的体内研究试验表明，PDV 组织摄取的循环乙酸的比例高达 70%，大约代表了全身乙酸利用的 5%(Pouteau 等，1998)。

肥育猪的研究显示，整个机体的能量消耗中，SCFA 的贡献率高达 25%(Yen 等，1991)，但对 SCFA 的代谢程度我们则知之甚少，尤其是肠道组织。啮齿动物和反刍动物的研究表明，肠道组织对乙酸、丙酸和丁酸这三种主要的 SCFA 均有显著的代谢作用(Bergman，1990；Fitch 和 Fleming，1999)。近来有关大鼠结肠肠腔灌注的研究揭示，有 10%～20%的醋酸盐和丁酸盐被氧化成 CO_2，大量的丁酸盐被代谢成 β-羟基丁酮和乳酸盐(Fitch 和 Fleming，1999)。而且当灌注完全的混合物时，有多达 40%的丁酸盐被优先代谢，而醋酸盐只有 20%被代谢。

12.3.3 必需氨基酸的利用

12.3.3.1 代谢的命运

肠道组织利用的日粮必需氨基酸的代谢对其生长的有效性有重要影响。必需氨基酸分解代谢的 3 种主要目的是：①与蛋白质结合；②经过转氨基作用转化成其他的氨基酸、代谢底物和生物合成的中间物质；③完全氧化为 CO_2。与细胞蛋白质结合的氨基酸在粘膜细胞内降解，之后被释放进入门脉循环。与细胞蛋白质结合的氨基酸也可以经过分泌或脱落进入肠腔，然后经降解、再吸收进入门脉循环。后面两种途径中的任何一种，氨基酸都是经过“再循环”返回动物体，满足瘦肉组织生长的需要。但是，如果氨基酸被不可逆转地代谢成非氨基酸中间物质或者完全被氧化成 CO_2，那么它们对瘦肉组织的生长就没有用处。下面将重点讨论不同必需氨基酸对肠道功能的重要性，及其对断奶仔猪日粮氨基酸需要量的影响。

12.3.3.2 采食水平、化学形态和可消化性

对猪门静脉净氨基酸平衡的研究提示，肠道对必需氨基酸的利用是非常显著的，利用的数量是采食日粮氨基酸的 30%～85%(图 12.6)(Rerat 等，1988；Van Der Meulen 等，1997；Stoll 等，1998；Van Goudoever 等，2000；Van Der Schoor 等，

2001)。采用门静脉 A-V 平衡方式对猪的研究显示,包括采食氨基酸的水平和化学形态在内的许多因素影响日粮必需氨基酸的净吸收和利用。近年来,对饲喂以牛乳为基础的液态日粮的幼龄仔猪的研究表明,与饲喂高蛋白日粮(25%)的仔猪相比,饲喂低蛋白日粮(10%)的仔猪,其 PDV 组织对必需氨基酸的利用率显著增加,该必需氨基酸的利用率是以与采食氨基酸的百分比的形式来表示的(Van Goudoever 等,2000;Van Der Schoor 等,2001)。这些研究以及以前的研究(Ebner 等,1994)发现,猪饲喂低蛋白日粮时,尽管总体生长降低了,但是肠道生长却受到了保护。这些研究有着非常重要的启示,肠道对氨基酸利用有优先权,当日粮采食量显著降低时,日粮氨基酸的净吸收和利用率受到限制,并影响外周瘦肉组织的生长。

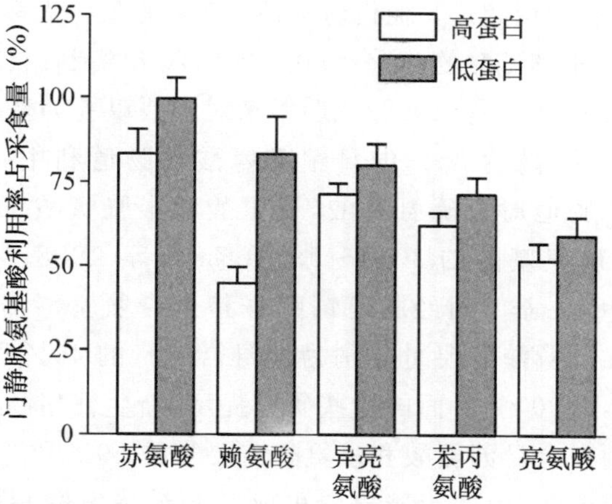

图 12.6 幼龄仔猪持续饲喂高蛋白(25%)或低蛋白(10%)日粮 7 d,其门静脉中必需氨基酸的净利用率

资料来源:Van Goudoever 等,2000。

另一个影响肠道利用日粮必需氨基酸的因素是氨基酸的化学形态。对肥育猪的研究发现,与饲喂肽类相比,饲喂游离氨基酸时门静脉对氨基酸的吸收显著降低(Rerat 等,1988)。这些发现对断奶仔猪日粮中使用结晶氨基酸有启示,与饲喂完全蛋白质相比,仔猪肠道可优先利用游离氨基酸。肠道优先利用结晶氨基酸可能会导致其利用降低和分解代谢增加,这在游离赖氨酸和蛋白结合赖氨酸上已有报道(Batterham 和 Bailey,1989;Daenzer 等,2001)。尽管认为结晶游离氨基酸在肠道的吸收是 100%,仍然需要进一步的研究来确定其在猪日粮的"门静脉利用率"。其他一些有关生长猪(40 kg)的研究指出,与豌豆淀粉相比,猪饲喂玉米时门静脉必需氨基酸的净吸收量较高(Van Der Meulen 等,1997),表明日粮碳水化合物来源和氨基酸利用率之间存在一定的关系。

对于饲喂蛋白质消化率小于 95%~100% 的日粮的猪,在阐释肠道相对氨基酸利用率时，要对回肠氨基酸的利用率进行特别考虑。如果一种氨基酸的门静脉净利用率是以相对于日粮采食量的形式来表达的，并且这种氨基酸的消化率不是100%，那么肠道利用率就会被错误估计。对于饲喂含有高可消化乳蛋白饲粮的仔猪，这一点可以不必考虑。但当饲喂其他植物或动物蛋白时，这一点就会非常重要。另一方面，如果要确定瘦肉组织生长所需日粮氨基酸的利用率，那么与回肠氨基酸利用率相比，氨基酸的净“门静脉利用率”可能是一种更准确的、生物学上相关性更强的估测方法。又因为净“门静脉利用率”反应了肠道与机体其他组织的平衡，避免了内源损失测定的不确定性。

12.3.3.3 苏氨酸、蛋氨酸和半胱氨酸

肠道对苏氨酸的利用超过其他任何一种必需氨基酸。大多数门静脉净平衡的研究表明，猪采食日粮苏氨酸的40%～60%被PDV组织利用(Rerat等，1988；Van Der Meulen等，1997；Stoll等，1998)。近年来对饲喂以乳为基础的高蛋白日粮的幼龄仔猪的研究显示，高达85%的日粮苏氨酸被肠道利用(图12.6)(Van der Schoor等，2001)。肠道对含硫氨基酸(蛋氨酸和半胱氨酸)的利用也是非常大的，范围是采食含硫氨基酸的30%～58%(Rerat等，1988；Van der Meulen等，1997；Stoll等，1998)。基于对经肠道饲喂仔猪全身氨基酸需要量的估计，新生仔猪肠外苏氨酸和蛋氨酸需要量分别为全身需要量的40%和70%(Bertolo等，1998；Shoveller等，2000)。后面的这些研究提示，新生仔猪肠道吸收和代谢的苏氨酸和蛋氨酸分别占全身苏氨酸和蛋氨酸需要量的60%和30%。而且，半胱氨酸可以经由蛋氨酸合成，因此半胱氨酸可能是肠道蛋氨酸利用的终产物。对新生仔猪的研究还表明，经肠道或非经肠道补充半胱氨酸会降低总蛋氨酸的需要量(Shoveller等，2000)。不过，肠道能将多少蛋氨酸转换成半胱氨酸还需要进一步研究。

苏氨酸和半胱氨酸在肠道中最可能的重要作用是合成粘液蛋白和谷胱甘肽。分泌型的粘液蛋白在黏膜的先天性免疫防御中起着重要作用，主要的肠道粘液的核心蛋白含有大量的苏氨酸和半胱氨酸(Fogg等，1996；van Kinlen等，1997)。而且，半胱氨酸是三肽抗氧化物谷胱甘肽的组成成分，对维持肠道粘膜的结构完整性和屏障功能都有很重要的作用(Martensson等，1991)。粘膜合成和分泌的粘液蛋白和谷胱甘肽在数量上可能是非常可观的的，从而增加了断奶期间对日粮苏氨酸和半胱氨酸的需要，因为断奶期间肠道会发生过敏反应和炎症。近来的一个研究表明，饲喂苏氨酸缺乏日粮的仔猪，肠道重量和杯状细胞数量显著降低，用肠外供给苏氨酸的方法不能充分恢复肠道生长(Ball等，1999)。除了结合到粘液蛋白和其他粘膜蛋白中外，不清楚有多少苏氨酸在肠道内进一步代谢。对哺乳动物来说，

对苏氨酸分解代谢中最重要的途径还有争议(House 等,2001)。在猪上,公认的苏氨酸有两种最重要的分解代谢途径,即苏氨酸醛缩酶/脱氢酶途径和苏氨酸脱水酶途径(Ballevre 等,1990;Le Floc'h 等,1996;Le Floc'h 等,1997)。在猪上的研究表明,经由苏氨酸醛缩酶/脱氢酶转化为甘氨酸是一种最主要的、不可逆转的苏氨酸分解代谢途径。而且,苏氨酸脱氢酶的活性是被定位在肝脏和胰腺组织,而不是其他的肠道组织,这一点说明 PDV 组织可能是苏氨酸分解代谢的位点。虽然有这样的证据存在,但是经肠或非经肠道供给幼龄仔猪苏氨酸,其 PDV 组织可以氧化 ^{13}C-苏氨酸生成 CO_2,这一事实也不可忽视(Van Goudoever 和 Reeds,未发表资料)。但是,这也并不能排除苏氨酸代谢转化成甘氨酸是因为提供了过多苏氨酸的可能性,还需要进一步研究来证实。

12.3.3.4 赖氨酸、苯丙氨酸和支链氨基酸

假定赖氨酸是断奶仔猪第一限制性氨基酸,那么日粮赖氨酸在肠道的利用和门静脉净利用率就尤其重要。对饲喂代乳品的幼龄仔猪的研究表明,采食的日粮氨基酸只有 55%被吸收,意味着肠道利用了 45%(图 12.5)(Stoll 等,1998;Van Goudoever 等,2001)。有报道认为,饲喂谷物类日粮的生长肥育猪,其门静脉赖氨酸净利用率是相似的,占采食赖氨酸量的 50%(Rerat 等,1988),但另一个报道结果非常低(占采食赖氨酸量的 27.5%)(Van Der Meulen 等,1997)。与赖氨酸相似,苯丙氨酸和支链氨基酸(BCAA)的门静脉净利用率也很高,肠道大约消耗采食这些氨基酸的 50%(Stroll 等,1998b;Stroll 等,1999b;Van Goudoever 等,2001)。对年龄较大的猪来说,门静脉 BCAA 净利用率的估计值较高(大约占采食 BCAA 的 60%)(Rerat 等,1988),而其他研究者则认为该值非常低(接近 28%)(Van Der Meulen 等,1997)。Rerat 等(1988)和 Van Der Meulen 等(1997)研究结果存在较大差异的可能解释是,在后者的研究中,门静脉流量是按相对与回肠可消化氨基酸的数量来表示的,而不是按相对于采食的 BCAA 的量来表示的,这点在上文中已经提到过。

一般认为肠道对必需氨基酸的分解是可以忽略不计的,这主要是基于肝脏是主要氧化部位的假设(Wu 等,1998)。但是,近来一些有关 PDV 组织同位素示踪剂动力学的研究表明,日粮必需氨基酸在肠道内也可以被氧化,尤其是赖氨酸和亮氨酸。对幼龄猪的研究显示,肠道氧化的日粮赖氨酸可占全身赖氨酸氧化量的 1/3,当饲喂低蛋白日粮时,肠道赖氨酸氧化则被完全抑制(Van Goudoever 等,2000)。有意思的是,尽管 PDV 组织摄取了动脉循环的赖氨酸,但这些赖氨酸却没有被氧化,说明肠道可优先氧化日粮中的赖氨酸(Van Goudoever 等,2000)。同赖氨酸一样,亮氨酸在肠道的代谢也非常显著。亮氨酸在肠道经转氨基作用转化为

α-酮异己酸(KIC),或者完全被氧化成二氧化碳。对幼龄猪和犬的研究发现,大约全身亮氨酸流量中的5%～10%被PDV组织氧化(Yu 等,1995;Van Der Schoor 等,2001)。尽管肠道摄取的亮氨酸中有40%被转化成KIC,但是几乎所有被转化的KIC又经过转氨基作用变成亮氨酸,所以净KIC的生成量可以忽略不计(Yu 等,1995)。对幼龄仔猪和生长猪(15～20 kg)的研究表明,PDV组织大约氧化了全身苯丙氨酸流量的15%(Bush 等,2001)。苯丙氨酸的氧化提示,在肠道发生了苯丙氨酸的羧化反应,与以前的观察结果相一致,这种反应是门静脉净酪氨酸产生量超过了日粮采食量中酪氨酸的量的结果。假定是羧化作用而不是彻底氧化成CO_2造成了苯丙氨酸的不可逆转的损失,那么还需要更多的研究来确定肠道将全身苯丙氨酸代谢成酪氨酸的数量。还需要进一步的研究对不同粘膜细胞中的必需氨基酸分解代谢酶进行定位,如肠上皮细胞和淋巴细胞。

12.3.3.5 精氨酸和脯氨酸

对哺乳仔猪,精氨酸是一种必需氨基酸。研究表明,小肠是精氨酸和脯氨酸合成的重要场所(Murphy 等,1996;Wu,1998;Stoll 等,1999a)。健康的哺乳仔猪,肠道精氨酸的合成只能满足其生长需要的一半,而母乳中精氨酸的浓度也很有限(Davis 等,1994)。而且,哺乳后期肠道净精氨酸合成量急速下降(Wu 和 Morris,1998)。这些研究结果提出,经由肠合成的内源精氨酸和日粮供给的精氨酸都不能满足哺乳仔猪最大生长的需求。对新生仔猪肠上皮细胞的研究显示,精氨酸代谢酶随仔猪的发育而变化(Blaicher 等,1993;Wu 和 Knabe,1995)。仔猪出生时,肠上皮细胞是主要的精氨酸合成部位,随着肠道精氨酸酶表达量的增加,肠上皮细胞逐渐变成瓜氨酸产生的主要部位,而精氨酸酶表达量的增加受到糖皮质激素的影响。在断奶仔猪,由谷胺酰胺、谷氨酸盐和脯氨酸合成的肠道瓜氨酸成为循环瓜氨酸的主要来源,这对全身精氨酸的动态平衡起了非常重要的作用(Dugan 等,1995)。肾脏用瓜氨酸合成精氨酸的能力逐渐增强补偿了这种转化。因此,随着从吃乳到断奶的转变,肠道就可能变成了精氨酸的净降解部位而不是合成部位(Wu 和 Morris,1998)。

新生仔猪肠上皮细胞对精氨酸降解的限制确保了进入门静脉循环的最大精氨酸输出量(由谷胺酰胺合成或来源于乳),以供给肠外组织利用。断奶后肠上皮细胞中Ⅱ型精氨酸酶的诱导可能通过小肠粘膜调控精氨酸合成NO、鸟氨酸、多胺、脯氨酸和谷氨酸的有效性。断奶仔猪肠上皮细胞中,精氨酸代谢的主要终产物是脯氨酸和鸟氨酸。胶原蛋白合成所必需的脯氨酸是人乳中含量最丰富的氨基酸(Davis 等,1994)。日粮供给脯氨酸可以改善新生仔猪日粮精氨酸缺乏导致的高血氨症(Brunton 等,1999)。因此,如果不把脯氨酸作为日粮的必需养分,脯氨酸可能是维持新生动物精氨酸合成的必需氨基酸。从大量的研究中可以明显地看出，维持全身精氨酸和脯氨酸平衡对肠道正常功能是非常重要的，对新生动物尤其如此。而且，在肠道重量显著降低或大面积的小肠切除等肠道损伤情况下，这些氨基酸就成为条件性必需氨基酸(Wakabayashi 等，1995)。

近来有关肠细胞培养的研究表明，精氨酸代谢产生的鸟氨酸会转化成多胺(Blaicher 等，1995)。多胺(腐胺、亚精胺、精胺、尸胺)是一类普遍存在的阳离子胺，参与包括胃肠道在内的多种组织的细胞增殖和分化。鸟氨酸脱羧酶(ODC)和S-腺苷甲硫氨酸脱羧酶(SAMDC)是限速酶，参与多氨合成，能够将鸟氨酸转化成腐胺，之后又将腐胺转化成亚精胺。对于新生或者哺乳动物的肠上皮细胞，由精氨酸代谢合成的多胺是可以忽略不计的(Blaicher 等，1991；Blaicher 等，1992)，但是在断奶后动物的肠上皮细胞内，多胺合成量增加，这与精氨酸酶和 ODC 的诱导情况一致(Wu 和 Morris，1998)。多胺存在于猪乳中，肠腔内的多胺可以促进成年大鼠肠道生长，加速处于生长发育期大鼠的肠道成熟和细胞增殖(Dufour 等，1998；Grant 等，1990；Kelly 等，1991a)。断奶仔猪不可能通过吃乳来获取多胺，所以肠道内经由鸟氨酸、精氨酸和脯氨酸诱导合成的多胺，在维持肠道的正常生长和生理功能上就显得非常重要(Wu 等，2000a，b)。断奶诱导的皮质醇的集聚增加一直被认为是诱导肠道多胺合成的关键信号。

12.3.4 营养与肠道健康及肠功能的关系

12.3.4.1 肠道的特定养分

过去，断奶仔猪日粮的配制主要是为了克服消化功能的限制或者不完善，从而达到动物的最大生长。然而，假设我们对肠道的养分利用有了更深的理解，就有可能根据特定的目标来配制断奶日粮使仔猪肠道的生长、功能和健康达到最佳状态。在上述有关肠道养分利用的讨论中，谷氨酰胺、谷氨酸和苏氨酸是肠道最优先利用的养分。总结大量的有关报道发现，日粮添加谷氨酰胺对肠道生长的作用不明确(Reeds 和 Burrin，2001)。一些研究认为，断奶仔猪日粮添加谷氨酰胺是有益的。Ayonrinde 等(1995)和 Wu 等(1996)对断奶仔猪的研究表明，日粮添加 4%或 1%的结晶谷氨酰胺可以增加肠绒毛高度。而且，Wu 等(1996)和 Kitt 等(2001)发现，日粮添加 1%的谷氨酰胺能够提高断奶仔猪增重。另一个研究发现，日粮添加 4%的谷氨酰胺可以提高断奶仔猪肌肉中谷氨酰胺的浓度，改善淋巴细胞的功能(Yoo 等，1997)。近来的一项研究认为，早期断奶仔猪日粮(%干物质)添加 6.5%的谷氨酸或 0.93%的精氨酸能够适当增加肠道重量和绒毛高度，而添加 0.94%的瓜氨酸或 0.90%的鸟氨酸则没有作用，添加 0.39%的多胺则是有害的(Ewtushik 等，2000)。有趣的是，Ewtushik 等(2000)还发现，添加谷氨酸还可以显著提高

(200%)血浆谷氨酰胺的浓度，表明谷氨酸有少量谷氨酰胺的作用，谷氨酸或许是谷氨酰胺合成的前体物。对于苏氨酸，Ball 等(1999)认为，日粮苏氨酸对幼龄仔猪的肠道生长和粘液合成尤其重要。最近的另一项研究表明，在早期断奶仔猪玉米豆粕型日粮(%干物质)中添加 0.25%～0.50%的结晶体苏氨酸可以提高增重和饲料效率，且这种作用成剂量效应，尽管基础日粮已经能够满足苏氨酸的需要(Lackeyram 等，2001)。总之，从这些报道看来，还需要进一步的研究来检验日粮添加这些特定氨基酸对肠道健康和断奶后仔猪生长的剂量效应。

除氨基酸外，已经证实还有其他的一些营养物质能改善啮齿类动物肠道的生长和功能，但在断奶仔猪日粮中尚需研究。这些营养物质主要是长链多不饱和脂肪酸和核苷酸。*n*-3 长链多不饱和脂肪酸(LC-PUFAs)可以改善婴儿的健康和发育的，且几种 *n*-3 LC-PUFAs 在母乳中的含量比代乳品高，基于这些事实，促使人们在婴儿代乳品中添加这些脂肪酸。已有大量的事实证明，n-3 LC-PUFAs 或 ω-3 脂肪酸，尤其是二十二碳六烯酸(DHA)、二十碳五烯酸(EPA)和花生四烯酸(AA)在免疫功能、炎症、血液动力学和骨代谢方面有多重生物学效应(Calder 等，1999)。近来的研究提高了人们在婴儿配方中添加 n-3 LC-PUFAs 的兴趣，这些研究显示，添加上述多不饱和脂肪酸能够降低新生儿和大鼠坏死小肠结肠炎的发生和炎症影响(Akisu 等，1998；Carlson 等，1998；Caplan 等，2001)。关于 *n*-3 LC-PUFAs 或其他 LCFA 对处于生长发育期动物肠道营养影响的信息很少。但是，Vanderhoof 等(Vanderhoof 等，1984；Vanderhoof 等，1994；Kollman 等，1999)的一系列研究表明，*n*-3 LC-PUFAs 可以增强实施小肠切除术后肠道的适应性，其效果比饱和程度高些的油类更大。这些研究者还发现，中等链长甘油三酯的营养不如长链甘油三酯。另外一个受到关注的 LC-PUFA 是 *n*-6 亚油酸异构体，即共轭亚油酸(conjugated linoleic acid，CLA)。已有报道表明，CLA 可提高猪瘦肉组织的生长(Ostrowska 等，1999；Bassanganya-Riera 等，2001a)。CLA 对断奶仔猪肠道的影响还不清楚，但已有报道认为，CLA 可促进结肠上皮细胞凋亡(Park 等，2001)和增强淋巴细胞的细胞毒性(Bassanganya-Riera 等，2001b)。

核苷酸是普遍存在的小分子细胞内复合物，为许多生化过程中所必需，作为粘膜上皮细胞和淋巴细胞等快速分裂细胞核酸合成的前体，核苷酸的作用特别重要(Cosgrove，1998)。核苷酸含有 1 个嘌呤或嘧啶碱基，这种结构可以在细胞内经由谷氨酰胺、天冬氨酸、甘氨酸、甲酸盐和二氧化碳作为前体物从头合成，也可从核酸和核苷酸的降解中获得。在上述两个途径中，哪种途径对满足机体的核苷酸需要更重要，目前还不是很清楚。但有证据显示，由日粮提供嘌呤和嘧啶碱基是必要的(Uauy 等，1994；Boza 等，1996)。许多报道已经证实，日粮添加核苷、核苷酸或者核酸可以维持体内外小肠粘膜的免疫功能、生长和形态(Uauy 等,1994;Lopez-Navarro 等,1996;Cosgrove,1998;Carver,1999)。

12.3.4.2 抗生素和传染病的影响

影响断奶仔猪生长的一个重要因素是病原微生物的侵袭程度。对生长动物的研究表明,病原微生物的毒性能反向影响肠道结构和功能(图 12.7)(Von Allmen 等,1992;Higashiguchi 等,1994;Breuille 等,1998;Wang 等,1998;Mack 等,1999)。研究表明,由细菌、内毒素和细胞因子诱导的促炎性刺激显著提高肠道蛋白质的合成速率。近来在绵羊上的研究显示,寄生感染提高了 PDV 组织对亮氨酸的利用和氧化,从而使日粮氨基酸的整体利用率降低了 20%～30%(Yu 等,2000)。而且,PDV 组织利用增加的大多数亮氨酸要么被氧化,要么作为内源性蛋白分泌而丧失。这些损失也解释了大多数情况下感染造成氮存留降低的原因(Yu 等,2000)。由此看来,感染提高了肠道对营养物质的需求,这种情况又反过来限制了断奶仔猪生长所需的可利用养分。这为将来的研究提出了两个重要问题:①传染改变肠道养分利用的模式? ②对于受到感染的猪,哪些是限制肠道功能或整体生长的关键养分?假定苏氨酸对肠道代谢非常重要并且对猪的生长是第一限制性氨基酸,那么在这些情况下,苏氨酸就可能是关键的养分。

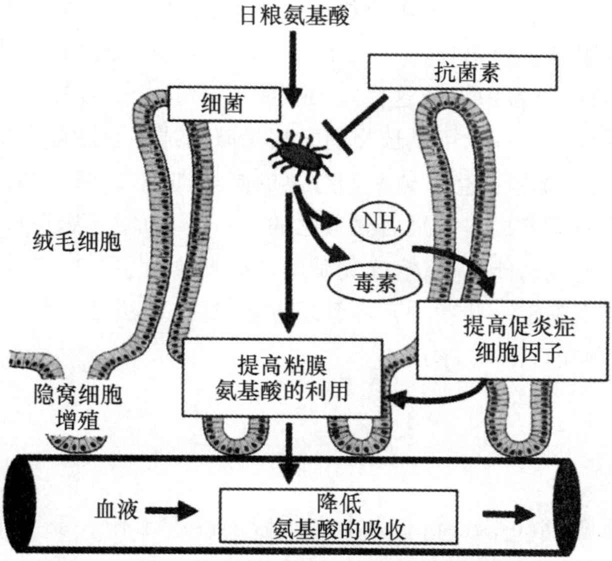

图 12.7 肠道氨基酸代谢和肠腔细菌的关系示意图

给断奶仔猪饲喂抗菌化合物可抑制肠道微生物群落,促进生长。尽管这种作用的确切机制还不清楚，但一般认为，抗生素通过抑制微生物活性，降低肠腔内浓度以及氨气的毒性损伤，从而减少肠道黏膜及相关淋巴组织的厚度和重量(Visek，1978)。对猪和鸡的研究表明，饲喂抗菌化合物可显著降低小肠重量、细胞增殖和肠道氨气的吸收(Yen 等，1987；Yen 和 Pond，1990；Krinke 和 Jamroz，1996)。更多的证据显示，肠腔中的氨气是由细菌水解尿素和日粮氨基酸的脱氨基作用产生的。因此，一个关于胃肠道内日粮氨基酸利用位点的关键问题是，该位点的活性是与肠腔内微生物有关还是与黏膜细胞的种群有关。

12.4 小结和展望

本章讨论了 3 个重要的主题：①断奶期间，肠道经历了明显的形态和功能上的适应；②正常情况下，肠道消耗了相当部分的日粮营养物质；③肠优先利用一些特定的营养物质。当幼龄仔猪从吮吸母乳转变成采食谷物类断奶日粮时，胃肠道生长增加，上皮细胞增殖和胃、肠以及胰腺蛋白合成与分泌显著增加。干物质采食量的增加、消化酶的产生、日粮和微生物中有害物质造成的过敏反应和炎症反应是导致胃肠道重量增加的重要因素。肠道生长的刺激导致其对肠营养物质需求的增加，但尚需进一步研究以确认断奶过程改变肠道养分利用的数量和模式。肠道优先利用的关键营养物质不仅包括葡萄糖和谷氨酸、谷胺酰胺和天冬氨酸等非必需氨基酸，还包括苏氨酸等限制瘦肉组织生长的必需氨基酸。肠道对这些关键养分利用的增加是否限制了断奶仔猪最大生长，这一问题还需要进一步关注。如果是这样的话，就需要向日粮中添加这些“肠道特定”的养分或者提高它们的日粮需要量来改善仔猪的生长。一个可供选择的方法是限制那些在断奶期间能够促进肠道生长的因素。例如，饲喂抗生素或采用分离的断奶训练，以降低病原微生物数量和与免疫刺激有关的营养成本。最后要考虑的一点是，为使断奶仔猪的生长最大化，维持肠道健康和肠道功能是关键，毫无疑问这样又增加了一些营养成本。因此，将来研究的目标应当确定一些新的营养管理方法，这些方法可使肠道功能最优化，同时使肠道代谢增加的营养成本最小。

致　谢

作者衷心感谢 Jane Schoppe 为本文所做的准备工作。该工作是在休斯敦的 Baylor 医学院和 Texas 儿童医院的儿科系完成的。这一工作得到了联邦农业部(58-6258-6001)和国家卫生署(Ro1 HD33920)的经费支持。本文内容既不反映联邦农业部的政策观念，也不体现贸易姓名、商业产品或美国政府的有关机构。

参考文献

Adams, S.H., and J. Odle, 1993. Plasma β-hydroxybutyrate after octanoate challenge: attenuated ketogenic capacity in neonatal swine. American Journal of Physiology 265, R761-R765.

Akisu, M., M. Baka, I. Coker, N. Kultursay and A. Huseyinov, 1998. Effect of dietary N-3 fatty acids on hypoxia-induced necrotizing enterocolitis in young mice. N-3 fatty acids alter platelet-activating factor and leukotriene B4 production in the intestine. Biology of the Neonate 74, 31-38.

Alpers, D.H. 1972. Protein synthesis in intestinal mucosa: the effect of route of administration of precursor amino acids. Journal of Clinical Investigation 51, 167-173.

Attaix, D. and M. Arnal, 1987. Protein synthesis and growth in the gastrointestinal tract of the young preruminant lamb. British Journal of Nutrition 58, 159-169.

Attaix, D., E. Aurousseau, D. Rosolowska-Huszcz, G. Bayle, G. and M. Arnal, 1992. In vivo longitudinal variations in protein synthesis in developing ovine intestines. American Journal of Physiology 263, R1318-R1323.

Ayonrinde, A.I., I.H. Williams, R. McCauley and B.P. Mullan, 1995. Glutamine stimulates intestinal hyperplasia in weaned piglets. In: D.P. Hennessey and P.D. Cranwell (editors), Manipulating Pig Production V. Australasian Pig Science Association, Australia, p. 180.

Bach Knudsen, E. and H. Jorgensen, 2001. Intestinal degradation of dietary carbohydrates-from birth to maturity. In: J.E. Lindberg and B. Ogle (editors) Digestive Physiology of Pigs. CABI Publishing, United Kingdom, pp.110-120.

Ball, RO, G. Law, R.F.P. Bertolo, and P.B. Pencharz, 1999. Adequate oral threonine is critical for mucinproduction and mucosal growth by the neonatal piglet gut. VIIIth International Symposium on Protein Metabolism and Nutrition. Aberdeen, United Kingdom. p. 31 (Abstr.).

Ballevre, O., A. Cadenhead, A.G. Calder, W.D. Rees, G.E. Lobley, M.F. Fuller and P.J. Garlick, 1990. Quantitative partition of threonine oxidation in pigs: effect of dietary threonine. American Journal of Physiology 259, E483-E491.

Bassaganya-Riera, J., R. Hontecillas-Magarzo, K. Bregendahl, M.J. Wannemuehler and D.R. Zimmerman, 2001a. Effects of dietary conjugated linoleic acid in nursery pigs of dirty and clean environments on growth, empty body composition, and immune competence. Journal of Animal Science 79, 714-721.

Bassaganya-Riera J., R. Hontecillas, D.R. Zimmerman and M.J. Wannemuehler, 2001b. Dietary conjugated linoleic acid modulates phenotype and effector functions of porcine CD8(+) lymphocytes. Journal of Nutrition 131, 2370-2377.

Batterham, E.S. and H.S. Bayley, 1989. Effect of frequency of feeding of diets containing free or protein-bound lysine on the oxidation of ^{14}C-lysine or ^{14}C-phenylalanine by growing pigs. British Journal of Nutrition 62, 647-655.

Battezzati, A., D. J. Brillon and D.E. Matthews, 1995. Oxidation of glutamic acid by the splanchnic bed in humans. American Journal of Physiology 269, E269-E276.

Bergman, E.N., 1990. Energy contributions of volatile fatty acids from the gastrointestinal tract in various species. Physiological Reviews 70, 567-590.

Bertolo, R.F., C.Z. Chen, G. Law, P.B. Pencharz and R.O. Ball, 1998. Threonine requirement of neonatal piglets receiving total parenteral nutrition is considerably lower than that of piglets receiving an identical diet intragastrically. Journal of Nutrition 128, 1752-1759.

Blachier, F., H. M'Rabet-Touil, B. Darcy-Vrillon, L. Posho and P.H. Duee, 1991. Stimulation by D-glucose of the direct conversion of arginine to citrulline in enterocytes isolated from pig jejunum. Biochemical and Biophysical Research Communications 17, 1171-1177.

Blachier, F., H. M'Rabet-Touil, L. Posho, M.T. Morel, F. Bernard, B. Darcy-Vrillon and P.H. Duee, 1992. Polyamine metabolism in enterocytes isolated from newborn pigs. Biochimica Biophysica Acta 1175, 21-26.

Blachier, F., H. M'Rabet-Touil, L. Posho, B. Darcy-Vrillon and P.H. Duee, 1993. Intestinal arginine metabolism during development. Evidence for de novo synthesis of L-arginine in newborn pig enterocytes. European Journal of Biochemistry 216, 109-117.

Blachier, F., M. Selamnia, V. Robert, H. M'Rabet-Touil, and P.H. Duee, 1995. Metabolism of L-arginine through polyamine and nitric oxide synthase pathways in proliferative or differentiated human colon carcinoma cells. Biochimica Biophysica Acta 1268, 255-262.

Boza, J.J., F. Jahoor, and P.J. Reeds, 1996. Ribonucleic acid nucleotides in maternal and fetal tissues derive almost exclusively from synthesis de novo in pregnant mice. Journal of Nutrition 126, 1749-1758.

Bragg, L.E., J.S. Thompson and L.F. Rikkers, 1991. Influence of nutrient delivery on gut structure and function. Nutrition 7, 237-243.

Brown, P.J., B.G. Miller, C.R. Stokes, N.B. Blazquez and F.J. Bourne, 1988. Histochemistry of mucins of pig intestinal secretory epithelial cells before and after weaning. Journal of Comparative Pathology 98, 313-323.

Breuille, D., M. Arnal, F. Rambourdin, G. Bayle, D. Levieux and C. Obled, 1998. Sustained modifications of protein metabolism in various tissues in a rat model of long-lasting sepsis. Clinical Science 94, 413-423.

Brunton, J.A., R.F.P. Bertolo, P.B. Pencharz and R.O. Ball, 1999. Proline ameliorates arginine deficiency during enteral but not parenteral feeding in neonatal piglets. American Journal of Physiology 277, E223-E231.

Burrin, D.G., R.J. Shulman, P.J. Reeds, T.A. Davis and K.R. Gravitt, 1992. Porcine colostrum and milk stimulate visceral organ and skeletal muscle protein synthesis in neonatal piglets. Journal of Nutrition 122, 1205-1213.

Burrin, D.G., M.L. Fiorotto and D.L. Hadsell, 1999a. Transgenic hypersecretion of des(1-3) human insulin-like growth factor I in mouse milk has limited effects on the gastrointestinal tract in suckling pups. Journal of Nutrition 129, 51-56.

Burrin, D.G., T.J. Wester, T.A. Davis, M.L. Fiorotto and X. Chang, 1999b. Dexamethasone inhibits small intestinal growth via increased protein catabolism in neonatal pigs. American Journal of Physiology 276, E269-E277.

Burrin, D.G., B. Stoll, R. Jiang, X. Chang, B. Hartmann, J.J. Holst, G.H. Greeley, Jr. and P.J. Reeds, 2000. Minimal enteral nutrient requirements for intestinal growth in neonatal piglets: How much is enough? American Journal of Clinical Nutrition 71, 1603-1610.

Burrin, D.G. 2001. Nutrient requirements for intestinal growth and metabolism in the developing pig. In: J.E. Lindberg and B. Ogle (editors), Proceedings of the 8th International Symposium on Digestive Physiology in Pigs. CAB International Publishing, Uppsala, Sweden, pp. 75-88.

Burrin, D.G., Y.M. Petersen, B. Stoll, and P. Sangild, 2001. Glucagon-like peptide 2: A nutrient-responsive gut growth factor. Journal of Nutrition 131, 709-712.

Bush, J.A., H.V. Nguyen, A. Suryawan, P.M.J. O'Connor, D.G. Burrin, P.J. Reeds, C.W. Liu and T.A. Davis, 2001. Tissue-specific response of protein metabolism to somatotropin treatment in growing pigs. FASEB J. 15, A730 (Abstr.).

Calder, P.C. 2001. Omega-3 polyunsaturated fatty acids, inflammation and immunity. In: T. Hamazaki and H. Okuyama (editors), Fatty Acids and Lipids - New Findings World Reviews in Nutrition and Diet. Karger, Basel, pp. 109-116.

Caplan, M.S., T.A. Russell, Y. Xiao, M. Amer, S. Kaup, and T. Jilling, 2001. Effect of polyunsaturated fatty acid (PUFA) supplementation on intestinal inflammation and necrotizing enterocolitis (NEC) in a neonatal rat model. Pediatric Research 49, 647-652.

Carlson, S.E., M.B. Montalto, D.L. Ponder, S.H. Werkman and S.B.Korones, 1998. Lower incidence of necrotizing enterocolitis in infants fed a pereterm formula with egg phospholipids. Pediatric Research 44, 491-498.

Carroll, J.A., T.L. Veum and R.L Matteri, 1998. Endocrine responses to weaning and changes in post-weaning diet in the young pig. Domestic Animimal Endocrinology 15, 183-194.

Carver, J.D. 1999. Dietary nucleotides: effects on the immune and gastrointestinal systems. Acta Pediatrica (Suppl.) 88, 83-88.

Cosgrove, M. 1998. Perinatal and infant nutrition. Nucleotides. Nutrition. 14, 748-751.

Cranwell, P.D. 1995. Development of the neonatal gut and enzyme systems. In: M.A.Varley (editor), The Neonatal Pig-Development and Survival. CAB International. Wallingford, United Kingdom, pp. 99-154.

Daenzer, M., K. J. Petzke, B.J. Bequette and C.C.Metges, 2001. Whole-body nitrogen and splanchnic amino acid metabolism differ in rats fed mixed diets containing casein or its corresponding amino acid mixture. Journal of Nutrition 131, 1965-1972.

Darcy-Vrillon, B., M-T. Morel, C. Cherbuy, F. Bernard, L. Posho, F. Blachier, J.C. Meslin and P-H. Duee, P.H. 1993. Metabolic characteristics of pig colonocytes after adaptation to a high fiber diet. Journal of Nutrition 123, 234-243.

Darcy-Vrillon, B., L. Posho, M-T. Morel, F. Bernard, F. Blachier, J-C. Meslin and P-H. Duee, 1994. Glucose, galactose, and glutamine metabolism in pig isolated enterocytes during development. Pediatric Research 36, 175-181.

Darcy-Vrillon B., C. Cherbuy, M.T. Morel, M. Durand and P-H. Duee, 1996. Short chain fatty acid and glucose metabolism in isolated pig colonocytes: modulation by NH4+. Molecular and Cellular Biochemistry 156,145-151.

Davis, T.A., H.V. Nguyen, R. Garcia-Bravo, M.L. Fiorotto, E.M. Jackson, D.S. Lewis, D.R. Lee and P.J. Reeds, 1994. Amino acid composition of human milk is not unique. Journal of Nutrition 124, 1126-1132.

Davis, T.A., D.G. Burrin, M.L. Fiorotto, and H.V. Nguyen, 1996. Protein synthesis in skeletal muscle and jejunum is more responsive to feeding in 7- than in 26-day-old pigs. American Journal of Physiology 270, E802-E809.

Davis, T.A., H.V. Nguyen, M.L. Fiorotto, D.G. Burrin, P.J. Reeds, P.R. Beckett and D.W. Wray-Cahen, 2001. Differential effects of insulin on peripheral and visceral tissue protein synthesis in neonatal pigs. American Journal of Physiology 280, E770-E779.

Deplancke, B. and H.R. Gaskins, 2001. Microbial modulation of innate defense: goblet cells and the intestinal mucus layer. American Journal of Clinical Nutrition 73, 1131S-11341S.

Dreau, D. and J-P. Lalles, 1999. Contribution to the study of gut hypersensitivity reactions to soybean proteins in preruminant calves and early-weaned piglets. Livestock Production Science 60, 209-218.

Dufour C.,G. Dandrifosse, P. Forget, F. Vermesse, N. Romain, P. Lepoint, 1988. Spermine and spermidine induce intestinal maturation in the rat. Gastroenterology 95, 112-116.

Dugan, M.E.R., D.A. Knabe and G. Wu, 1994. Glutamine and glucose metabolism in intraepithelial lymphocytes from pre- and post-weaning pigs. Comparative Biochemistry and Physiology 109B, 675-681.

Dugan, M.E.R., D.A. Knabe and G. Wu, 1995. The induction of citrulline synthesis from glutamine in enterocytes of weaned pigs is not due primarily to age or change in diet. Journal of Nutrition 125, 2388-2393.

Ebner, S., P. Schoknecht, P.J. Reeds and D.G. Burrin, 1994. Growth and metabolism of gastrointestinal and skeletal muscle tissues in protein-malnourished neonatal pigs. American Journal of Physiology 266, R1736-R1743.

Ewtushik, A.L., R.F.P. Bertolo and R.O.Ball, 2000. Intestinal development of early-weaned piglets receiving diets supplemented with selected amino acids or polyamines. Canadian Journal of Animal Science 80, 653-662.

Fan, M.Z., B. Stoll, R. Jiang and D.G. Burrin, 2001. Enterocyte digestive enzyme activity along the crypt-villus and longitudinal axes in the neonatal pig small intestine. Journal of Animal Science 79, 371-381.

Fitch, M.D. and S.E. Fleming, 1999. Metabolism of short-chain fatty acids by rat colonic mucosa in vivo. American Journal of Physiology 277, G31-G40.

Fleming, S.E., M.D. Fitch, S. DeVries, M.L. Liu, and C. Kight, 1991. Nutrient utilization by cells isolated from rat jejunum, cecum, and colon. Journal of Nutrition 121, 869-878.

Fogg, F.J., D.A. Hutton, K. Jumel, J.P. Pearson, S.E. Harding and A. Allen, 1996. Characterization of pig colonic mucins. Biochemical Journal 316, 937-942.

Fraser, D., B.N. Milligan, E.A. Pajor, P.A. Phillips, A.A. Taylor, and D.M. Weary, 1998. Behavioural perspectives on weaning in domestic pigs. In: J. Wiseman, M.A. Varley and J.P. Chadwick (editors), Progress in Pig Science. Nottingham Press, United Kingdom, pp. 121-140.

Gaskins, H.R., 1998. Immunological development and mucosal defence in the pig intestine. In: J. Wiseman, M.A. Varley and J.P. Chadwick (editors), Progress in Pig Science. Nottingham Press, United Kingdom, pp. 81-101.

Gate, J.J., D. S. Parker and G.E. Lobley, 1999. The metabolic fate of the amino-N group of glutamine in the tissues of the gastrointestinal tract in 24 h-fasted sheep. British Journal of Nutrition 81, 297-306.

Goodlad, R.A., C.Y. Lee and N.A. Wright, 1992. Cell proliferation in the small intestine and colon of intravenously fed rats: effects of urogastrone-epidermal growth factor. Cell Proliferation 25, 393-404.

Grant, A.L., J.W. Thomas, K.J. King and J.S. Liesman, 1990. Effects of dietary amines on small intestinal variables in neonatal pigs fed soy protein isolate. Journal of Animal Science 68, 363-371.

Haisch, M., N.K. Fukagawa and D.E. Matthews, 2000. Oxidation of glutamine by the splanchnic bed in humans. American Journal of Physiology 278, E593-E602.

Higashiguchi, T., P-O. Hasselgren, K. Wagner and J.E. Fischer, 1993. Effect of glutamine on protein synthesis in isolated intestinal epithelial cells. Journal of Parenteral and Enteral Nutrition 17, 307-314.

Higashiguchi, T., Y. Noguchi, W. O'Brien, K. Wagner, J.E. Fischer, and P.O. Hasselgren, 1994. Effect of sepsis on mucosal protein synthesis in different parts of the gastrointestinal tract in rats. Clinical Science 87, 207-211.

House, J.D., B.N. Hall and J.T. Brosnan, 2001. Threonine metabolism in isolated rat hepatocytes. American Journal of Physiology 281, E1300-E1307.

Jiang, R., X. Chang, B. Stoll, M.Z. Fan and D.G. Burrin, 2000. Dietary plasma protein reduces small intestinal growth and lamina propria cell density in early weaned pigs. Journal of Nutrition 130, 21-26.

Jin, L., L.P. Reynolds, D.A. Redmer, J.S. Caton, J.S. and J.D. Crenshaw, 1994. Effects of dietary fiber on intestinal growth, cell proliferation, and morphology in growing pigs. Journal of Animal Science 72, 2270-2278.

Jordinson, M., R.A. Goodlad, A. Brynes, P. Bliss, M.A. Ghatei, S.R. Bloom, A. Fitzgerald, G. Grant, S. Bardocz, A. Pusztai, M. Pignatelli, and J. Calam, 1999. Gastrointestinal responses to a panel of lectins in rats maintained on total parenteral nutrition. American Journal of Physiology 276, G1235-G1242.

Kelly, D. and A.G.P. Coutts, 2000. Early nutrition and the development of immune function in the neonate. Proceedings of the Nutrition Society 59, 177-185.

Kelly, D., T.P. King, D.S. Brown and M. McFadyen, 1991a. Polyamide profiles of porcine milk and of intestinal tissue of pigs during suckling. Reproduction, Nutrition, Development 31, 73-80.

Kelly, D., J.A. Smyth and K.J. McCracken, 1991b. Digestive development of the early-weaned pig. 1. Effect of continuous nutrient supply on the development of the digestive tract and on changes in digestive enzyme activity during the first week post-weaning. British Journal of Nutrition 65, 169-180.

Kelly, D., J.A. Smyth and K.J. McCracken, 1991c. Digestive development of the early-weanted pig. 2. Effect of level of food intake on digestive enzyme activity during the immediate post-weaning period. British Journal of Nutrition 65, 181-188.

Kimura, R.E. 1996. Neonatal intestinal metabolism. Clinical Perinatology 23, 245-263.

Kitt, S.J., P.S. Miller, A.J. Lewis and R.L. Fischer, 2001. Effects of diet and crystalline glutamine supplementation on growth performance and small intestinal morphology in weanling pigs. Journal of Animal Science 79, 148 (Abstr).

Kollman K.A., E.L. Lien and J.A. Vanderhoof, 1999. Dietary lipids influence intestinal adaptation after massive bowel resection. Journal of Pediatric Gastroenterology and Nutrition 28, 41-45.

Koruda, M.J., R.H. Rolandelli, D.Z. Bliss, J. Hastings, J.L. Rombeau and R.G. Settle, 1990. Parenteral nutrition supplemented with short-chain fatty acids: effect on the small-bowel mucosa in normal rats. American Journal of Clinical Nutrition 51, 685-689.

Krinke, A.L. and D. Jamroz, 1996. Effects of feed antibiotic avoparcine on organ morphology in broiler chickens. Poultry Science 75, 705-710.

Kvietys, P.R. and D.N. Granger, 1981. Effect of volatile fatty acids on blood flow and oxygen uptake by the dog colon. Gastroenterology 80, 962-969.

Lackeyram, D., M.Z. Fan, T. Archbold, T. Rideout, Y. Gao, C. Dewey, T. Smith, D.G. Burrin, X. Chang, A.M. Gibbins, E.J. Squires and X. Yue, 2000. Dietary supplementation of synthetic L-threonine differentially affects the gastrointestinal tract and whole-body growth in early-weaned piglets fed maize and soybean meal-based diets. In: J.E. Lindberg and B. Ogle (editors) Digestive Physiology of Pigs. CAB International Publishing, United Kingdom, pp. 104-106.

Le Floc'h, N.L., C. Obled and B. Seve, 1996. In vivo threonine oxidation in growing pigs fed on diets with graded levels of threonine. British Journal of Nutrition 75, 825-837.

Le Floc'h, N., J.N. Thibault and B. Seve, 1997. Tissue localization of threonine oxidation in pigs. British Journal of Nutrition 77, 593-603.

Le Dividich, J. and B. Seve, 2000. Effects of underfeeding during the weaning period on growth, metabolism, and hormonal adjustments in the piglet. Domestic Animal Endocrinology 19, 63-74.

Lien, K.A., W.C. Sauer and M. Fenton, 1997. Mucin output in ileal digesta of pigs fed a protein-free diet. Z. Ernahrungswiss 36, 182-190.

Lindemann, M.D., S.G. Cornelius, S.M. El Kandelgy, R.L. Moser and Pettigrew, J.E. 1986. Effect of age, weaning and diet on digestive enzyme levels in the piglet. Journal of Animal Science 62, 1298-1307.

Lopez-Navarro, A.T., M.A. Ortega, J. Peragon, J.D. Bueno, A. Gil and A. Sanchez-Pozo, 1996. Deprivation of dietary nucleotides decreases protein synthesis in the liver and small intestine in rats. Gastroenterology 110, 1760-1769.

Mack, D.R., S. Michail, S. Wei, L. McDougall and M.A.Hollingsworth, 1999. Probiotics inhibit enteropathogenic E. coli adherence in vitro by inducing intestinal mucin gene expression. American Journal of Physiology 276, G941-G950.

Madej, M., T. Lundh and J.E. Lindberg, 1999. Activities of enzymes involved in glutamine metabolism in connection with energy production in the gastrointestinal tract epithelium of newborn, suckling and weaned piglets. Biology of the Neonate 75, 250-258.

Martensson, J., A. Jain and A. Meister, 1991. Glutathione is required for intestinal function. Proceedings of the National Academy of Science (USA.) 87, 1715-1719.

Maxwell, F.J. and C.S. Stewart, 1995. The microbiology of the gut and the role of probiotics. In: M.A. Varley (editor), The Neonatal Pig Development and Survival. CAB International, United Kingdom, pp. 155-186.

McCracken, B.A., H.R. Gaskins, P.J. Ruwe-Kaiser, K.C. Klasing and D.E. Jewell, 1995. Diet-dependent and diet-independent metabolic responses underlie growth stasis of pigs at weaning. Journal of Nutrition 125, 2838-2845.

Murphy, J.M., S.J.Murch and R.O. Ball, 1996. Proline is synthesized from glutamate during intragastric infusion but not during intravenous infusion in neonatal piglets. Journal of Nutrition 126, 878-886.

Nyachoti, C.M., C.F.M. de Lange, B.W. McBride, S. Leeson and V.M. Gabert, 2000. Endogenous gut nitrogen losses in growing pigs are not caused by increased protein synthesis rates in the small intestine. Journal of Nutrition 130, 566-572.

Ostrowska, E., M. Muralitharan, R.F. Cross, D.E. Bauman and F.R. Dunshea, 1999. Dietary conjugated linoleic acids increase lean tissue and decrease fat deposition in growing pigs. Journal of Nutrition 129, 2037-2042.

Palmer, R.M., A. Pusztal, P. Bain and G. Grant, 1987. Changes in rates of tissue protein synthesis in rate induced in vivo by consumption of kidney bean lectins. Comparative Biochemistry and Physiology 88C, 179-183.

Park, H.S., J.H. Ryu, Y.L. Ha, and J.H. Park, 2001. Dietary conjugated linoleic acid (CLA) induces apoptosis of colonic mucosa in 1,2-dimethylhydrazine -treated rats: a possible mechanism of the anticarcinogenic effect by CLA. British Journal of Nutrition 86, 549-555.

Peterson, C.A., D.M. Ney, P.S. Hinton and H.V. Carey, 1996. Beneficial effects of insulin-like growth factor I on epithelial structure and function in parenterally fed rat jejunum. Gastroenterology 111, 1501-1508.

Pierzynowski, S.G., B.R. Westrom, J. Svendsen and B.W.Karlsson, 1990. Development of exocrine pancreas function in chronically cannulated pigs during 1-13 weeks of postnatal life. Journal of Pediatric Gastroenterology and Nutrition 10, 206-212.

Pierzynowski, S.G., B.R. Westrom, C. Erlanson-Albertsson, B. Ahre'n, J. Svendsen and B.W. Karlsson, 1993. Induction of exocrine pancreas maturation at weaning in young developing pigs. Journal of Pediatric Gastroenterology and Nutrition 16, 287-293.

Piguet, P.F., C. Vesin, Y. Donati and C. Barazzone, 1999. TNF-induced enterocyte apoptosis and detachment in mice: induction of caspases and prevention by a caspase inhibitor ZVAD-fmk. Laboratory Investigations 79, 495-500.

Pluske, J.R., I.H. Williams and F.X. Aherne, 1995. Nutrition of the neonatal pig. In: J. Wiseman, M.A. Varley and J.P. Chadwick (editors), Progress in Pig Science. Nottingham Press, United Kingdom, pp. 187-235.

Pluske, J.R., D.J. Hampson, and I.H. Williams 1997. Factors influencing the structure and function of the small intestine in the weaned pig: a review. Livestock Production Science 51, 215-236.

Pouteau, E., H. Dumon, P. Nguyen, D. Darmaun, M. Champ and M. Krempf, 1998. Whole-body, peripheral and intestinal endogenous acetate turnover in dogs using stable isotopes. Journal of Nutrition 128, 111-115.

Rafferty, J.F., Y. Nogushi, J.E. Fischer and P-O. Hasselgren, 1994. Sepsis in rats stimulates cellular proliferation in the mucosa of the small intestine. Gastroenterology 107, 121-127.

Reeds, P.J., D.G. Burrin, F. Jahoor, L. Wykes, J. Henry and E.M. Frazer, 1996. Enteral glutamate is almost completely metabolized in first pass by the gastrointestinal tract of infant pigs. American Journal of Physiology 270, E413-E418.

Reeds, P.J., D.G. Burrin, B. Stoll and F. Jahoor, 2000. Intestinal glutamate metabolism. Journal of Nutrition 130, 978S-982S.

Reeds, P.J. and D.G. Burrin, 2001. Glutamine and the bowel. Journal of Nutrition 131, 2505S-2508S.

Reimer, R.A. and M.I. McBurney, 1996. Dietary fiber modulates intestinal proglucagon messenger ribonucleic acid and postprandial secretion of glucagon-like peptide-1 and insulin in rats. Endocrinology 137, 3948-3956.

Rerat, A.A., P. Vaissade and P. Vaugelade, 1984. Absorption kinetics of some carbohydrates in conscious pigs. 2. Quantitative aspects. British Journal of Nutrition 51, 517-529.

Rerat, A., M. Fiszlewicz, A. Giusi and P. Vaugelade, 1987. Influence of meal frequency on postprandial variations in the production and absorption of volatile fatty acids in the digestive tract of conscious pigs. Journal of Animal Science 64, 448-456.

Rerat, A., J. Jung and J. Kande, 1988. Absorption kinetics of dietary hydrolysis products in conscious pigs given diets with different amounts of fish protein. 2. Individual amino acids. British Journal of Nutrition 60, 105-120.

Rerat, A.. and C. Simoes-Nunes, 1988. Amino acid absorption and production of pancreatic hormones in non-anaesthetized pigs after duodenal infusions of a milk enzymic hydrosylate or of free amino acids. British Journal of Nutrition 60, 121-136.

Rerat A., C. Simoes-Nunes, F. Mendy, P. Vaissade and P. Vaugelade, 1992. Splanchnic fluxes of amino acids after duodenal infusion of carbohydrate solutions containing free amino acids or oligopeptides in the non-anaesthetized pig. British Journal of Nutrition 68, 111-138.

Rhoads, M. 1999. Glutamine signaling in intestinal cells. Journal of Parenteral and Enteral Nutrition 23, S38-S40.

Risley, C.R., E. T. Kornegay, M.D. Lindemann, C.M. Wood and W.N. Eigel, 1992. Effect of feeding organic acids on selected intestinal content measurements at varying times postweaning in pigs. Journal of Animal Science 70, 196-206.

Sakata, T. and A. Inagaki, 2001. Organic acid production in the large intestine: implication for epithelial cell proliferation and cell death. In: Piva, A., K.E. Bach Knudsen, and J.E. Lindberg (editors), Gut Environment of Pigs, Nottingham University Press, Nottingham, United Kingdom. pp. 85-94.

Seve, B., P.J. Reeds, M.F. Fuller, A. Cadenhead and S.M. Hay, 1986. Protein synthesis and retention in some tissues of the young pig as influenced by dietary protein intake after early-weaning. Possible connection to the energy metabolism. Reproduction, Nutrition, Development 26, 849-861.

Seve, B., O. Ballevre, P. Ganier, J. Noblet, J. Prugnaud and C. Obled, 1993. Recombinant porcine somatotropin and dietary protein enhance protein synthesis in growing pigs. Journal of Nutrition 123, 529-540.

Shoveller, A.K., J.A. Brunton, R. F. P. Bertolo, P.B. Pencharz and R.O. Ball, 2000. Intestinal metabolism of methionine significantly affects requirement and proportion spared by cysteine. In: J.E. Lindberg and B. Ogle (editors), Digestive Physiology of Pigs. CABI Publishing, United Kingdom, pp. 89-91.

Simon O., H. Bergner, R. Munchmeyer and T. Zebrowska, 1982. Studies on the range of tissue protein synthesis in pigs: the effect of thyroid hormones. British Journal of Nutrition 48, 571-582.

Southon, S., G. Livesey, J.M. Gee and I.T. Johnson, 1985. Differences in intestinal protein synthesis and cellular proliferation in well-nourished rats consuming conventional laboratory diets. British Journal of Nutrition 53, 87-95.

Stokes, C.R., M. Bailey and K. Haverson, 2001. Development and function of the pig gastrointestinal immune system. In: J.E. Lindberg and B. Ogle (editors), Digestive Physiology of Pigs. CABI Publishing, United Kingdom, pp. 59-65.

Stoll, B., J. Henry, P.J. Reeds, H. Yu, F. Jahoor and D.G. Burrin, 1998. Catabolism dominates the first-pass intestinal metabolism of dietary essential amino acids in milk protein-fed piglets. Journal of Nutrition 128, 606-614.

Stoll, B., D.G. Burrin, J. Henry, H. Yu, F. Jahoor and P.J. Reeds, 1999a. Substrate oxidation by the portal drained viscera of fed piglets. American Journal of Physiology 277, E168-E175.

Stoll, B., D.G. Burrin, J.F. Henry, F. Jahoor and P.J. Reeds, 1999b. Dietary and systemic phenylalanine utilization for mucosal and hepatic constitutive protein synthesis in pigs. American Journal of Physiology 39, G49-G57.

Stoll, B., X. Chang, M.Z. Fan, P.J. Reeds, and D.G. Burrin, 2000. Enteral nutrient intake determines the rate of intestinal protein synthesis and accretion in neonatal pigs. American Journal of Physiology 279, G288-G294.

Stoll, B. and D.G. Burrin, 2001. Modulators of gut growth and intestinal well-being. In: C.H. Lifschitz (editor), Pediatric Gastroenterology and Nutrition in Clinical Practice. Marcel Dekker, Inc. New York. pp. 75-112.

Szondy, Z. and E.A. Newsholme, 1990. The effect of various concentrations of nucleobases, nucleosides or glutamine on the incorporation of [^{3}H]thymidine into DNA in rat mesenteric-lymph-node lymphocytes stimulated by phytohaemagglutinin. Biochemical Journal 270, 437-440.

Tappenden, K.A. and M.I. McBurney, 1998. Systemic short-chain fatty acids rapidly alter gastrointestinal structure, function, and expression of early response genes. Digestive Diseases Science 43, 1526-1536.

Tetrick, M.A., S.H. Adams, J. Odle and N.J. Benevenga, 1995. Contribution of D-(β)-3-hydroxybutyrate to the energy expenditure of neonatal pigs. Journal of Nutrition 125, 264-272.

Uauy. R., R. Quan and A. Gil, 1994. Role of nucleotides in intestinal development and repair: implications for infant nutrition. Journal of Nutrition 124, 1436S-1441S.

Vanderhoof, J.A., J.H.Park, M.K. Herrington and T.E. Adrian, 1994. Effects of dietary menhaden oil on mucosal adaptation after small bowel resection in rats. Gastroenterology 106, 94-99.

Vanderhoof, J.A., C.J. Grandjean, S.S. Kaufman, K.T. Burkley and D.L. Antonson, 1984. Effect of high percentage medium-chain triglyceride diet on mucosal adaptation following massive bowel resection in rats. Journal of Parenteral and Enteral Nutrition 8, 685-689.

Van der Schoor, S.R.D., J.B. Van Goudeoever, B. Stoll, J.F. Henry, J.R. Rosenberger, D.G. Burrin, and P.J. Reeds, 2001. The pattern of intestinal substrate oxidation is altered by protein restriction in pigs. Gastroenterology 121, 1167-1176.

Van Goudoever, J.B., B. Stoll, D.G. Burrin, J. Henry and P.J. Reeds, 2000. Adaptive regulation of intestinal lysine metabolism. Proceedings of the National Academy of Science 97, 11620-11625.

Van Goudoever, J.B., B. Stoll, B. Hartmann, J.J. Holst, P.J. Reeds and D.G. Burrin, 2001. Secretion of trophic gut peptides is not different in bolus- and continuously fed piglets. Journal of Nutrition 131, 729-732.

Van Klinken, B. J-W., J. Dekker, H.A. Büller, C. de Bolòs and A.W.C. Einerhand, 1997. Biosynthesis of mucins (MUC2-6) along the longitudinal axis of the human gastrointestinal tract. American Journal of Physiology 273, G296-G302.

Van der Meulen, J., J.G.M. Bakker, B. Smits and H. De Visser, 1997. Effect of source of starch on net portal flux of glucose, lactate, volatile fatty acids and amino acids in the pig. British Journal of Nutrition 78, 533-544.

Visek, W.J. 1978. The mode of growth promotion by antibiotics. Journal of Animal Science 46, 1447-1469.

Von Allmen, D., P-O. Hasselgren, T. Higashiguchi, J. Frederick, O. Zamir and J.E. Fischer, 1992. Increased intestinal protein synthesis during sepsis and following the administration of tumour necrosis factor α or interleukin-1α. Biochemical Journal 286, 585-589.

Wakabayashi, Y., E. Yamada, T. Yoshida and N. Takahashi, 1995. Effect of intestinal resection and arginine-free diet on rat physiology. American Journal of Physiology 269, G313-G318.

Wang, Q., T.A. Meyer, S.T. Boyce, J.J. Wang, X. Sun, G. Tiao, J.E. Fischer and P-O. Hasselgren, 1998. Endotoxemia in mice stimulates production of complement C3 and serum amyloid A in mucosa of small intestine. American Journal of Physiology 275, R1584-R1592.

Windmuller, H.G. and A.E. Spaeth, 1974. Uptake and metabolism of plasma glutamine by the small intestine. Journal of Biological Chemistry 249, 5070-5079.

Windmuller, H.G. and A.E. Spaeth, 1975. Intestinal metabolism of glutamine and glutamate from the lumen as compared to glutamine from blood. Archives of Biochemistry and Biophysics 171, 662-672.

Windmuller, H.G. and A.E. Spaeth, 1976. Metabolism of absorbed aspartate, asparagine, and arginine by rate small intestine in vivo. Archives of Biochemistry and Biophysics 175, 670-676.

Windmuller, H.G. and A.E. Spaeth, 1978. Identification of ketone bodies and glutamine as the major respiratory fuels in vivo for postabsorptive rat small intestine. Journal of Biological Chemistry 253, 69-76.

Windmuller, H.G., and A.E. Spaeth, 1980. Respiratory fuels and nitrogen metabolism in vivo in small intestine of fed rats. Journal of Biological Chemistry 253, 69-76.

Wu, G., C.J. Field and E.B. Marliss, 1991. Glutamine and glucose metabolism in rat splenocytes and mesenteric lymph node lymphocytes. American Journal of Physiology 260, E141-E147.

Wu, G., D.A. Knabe, W. Yan and N.E. Flynn, 1995. Glutamine and glucose metabolism in enterocytes of the neonatal pig. American Journal of Physiology 37, R334-R342.

Wu, G. and D.A. Knabe, 1995. Arginine synthesis in enterocytes of neonatal pigs. American Journal of Physiology 269, R621-R629.

Wu, G., S.A. Meier and D.A. Knabe, 1996. Dietary glutamine supplementation prevents jejunal atrophy in weaned pigs. Journal of Nutrition 126, 2578-2584.

Wu, G., 1998. Intestinal mucosal amino acid catabolism. Journal of Nutrition 128, 1249-1252.

Wu, G. and S.M. Morris, Jr., 1998. Arginine metabolism: nitric oxide and beyond. Biochemical Journal 336-1-17.

Wu, G., N.E. Flynn and D.A. Knabe, 2000a. Enhanced intestinal synthesis of polyamines from proline in cortisol-treated piglets. American Journal of Physiology 279, E395-E402.

Wu, G., N.E. Flynn, D.A. Knabe and L.A. Jaeger, 2000b. A cortisol surge mediates the enhanced polyamine synthesis in porcine enterocytes during weaning. American Journal of Physiology 279, R554-R559.

Yen, J.T., J.A. Nienaber and W.G. Pond, 1987. Effect of neomycin, carbadox and length of adaptation to calorimeter on performance, fasting metabolism and gastrointestinal tract of young pigs. Journal of Animal Science 65, 1243-1248.

Yen, J.T. and W.G. Pond, 1990. Effect of carbadox on net absorption of ammonia and glucose into hepatic protal vein of growing pigs. Journal of Animal Science 68, 4236-4242.

Yen, J.T., J.A. Nienaber, D.A. Hill and W.G. Pond, 1991. Potential contribution of absorbed volatile fatty acids to whole-animal energy requirement in conscious swine. Journal of Animal Science 69, 2001-2012.

Yoo, S.S., C.J. Field and M.I. McBurney, 1997. Glutamine supplementation maintains intramuscular glutamine concentrations and normalizes lymphocyte function in infected early weaned pigs. Journal of Nutrition 127, 2253-2259.

Yu, F., L.A. Bruce, A.G. Calder, E. Milne, R.L. Coop, F. Jackson, G.W. Horgan and J.C. MacRae, 2000. Subclinical infection with the nematode Trichostrongylus colubriformis increases gastrointestinal tract leucine metabolism and reduces availability of leucine for other tissues. Journal of Animal Science 78, 380-390.

Yu, Y-M., V.R. Young, R.G. Tompkins and J.F. Burke, 1995. Comparative evaluation of the quantitative utilization of parenterally and enterally administered leucine and L-[1-13C,15] leucine within the whole body and the splanchic region. Journal of Parenteral and Enteral Nutrition 19, 209-215.

13 断奶仔猪的环境和圈舍要求

F. Made, J. Le Dividich, J. R. Pluske 和 *M. W. A. Verstegen*

13.1 前　言

在多数养猪生产国家，仔猪被饲养在专门的保育舍内，并于 17～30 日龄之间断奶(Hendriks 等，1998)，此时仔猪的大部分营养仍然来源于母乳。多数保育舍的温度是可控制的，且拥有带漏缝地板的猪栏(Hendriks 等，1998)。断奶通常伴随着不同窝仔猪混群、由繁殖舍运输至保育舍以及日粮类型和采食方式的剧烈变化。从吮吸母乳到采食固体饲料的转变通常会导致一个采食不足的关键时期，在此期间仔猪学会和适应消化固体饲料(Le Dividich 和 Herpin，1994)。同时，断奶还引起社会、营养和环境应激，这些应激影响仔猪的能量代谢，甚至对热量的需求。

断奶仔猪的健康非常脆弱。断奶意味着仔猪离开母乳的保护，而其自身免疫系统尚未发育完全(Dyrendhal，1964)。断奶后腹泻导致的生长受阻和死亡是仔猪断奶遇到的主要临床问题。引发这一复杂疾病的因素较多，主要包括营养(详见第 9 章和 12 章)、圈舍的环境和卫生条件(van Beers-Schreurs 等，1992；Made 等，1998)。由于大量的仔猪饲养在同一个单元内，因此不理想的舍内环境、卫生条件和猪栏结构都可能导致严重的经济损失。

本章将讨论 3～4 周龄断奶仔猪对圈舍的需求，以改善仔猪的生产性能和健康状况。首先评估断奶仔猪的环境需求以及与断奶相关因素的变化。然后，重点阐明可能影响仔猪生产性能的猪栏结构，包括地板材料、料槽、水槽、饲养密度(stocking rate)和猪群大小(group size)。最后讨论引起仔猪较差健康状况的圈舍和管理方面的原因。如无特别说明，本章中仔猪均于 3～4 周龄断奶，并大群饲养于漏缝地板上。

13.2 断奶仔猪的环境需求

周围环境温度(T_a)是气候环境的主要组成部分。对温度的需求取决于几方面的因素，其中饲料消耗量和体热绝缘是最重要的。因此，需要相应地评估断奶对饲料消耗的影响及其引发的结果对脂肪沉积和体热绝缘的影响。

13.2.1 与断奶相关的影响热量需要的因素

13.2.1.1 饲料摄入量

在 3～4 周龄断奶的时候，大多数仔猪采食非常少的固体饲料，因此对断奶日粮不熟悉。紧接着断奶前来自母猪的液态乳突然被剥夺，取而代之的是断奶后的固体颗粒饲料，从而导致仔猪饲料摄入量非常有限。采食不足的程度和持续时间变异非常大(Le Dividich 和 Seve,2001)。但一般情况下，在断奶后第 1 周末，仔猪代谢能摄入水平约为断奶前母乳代谢能摄入量的 70%。断奶 2 周后，仔猪代谢能摄入水平方能达到断奶前的代谢能摄入量。给仔猪提供液态饲料有可能缓减采食不足的程度和持续时间(详见第 6 章)。尽管如此，提供液态饲料仍然不能完全解决问题。在实际操作中，饲喂液体饲料容易引起饲料浪费，必须认真控制卫生因素。同时，饲喂液体饲料还需要复杂的分配器。总之，断奶后短期内采食不足的问题实际上是不可避免的。

13.2.1.2 脂肪代谢及其对体热绝缘的影响

脂肪是一种良好的绝缘材料，其热传导率比水低 3 倍。皮下脂肪为猪提供热绝缘。断奶时，仔猪的体组成明显朝着脂肪含量暂时降低的方向变化。体脂肪降低至少有两个方面的原因。第一，断奶时彼此不熟悉的仔猪混群，使得仔猪为了建立新的社会程序发生激烈的争斗，导致产热量的瞬间增加(Heetkamp 等，1995)。当混群和运输同时发生时，直到运输后的 5～7 d 仍可测出热量的轻微增加(del Barrio 等，1993)。第二，也是最重要的，由于采食不足，大部分刚断奶仔猪在断奶 4～7 d 后仍处于能量负平衡，但氮代谢处于正平衡，且很少依赖于环境条件(Le Dividich 等，1980；Close 和 Stanier，1984b；Bruininx 等，2002)。这就意味着用于维持、生理活动和蛋白质合成的能量都涉及到体脂动员(Whittemore 等，1978)。体脂动员率取决于饲养水平和环境温度，在低采食量(Close 和 Le Dividich，1984)和低环境温度的情况下(Le Dividich 等，1980)体脂动员率更为明显。体脂损失对体热绝缘降低的影响程度是可变化的，依赖于断奶时仔猪可利用的体脂存储。断奶体重低的仔猪(21 日龄断奶重 4.55 kg)，断奶后第 1 周体脂动员率可高达 32%(Sloat 等，1985)。Fenton 等(1985)认为，2 周龄断奶的仔猪，断奶后第 1 周背膘厚度的降低可高达 33%。这些数据充分证实，断奶后仔猪体热绝缘降低，导致断奶仔猪对冷的敏感性提高。例如，在冷环境下，仔猪额外产热量为 18 $kJ/kg^{0.75}$ ℃$^{-1}$，比 60 kg 体重的猪高 50%(Le Dividich 等，1998)。体热绝缘的降低与采食量的不足共同影响断奶仔猪对热量的需求。

13.2.2 环境温度

由于断奶对采食量的暂时性影响，可以测定两个阶段的热量需求(Le Dividich 和 Herpin，1994)。①断奶后 1～2 周的关键期，代表采食量不足的阶段，这一阶段持续的时间为代谢能摄入量达到断奶前水平所需要的时间；②断奶后关键期，仔猪建立有规律的采食量。

13.2.2.1 关键期

低临界温度(LCT)是指保证特定代谢能摄入、能量沉积最大的环境温度。低临界温度与断奶适宜温度相对应，因为主要目的是为了使热损失最小化，避免体脂肪的过多损失，从而使热绝缘的降低最小。断奶时采食量不足和体热绝缘降低(图 13.1)共同导致低临界温度的暂时性增加，由断奶时的 22～23 ℃升高到断奶后第 1 周的 26～28 ℃(Le Dividich 等，1980；McCracken 和 Caldwell，1980)，断奶后第 2 周降至 23～24 ℃(Close 和 Stanier，1984b；McCracken 和 Gray，1984)。此外，必须注意，在断奶关键期将环境温度维持在低临界温度或低临界温度之上，有助于防止有些仔猪开始采食固体饲料后可能发生的过度摄食，减少断奶后消化不良的发生和(或)肠道疾病的干扰。

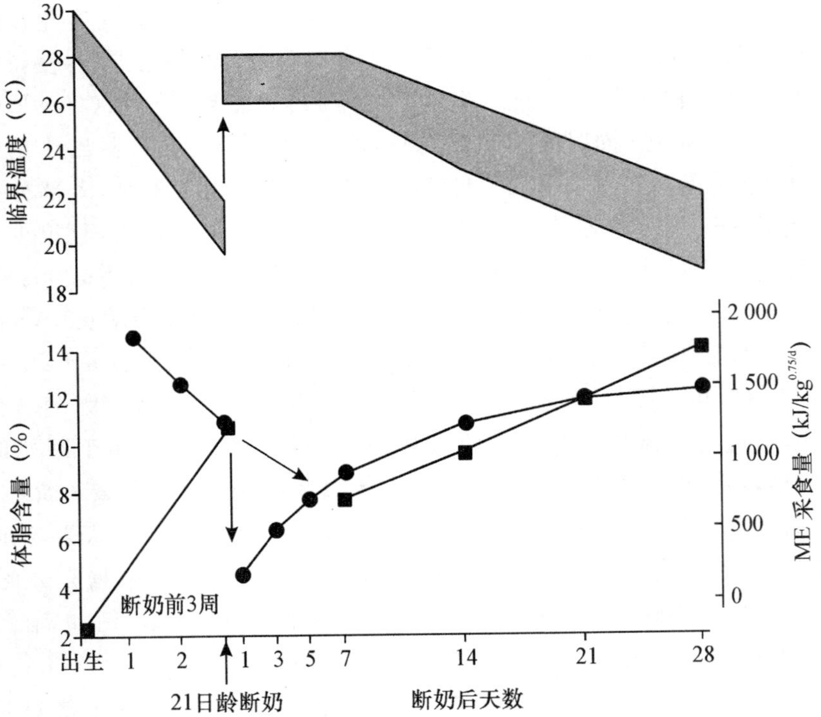

图 13.1 断奶时采食量突然下降和体脂含量降低对饲养于漏缝地板上的仔猪低临界温度的影响

13.2.2.2　后关键期

一旦建立有规律的采食量，由于不存在健康问题，随着采食量的增加，保育舍内的空气温度可迅速降低（图 13.1）。许多研究表明，环境温度可以每周 2～3 ℃的程度逐渐降低，直到降至并维持在肥育舍的温度（Le Dividich，1981；Close 和 Stanier，1984a；Feenstra，1985）。此外，断奶仔猪在一定程度上能通过增加自由采食量来弥补亚理想环境。暴露于冷环境内 6 d，仔猪可迅速调节其采食量（Verhagen 等，1988）。当环境温度从 25 ℃降到 18～19 ℃时，生长速度不变，饲料转化率升高，这与前面的情况也是一致的（Fuller，1965；Hata 等，1986；Rinaldo 和 Le Dividich，1991）。但在关键期以后，保育舍内的环境温度猛然下降显然是有害的。例如，在断奶后第 7 天，将环境温度突然降低 5 ℃，仔猪生长速度降低 21%，饲料转化效率降低 10%（McConnell 等，1987）。

13.2.2.3　降低热量成本的途径

由于相对高的环境温度是保持适宜生产性能所必需的，所以断奶圈舍需要相当多的加热处理。为了使猪的生产性能维持在可以接受的水平，研究了降低热量需要的几种方法，其中包括提供微环境、垫料和降低夜间空气温度。

提供微环境

节约能量最简单的方法是在断奶圈舍内为仔猪创造一个微环境（microenviroment）。搭建遮蔽物可减少热量损失。给仔猪提供保温器（hovers）或遮蔽物（Covers）保持适当的环境温度（18～20 ℃），可使其生产性能达到推荐的最适环境温度下的生产性能（Shelton 和 Brumm，1983）。类似结果在丹麦已有记录（Feenstra，1985），在丹麦，带有保育器的区域和 2/3 的实心地板保育系统正逐渐流行。使用保育器减少了气流，也在一定程度上利用了仔猪自身产生的热量。

提供垫料

提供垫料（秸秆、锯屑、木屑刨花）可降低低临界温度。Verstegen 和 Van der Hel（1974）经过计算认为，40 kg 的猪群饲养在秸秆上比饲养在混凝土地面上的低临界温度低 7～8 ℃。Morrison 等（1987）从一些研究数据计算发现，与金属漏缝地板相比，饲养在带垫料实心地面上的断奶仔猪需要的温度低 5.8 ℃（表 13.1）。据报道，饲养在带垫料实心地面上的断奶仔猪（由断奶最初的 23 ℃逐渐降低到保育期结束的 16 ℃）与饲养在金属漏缝地板上的断奶仔猪（由断奶最初的 27 ℃逐渐降低到保育期结束的 18 ℃）具有相似的生产性能（Kelly 等，2000），但前者改善了仔猪的福利。实际上，饲养在带垫料的实心地面上的猪比饲养在漏缝地板上的猪需要的温度低 4～6 ℃。但应该将与垫料相关的费用（垫料、额外的劳动力）同额外加热的费用进行比较。

表 13.1 各类地面与带垫料实心地面的有效环境温度的差值(After Morrison 等,1987)

地面类型	有效环境温度差值(℃)
裸露的实心地面	+2.8
金属漏缝地板	+5.8
覆盖橡胶的地板	+3.0

降低夜间温度

降低夜间温度的依据是猪代谢率的变化。猪的代谢率呈现显著的昼夜变化节律,夜间的代谢率低于白天。代谢率的这种变化导致夜间的低临界温度要低于白天(van der Hel 等,1985)。与恒定温度相比,夜间温度降低(reduction in nocturnal temperature,RNT)4～9 ℃不影响仔猪的生产性能(表 13.2),但能显著降低热量成本(Shelton 和 Brumm,1988)。据报道,在肥育阶段,夜间温度降低不会产生不利的结果,但夜间温度的降低,猪的腹泻发生率和严重程度有增加趋势(Swinkel 等,1988)。Rinaldo 等(1989)的研究数据与此相似,将夜间温度降低 8 ℃(从 22 ℃降低到 14 ℃),12～30 kg 体重猪的日增重与饲养在 22 ℃恒定温度下的猪相似,但经夜间温度降低处理的猪,总体平均日采食量增加,且夜间采食量增加的程度比白天高(夜间增加 38%,白天增加 32%);经夜间温度降低处理的猪在夜间挤作一团,这表明夜间温度降低刺激了猪保持体温的行为。实际上,环境温度并不是恒定不变的。我们通常认为,每天都处于空气温度波动中的猪其生产性能等同于平均温度下的生产性能。Kurihara 等(1996)对 53～62 日龄猪的研究表明,每日温度在平均温度变化±3 ℃是可以接受的(表 13.3)。温度变化范围较大(±7 ℃)会导致生产性能显著下降。

表 13.2 保育阶段夜间温度降低对仔猪生产性能的影响[1](Shelton 和 Brumm,1988)

处理	对照组(℃)	试验组(℃)
日增重(g)	340	360
日采食量(g)	530	570
饲料与增重比(kg/kg)	1.57	1.61

[1] 每个处理 256 头仔猪,初始体重=6.7 kg。对照组猪舍恒定温度(第 1 周 30 ℃,然后每周降低 2 ℃,共 4 周),试验组每日温度周期性变化(第 1 周温度与对照组相同,第 2 周夜间温度降至 22 ℃,随后每周降低 2 ℃)。

表 13.3 每日环境温度的变化对仔猪生产性能的影响(Kurihara 等,1996)

环境温度(℃)	21	21±3[1]	21±6[2]
日增重(g)	682	660	602
日采食量(g)	1 330	1 300	1 150
饲料:增重(kg/kg)	1.95	1.97	1.95

[1]18 ℃、12 h 和 24 ℃、12 h;[2]15 ℃、12 h 和 27 ℃、12 h。

13.2.3 相对湿度和通风

相对湿度和空气流通速度对断奶仔猪生产性能的影响很少受到关注。饲养在中立温度区的断奶仔猪，相对湿度对其生产性能没有影响。例如，在 24 ℃条件下，60%和 90%的相对湿度可获得相似的生产性能(Bresk 和 Stolpe，1988)。生长猪的情况与之相反，相对湿度为 45%～90%，每发生 10%的变化可使采食量降低 24 g/d，但饲料转化效率没有变化(Massabie 等，1997)。

通风发挥两个主要功能：①除去空气中的水分和有害气体；②有助于控制畜舍温度。通风决定每头猪周围的空气流通速度。同样，通风对热损失率有重要影响。Verstegen 等(1987)发现，采用自动控制技术将空气流通速度由 8 cm/s 增加到 40 cm/s，可使最适温度升高 3.8 ℃(表 13.4)。Hacker 等(1979)的研究结果表明，低于低临界温度时，将空气流通速度从 0 cm/s 增加到 50 cm/s，21～25 日龄断奶仔猪的日增重降低 15%，增重饲料比降低 23%。同样，Riskowski 和 Bundy(1990)计算得出，断奶后第 2 周，温度在 24～35 ℃范围内，空气流通速度每增加 10 cm/s，猪的生长速率降低 25 g/d。

表 13.4 空气速度对 14～20 kg 猪最适温度的影响 (Verstegen 等，1987)

空气速度(cm/s)	最适温度(℃)
8	17.9
25	20.5
40	21.7

由于断奶猪舍中 80%～90%的热损失是由于通风引起的，因此人们认为在寒冷气候条件下尽可能减少猪舍通风。明尼苏达大学的研究表明，将通风速率降低到推荐的最低水平，空气中的氨气和二氧化碳浓度提高 2～3 倍，但不会对生产性能和健康产生不利影响(Boedicker 等，1984；Jacobson 等，1985，1986)。在生产实践中(Ritz，1971)，推荐的冬季通风速率为 0.35～0.40 m^3/h/kg 体重(BW)。夏季为了散发猪自身产生的热和水蒸气，避免温度和湿度过度升高，推荐的通风速率为 1.60～2.10 m^3/h/kg 体重。Wathers(2001)就有害气体对生产性能的影响进行了很好的综述，在此不再赘述。

13.2.4 光照

光照作为一个环境因素很少被关注。Bears 等(1974)认为，完全没有光照可减少断奶仔猪间的争斗。但 5 或 100 lx 的恒定照明对刚断奶仔猪的行为(包括采食行为)没有影响(Christison，1996)。与之相反，光周周期可能影响断奶仔猪的生产性能。Bruininx 等(2002)报道，与 8 h∶16 h 的光照制度相比，23 h∶1 h 的光照制度使断奶后第 1 周和第 2 周仔猪的采食量分别提高 16%和 38%。但这些结果仍需更多试验数据的证实。欧洲的规则提出，猪每天应该有至少 40 lx、8 h 的光照。

13.2.5 不适宜气候对生产性能的影响

冷和热环境温度对生产性能的影响见图 13.2。在断奶关键期，低温环境对仔猪生产性能产生的危害最大，因为低温环境不能增加采食量。在断奶后 10 d 内，与饲养在 29 ℃环境温度下的仔猪相比，饲养在 21 ℃环境温度下的仔猪，其生长降低 33%，采食量增加 53%（Maenz 等，1994）。一旦建立有规律的采食，断奶仔猪在一定程度上可通过提高采食量来补偿低温环境。但环境温度不能太低，断奶仔猪的最大摄食能力 18～19 ℃（Collin 等，2001）。当温度更低时，环境温度每降低 1 ℃，日增重约降低 13 g，饲料转化效率增加 0.04 个单位（Le Dividich 和 Noblet，1982；Close 和 Stanier，1984a）。

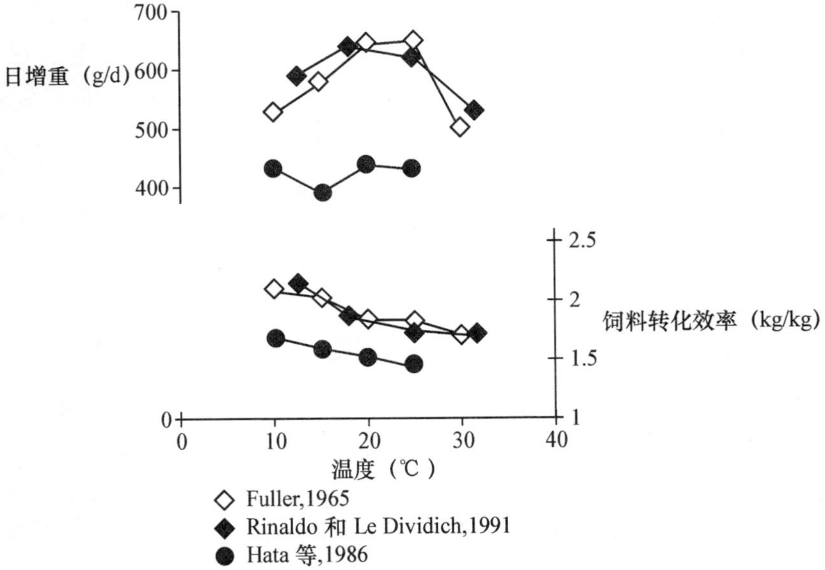

图 13.2 环境温度对断奶仔猪生产性能的影响

此外，贼风显著影响生产性能。贼风对断仔猪行为的影响非常大（Scheepens 等，1991），主要引起猪活动增加，继而增加猪的产热量（Verhagen，1987）。贼风对刚断奶时的危害最大。Scheepens 等（1991）发现，刚断奶时，贼风可使仔猪日增重降低 106 g，当贼风和温度的波动（25/15 ℃）同时发生时，仔猪日增重降低可降低 155 g（Verhagen，1987）。

在高温环境下，生产性能下降是由采食量降低引起的。在断奶后的整个保育期，当环境温度高于 25 ℃时，采食量开始显著下降（Collin 等，2001），其下降程度取决于猪的体重。对于 20 kg 的猪，在 25～35 ℃之间，环境温度每降低1 ℃，日采食量降低 28～33 g，降低的程度也可能高达 42 g（Sugahara 等，1970）。在这种情况下，采食量的降低可导致日增重降低 15%～21%(Rinaldo 和 Le Dividich，1991；Collin 等，2001)，但饲料转化效率不受影响。

13.3 猪栏结构

猪栏结构可能影响断奶仔猪的环境和圈舍条件，其主要特征包括地板材料、料槽与饮水器、饲养密度和猪群大小。

13.3.1 地板材料

对于保育舍而言，有许多种类的地板材料可利用，其中全部或部分漏缝(或漏孔)地板可提供最大的粪尿通过量，是当前最普遍使用的一种地板材料(Hendrik 等，1998)。这种地板的优点是容易清理，节省劳动力，卫生条件得到改善。漏缝或漏孔地板对猪蹄的伤害最小，且容易清理。根据猪蹄的形态学和受伤发生的情况，对5～6 kg 的仔猪而言，10～15 mm 的缝隙宽度是可以接受的(Vellenga 等，1983)。

据报道，当环境条件适宜时，饲养在漏缝或漏孔地板上的猪与饲养在带垫料的实心地板上的猪可获得相似的生产性能(Schneider 和 Bronsch，1974；Danielsen 和 Nielsen，1978；Kelly 等，2000)。但铝制地板有降低猪生产性能的趋势(Wilson 等，1977；Orr 等，1978)。根据一些试验研究数据(Farmer 和 Christison，1982；Pouteaux 等，1983/1984)和猪蹄发生损伤的情况，外面包裹着塑料的金属网要好于其他漏缝地板材料。

13.3.2 料槽和饮水器

理论上，给保育猪配备的料槽空间应该允许每圈至少一半的猪可以同时采食，但这种情况很少能达到，而且单位采食空间可容纳猪的准确头数一直有争议。采食空间由许多因素决定，其中包括猪的宽度。为描述为一头猪采食所需料槽的最小宽度，已建立了每头猪的采食空间与猪的物理形态间的关系方程。Baxter (1989)建立的方程为：$W=61\times BW^{0.33}$，其中 W 为猪的肩部宽度(mm)，BW 为最小采食空间的体重(kg)。在实际生产中，考虑到猪的个体差异，应留出 10%的边缘空间。使用这些计算公式，1 头 10 kg 体重的猪需要的最小采食空间为 130 mm。

通常采用有间隔的直线状料槽为断奶仔猪提供饲料。这种料槽的前面有一个喂料盘，饲料从料箱向喂料盘流出的速度可以控制，以避免饲料浪费。一般不推荐给断奶仔猪使用没有隔断的单料槽或湿/干料槽，因为猪可随意进入这种料槽，并造成饲料的过度浪费。但 Pluske 和 Williams(1996)报道，用直线状料槽或单料槽饲喂 28～56 日龄的猪，其生产性能未见差异。但与直线状料槽或干的单料槽相比，用带乳头饮水器的单料槽(湿/干料槽)饲喂，猪生长速度较慢，且饲料浪费较多。

给刚断奶仔猪充足的饮水是非常重要的(见第 6 章)，因此饮水器必须易于接近、工作正常、清洁和有恰当的水流速度。在杯状或碗状水槽的上方安装可调节高度的乳头饮水器是最好的选择，至少在断奶初期应该如此。每10～15头猪应提供一个乳头饮水器，但粗放式的猪栏（用稻草搭建的猪舍）可以给每20～25头猪共用一个饮水点，这似乎并不影响其生产性能。饮水器的高度应该根据猪背部的高度进行调节，乳头饮水器的水压应限制在每平方英寸20磅和每分钟500～600 mL。

13.3.3 饲养密度

每头猪的地面空间通常是基于其完全斜躺休息时胸腹部所需的空间。对完全斜躺休息的位置而言，空间允许量（A，m^2）和体重（BW，kg）之间的关系可表示为$A=0.047\times BW^{2/3}$（Petherick和Baxter，1982）。依照这个公式，对于6.8 kg和27 kg的猪，足够的空间允许量分别为0.17 m^2和0.44 m^2。由文献数据可知，空间允许量（S，m^2）对日增重和日采食量的影响可根据下面的方程进行预测（Kornegay和Notter，1984）：

$$\text{ADG(kg)}=0.261+0.800\ S-1.051\ S^2\ (R^2=0.97)$$
$$\text{ADG(kg)}=0.533+1.125\ S-1.383\ S^2\ (R^2=0.97)$$

实际上，在5～6 kg和25 kg体重范围内，在漏缝地板上饲养的情况下，当前的推荐量是每头猪需要0.25～0.30 m^2。减少空间面积导致采食量降低，从而影响生长速度。在断奶后的整个保育期（21～63日龄），将空间容许量由0.24 m^2降到0.18 m^2可使日采食量和日增重降低13%（Le Dividich，1979）。但饲料转化效率通常不受影响。地板类型（带垫料的实心地板和漏缝地板）与空间需要量之间可能存在交互作用，但有关这方面的信息较少。有人认为在带垫料实心地板上的猪需要多20%～25%的空间。

13.3.4 猪群大小

有很多的证据表明，大群圈养可能对猪的采食量和生产性能产生不利影响。在断奶后的整个保育期，在保持每头猪0.21 m^2的恒定面积的情况下，将每栏猪的数量由8头增加到24头，其日采食量和日增重分别降低13%和12%（McConnell等，1987）。大群圈养（每圈100头或更多）是生产中越来越明显的特征，特别是在美国和澳大利亚。在澳大利亚，有时仔猪断奶后直接转移到由秸秆搭建的半开放式圈舍，每群可达400头。Wolter和Ellis（2002）报道，在5～15 kg体重范围内，每栏猪的数量由20头增加到100头会对断奶后生长速度产生轻微的负面影响，其中日增重和日采食量降低的程度分别为4.3%～6.6%和5.1%～6.6%。采用Kornegay和Notter（1984）的公式推算出每头猪所需的恒定地面面积，每圈每额外增加1头猪，日增重和日采食分别降低3.7 g和9.2 g。但Kornegay和Notter（1984）的公式仅有4个试验的数据，且猪群大小变化范围较小（3～15头）。相对而言，McConnell等（2001）的试验使用了1 280头猪，在28日龄断奶到10周龄期间，将这些猪分成每群10、20、30、40和60头猪进行饲养,发现各处理猪的生产指标无显著差异。最近,Turner 等(2003)用更大的猪群(3～120 头)重新计算了 Kornegay 和 Notter 的预测方程,得到了生产性能与猪群大小的关系方程(N=每栏猪的头数):

$$ADG(g)=416-0.36\ N(R^2=0.968)$$

$$ADFI(g)=681-0.51\ N(R^2=0.978)$$

上述关系表明,随猪群的增大,日增重和日采食量的降低程度较低,每额外增加一头猪,日增重和日采食量分别降低 0.36 g 和 0.51 g。值得注意的是,猪群大小不影响饲料转化率和日增重的组内变异(Giles 等,2001;Turner 等,2003)。此外,许多其他因素影响猪群大小和断奶后的生产性能,其中包括料槽空间、料槽设计和饮水供给。

由于断奶后不同窝仔猪混群饲养较为普遍,关键问题是猪应该如何分群?按体重分群一直被认为有利于保持每群猪的整齐度。但按体重分群对生产性能的影响仍不清楚,Francis 等(1996)和 Bruininx 等(2001)的数据没有能够证明猪群的整齐程度造成了生产性能的差异。从经济学的观点来看,确定猪群大小时,应该将圈舍的额外成本与生产性能降低的额外成本进行比较。

13.4 圈舍影响断奶仔猪的健康

肠道疾病是断奶时遇到的最普遍的临床问题。通常肠道疾病在断奶后 10 d 左右达到高峰,但它的发生取决于猪群。一些猪群,仔猪断奶后立即出现腹泻,另一些猪群,断奶后 3 或 4 周才适应饲料的变化(Madec 和 Leon,1999)。饲料添加剂,如抗生素、益生素、益生元和微量元素(锌、铜)在某种程度上可控制断奶后腹泻。在所有的情况下,腹泻最终导致日增重降低。腹泻评分与日增重间存在负相关关系(断奶第 1 周和第 2 周的 r 分别为−0.47 和−0.39)(Madec 等,1998)。解析引起这种复杂疾病的各种因素中营养(详见第 9 章)和圈舍条件是最重要的。

13.4.1 关于圈舍条件引发猪消化道疾病的证据

环境和圈舍条件在肠道疾病发生中的作用已被 Madec 和 Leon(1999)的试验研究证实。这些研究者从 5 个腹泻发生率高的猪场选取样本,每个猪场选 28～30 头仔猪作为一个样本,于断奶当天转移到 Ploufragan 猪兽医研究所。该研究所拥有非常好的卫生和环境条件的猪舍(全进全出管理,试验现场经彻底清理和空气经过滤后,琼脂培养皿上无细菌生长)。在农场和研究所的试验圈舍中,猪均被饲养在漏缝地板上,并自由采食同一种饲粮。这两个场所都发现了产肠毒素的大肠杆菌,但试验圈舍内的猪没有死亡,而农场断奶猪的猪死亡率为 2.1%～4.5%(表 13.5)。农场饲养的断奶猪的生长速度平均降低 30%,腹泻发生率也较高。在另一个采用相似的试验方案的研究中(Kerebel 等,2000),跟踪拍摄了断奶后第一周内仔猪的采食和饮水行为。发现在农场饲养的断奶仔猪,腹泻发生率远远高于试验研究圈舍饲养的仔猪。此外,转入试验圈舍的猪采食和饮水频率都较高。在某种程度上,与连续流动使用的保育舍相比,全进全出的保育舍可获得相似的结果(Schneider 和 Bronsch,1973),因为猪总体生产性能和健康状况在全进全出的保育舍内显著提高。这一切都证实了圈舍条件对腹泻发生的重要作用,保育舍内良好的卫生和环境条件,以及早期、高水平饲料和饮水摄入可抑制大部分普通病原菌的表达。

表 13.5 受断奶后腹泻严重影响的农场中随机选出仔猪在农场或试验圈舍饲养下的日增重、腹泻发生率和死亡率 (Madec 和 Leon,1999)

农场	猪头数		腹泻率(%)[3]		日增重(g)		死亡率(%)	
	农场[1]	试验圈舍[2]	农场	试验圈舍	农场	试验圈舍	农场	试验圈舍
A	120	30	44.2	3.3	326	430	4.2	0
B	116	28	47.5	0	320	445	2.6	0
C	155	30	60.0	6.6	284	429	4.5	0
D	142	30	31.4	0	346	515	2.1	0
E	98	30	42.6	3.3	351	510	3.0	0

[1] 仔猪在农场断奶;
[2] 来自相应农场的仔猪被转入试验设施;
[3] 每日检查仔猪的腹泻评分情况,腹泻评分范围从 1~5,粪便评分为 4 和 5 时表示腹泻

13.4.2 不适宜的舍内气候对猪健康状况的影响

不利的气候条件可引发或至少加重断奶后仔猪的胃肠道紊乱。Le Dividich(1980)、Close 和 Stanier(1984a)和 Feenstra(1985)发现,在慢性而温和的冷环境(18~20 ℃)下,仔猪腹泻发生率升高。更为重要的是,急性冷环境(由 12 ℃升至 18 ℃或由 18 ℃降至 12 ℃)导致 14%~15%的死亡率(Feenstra,1984)。环境温度的急性和持续的变化也可能对仔猪的健康产生不利影响。Le Dividich(1981)发现,与恒定的温度[(23.5±0.5)℃]相比,饲养在连续(每小时 1 次)温度波动[(23.5±3)℃]下的仔猪,断奶后腹泻的发生率更高。此外,连续的温度波动对断奶后第 1 周仔猪的不利影响特别明显。夜间温度降低会给病猪带来额外的应激(Brumm 等,1985)。断断续续的贼风可引起更多的咳嗽、打喷嚏和腹泻,并降低生长速度(Scheepen 等,1991)。与恒定的温度相比,温度的波动并不影响 30 kg 胸膜肺炎嗜血杆菌(*Haemophilus pleuropneumoniae*)激发猪体内的抗体水平。但当贼风与温度波动同时发生时,猪的抗体水平提高(Kreukniet 等,1990)。

尽管已很清楚,不良的气候条件对断奶仔猪的健康状况是有害的,但其发生机制仍不清楚。例如,严重的冷应激增加了新生(Sarmiento,1983)和刚断奶仔猪(Armstrong 和 Cline,1977)对产肠毒素大肠杆菌腹泻的易感性。但将产肠毒素大

肠杆菌激发的仔猪暴露于温和的冷应激时，只有自由采食的仔猪才会发生断奶后腹泻(Wathes 等，1989)。Kelley(1980)对文献的综述表明，不适当的环境可能影响猪的免疫功能。Blecha 和 Kelley(1981)报道，遭受严重冷应激(0 ℃与 25 ℃)4 d，可引起断奶仔猪外周血 γ 球蛋白和抗体滴度升高。但 Crenshaw 等(1986)和 Bonnette 等(1990)没有发现温和的冷应激(18～19 ℃对 25 ℃)对系统免疫状态产生影响。然而，在这些领域的研究中，保育舍入口处的空气质量(温度、湿度、通风)是一个与断奶后消化紊乱相关的重要危险因素(Made 等，1998)，这意味着通过单个环境因素很难对断奶后腹泻进行解释。

13.4.3　断奶后消化紊乱的多因素本质：与圈舍和管理紧密相关的危险因素

上面的讨论已经清楚地表面，在腹泻发生过程中几种因素是相互作用的。为了确定危险因素与圈舍间的关系，Madec 等(1998)对 106 个商品猪群和 12 000 多头猪进行了调查，至少确认有 13 个危险因素，其中最重要的几个是(表示为优势比)：断奶后第 1 周的采食量、保育舍卫生、空气质量、断奶日龄和断奶体重。在这项调查研究中，环境温度似乎不是一个危险因素，因为记录的数据与推荐值较接近。另一些因素已被确认，比如，在粪便区漏缝地板比实心地板危险小(Rantzer 和 Svendsen，2001)。但讨论所有的危险因素已超出本章范围。表 13.6 列出了所有的危险因素和相应的防治措施。断奶前和刚断奶时的高采食量是使腹泻危险最小化的一个重要因素。正如第 8 章所提及的，与绒毛萎缩相关的断奶早期的采食量是断奶后腹泻的重要病因(Pluske 等，1997)。在某种程度上，断奶前的高采食量是与高的断奶体重和断奶后采食量相对应的(Bruininx 等，2002)。断奶体重和断奶后第 1 周的日增重(以及采食量)是后期生产性能最好的预测指标，决定了断奶后 20 d 体重的 80％ (Miller 等，1999)。与之相反，通常通过限饲来缓解断奶后腹泻的发生(Rantzer 等，1995)。这再次证明断奶后肠道疾病病因学的复杂性。

表 13.6　导致断奶后消化紊乱的危险因素和相应的防治措施(Made 等，1998)

危险因素	各因素较低的危险值	与消化紊乱的关系[1]
● 仔猪到达时保育舍内的卫生状况	全进全出，彻底清理，漏缝地板下面已清空，消毒，地面干燥，温暖(24 ℃)	↓
● 断奶前最后 1 周每头仔猪对教槽料的摄入量(g)	＞470 g	↓
● 断奶后整个保育期保育舍的空气质量	NH_3＜10 mg/kg，CO_2＜0.15％＋平均空气流速＜0.10 m/s，无贼风，无湍流，无来自漏缝地板的气流，相对湿度＜85％	↓

续表 13.6

危险因素	各因素较低的危险值	与消化紊乱的关系[1]
● 温度：断奶后第 1 周	28 ℃（4 周龄断奶）	不确定
断奶后第 2 周	27 ℃	不确定
● 饮水供给	水槽：易接近、易调节，保持干净的可饮用的水	↓
● 断奶后第 1 周每头仔猪的采食量	>1 700 g	↓
● 断奶日龄(d)	≥28	↓
● 断奶活重(kg)	≥9	↓
● 每栏仔猪来源窝数	<4	↑
● 每栏仔猪数量	<13	↑
● 料槽可利用空间	≥8 cm 每头猪	↓
● 饲养密度(头/m^2)	≤3	↓
● 同时发生呼吸道疾病的水平	没有咳嗽	↑
	平均打喷嚏数：$n<2$（100 头猪，平均每 2 min 3 个喷嚏）	
● 每人管理的母猪	≤80	↓
● 整个农场的健康水平（断奶后消化紊乱除外）	生长肥育猪和母猪每年的死亡率、生长肥育猪中 PRRS 感染和类流感综合症发生率、断奶前腹泻发生率和和生长肥育期腹泻发生率	↓

[1] 箭头表示各因素与疾病发生的危险性之间的关系（比如，随着卫生水平降低，疾病发生的危险性升高，或随着饲养密度的增大，疾病发生的危险性升高等）。

13.4.4 整合各种危险因素以改善健康

很显然，断奶后腹泻的发生是几个危险因素累积作用的结果。因此，首先要找到辨别这些危险因素的方法。然后一步一步地改善条件，降低这些因素的危险性，最终减少消化紊乱。

图 13.3 是在严重受影响的猪群中进行的一个模拟实例。第一步是分批观察猪群确认与健康有关的情况，对猪群的危险因素的水平进行初始的评价（为简单起见，只考虑了 8 种风险因素）。最初评价（图 13.3 的左边 1 列）表示对卫生、空气质量等几个主要因素控制失败的程度（水平 1）。对危险因素的多元分析给出猪群在相应分析图上的位置（即处于“危险”区域或者“安全”区域），如图 13.3 的左边部分。如此，可提出缓解危险因素的技术方案。比如，采取严格的全进全出管理系统，但不改变包括清扫和消毒在内的卫生状况，就可以将卫生危险因素降到水平 2。猪群的健康状态就可从图 13.3 中的位置①移到位置②。但是，虽然做了大量的管理上的努力，向安全的迈进还不明显。对与卫生有关的因素的改进离安全区域还离得很远。如果同时改进两个危险因素，如卫生和空气质量，生产者就有可能使两者都达到安全水平 4。由于两个因素的权重都很高，猪群图 13.3 中就能达到

安全位置④,其健康状况得到显著改善。事实上,任何一个危险因素的变化都涉及到其他因素。当所有危险因素都处于其最安全的水平,猪群的健康状态图 13.3 中⑥的位置。在实际生产中,要达到这种状态很困难,但能达到这个理想状态前的结果也很好。这表明,由于断奶后腹泻在本质上是多种因素造成的,同时减少与圈舍和管理有关的危险因素对改进仔猪的健康是必要的。

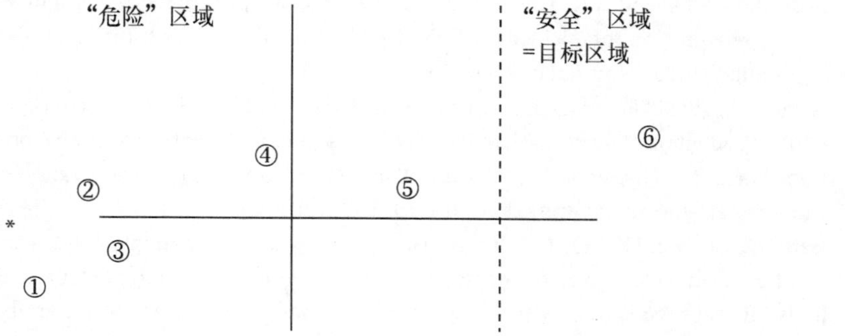

不同农场水平评价[1]							
危险因素	I:开始	1	2	3	4	5	6[2]
卫生	1	2	4	1	4	4	4
空气质量	1	1	1	4	4	4	4
断奶前饲料摄入量	1	1	1	1	1	3	4
断奶后第 1 周采食量	1	1	1	1	1	3	4
断奶日龄	2	2	2	2	2	2	3
管理母猪的人力	1	1	1	1	1	1	3
呼吸道疾病	1	1	1	1	1	1	1
整个农场健康状况	2	2	2	2	2	2	4

图 13.3　减少断奶后消化紊乱需要多种因素共同努力示意图

[1] 危险因素水平从 1～4(例如,断奶前补料摄入量＜190 g/头猪对应水平 1,补料摄入量＞490 g/头猪对应水平 4。在 6 个模拟组中呼吸道疾病被假定没有变化)。

[2] 在表右侧区域 6 中所有危险因素对应小的危险水平。

资料来源:Madec 等,1998。

13.5　小　结

断奶后的 3～4 周时间内,由于采食、代谢和组织热绝缘发生变化,导致仔猪对环境需要的迅速变化。在断奶后前 10～14 d,气候条件对成功的断奶非常重要,对于饲养在漏缝地板上的仔猪,推荐 26～28 ℃的恒定环境温度。一旦建立有规律的采食,可将环境温度每周降低 2～3 ℃直至肥育猪舍的温度。在这一章中,我们评价了包括地板材料、料槽和水槽、饲养密度和猪群大小在内的猪栏结构对断奶仔猪生产性能的影响。考虑了保育舍的气候和卫生条件以及管理对消化道紊乱发生的影响。提出消化道紊乱的防控应该直接与减少危险因素的零技术方案相对应。注意适宜的卫生条件、断奶初期的采食量、仔猪转运策略、热环境和空气质量都会对减少疾病发生有所贡献。

参考文献

Amstrong, W.D. and T.R. Cline, 1977. Effect of various nutrient levels and environmental temperatures on the incidence of coli bacillary diarrhea in pigs: Intestinal fistulisation and titration studies. Journal of Animal Science 45, 10421-1050.

Baxter, S.H., 1989. Designing the pig pen. In: J.L. Barnett and D.P. Hennessy (editors), Manipulating Pig Production II. Australasian Pig Science Association, Werribee, Australia, pp. 191-206.

Bears, W.H., R.R. Hacker and T.R. Batra, 1974. Some effects of complete darkness on.
young piglets. Journal of Animal Science 39, 153 (Abstr.).

Beers-Scheurs, van H.M.G., L. Vellenga, Th. Wensing and H.J. Breukink, 1992. The pathogenesis of the post-weaning syndrome in weaned piglets. A review. Veterinary Quarterly 14, 29-34.

Blecha, F. and K.W. Kelley, 1981. Effects of cold and weaning stressors on the antibody-mediated immune response of pigs. Journal of Animal Science 56, 396-400.

Boedicker, J.J., L.D. Jacobson, J.W. Rust and J.M. Roach, 1984. Animal performance and environment related effects of ventilation rate and temperature for a swine nursery. ASAE Paper N° 84-504. ASAE, St Joseph, MI.

Bonnette, J.J., E.T. Kornegay, M.D. Lindeman and C. Hammerberg, 1990. Hormonal and cell-mediated immune response and performance of weaned pigs fed four supplemental vitamin E and housed at two nursery temperatures. Journal of Animal Science 68, 1337-1345.

Bresk, B. and J. Stolpe, 1988. Effect of high and medium relatives humidities on live weight gain of weaned piglets exposed to different temperatures. Monatshefte für Veterinärmedizin 48, 191-193.

Bruininx, E.M.A.M., C.M.C. van der Peet-Schering, J.W. Schrama, P.F.G. Vereijken, P.C. Vesseur, H. Everts, L.A. den Artog and A.C. Beynen, 2001. Individually measured feed intake characteristics and growth performance of group housed weanling pigs: effects of sex, initial body weight, and body weight distribution within groups. Journal of Animal Science 79, 301-308.

Bruininx, E.M.A.M., M.J.W. Heetkamp, D. van den Bogart, C.M.C. van der Peet-Schering, A.C. Beynen, H. Everts, L.A. den Hartog and J.W. Schrama, 2002. A prolonged photoperiod improves feed intake and energy metabolism of weanling pigs. Journal of Animal Science 80, 1736-1745.

Brumm, M.C, D.P. Shelton and R.K. Johnson, 1985. Reduced nocturnal temperature for early weaned pigs. Journal of Animal Science 61, 552-558.

Christison, G.I., 1996. Dim light does not reduce fighting or wounding of newly mixed pigs at weaning. Canadian Journal of Animal Science 76, 141-143.

Close, W.H.C and J. Le Dividich, 1984. The influence of environmental temperature, level of feeding and age of weaning on the growth and metabolism of the young pig. Animal Production 38, 550 (Abstr.).

Close, W.H.C and M. Stanier, 1984a. Effects of plane of nutrition and environmental temperature on the growth and development of early-weaned piglets. 1-Growth and body composition. Animal Production 38, 211-220.

Close, W.H.C and M. Stanier, 1984b Effects of plane of nutrition and environmental temperature on the growth and development of early-weaned piglets. 2- Energy metabolism. Animal Production 38, 221-231.

Collin, A., J. van Milgen and J. Le Dividich, 2001. Modelling the effect of high, constant temperature on food intake in young growing pigs. Animal Science 72, 519-527.

Crenshaw, T.D., M.E. Cook, J. Odle and R.E. Martin, 1986. Effect of nutritional status, age at weaning and room temperature on growth and systemic immune response of weanling pigs. Journal of Animal Science 63, 1845-1853.

Danielsen V and H.E. Nielsen, 1978. Rearing of early weaned piglets on flat decks or on concrete floors. Paper presented at the 29th Annual Meeting of the EAAP (6pp). Stockholm. DK.

del Barrio, A.S., J.W. Schrama, W. van der Hel, H.M. Beltman and M.W.A. Verstegen, 1993. Energy metabolism of growing pigs after transportation, regrouping, and exposure to new housing conditions as affected by feeding level. Journal of Animal Science 71, 1754-1760.

Dyrendhal, S., 1964. Suitable age and weight for early weaning of piglets. In: E Salmon Legagneur and A Aumaître (editors), Physiologie nutritionnelle et sevrage des porcelets, INRA, Paris, pp. 129-136.

Farmer, C and G.I. Christison, 1982. Selection of perforated floors by newborn and weanling pigs. Canadian Journal of Animal Science 62, 1229-1236.

Feenstra, A., 1984. Environmental experiments with weaned pigglets: air temperature. Danish Building Research Institute. SBI Landrugsbyggeri., 62.

Feenstra, A., 1985. Effects of air temperature on weaned piglets. Pigs News and Information 6, 295-299.

Fenton, J.P., K.L. Roehrig, D.C. Mahan and J.R. Corley, 1985. Effect of swine weaning age on body fat and lipogenic activity in liver and adipose tissue. Journal of Animal Science 60, 190-199.

Francis, D.A., G.I. Christison and N.F. Cymbaluk, 1996. Uniform or heterogeneous weight groups as factors in mixing weanling pigs. Canadian Journal of Animal Science 76, 171-176.

Fuller, M.F., 1965. The effect of environmental temperature on the nitrogen metabolism and growth in the young pig. British Journal of Nutrition 19, 531-546.

Giles, L.R., D.T. Harrison, D.P. Collins and P.J. Nichols, 2001. Effect of group size on weaner pig performance. In: P.D. Cranwell, (editor), Manipulating Pig Production VIII. Australasian Pig Science Association, Werribee, Australia, pp. 39.

Hacker, P.R., G.S. Wogar and J.R. Ogilvie, 1979. Environment indices for weaned pigs. ASAE Paper N° 79-4017. ASE; St Joseph, MI.

Hata, H., T. Koizumi, H. Miyazaki, H. Abe, N. Sugimoto and T. Fujita, 1986. Behavioural and growth responses to environmental temperature in weaned piglets kept in groups. Japonese Journal of Zootechnical Science 73, 796-800.

Heetkamp, M.J.W., J.W. Schrama, L. de Jong, J.W.G.M. Swinkels, W.G.P. Schouten and M.W. Bosch, 1995. Energy metabolism in young pigs as affected by mixing. Journal of Animal Science 73, 3562-3569.

Hel, van der , W., M.W.A. Verstegen, W. Baltussen and H. Brandsma, 1985. The effect of ambient temperature on diurnal rhythm in heat production and activity in pigs kept in groups. International Journal of Biometeorology 28, 303-316.

Hendriks, H.J.M., B.K. Pedersen, H.M. Vermeer and M. Wittman, 1998. Pig housing systems in Europe: current distributions and trends. Pigs News and Information 19, 97N-104N.

Jacobson, L.D., E. Noyes, C. Pijuan, J.J. Boedicker and K.A. Jenni, 1985. Effects of below normal ventilation rates on early weaned piglets. ASAE Paper N° 85-4021. ASAE, St Joseph, MI.

Jacobson, L.D., J.J. Boedicker and K.A. Jenni, 1986. Air quality in a swine industry. ASAE Paper N° 86-4036. ASAE St Joseph, MI.

Kelley, K.W., 1980. Stress and immune function. A bibliographic review. Annales de Recherches Vétérinaires 11, 445-478.

Kelly, H.R.C., J.M. Bruce, S.A. Edwards, P.R. English and V.R. Fowler, 2000. Limb injuries, immune response and growth of early weaned pigs in different housing conditions. Animal Science 70, 73-83.

Kérébel, C., P. Gérault, E. Eveno, R. Cariolet, D. Huonnic and F. Madec, 2000. Le comportement alimentaire du porcelet au moment du sevrage. Journées de Recherche Porcine en France 32, 151-156.

Kornegay, E.T and D.R. Notter, 1984. Effects of floor space and number of pigs per pen on performance. Pig News and Information 5, 23-33.

Kreukniet, M.B., W. Visser, J.M.F. Verhagen and M.W.A. Verstegen, 1990. Influence of climatic treatments on systemic immunological parameters in pigs. Livestock Production Science 24, 249-258.

Kurihura, Y., S. Ikeda, S. Suzuki, S. Sukemori and S. Ito, 1996. Effect of daily variation of environmental temperature on the growth and digestibility in piglets. Japenese Journal of Swine Science 33, 25-29.

Le Dividich, J., 1979. Le bâtiment de sevrage des porcelets: importance des conditions climatiques et de l'aménagement intérieur sur les perfoirmances. Journées de la Recherche Porcine en France 11, 133-152.

Le Dividich, J., M. Vermorel, J. Noblet, J.C. Bouvier and A. Aumaître, A., 1980. Effects of environmental temperature on heat production, energy retention, protein and fat gain in early weaned piglets. British Journal of Nutrition 44, 313-323.

Le Dividich, J., 1981. Effects of environmental temperature on the growth rates of early weaned piglets. Livestock Production Science 8, 45-86.

Le Dividich, J. and J. Noblet, 1982. Growth rate and protein and fat gain in early weaned pig housed below thermal neutrality. Livestock Production Science 9, 731-742.

Le Dividich, J. and P. Herpin, 1994. Effects of climatic conditions on the performance, metabolism and health status of weaned piglets: a review. Livestock Production Science 38, 79-90.

Le Dividich, J., J. Noblet, P. Herpin, J. van Milgen and N. Quiniou, 1998. Thermoregulation. In: J. Wiseman, M.A. Varley and J.P. Charlick (editors), Progress in Pig Science. Nottingham University Press, Nottingham, UK, pp. 229-263.

Le Dividich, J. and B. Sève, 2001. Energy requirements of the young pig. In: M.A. Varley and J Wiseman (editors), The Weaner Pig. Nutrition and Management. CABI Publishing International, Wallingford, UK, pp 17-44.

Madec, F. and E. Leon, 1999. The role of management and husbandry in the pig health with emphasis on the post-weaning enteric disorders. In: P.D. Cranwell (editor), Manipulating Pig Production VII. Australasian Pig Science Association, Werribee, Australia, pp. 200-209.

Madec, F., N. Bridoux, S. Bounaix and A. Jestin, 1998. Measurements of digestive disorders in the piglet a weaning and related risk factors. Preventive Veterinary Medicine 35, 53-71.

Maenz, D.D., J.F. Patience and M.S. Wolynetz, 1994. The influence of the mineral level in drinking water and the thermal environment on the performance and intestinal fluid flux of newly-weaned pigs. Journal of Animal Science 71, 300-308.

Massabie, P., R. Granier and J. Le Dividich, 1997. Effects of environmental conditions on the performance of growing-finishing pigs. Proceedings of the 5th International Livestock Environment Symposium, Bloomington, Minnesota. pp. 1010-1016.

McConnell, J.C., J.C. Eargle, and R.C. Waldorf, 1987. Effects of weaning weight, co-mingling, group size and room temperature on pig performance. Journal of Animal Science 65, 1201-1206.

McCracken, K.J. and B.J. Caldwell, 1980. Studies of diurnal variations of heat production and the effective lower critical temperature of early-weaned pigs under commercial conditions of feeding and management. British Journal of Nutrition 43, 321-328.

McCracken, K.J. and R. Gray, 1984. Further studies on the heat production and effective lower critical temperature of early weaned pigs under commercial conditions of feeding and management. Animal Production 39, 283-290.

Miller, H.M., P. Toplis, and R.D. Slade, 1999. Weaning weight and daily live weight gain in the week after weaning predict piglet performance. In: P.D. Cranwell (editor), Manipulating Pig Production VII. Australasian Pig Science Association, Werribee, Australia, p. 130.

Mitchell, C.D. and W.J. Smith, 1978., Piglet foot dimensions for design of slotted floors. Farm Building Progress 51, 7.

Morrison, W.D., L.A. Bate, I. McMillan and E. Amyot, 1987. Operant heat demand for piglets housed on four different floors. Canadian Journal of Animal Science 67, 337-341.

O'Connell, N.E., V.E. Beattie and R.N. Weatherup, 2001. Influence of group size on the performance and behaviour of 4 to 10 week old pigs. Animal Science 69, 481-489.

Orr, D.E., F.E. Moudy, L.F. Tribble and W. Grub, 1978. Interactive effect of temperature and floor material on nursery pig performance. Proceedings of the 26th Ann. Swine Short Course. Texas Tech. University. Tech. Rept. N° t-5-138.

Petherick, C. and S. Baxter, 1982. Space requirement for pigs. Pig Farming (Suppl.) Dec., 93.

Pluske, J.R. and I.H. Williams, 1996. The influence of feeder type and the method of group allocation at weaning on voluntary food intake and growth in piglets. Animal Science 62, 115-120.

Pluske, J.R., D.J. Hampson and I.J. Williams, 1997. Factors influencing the structure and function of the small intestine in the weaned pig: a review. Livestock Production Science 51, 216-236.

Pouteaux, V.A., G.I. Christison and W.R. Stricklin, 1983/84. Perforated floor preferences of weanling pigs. Applied Animal Ethology 11, 19-23.

Rantzer, D., J. Svendsen and B. Westrom, 1995. Effects of strategies restriction on pig performance and health during the post-weaning period. Acta Agriculturae Scandinavica 46, 219-225.

Rantzer, D. and J. Svendsen, 2001. Slatted versus solid floors in the dung area: comparison of pig production system (moved versus not moved) and effects on hygiene and pig performance, weaning to 4 weeks after weaning. Acta Agriculturae Scandinavica 51, 175-183.

Rinaldo, D., M.C. Salaün and J. Le Dividich, 1989. Influence d'une réduction de la température ambiante ou d' un abaissement nocturne de la température ambiante sur les performances du porcelet sevré. Journées de la Recherche Porcine en France 21, 239-244.

Rinaldo, D. and J. Le Dividich, 1991. Assessment of optimal temperature for performance and chemical body composition of growing pigs. Livestock Production Science 29, 61-75.

Riskowski, G.L. and D.S. Bundy, 1990. Effect of air velocity and temperature on growth performance of weanling pigs. Transactions of the ASAE 33, 1669-1675.

Ritz, M. 1971. CIGR Conference. Piacenza, 239A-245A.

Sarmiento, J.I., 1983. *Enviromental temperature: a predisposing facxtor in the enterotoxigenic escherichia Coli- induced diarrhea in the newborn pig*. MSc, Dissertation. University of Guelph. 123pp.

Scheepens, C.J.M., M.J.L. Tielen and M.J.C. Hessing, 1991. Influence of daily intermittent draught on the health of weaned pigs. Livestock Production Science 29, 241-254.

Schneider, D. and K. Bronsch, 1973. Einfluss der stallbelegung nach der sog. Fleissbaud und Rein Raus Methode auf die Frekelaufzucht. Züchtungskunde 45, 53-60.

Schneider, D. and K. Bronsch, 1974. The effect of carbadox on the rearing of early weaned piglets kept on the floor or in batteries. Züchtungskunde 46, 366-375.

Shelton, D.P. and M.C. Brumm, 1983. Hovers in flat-deck swine nursery pens. ASAE Paper N° 83-4010. ASAE, St Joseph, MI.

Shelton, D.P. and M.C. Brumm, 1988. Reduced nocturnal temperatures in a swine nursery. A modified regimen. Transactions of the ASAE 31, 888-891;.

Sloat, D.A., D.G. Mahan and K.L. Roehrig, 1985. Effect of weaning weight on postweaning body composition and digestive enzyme development. Nutrition Reports International 31, 627-635.

Sugahara, M., D.H. Baker, B.G. Harmon and A.H. Jensen, 1970. Effect of ambient temperature on performance and carcass development in young swine. Journal of Animal Science 31, 59-62.

Swinkels, J.W.G.M., E.T. Kornegay and M.W.A. Verstegen, 1988. The effect of reduced nocturnal air temperature and feed additives on the performance, the immune response and scouring indexes of weanling pigs. Journal of Animal Physiology and Animal Nutrition 60, 137-145.

Turner, S.P., D.J. Allcroft and S.A. Edwards, 2003. Housing pigs in large social groups: a review of implications for performance and other economic traits. Livestock Production Science. (In press).

Vellenga, L., H.M.van Veen and A. Hoogerbrugge, 1983. Mortality, morbidity and external injuries in piglets housed in two different housing systems. Veterinary Quarterly 5, 101-106.

Verhagen, J.M.F., 1987. *Acclimation of growing pigs to climatic environment*. PhD Thesis, 128 pp., Wageningen, The Netherlands.

Verhagen, J.M.F., R. Geers and M.W.A. Verstegen, 1988. Time taken for growing pigs to acclimate to change in ambient temperature. Netherlands Journal of Agricultural Science 36, 1-10.

Verstegen, M.W.A. and W. van der Hel, 1974. The effects of temperature and type of floor on metabolic rate and effective critical temperature in groups of growing pigs. Animal Production 18, 1-11.

Verstegen M.W.A., A. Siegerink, W. van der Hel, R. Geers and C. Brandsma, 1987. Operant supplementary heating in groups of growing pigs in relation to air velocity. Journal of Thermal Biology 12, 257-261.

Wathes, C.M., B.G. Miller and F.J. Bourne, 1989. Cold stress and post-weaning diarrhoea in piglets inoculated orally or by aerosol. Animal Production 49, 483-496.

Wathes, C.M., 2001. Air polluants from weaner production. In: M.A. Varley and J Wiseman (editors),The Weaner Pig. Nutrition and Management, CABI Publishing International, Wallingford, UK, pp. 259-271.

Whittemore, C.T., A. Aumaître and I.H. Williams, 1978. Growth of body components in young weaned piglets. Journal of Agricultural Science (Cambridge) 91, 681-692.

Wilson, R.D., D.E. Orr, L.F. Trible and W. Grub, 1977. Floor material and temperature effect on nursery pig performance. In: Proceedings of the 25th Annual Swine Short Course, Texas Tech. University. pp 35-39.

Wolter, B.F. and M. Ellis, 2002. Impact of large group sizes on growth performance in pigs in the USA. Pig News and Information 23, 17N-20N.

14 挽救弱小和超数仔猪改善断奶健康

J. Le Dividich*，*G. P. Martineau*，*F. Madec* 和 *P. Orgeur

14.1 前 言

体重差异是养猪生产的一大特征。但对饲养者来说，商业条件下猪群内体重差异会增加饲养成本，在全进全出的饲养体系下尤其如此。商业饲养的猪群中，同窝仔猪中出生重和断奶重 2～3 倍的相差是很常见的。出生重的差异与体重最轻仔猪的高死亡率有关，称为弱小。当这种仔猪生存下来时，其生长性能与同窝出生体重较重仔猪相比较差，并引起达到上市体重所需时间的高度差异。哺乳仔猪的出生重和生长与几种因素有关，其中出生窝仔数的影响最大。在过去的十多年中，猪的生产力主要是以改善窝仔数为特征（见综述 Legault，1998）。但是，这也导致了小出生重仔猪所占比例升高，而且母猪的产仔数增加了，但其哺育仔猪的能力并未相应提高。因此在这种批次产仔体系下，总出生活仔数就会超过母猪的哺育能力。

仔猪饲养中面临的另一个主要的问题是对断奶前和断奶疾病的控制。断奶前，仔猪可能会被母猪传染。另外，由于仔猪消化系统的防御机制还不成熟，应对产毒素微生物增值的能力差，断奶仔猪对消化道疾病高度易感（Mezoff 等，1991）。因此，腹泻是断奶后 1 周或 2 周内最普遍的临床病症，并导致生长速度的暂时性降低，有时甚至死亡。

因此，挽救这些超数的和体重轻的仔猪，帮助它们生长以赶上同窝较重仔猪，改善其健康状况就成为养猪生产者最关心的问题。关于断奶仔猪营养的综述见第 11 章以及 Veum 和 Odle（2001）的文章。

14.2 什么是弱小和超数？

弱小仔猪是指出生重仅为同窝平均体重的 65％～70％的那些仔猪。与同窝较重的仔猪相比，这些仔猪的体能量储备较低，更易受到寒冷的影响，需要更长的时间完成第一次吮乳，对乳头的竞争力较低，因此对初乳的摄入量也较低（见综述，Le Dibidich 等，1998）。在分娩过程中、分娩后不久以及断奶前，其死亡的可能性都很高（图 14.1），对现代基因型猪，1.00 kg 的出生重就可以视为弱小（Rydhmer，1992；Léon 和 Madec，1992；Herpin 等，1996）。新生仔猪体重接近 1.10 kg 以下时，其产热能力也受到损害（Herpin 等，2001）。

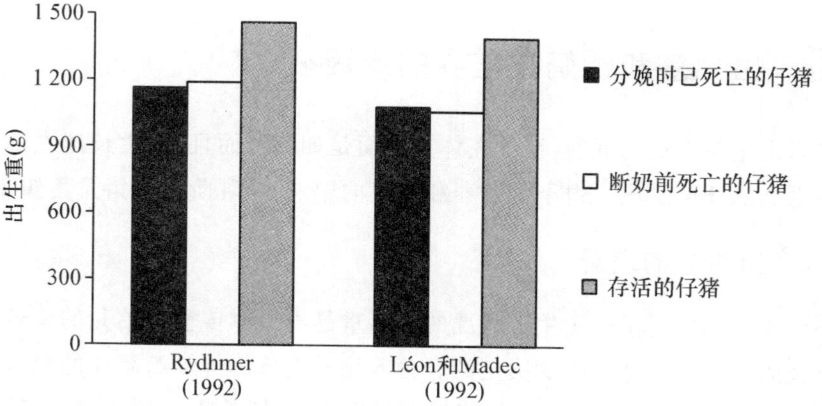

图 14.1　出生死胎、断奶前死亡仔猪以及断奶活仔猪的出生重

超数是指出生仔猪的数量超过了可利用乳头的数量。但可通过寄养的方式来挽救超数的仔猪。更加特殊的情况是，在批次产仔体系下，出生仔猪的数量可能超过该批母猪可利用奶头的数量。后者是本章所要讨论的超数的含义。

弱小和超数仔猪的出决定于几个因素，包括窝产仔数。窝产仔数决定于母猪的基因型，而在同一基因型时，则与母猪的配偶有关。但在过去的 10 多年里，许多饲养项目已经成功引进了经过窝产仔数选育的母猪(Bidanel 等，1994；Estany 和 Sorensen，1995；Legault 等，1998)。比如在法国，在过去的 10 年中，母猪的窝产仔数从 11.4 头提高到 12.8 头，在过去的 5 年中窝产仔数提高了 1 头。窝产仔数的提高导致绝对平均出生重的降低和低出生重仔猪的比例升高，每多产 1 头仔猪，绝对平均出生重降低 35～40g。Le Dividich(1999)和 Quiniou 等(2001)的调查显示，窝产仔数从 12～13 头提高到 16 头，弱仔猪(＜1.0 kg)从 9%增加到 23%。而且，窝产仔数高(≥15 头)的比例显著提高(图 14.2)，但大多数情况下这些母猪的哺育能力没有相应提高，除非这些母猪体内结合了中国梅山猪的遗传成分(Tribout 等，2002)。另外，窝产仔数的选育在产生超数仔猪的同时，导致了劣质动物比例的增加。

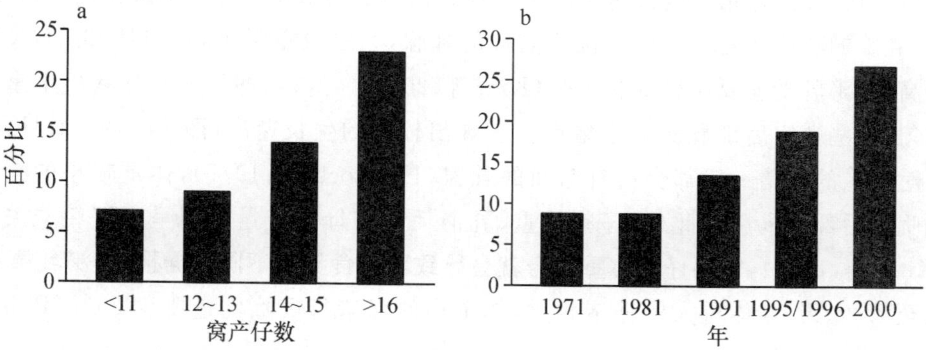

图 14.2　法国过去 30 年中由窝产仔数和高窝产仔数(≥15 头)造成的每窝弱小仔猪(＜1.0 kg)的百分比

资料来源：Quiniou 等，2002(a)和 J. Dagorn，2002 b(个人交流)。

14.3 出生重和断奶重差异的原因

仔猪出生时不是均等的，至少在体重方面是如此。而且，猪生长速度的差异会发生在生长的任何阶段。由于受营养和环境的影响，哺乳阶段仔猪尤其如此。

14.3.1 出生重的差异

胚胎生长和决定于胚胎生长状况的出生重是由母体传输给胎儿的营养物质的数量以及胎儿最终的遗传天赋决定的。营养物质由母体传输给胎儿的数量决定于胎盘的大小和子宫的血液流量，母猪的营养状况也有影响，但影响的程度要小得多。但仔猪出生重对妊娠母猪的饲喂水平的依赖较小，母猪每天可采食 1 MJ 的消化能，仔猪出生重仅增加 4～8 g(Henry 和 Etienne，1978)。与较大出生重的同窝仔猪相比，出生重小的仔猪，其胎盘重量低，胎盘中血液流量低(DeRoth 和 Bisaillon，1980；Wootton 等，1977)。另一方面，随着子宫角内胚胎数量的增加，每个胎儿的宫内血液流量就会降低(Père 和 Etienne，2000)，这是高窝产仔数造成仔猪出生重低的原因。早在怀孕 30 d 就可以鉴定小的胎盘(Wise 等，1997)，而窝内出生重的差异则在怀孕 35 d 就可确认(van der Lende 等，1990)。同窝内仔猪出生重标准差的遗传可能性很低，范围是 0.08～0.11(Högberg 和 Rydhmer，2000；Damgaard 等，2001)，但与零标准差仍有显著差异，从而为出生重更加均匀的母猪遗传选育提供了希望。

14.3.2 断奶重的差异

在哺乳阶段，仔猪的生长速度极大地依赖于对乳的采食量(Noblet 和 Etienne，1987)，换言之，仔猪的生长速度决定于仔猪的吮乳位置和从乳头吮乳的能力。此外，乳腺的功能不是均一的。位于前部的乳腺，大多数重量大，蛋白质和 DNA 含量高，其泌乳功能要比后部乳腺强(Kim 等，2000)。这样，即使同窝仔猪出生重很均匀，那些选定后部乳头的仔猪也会表现出较低的生长速度(图 14.3)。而且，出生时较重的仔猪一般都会占有前面的乳腺(Hartsock 等，1977)，体重较小的猪只能吮吸后部的乳腺。此外，仔猪体重、乳消耗量和母乳产量之间呈强正相关关系(King 等，1997)，表明仔猪体重本身就会导致乳采食量的不同。据报道，泌乳第 17 天至第 24 天，与体重大的仔猪相比，体重小的仔猪每次吮乳量要少 25%(Pluske 和 Williams，1996)。

总之，仔猪出生时的体重是不一样的。同时，乳腺的功能也不一致。这些因素，加上小体重仔猪对乳头的竞争力较弱和由乳头吮乳的能力较低，都加剧了小体重猪的生长劣势。

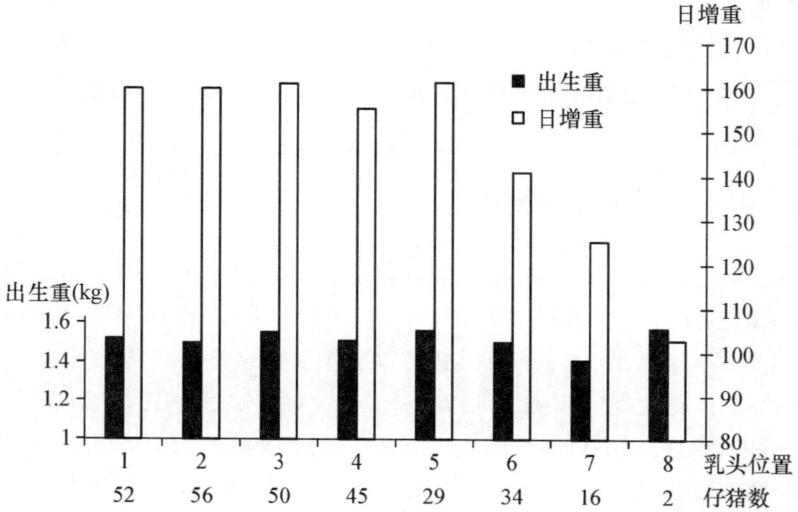

图 14.3　乳头位置(1=前面的)对与出生重相关的哺乳仔猪平均日增重的影响(21 d 断奶)

资料来源：Kim 等，2000。

14.4　弱小仔猪和“正常”仔猪的差别

14.4.1　体组成的差别

弱小仔猪与“正常”仔猪的差别仅仅只是体重的不同吗？在大范围的出生重(0.5～1.86 kg)内，Curtis 等(1967)和 de Passillé 和 Hartsock(1979)发现，二者间总化学组成没有差异。肝糖原和肌糖原浓度也只受到轻微影响(Ojamss 等，1980)。肌肉重量和由肌肉重量决定的生长潜力主要由肌纤维的数量来决定，所以测定出生重对肌纤维数量的影响程度就显得非常重要了。当成对比较同窝中体重差别很大的仔猪时，经常有研究发现小出生体重仔猪的肌纤维数量减少(Powell 和 Aberle，1980；Wigmore 和 Stickland，1983；Handel 和 Stickland，1987)，但也不总是如此(Dwyer 等，1993)。比较同窝出生重小的仔猪(0.80～1.00 kg)和出生重大的仔猪(1.90～2.10 kg)，Gondret 等(2003)经屠宰研究发现，出生重小的仔猪，其半腱肌的总纤维数降低了 13%($p<0.09$)，菱形肌的总纤维数降低了 20%($p<0.08$)。同窝内血液胰岛素样生长因子Ⅰ(IGF-Ⅰ)和出生重之间呈强正相关(Herpin 等，1992；Wise 等，1997)。据报道，IGF-Ⅰ及其类似物能够促进正常以及宫内

生长受阻(intra-uterine growth-retard)仔猪的生长(Schoknecht 等,1997;Dunshea 等,2002)。与此相反,Ritacco 等(1997)没有发现 IGF-Ⅰ对低出生重仔猪出生后的生长有促进作用。体重确实影响断奶猪的体组成。断奶时小体重猪较瘦小(Sloat 等,1985),其消化道的功能也比较弱(de Passillé 等,1989;Cranwell 等,1997)。上述研究显示,小体重仔猪对断奶后采食量下降的抵抗能力较低,断奶后日粮的转变的应对能力不足。

14.4.2 弱小仔猪的生长性能

特定日龄的体重对下一阶段的生长非常重要。以下的事实充分证明了这一点,出生重的差异可导致断奶体重 21%～45%的变异(McBride 等,1965;McConnell 等,1987;Caugant 和 Gueblez,1993),断奶体重的差异可导致断奶期结束时 28%～49%的体重差异(Miller 等,1999;Lawlor 等,2002)。图 14.4 显示了仔猪出生重、断奶重和断奶期结束体重的关系。基于这些数据,在 0.7～2.3 kg 出生体重范围内,出生重每降低 0.1 kg,断奶体重大约降低 0.35 kg,断奶期结束体重降低 0.76 kg。总的说来(表 14.1),出生重每降低 0.1 kg,从出生到达到屠宰体重所需时间增加大约 2.3 d。但值得注意的一点是,在 0.8～2 kg 的出生重范围内,出生重对胴体瘦肉率和饲料转化效率没有显著影响。

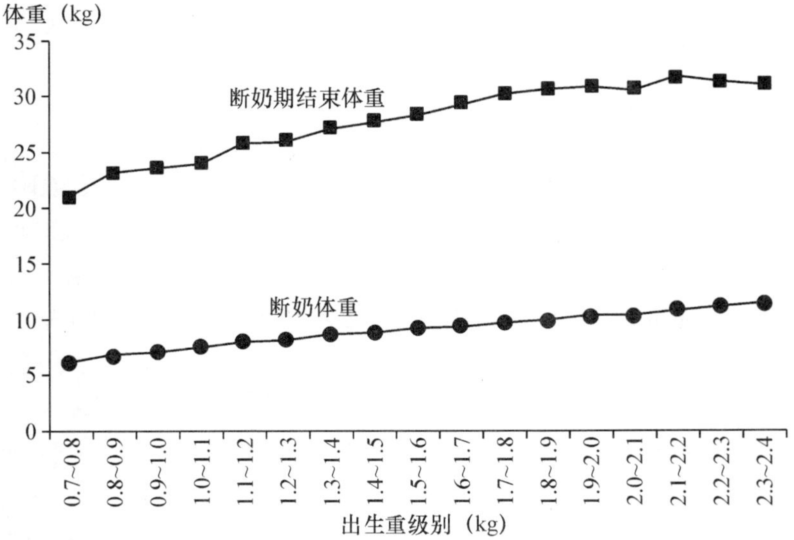

图 14.4 仔猪出生重对断奶平均体重和断奶结束体重的影响(断奶日龄为 27 d;断奶结束时间为 36 d;4 208 头仔猪)

资料来源:Quiniou 等,2001。

表 14.1 出生重对屠宰日龄和胴体瘦肉率的影响

序号	出生重(kg)	屠宰日龄(d)	饲料/增重(kg/kg)	瘦肉率(%)	参考文献
1	1.57	182	—	—	Hegarthy 和 Allen,1978
	0.81	205	—	—	
2	1.76	160	3.28	54.7	Powel 和 Aberle,1980
	1.06	174	3.34	55.6	
3	1.87	170	2.94	56.2	Caugant 和 Guéblez,1993
	1.18	179	3.06	56.5	
	1.5～2.0	173	—	55.6	
	<1.0	184	—	55.2	
4	>1.35	167	—	—	Azain,1993
	<0.9	182	—	—	
5	1.71	169	2.83	—	Mahan,1993
	1.45	179	2.82	—	
6	1.70	162	2.70	52.9	Molter 等,2001
	1.40	170	2.70	51.7	
7	1.83	141	2.19	54.9	Molter 等,2002
	1.32	148	2.23	55.1	
8	1.9～2.1	154	—	60.9	Gondret 等,2003(个人交流资料)
	0.8～1.0	166	—	59.9	

从这些研究和仔猪的存活能力为基础来说,0.9～0.95 kg 的出生重代表着一个界限,挽救高于这个界限的现代基因型仔猪是没有问题的。

14.5 改善弱小猪存活和生长的管理方法

管理的目的是改善劣势仔猪的存活率和生长性能,其方法包括为新生仔猪提供帮助,将窝内相似体重的仔猪归为一群(寄养或交叉养育)以降低窝内仔猪的竞争；分批断奶，即在完全断奶之前的几天将体重最大的仔猪先断奶，以及适当的饲养策略。

14.5.1 给出生时弱小仔猪提供帮助

这方面的方法包括产仔管理、为新生仔猪提供能量和免疫球蛋白以及寄养。

14.5.1.1 产仔管理

低出生重仔猪在分娩期间或产后不久存在很高的死亡风险(见综述，Le Dividich，1999)。与同窝体重较大的仔猪相比，这些仔猪在分娩过程中存在高度窒息的可能性。由于低出生重仔猪维持体温的能力差，完成第 1 次吮吸需要的时间长，对奶头的竞争力低等原因，它们在出生时生存下来的可能性较低(Herpin 等，1996)。留意产仔和为仔猪提供帮助的主要措施包括，帮助仔猪除去胎盘膜，防止仔猪窒息，为一些体弱仔猪提供能量，引导它们靠近乳头，并把它们放在分娩舍的加热区。这些实际生产中应用的方法可以将每窝仔猪的死亡数由 0.6～0.7 头降低到 0.2～0.3 头(Holyoake 等，1995；White 等，1996)。尽管需要从额外劳动力成本和挽救低出生重仔猪所带来的效益两个方面对这些方法产生的综合效益进行评估，但在采用批次产仔生产系统时，几窝猪同时出生，这些方法还是能够获得最大的经济利益。

14.5.1.2 提供能量和免疫球蛋白

由于与热调控有关的热量损失很高，仔猪出生时对能量的需求最大。因此，在仔猪出生后的前几天为其提供充分的热环境，并使仔猪的热量损失降至最小是主要的目标(见综述，Le Dividich 和 Herpin，1999)。

对新生仔猪来说，毫无疑问母猪的初乳是最好的食物，它能够提供被动免疫、能量和生长因子从而满足仔猪消化道的发育。仔猪出生后第 1 天对初乳的平均消耗量为 315～340 g/kg 体重(Le Dividich 等，1998)，但正如产后第 1 天仔猪体增重可在－136～133 g 范围内变化一样，不同个体的仔猪对母乳消耗量的差异也很大(Thompson 和 Fraser，1988)。另外，由于对乳头的竞争增加，或有时母猪乳头数不够，初乳产量不足，窝仔数大时，仔猪吃不到足够的初乳。营养物质(初乳)采食量不足可能因营养水平和体温过低造成仔猪死亡。但不适宜的初乳采食量也可能导致母体免疫球蛋白(Ig)不能充分转移给新生仔猪，从而提高感染的可能性。不仅在产后，而且在泌乳后期，初生仔猪血浆中的 IgG 浓度与存活率之间呈正相关关系(Blecha 和 Kelley，1981；Hendrix 等，1978)。

当出生窝仔数超过能有效泌乳的乳头数时，如果没有可供选择的其他办法，交叉哺乳(Donovan 和 Dritz,2000)可能是最有效的方法。同样地,为数不少的养猪生产者在分娩期间收集初乳,然后用软管喂给仔猪(40～50 g,每天 2 次)。这种为体弱仔猪提供能量和免疫球蛋白的方法在生产中越来越普遍。将初乳冷冻是一种产生初乳库的适当方式,这样可以保存初乳完整的营养和免疫质量(Klobasa 等,1998)。已有几种商业初乳替代品在销售,主要含有来自牛初乳或羊初乳的免疫球蛋白。这些 Ig 在消化道内可以提供一些局部的保护。但是,来源于这些品种动物的 IgG 在影响猪的病原体方面没有特异性作用,并且新生仔猪肠道对这些 IgG 的吸收能力很差(Gomez 等,1998)。近来,纯化的猪的 Ig 已经在商业上应用。但是,仔猪对猪 IgG 的吸收能力也很差(Gomez 等,1998;Jensen 等,2001)。虽然如此,给未采食母猪初乳的仔猪饲喂含纯化猪 IgG 的人工乳 2 d,这些仔猪也能存活,并且其生长性能与采食母猪初乳的仔猪相似(Gomez 等,1998)。

14.5.2 寄养

将仔猪从一窝转到另一窝寄养,可避免同窝内仔猪数量过多,同时也可降低同窝内小体重仔猪与大体重仔猪之间的竞争。出生后几小时之内进行熟练的寄养可以降低弱小仔猪的死亡率。English 和 Bampton(1982)的研究发现,寄养对断奶存活率有 40%的改善。有时寄养可一直持续到断奶,这样可以将有些个体不断转移给窝仔数少的母猪。寄养减少了断奶时体增重的差异,从而使断奶时同窝仔猪的体重更加均匀(Straw 等,1998)。然而,反复地混合对母猪和仔猪的行为会产生有害的影响,吮乳方式遭到破坏(Price 等,1994),加速非生产性乳产量的降低,增加了母猪对外来仔猪的攻击。与限定产后 2 d 的寄养相比,反复寄养引起被寄养仔猪的增重降低 13%～20%(Straw 等,1998;Robert 和 Martineau,2001),有时也会引起原窝仔猪体增重的下降。在这种情况下,如果断奶体重差异减少了,但生长速度并未增加,那么寄养是否妥当就值得怀疑。

重要的一点是要确认寄养对仔猪的健康状况是否有负面影响。广泛的寄养保持了 PPRSv(猪呼吸繁殖综合征病毒)传播的持续性(McCaw 等,1996)。同样地,Madec 等(1999)提供的一些证据表明,母猪及仔猪间的相互接触可能会造成 PCV2(猪圆环病毒 2 型)的传播,这会导致断奶后 PMWS(断奶猪多系统衰竭综合征)的发生。因此,强烈建议减少窝间仔猪的混合,以最大限度地降低这些疾病对猪群的影响。

14.5.3 分批断奶

在正常断奶的前几天,选择窝内体重最重的仔猪进行断奶可以改善剩下的体重最轻仔猪的生长，在某种程度上，能够使这些仔猪在正常断奶时赶上同窝内体重较重的仔猪。当母猪提供的乳不能满足仔猪的能量需要时，这种做法可降低仔猪对乳头的竞争压力，能够增加体重轻的仔猪对乳的采食量。Pluske 和 Williams (1996)认为，在 29 日龄断奶前 7 d，将每头母猪的哺乳仔猪从 10 头降到 5 头，每头仔猪的乳采食量提高了 49%。这与产乳量逐渐降低时，仔猪可以从多个乳头交换吮乳以及长时间吮乳有关。大部分研究者(Wu 等，1985；Mahan，1993；Pluske 和 Williams，1996；Vesseur 等，1997)报道，分批断奶可使生长速度有 27%～61%的改善。Kavanagh 等(2002)的研究表明，窝仔数每减少 1 头，仔猪断奶体重提高 0.23 kg。但这个断奶体重优势会在断奶后早期消失(Pluske 和 Williams，1996；Vesseur 等，1997)。Pluske 和 Williams(1996)认为，与对照组窝内的同等体重仔猪相比，减少窝仔数后剩下来的仔猪，断奶后会有更大的退步。总之，分批断奶能够暂时性地改进小体重仔猪的生长，但对其整个生长期的生长性能没有太大作用。

14.5.4 饲喂策略

14.5.4.1 哺乳阶段

给泌乳期仔猪补饲液态代乳品可以提高仔猪的断奶体重达 10%～38%(Le Dividich 和 Sève，2001)。但这种方法能在多大程度上改进同一头母猪哺乳下的小体重仔猪的生长还没有结论。有的时候，将那些不能赶上同窝内其他仔猪生长的仔猪断奶，饲喂以含电解质的母乳(electronic mother milk application，EMMA)。但到目前为止，有关这种方法的资料很少。

14.5.4.2 断奶阶段

断奶后 1 周的日增重能够用以很好地预测接下来的生长性能(Miller 等，1999)。但是，要为体重轻的仔猪提供含有高能量和乳制品的复合性日粮(Himmelberg 等，1985；Mahan 和 Lepine，1991；Mahan，1993；Dritz 等，1996a)，或者提供代乳品(Wolter 和 Ellis，2001)或者延长断奶后第一阶段日粮的供给(Himmelberg 等，1985；Mahan 等，1998)。上述方法只能相对适度地改善整个断奶后期仔猪的生长性能。而且，这种优势在生长肥育期间会逐渐消失(Dritz 等，1996a；Whang 等，2000)。

14.6 弱小仔猪的生长潜力

由以上的讨论可以清楚地知道，大多数方法都不能实质性地改善弱小仔猪在整个生命周期的生长性能。现在的问题是，在多大程度上这些仔猪可以赶上那些体重大的仔猪的生长？母猪限饲蛋白造成的胎儿宫内生长受阻（Davis 等，1997）和 0.85～1.40 kg 的出生重（Campbell 和 Dunkin，1982）对仔猪的蛋白质合成潜力以及生长性能都没有影响。出生重并不影响母乳采食量（g 乳/kg体重）（Campbell 和 Dunkin，1982），但是，体重较轻仔猪的绝对乳采食量很低。同样地，在生长肥育阶段，体重较轻仔猪的绝对饲料采食量也较低，而饲料转化效率只受到轻微影响或不受影响。Thompson 和 Fraser（1986）的研究表明，在选定的某一周，仔猪的增重似乎是该周开始时体重的一个固定的百分比。总之，在某种程度上，体重较轻仔猪的生长性能较低决定于其较低的采食能力以及体重。

14.7 超数仔猪

由于对乳房的竞争力增加，所以当窝产仔猪数多于可利用的有效乳头数时，就会延迟第一次采食初乳的时间和吮乳顺序的形成，降低仔猪对乳头的固定度，较高的死亡率，增加哺乳失败的可能性，以及降低窝内仔猪生长（P. Orgeur，个人交流）。挽救和饲养超数仔猪的方法有：①在 1～3 日龄断奶；②将超过可利用有效乳头数的仔猪在出生的第 1 天编排成新的一窝。将新组合的仔猪转移给已经断奶的母猪。在以上两种情形下，仔猪都应吃到亲生母猪的初乳。

14.7.1　1～3 日龄断奶

人工饲喂高含量乳制品的液体日粮，仔猪生长速度可高达 400～550 g/d（Hodger，1974；Harrell 等，1993），大约 200 g/d 的令人满意的生长速度更为常见（Pettigrew 和 Harmon，1977；Pettigrew 等，1977）。Huysman 等（1994）研究发现，与母猪养育的仔猪相比，3～28 日龄饲喂 EMMA 的仔猪，其生长性能降低（122 g 对 206 g）。事实上，这种方法需要特殊的温床，复杂的乳分配器，因为腹泻的发生率很高，对卫生条件的要求也很高。

14.7.2　其他母猪代养

在分批产仔体系下，这种方法是在前一批比较容易断奶的母猪中选择代哺母猪（保姆母猪）。新组成的窝的仔数要与代哺母猪以前的窝仔数相似，在实际生产中，新的窝仔是由体重大的仔猪组成的，这些猪有更多的机会吃到足够的亲生母亲的初乳。已如上述，在吮乳的顺序已经建立后，即在仔猪出生后的 2～3 d 再实施代养，对仔猪和母猪的行为都会产生危害。但为 24～36 h 的仔猪寻求代哺母猪对母猪的哺乳行为影响不大。在一项有18头代哺母猪的研究中(Orgeur 等,2000),所有的仔猪都存活了下来,只有1头母猪对新的仔猪有侵略行为并且拒绝哺乳。引进新的仔猪之后,代哺母猪在平均5 h之内(1.35~8.15 h)开始哺乳。在代哺情况下,仔猪在出生后第1周的生长速度是可以接受的,虽然与亲生母猪相比有点偏低(170 g/d 对 205 g/d)。之后,这些新的仔猪在1周龄时断奶或在正常断奶日龄断奶。

14.7.3 1周龄断奶

7~14日龄断奶经常会因为干饲料采食量太低而产生严重的生长抑制(Leibbrandt 等,1975;Zijlstra 等,1996;Heo 等,1999;Kim 等,2001)。Orgeur 等(2000)的研究认为,7日龄断奶仔猪,在21日龄时的体重较母猪哺乳的猪轻40%。但这种差异在74日龄时降低到7.4%,在屠宰体重时降低到3.7%。其他对早期断奶(8~13 d)和晚期断奶(27~34 d)仔猪的比较研究(Hohenshell 等,2000)也报道了同样的情况。给仔猪提供液态饲料可以显著改善生长抑制的严重性(Lecce 等,1979;Zijlstra 等,1996;Heo 等,1999;Kim 等,2001)。此外,早期断奶对达到屠宰体重时猪的体组成几乎没有影响(Pluske 等,1995;Dritz 等,1996a;Kim 等,2001;Le Dividich 等,个人交流资料)。

总之,使用代哺母猪并与早期断奶相结合有很多好处:①不会干扰分批产仔体系;②受哺仔猪的死亡率最小,而生长也相当不错;③对断奶仔猪没有明显的消化干扰;④对胴体组成没有影响。这种方法的弱点是,断奶后短暂的时间里仔猪的生长性能水平很低,但可以通过饲喂液态日粮来加以改善。

14.8 改善仔猪健康的管理措施

养猪生产中的一个主要问题是断奶后综合征(PWS)。PWS 主要是由大肠杆菌引起的腹泻所产生的,往往导致断奶后大约10 d内仔猪生长低下[详见第9章,以及 van Beers-Schreurs 等(1992)的综述]。目前世界上主要养猪国家大约在3周龄断奶。断奶意味着仔猪失去了母乳免疫球蛋白的保护功能。这个年龄的断奶,仔猪母源抗体处于最低水平,而主动的体液免疫和粘膜免疫受到损害。断奶时,仔猪必然要接触到一些新的食物抗原,微生物群发生变化,而断奶后暂时性的低饲料采食量还会导致肠道形态发生显著变化。尽管腹泻的发生是多种因素作用的结果,包括酸化剂、抗生素、硫酸铜和氧化锌等抗菌生长促进剂以及益生素、益生元等饲料添加剂都能在某种程度上控制 PWS。但是,目前抗生素、硫酸铜和氧化锌的使用受到越来越大的压力。另外,与仔猪免疫状况密切相关的母猪也可能是传染的来源。全进/全出(AIAO)的生产体系和在仔猪有充分的免疫保护时的某日龄断奶,仔猪健康和生产效率都有改进的潜力。

14.8.1 全进/全出管理体系

AIAO方法已经成为成功管理仔猪舍一个重要部分。这种管理方法包括仔猪同步断奶和仔猪舍同时清空,在批次之间进行清洗和消毒。这样两批之间至少可以延迟3~4 d,从而限制了批次饲养之间的疾病传染。这种方法还可以改善空气质量(Cargil和Banhazi,1997)。Schneider和Bronsch(1973)首次描述了AIAO的优势。与持续流动(CF)的管理方式相比,AIAO体系对ADG有26%的改善,对饲料效率有8%的改善(表14.2),因为AIAO体系降低了腹泻的发生率。近年来,Dewey等(2002)评估了来源于安大略省的8个商业猪群、共3 000头仔猪对PRRS、猪肺炎支原体、猪痢疾短螺旋体和胸膜肺炎放线杆菌的健康状态。仔猪一生下来就打耳号,并在断奶、7周龄、14周龄和21周龄断奶称重,管理方式为AIAO或CF。结果发现,与AIAO生产体系相比,CF管理方式更容易形成致病性传播物质。此外,21周龄时,AIAO管理体系下的猪,其体重比CF管理体系下的猪重26 kg(100 kg对76 kg)。总之,这些资料强调,如果运用适当的话,AIAO管理体系在控制疾病的数量上是很有效的,同时也可以改善生产性能。将AIAO与隔离方法结合使用,其有效性会增强。

表14.2 持续流动与全进全出管理体系对3周龄断奶仔猪的生长性能和空气质量的影响

指标	持续流动(CF)体系	全进全出(AIAO)体系	参考文献
平均日增重[1](g)	400	503	Schneider和Bronsch,1973
耗料/增重[1](kg/kg)	1.89	1.74	
空气中数总颗粒(mg/m³)[2]	1.549	0.937	Cargill等,1997
经空气传播的细菌(10^3 cfu/m³)[2]	124.6	94.2	

[1] 从21 d~63 d;[2] 数据来源于生长肥育舍。

14.8.2 隔离

早期断奶是控制传染性物质由母猪传向仔猪的主要方法。早期断奶可以有效地消除,或者至少可以降低许多疾病由母猪向仔猪传播的危险性,而这时来源于初乳的被动免疫仍旧对仔猪有很高的保护水平。英国的Alexander等(1980)第一个描述了最初的药物早期断奶法(medicated early weaning,MEW)。MEW

的程序包括妊娠后期和泌乳期母猪用药、母猪分娩与休息地分开、5 日龄断奶和断奶仔猪异地饲养(异地早期隔离断奶,OFSSEW)。后来,对 MEW 进行了改进,并朝着 10～12 d 和 15～18 d 之间断奶、降低药物使用(非用药早期断奶)的方向发展。主要包括仔猪与繁殖母猪分开的原地早期隔离断奶(ONSSEW)、隔离断奶(ISOW)以及保育严格地与较大日龄仔猪分开(MSP,多点生产)的早期隔离断奶(SEW)。所有这些方法主要是与仔猪的被动免疫管理有关。IgG、IgA 和 IgM 的半衰期分别是 10 d、3d 和 2d(Koblasa 等,1981)。但被动免疫的水平和持续时间都非常容易变化(图 14.5),因为它们依赖于初乳采食量和初乳质量,换言之,仔猪的被动免疫的质量依赖于母猪的免疫状态,所有的这些都是易变的。

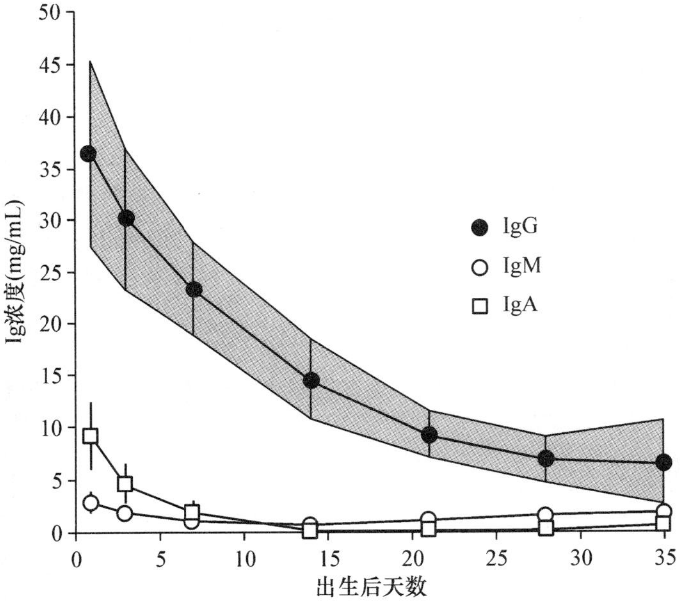

图 14.5 哺乳仔猪血清中 IgG、IgM 和 IgA 的水平

资料来源:Klobasa 等,1981

旨在消除病原体的方法依赖于断奶日龄用药程序(表 14.3),但未能消除猪链球菌和 PPRS 病毒。有人认为分娩期间,阴道分泌物是猪链球菌由母猪传向仔猪的途径(Amass 等,1996)。也有人提出在一些不恰当的 SEW 管理中,猪链球菌引起的疾病甚至可能会恶化(Moore,1995)。但 SEW/MSP 体系确实能够使疾病爆发的风险最小化,许多报道中仔猪生长性能的改善证明了这一点(Coffey 和 Cromwell,1995;Patience 等,1997;Frangman 等,1996)(表 14.4)。但 SEW/MSP 体系也不是控制疾病的万能的方法。

表 14.3 能够阻止疾病传播的断奶日龄（Harris,1993）

疾病名称	断奶日龄(d)
猪肺炎支原体	<10
猪萎缩性鼻炎	<10
猪呼吸繁殖综合征病毒,PRRSv	<10
猪霍乱沙门氏杆菌	<12
副猪嗜血杆菌	<14
猪伪狂犬病	<21
胸膜肺炎放线杆菌	<21

表 14.4 早期隔离断奶对仔猪生长性能的影响[1]（Patience 等,1997）

日龄阶段(d)	ADG			饲料/增重(kg/kg)		
	对照组	O_NSSEW	O_FSSEW	对照组	O_NSSEW	O_FSSEW
12～21	250	109	188	—	1.50	0.99
21～26	140	190	215	1.13	1.18	1.47
21～56	425	439	511	1.36	1.39	1.34

[1] O_NSSEW,原地；O_FSSEW,异地。仔猪(21±3)d 断奶(对照组)或(12±2)d 断奶(O_NSSEW、O_FSSEW)。

然而,早期断奶有可能会降低母猪的生产力,因为泌乳期缩短有时会增加断奶-再发情的时间间隔、降低产仔率和窝产仔数[见 Cosgrove 等(1997)的综述]。虽然如此,SEW/MSP 体系在改善仔猪健康和生长方面确实很有效,在某种程度上,可能会弥补该体系所造成的额外成本的增加和可能的母猪生产力的下降。

14.9 结论:需要更多的研究

在这一章我们努力提供一些有关弱小仔猪和超数仔猪的发生及其程度,以及改善这些仔猪存活率和生长性能的信息。值得注意的是,高产母猪的弱小仔猪和超数仔猪显著提高。总体上,要挽救出生重在 0.90～0.95 kg 的小体重猪是毫无问题的,但其生长性能要有长期的改善却是令人怀疑的。产生的基本问题是,在何种程度时生活水平低下仔猪的生长潜力会低于同窝体重较大的猪。但是,由于断奶重和断奶后第一周的生长速度是后期生长的主要决定性因素,所以我们建议应就一些特殊的方法做更多的研究，以帮助哺乳期仔猪实现其生长潜力，应就饲养策略做更多的研究，帮助仔猪由吮乳到断奶的顺利过渡。最后，应按照超数仔猪和小体重猪的发生的程度来选育母猪，使母猪有更多一致的可利用乳头，从而使同窝仔猪的体重更加一致。

已经证明，AIAO 管理体系和异地早期隔离断奶（SEW/MSP）可以有效地改善断奶仔猪的健康。但在某些国家（如欧洲），低于 21 日龄的断奶是不允许的，而隔离的成本可能也非常昂贵。然而，着力对母猪和仔猪的免疫状况进行充分管理对改善仔猪的健康是很有前途的。

参考文献

Alexander, T.J.L., K. Thornton., G. Boon and R.J. Lysons, 1980. Medicated early weaning to obtain pigs free from pathogens endemic in the herd of origin. Veterinary Record 106, 114-119.

Amass, S.F., L.K. Clark, K. Knox, C.C. Wu and M.A. Hill, 1996. Streptococcus suis colonization of piglets during parturition. Swine Health Production 4, 269-272.

Azain, M.J., 1993. Impact of starter diet on nursery performance. Swine Report No86. University of Georgia, pp. 49-54.

Bidanel, J.P., J. Gruand and Ch. Legault, 1994. An overview of twenty years selection for litter size in pigs using "hyperprolific" schemes. In: Proceedings of the 5th World Congress on Genetic Applied to Livestock Production, 17, 512-515.

Blecha, F. and K.W. Kelley, 1981. Cold stress reduces the acquisition of colostral immunoglobulin in piglets. Journal of Animal Science 52, 594-600.

Campbell, R.G. and A.C. Dunkin, 1982. The effect of birth weight on the estimated milk intake, growth and body composition of sow-reared piglets. Animal Production 35, 193-197.

Cargill, C. and T. Banhazi, 1997. Using all-in/all-out housing to improve air quality. In: P.D. Cranwell (editor), Manipulating Pig Production VI, Australasian Pig Science Association, Werribee, Australia, p 293.

Caugant, A. and R. Guéblez, 1993. Influence of piglet weight at birth on subsequent production traits. Journées Recherches Porcine en France 25, 123-128.

Coffey, R.D. and G. Cromwell, 1995. The impact of the environment and antimicrobial agents on the growth response of early-weaned pigs to sopray-dried porcine plasma. Journal of Animal Science 73, 2532-2539.

Cosgrove, J.R., R.N. Kirkwood, F.X. Aherne, E.J. Clowes, G.R. Foxcroft and L.J. Zak, 1997. Management and Nutrition of the early weaned sow: A review. In: P.D. Cranwell (editor), Manipulating Pig Production VI, Australasian Pig Science Association, Werribee, Australia, pp. 33-56.

Cranwell, P.D., S.G. Pierzynowski, C. Rippe, J.R. Pluske, G.N. Power, R.G. Campbell, R.H. Kertan and F.R. Dunshea, 1997. Weight and age at weaning influence pancreatic size and enzyme capacity. In: P.D. Cranwell (editor), Manipulating Pig Production VI, Australasian Pig Science Association, Werribee, Australia, p 66.

Curtis, S.E., C.H. Heindenrich and T.G. Martin, 1967. Relationship between bodyweight and chemical composition of pigs at birth. Journal of Animal Science 76, 749751.

Davis, C.M., M.L. Fioretto, D.G. Burrin, W.G. Pond and N. Nguyen, 1997. Intaruterine growth restriction does not alter response of protein synthesis to feeding in newborn pigs. American Journal of Physiology 272, E877-E884.

Damgaard, L.H., L. Rydmer, P. Lovental and K. Grandisson, 2001. Maternal genetic parameters for within litter variation in piglet birth weight. Paper presented at the 52th Annual Meeting of the EAAP. Budapest. 8pp.

de Passillé, A.M.B. and T.G. Hartsock, 1979. Within-and between-litter variation of proximate composition in newborn and 10-day-old Landrace swine. Journal of Animal Science 49, 1449-1457.

de Passillé, A.M.B., G. Pelletier, J. Menard and J. Morrisset, 1989. Relationship of weight gain and behaviour to digestive organ weight and enzyme activity in piglets. Journal of Animal Science 67, 2921-2929.

DeRoth, L. and A. Bisaillon, 1980. Gestational changes in utero-placental contact surface in the sow. In: Proceedings of the 6th International Pig Veterinary Society Congress., Copenhagen, Denmark, p.73.

Dewey, C.E., Z. Poljak, A. deGrau, C.M. de Lange, A.E. Deckert and R.M. Friendship, 2002. Variation in weight gain in finisher pigs. In : Proceedings of the IPVS Congress, Ames, Iowa, USA, p 304.

Donovan, T.S. and S.S. Dritz, 2000. Effect of split nursing on variation in pig growth from birth to weaning. Journal of the American Veterinary Medical Association 217, 79-81.

Dritz, S.S., K.Q. Owen, J.L. Nelssen, R.D. Goodband and M.D. Tokach, 1996a. Influence of weaning age and nursery diet complexity on growth performance and carcass characteristics and composition of high-health status pigs from weaning to 109 kilograms. Journal of Animal Science 74, 2975-2984.

Dritz, S.S., M.M. Chengappa, J.L. Nelssen, M.D. Tokach, R.D. Goodband, J.C. Nietfeld and J.J. Staats, 1996b. Growth and microbial flora of monmedicated, segregated, early weaned pigs from a commercial swine operation. Journal of the American Veterinary Medical Association 208, 711-715.

Dunshea, F.R., Ch.S. Chung, Ph.C. Owens, J.F. Ballard and P.E. Walton, 2002. Insulin-like growth factor-1 and analogues increases growth in artificially-reared neonatal pigs. British Journal of Nutrition 87, 587-593.

Dwyer, C.M., J.M. Fletcher and N.G. Stickland, 1993. Muscle cellularity and postnatal growth in the pig. Journal of Animal Science 71, 3339-3343.

Estany, J. and D. Sorensen, 1995. Estimation of genetic parameters for litter size in Danish landrace and Yorkshire pigs. Animal Science 60, 315-324.

Fangman T.J., R.C. Tubbs and K. Henningsen-Dyer, 1996. Influence of weaning site, weaning age, and viral exposure on production performance in early-weaned nursery pigs. Swine Health and Production 4, 223-229.

Gomez, G.G., O. Phillips and R.A. Goforth, 1998. Effect of immunoglobulin source on survival, growth, and hematological and immunological variables in pigs. Journal of Animal Science 76, 1-17.

Gondret, F., L. Lefaucheur, I. Louveau, B. Lebret and X. Pichodo, 2003. Influence of pig birth weight on postnatal growth (Personal Communication).

Handel, N.C. and N.C. Stickland, 1987. Muscle cellularity and birth weight. Animal Production 44, 311-317.

Harrell, R.J., M.J. Thomas and R.D. Boyd, 1993. Limitations of sow milk yield on baby pig growth. In: Proceedings of 1993 Cornell Nutrition Conference for Feed Manufacturers, Cornell University, Ithaca, pp. 156-164.

Harris, D.L., 1993. Medicated early weaning. In: Proceedings of the South- East Swine Practitioners Conference, Raleigh, NC, pp. 1-19.

Hartsock, T.G., H.B. Graves and B.R. Baumgart, 1977. Agonistic behavior and the nursing order in suckling pig: relationship with survival, growth and body composition. Journal of Animal Science 44, 320-330.

Hegarty, P.V.J. and C.E. Allen, 1978. Effect of pre-natal runting on the post-natal development of skeletal muscles in swine and rats. Journal of Animal Science 46, 1634-1640.

Hendrix, W.F., K.W. Kelley, C.T. Gaskins and D.J. Hinrichs, 1978. Porcine neonatal survival and gamma globulins. Journal of Animal Science. 47, 1281-1286.

Henry, Y. and M. Etienne, 1978. Energy feeding of the pig. Journées Recherches Porcine en France 10, 119-165.

Heo, K.N., J. Odle, W. Oliver, E. Jones and I.K. Han, 1998. Effects of liquid -diet feeding and segregated-temperature housing on growth of 14-day-old, early weaned pigs. The 8th World Conference on Animal Production 1, 690-691.

Herpin, P., J. Le Dividich, C. Duchamp and M.J. Dauncey, 1992. Relationship between plasma concentration of insulin-like growth factor-I and birth-weight in pigs. Journal of Physiology (London). 446, 276P.

Herpin, P., J. Le Dividich, J.C. Hulin, M. Fillaut, F. DeMarco and R. Bertin, 1996. Effect of level of asphyxia during delivery on viability at birth and early postnatal viability of newborn pig. Journal of Animal Science 74, 2062-2076.

Herpin, P., M. Damon and J. Le Dividich, 2002. Development of thermoregulation and neonatal survival in pigs. Livestock Production Science (Special issue). In Press.

Himmelberg, I.V., E.R. Peo, A.J. Lewis and J.D. Crenshaw, 1985. Weaning weight response of pigs to simple and complex diets. Journal of Animal Science 61, 18-26.

Hodge, R.M.W., 1974. Efficiency of food conversion and body composition of the preruminant lamb and the young pig. British Journal of Nutrition 32, 113-126.

Högberg, A. and L. Rydmer, 2000. A genetic study of piglet growth and survival. Acta Agriculturae Scvandanavica 50, 300-303.

Hohenshell, L.M., J.E. Cunnick, S.P. Ford, H.G. Kattesh, D.R. Zimmerman, M.E. Wilson, R.L. Matteri, J.A. Carroll and D.C. Lay Jr., 2000. Few differences found between early- and late-weaned pigs raised in the same environment. Journal of Animal Science 78, 38-49.

Holyoake, P.K., G.D. Dial, T. Trigg and V. King, 1995. Reducing pig mortality through supervision during the perinatal period. Journal of Animal Science 73, 3543-3551.

Hodge, R.M.W., 1974. Efficiency of food conversion and body composition of the preruminant lamb and the young pig. British Journal of Nutrition 32, 113-126.

Huysman, C.N., P.F.M.M. Roelefs, J.G. Plagge and A.I.J. Hoofs, 1994. Motherless rearing or extension of suckling of piglets using "EMMA". Research Report No 1.113. Rosmalen The Netherlands, pp. 36.

Jensen, A.R., J. Elnif, D.G. Burrin and P.T.Sangild, 2001. Development of intestinal immunoglobulin absorption and enzyme activities in neonatal pigs is diet dependent. Journal of Nutrition 131, 3259-3265.

Kavanagh, S., P.B. Lynch, P.J. Caffrey and W. Henry, 2002. Creep feed consumption by suckling pigs and its effect on pre- and post-weaning performance. Irish Journal of Agricultural and Food Research *In Press*.

Kim, S.W., W.L. Hurley, I.K. Han and R.A. Easter, 2000. Growth of nursing pigs related to the characteristics of the nursed mammary glands. Journal of Animal Science 78, 1313-1318.

Kim, J.H., J.N. Heo, J. Odle, I.K. Han and R.J. Harrell, 2001. Liquid diets accelerate the growth of early weaned pigs and the effects are maintained to market weight. Journal of Animal Science 79, 427-434.

King, R.H., B.P. Mullan, F.R. Dunshea and H. Dove, 1997. The influence of piglet body weight on milk production of sow. Livestock Production Science 47, 169-174.

Klobasa, F., E. Werhahn and J.E. Butler, 1981. Regulation of humoral immunity in the piglet by immunoglobulins of maternal origin. Research in Veterinary Science 31, 195-206.

Klobasa, F., M.C. Goel and E. Werhlam, 1998. Comparison of freezing and lyophilizing for preservation of colostrum as a source of immunoglobulins for calves. Journal of Animal Science 76, 923-926.

Lawlor, P.G., P.B. Lynch, P.J. Caffrey and J.V. O'Doherty, 2002. Effect of pre- and post-weaning management on subsequent pig performance to slaughter and carcass quality. Animal Science 75, 245-256.

Lecce, J.G., W.D Armstrong, P.C. Crawford and G.A. Ducharne, 1979. Nutrition and management of early weaned piglets: Liquid vs. dry feeding. Journal of Animal Science 48, 427-434.

Le Dividich, J., 1999. Neonatal and Weaner Pig. Management to reduce Variation. In: P.D. Cranwell (editor), Manipulating Pig Production VII, Australasian Pig Science Association, Werribee, Australia, p.135-155.

Le Dividich, J., J. Noblet, P. Herpin, J. van Milgen and N. Quiniou, 1998 Thermoregulation. In: J. Wiseman, M.A. Varley and J.P. Charlick (editors), Progress in Pig Science, Nottingham University Press, U.K., pp.229-263.

Le Dividich, J. and P. Herpin, 1999. Perinatal Mortality in the Pig. Seminar on "Physiological and Genetic Aspects of Perinatal Mortality in Livestock". Wageningen Institute of Animal Sciences. Wageningen, The Netherlands, 20p.

Le Dividich, J. and B. Sève, 2001. Energy requirement of the young piglet. In: M.A. Varley and J Wiseman (editors), The Weaner Pig, Nutrition and Management, CAB International, pp. 17-44.

Legault, Ch., 1998. Génétique et prolificité chez la truie: la voie hyperprolifique et la voie sino-européenne. INRA Production Animals 11, 214-218.

Leibbrandt, V.D., R.C. Ewan, V.C. Speer and D. Zimmerman, 1975. Effect of age at weaning on baby pigs performance Journal of Animal Science 40, 1077-1080.

Léon, E. and F. Madec, 1992. Epidemiological observations about peripartum disorders in the pig: 2-The sucking piglet. Journées Rech. Porcine en France, 24, 99-108.

McBride, C., J.W. James, and G.S. Wyeth, 1965. Social behaviour of domestic animals. VII. Variation in weaning weight in pigs. Animal Production 7, 67-74.

McCaw, M.B., A. Holtcamp, J. Roberts and P. Davis, 1996. McRebel management system (strictly limited cross-fostering) for controlling PPRS-associated disease losses suckling and nursery pigs. In: Proceedings of the 14th International Pig Veterinary Society Congress, Bologna, Italy, p 67.

McConnell, J.C., J.C. Eargle and R.C. Waldorf, 1987. Effects of weaning weight, co-mingling, group size and room temperature on pig performance. Journal of Animal Science, 65, 1201-1206.

Madec, F., E. Eveno, P. Morvan, L. Hamon, E. Albina, C. Truong, E. Huet, R. Cariolet, C. Arnauld and A. Gestin, 1999. Porcine Wasting Disease in France: Description of the disease and impact in affected herds. Journées Recherches Porcine en France 31, 347-354.

Mahan, D.C., 1993. Effect of weight, split-weaning, and nursery feeding programs on performance responses of pigs to 105 kilograms body weight and subsequent effects on sow rebreeding interval. Journal of Animal Science, 71, 1991-1995.

Mahan, D.C. and A.J. Lepine, 1991. Effect of pig weaning weight and associated nursery feeding program on subsequent performance to 105 kilograms body weight. Journal of Animal Science, 69, 1370-1378.

Mahan, D.C., G.L. Cromwell, R.C. Ewan, C.R. Hamilton and J.T. Yen, 1998. Evaluation of the feeding duration of a phase 1 nursery diet to three-week-old pigs of two weaning weights. Journal of Animal Science 76, 578-583.

Mezoff, A.G., N.J. Jensen and M.B. Cohen, 1991. Mechanisms of increased susceptibility of immature and weaned pigs to Escheria coli heat stable enterotoxin. Pediatric Research 29, 424-428.

Miller, H.M., P. Toplis and R.D. Slade, 1999. Weaning weight and daily weight gain in the week after weaning predict piglet performance. In: P.D. Cranwell (editor), Manipulating Pig Production VII, Australasian Pig Science Association, Werribee, Australia, p.130.

Moore, C., 1995. Using high-health technology in a modern production system. Proceedings of the Allen D. Leman Swine Conference, 22, 15-16, St Paul, Min.

Noblet, J. and M. Etienne, 1987. Body composition, metabolic rate and utilization of milk nutrients in suckling piglets. Reproduction, Nutrition, Development 27, 829-839.

Ojamaa, K.M., J.I. Elliot and T.J. Hartsock, 1980. Effects of gestation feeding on level of glycogen reserve and blood parameters in the newborn pig. Journal of Animal Science, 51, 620-628.

Orgeur, P., C. Salaün, Th. Le Roux, E Venturi and J. Le Dividich, 2000. L'adoption et le sevrage ultra-précoce: une stratégie pour élever les porcelets en surnombre. Journées Recherches Porcine en France 32, 143-149.

Patience J.F., H.W. Gonyou, D.L. Whittington, E. Beltranena, C.S. Rhodes and A. van Kessel, 1997. Evaluation of site and age at weaning on piglet growth performance and post-weaning behaviour and on sow productivity. Site-segregated early weaning. Monograph N°. 97-02, pp 31. Prairie Swine Centre, Saskatoon.

Père, M.C. and M. Etienne, 2000. Uterine blood flow in sows: effects of pregnancy stage and litter size. Reproduction, Nutrition, Development 40, 369-382.

Pettigrew, J.E. and B.G. Harmon, 1977. Milk proteins for artificially reared piglets. I. Comparison of egg white protein and effect of added immunoglobulins. Journal of Animal Science 44, 374-382.

Pettigrew, J.E., B.G. Harmon, S.E. Curtis, S.G. Cornelius, H.W. Norton and A.H. Jensen, 1977. Milk protein for artificially reared piglets. III. Efficacy of sodium caseinate and sweet dried whey. Journal of Animal Science 45, 261-268.

Pluske, J.R., I.H. Williams and F.X. Aherne, 1995. Nutrition of the neonatal pig. In: M.A. Varley (editor), The Neonatal Pig. Development and Survival, CAB International Wallingford, U.K., pp. 187-235.

Pluske, J.R. and I.H. Williams, 1996. Split weaning increases the growth of light piglets during lactation. Australian Journal of Agricultural Research 47, 513-523.

Powell, S.E., and D.E. Aberle, 1980. Effects of birth weight on growth and carcass composition of swine. Journal of Animal Science, 50, 860-868.

Price, E.O., G.D. Hutson, M.I. Price and R. Borwardt, 1994. Fostering in swine as affected by age of offspring. Journal of Animal Science, 72, 1697-1701.

Quiniou, N., J. Dagorn and D. Gaudré, 2001. Variation du poids des porcelets à la naissance et incidence sur les performances zootechniques ultérieures. Technicine Porcine 24, 11-17.

Quiniou, N., J. Dagorn and D. Gaudré, 2002. Variation of piglets' birth weight and consequences on subsequent performance. Livestock Production Science (Special issue) 78, 63-70.

Ritacco, G., S.V. Radecki and P.A. Schokneht, 1997. Compensatory growth in runt pigs is not mediated by insulin-like growth factor 1. Journal of Animal Science, 75, 1237-1243.

Robert, S. and G.P. Martineau, 2001. Effects of repeated cross-fostering on preweaning behavior and growth performance of piglets and on maternal behavior of sows. Journal of Animal Science, 79, 88-93.

Rydhmer, L., 1992. Relation between piglet weights and survival. In: M.A. Varley, P.E.V. Williams and T.L.J. Lawrence (editors), Neonatal Survival and Growth, Occasional Publication of the British Society of Animal Production, 15, 183-184.

Schneider, D. and K. Bronsch, 1973. Einfluss der stallbelegung nach der sog. Fleissbaud und Rein Raus Methode auf die Frekelaufzucht. Züchtungskunde, 50, 53-60.

Schoknecht, P.A., S. Ebner, A. Skottner, D.G. Burrin, T.A. Davis, K. Ellis and W.G. Pong, 1997. Exogenous insulin-like growth factor-1 increases weight gain in intrauterine growth-retarded neonatal pigs. Pediatric Research, 42, 201-207.

Sloat, D.A., D.C. Mahan and K.L. Roehrig, 1985. Effect of pig weaning weight on postweaning body composition. Nutrition Reports International 31, 627-634.

Straw, B.E., E.J. Burgi, C.E. Dewey and C.O. Duran, 1998. Effects of extensive crossfostering on performance of pigs on a farm . Journal of the American Veterinary Medical Association 212, 855-856.

Thompson, B.K. and D. Fraser, 1986. Variation in piglets weights: development of within-litter variation over a 5-week lactation and effect of farrowing crate design. Canadian Journal of Animal Science, 66, 361-372.

Thompson, B.K. and D. Fraser, 1988. Variation in piglets weights: weight gains in the first days after birth and their relationship with later performance. Canadian Journal of Animal Science, 68, 581-590.

Tribout, Th., J.C. Caritez, J. Cogué, J. Gruand, Y. Billon, J. Le Dividich, H. Quesnel and J.P. Bidanel, 2002. Estimation of realised genetic trends in french Large White pigs from 1997 to 1998 for male and female reproduction traits using stored frozen semen. Paper presented at 7th World Congress of Genetics Applied to Livestock Production. Montpellier, France.

van Beers-Schreurs, H.M.G., L.L. Vellenga, Th. Wensing, and H.J. Breukink, 1992. The pathogenesis of the post-weaning syndrome in weaned piglets: A review. Veterinary Quarterly 14, 29-34.

van der Lende, T., W. Hazelegen and D. de Jager, 1990. Weight distribution within litters at early fœtal age and at birth in relation to embryonic mortality in the pig. Livestock Production Science 26, 53-65.

Vesseur, P.C., B. Kemp, L.A. den Hartog and J.P.T.M. Noodhuizen, 1997. Effect of split-weaning in first and second parity sows on sow and piglet performance. Livestock Production Science 49, 277-285.

Veum, L. and J. Odle, 2001. Feeding neonatal pigs. In: A.J. Lewis and L.L. Southern (editors), Swine nutrition, CRC Press, pp. 671-690.

Whang, K.Y., F.K. McKeith, S.W. Kim and R.A. Easter, 2000. Effect of starter feeding program on growth performance and gains of body components from weaning to market weight in swine. Journal of Animal Science 78, 2885-2895.

White, K.R., D.M. Anderson and L.A. Bate, 1996. Increasing piglet survival thruogh an improved farrowing management protocol. Canadian Journal of Animal Science 76, 491-495.

Wigmore, P.M.C. and N.C. Stickland, 1983. Muscle development in large and small fetuses. Journal of Anatomy 137, 235-245.

Wise,T., R.T. Roberts and R.K. Christenson, 1997. Relationship of light and heavy fetuses to uterine position, placental weight, gestational age and fetal cholesterol concentrations. Journal of Animal Science 72, 2197-2207.

Wolter, B.F. and M. Ellis, 2001. The effects of weaning and rate of growth immediately after weaning on subsequent pig growth performance and carcass characteristics. Canadian Journal of Animal Science 81, 363-369.

Wolter, B.F., M. Ellis, B.P. Corrigan and J.M. Dedecker, 2002. The effect of birth weight and feeding supplemental milk replacer to piglets during lactation and postweaning growth performance and carcass characteristics. Journal of Animal Science 80, 301-308.

Wootton, R., I.R. McFayden, and J.E. Cooper, 1977. Measurement of placental blood flow in the pig and its relation to placental and fetal weight. Biology of the Neonate 31, 333-339.

Wu, M.C., S.Y. Chen, T.P. Yeh and T.C. Hsieh, 1985. Improvement of the baby pig performance and sow productivity by fractional early weaning. Taiwan Sugar 32, 13-15.

Zijlstra, R.T., K.Y. Wang, R.A. Easter and J. Odle, 1996. Effect of feeding milk replacer to early-weaned pigs on growth, body composition, and small intestinal morphology, compared with suckled littermates. Journal of Animal Science 74, 2948-2959.

15 断奶母猪的生产力和寿命

A. Prunier, N. Soede, H. Quesnel* 和 *B. Kemp

15.1 前　言

在现代化养猪生产系统中，母猪的繁殖寿命接近 5 窝，在美国是 4.2 窝(Lucia 等，1999)，在法国是 4.7 窝(GTTT，2000)，在英国是 5.4 窝。这种平均 4～5 窝的繁殖寿命与曾经提出的 7～8 窝的理想寿命相差甚远(见 Gill(2000)的综述)。有意思的是，这一状况在过去的 10 年中一直没有改变。1979 年，Dagorn 和 Aumaitre 报道，在法国一头母猪平均繁殖 4.2 窝；同一年，Kroes 和 Male 报道，在荷兰一头母猪平均繁殖 4.6 窝。因此，在过去的 20 年，每年每头母猪所产断奶仔猪数平均增加 4.5 头(GTTT，1980，2000)，但似乎并未缩短母猪的繁殖寿命。猪群中部分母猪由于繁殖原因被淘汰，比如不发情、受孕失败、流产和窝产仔猪数少等。对养猪生产者来说，由于多种原因造成的母猪淘汰有着很大的经济重要性。由于繁殖因素淘汰的母猪，使胎次减少，无繁殖的时间比例增高，生产的断奶仔猪数少等等，与因其他原因被淘汰的母猪相比，因繁殖因素淘汰的母猪，其年在群寿命和总在群寿命都要短(Dijkhuizen 等，1989；Lucin 等，2000)。人们对初产母猪的繁殖问题已经有了比较深入的了解。生产试验的数据表明，初产母猪从断奶到发情的时间间隔延长的风险最高，受精后受孕率低(Vesseur 等，1994a，b；Tummaruk 等，2000)，从而导致高淘汰率(Dijkhuizen 等，1989)。在经产母猪，经常发生窝产仔猪相对较少(即所谓的经产期综合征，Morrow 等，1992)，其原因与第一窝仔猪断奶后母猪的繁殖功能降低有关。本章将首先综述母猪被淘汰的繁殖因素，其后讨论了有关泌乳和断奶对生殖轴的生理影响，最后讨论繁殖性能的主要参数，包括内外环境因素对排卵率和胚胎存活率等基本繁殖参数的影响。

15.2 由繁殖因素引起的淘汰

基于对数据库中生产者记录，例如法国的 GTTT(Dagorn 和 Aumaitre，1979)、荷兰的 VAMPP(Dijkhuizen 等，1989)、挪威的 NSRS(Sehest 和 Schjerve，1996)和美国的猪 CHAMP(Koketsu 等，1997a；Lucia 等，2000)的分析，很多人研

究了母猪被淘汰的原因。这些研究表明,因繁殖原因而被淘汰的母猪所占比例很大,如不发情、分娩障碍、窝产仔数少等。由繁殖原因造成的淘汰母猪数占总淘汰数的33%~52%,如果再加上母性能力问题(围产期病症、无乳或产乳量低),这个比例甚至高达43%~64%(表15.1)。仔细分析由繁殖因素导致的淘汰,数据表明受孕失败和分娩障碍是主要原因,两个因素各占因繁殖原因淘汰母猪的近1/3(表15.2)。乏情(包括安静排卵)是另一主要原因,导致25%的繁殖淘汰。除繁殖原因,造成母猪淘汰的其他主要原因有:老龄化(占总淘汰数的8%~27%),行动障碍(占总淘汰数的8%~13%)和死亡(占总淘汰数的4%~8%)(表15.1)。

表15.1 不同国家商业饲养中母猪淘汰的原因(占淘汰母猪的百分比)

资料来源	繁殖失败[2]	窝产仔数少	围产期病症[3]	乳产量不足[4]	行动障碍	死亡	年龄	其他原因	国家和年度
Dagorn和Aumaitre,1979	39.2	4.6	6.3	6.1	8.8	6.5	27.2	1.3	法国,1975—1976
Zivkovic等,1986	36.4	15.9	?	12.1	9.1	?	?	26.5	南斯拉夫,1985
Dijkhuizen等,1989	34.2	6.2	?	13.9	10.5	?	11.0	24.2	新西兰,1985—1986
Bhatia,1989	33.0	?	?	?	8.7	8.0	8.4	41.9	印度
Lucia等,2000[1]	33.7	14.1	3.4	4.9	13.2	7.4	8.7	14.6	美国,1992
Sehested和Schjerve,1996	28.7	4.0	4.0	4.8	10.2	4.2	11.3	32.8	挪威,1992—1994
Heinonen等,1998	31.2	7.9	4.3	3.4	12.6	3.9	15.5	21.2	芬兰,1992/1993
平均	33.8	8.8	4.5	7.2	10.4	6.0	13.7	23.2	

[1] 包括后备母猪;[2] 包括乏情、受孕失败和流产;[3] 包括分娩困难,如乳腺炎等;[4] 包括仔猪生长慢、乳头异常。

表15.2 商业群中淘汰母猪繁殖障碍的几种病因(占母猪的百分比)

资料来源	乏情	受孕失败[2]	分娩障碍[3]	流产	国家和年度
Koketsu等,1997a	25.2	37.1	30.4	7.4	美国,1991
Sehested和Schjerve,1996	23.4	31.7	36.8	8.4	挪威,1992—1994
Lucia等,2000[1]	27.0	39.7	33.4[4]		美国,1992
Heinonen等,1998	22.3	77.7[5]			芬兰,1992/1993

[1] 包括后备母猪;[2] 正常返情(配种后18~25 d);[3] 不正常返情(配种25 d以后);[4] 包括流产;[5] 包括分娩障碍和流产。

经产母猪被淘汰的原因不同。"真正的"由于繁殖系统障碍(乏情+受孕失败或者流产+窝产仔数少)被淘汰的小母猪数占总淘汰数的近40%(第1胎和第2胎),而老龄母猪(胎次>7)仅为17%(图15.1)。虽然母猪被淘汰的年龄原因被排除在分析之外,但小母猪和老龄母猪被淘汰的原因区别较小。例如,从挪威的数据中可计算出，当年龄原因被排除时，由于"真正的"繁殖系统障碍，近 40% 的初产母猪被淘汰，与胎次大于 7 的老龄母猪中，也有近 34% 的被淘汰，二者间相差无几(Sehested 和 Schjerve，1996)。

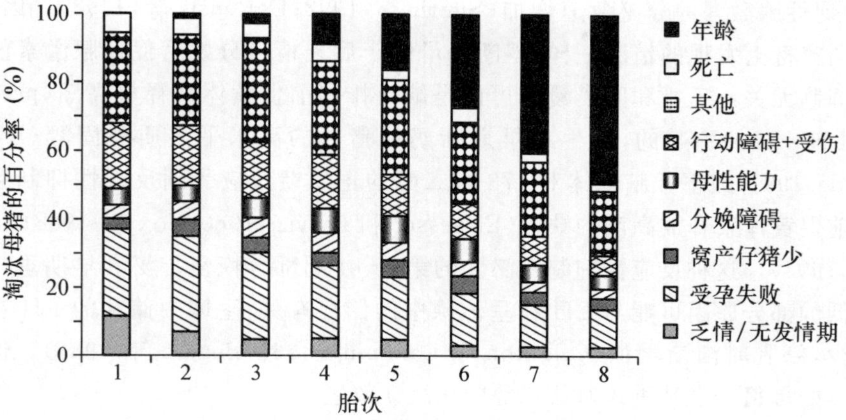

图 15.1　长白 X 约克夏母猪胎次对淘汰原因的影响

资料来源：Sehested 和 Schjerve，1996。

基于数据库的分析研究有潜在的局限性，就是对淘汰原因的记录不标准。母猪被淘汰通常不是因为某个单一的因素，而是很多原因。比如，一头繁殖性能低和有肢蹄病的老龄母猪被淘汰有 3 个原因，母性能力低、肢蹄病、年龄大。但生产者只选择的一个原因做记录。这样就有的参数可能被低估，而另外一个参数可能被高估。此外，生产者还可能对繁殖障碍的诊断发生错误。比如，Geudeke(1992)对 5 969 头母猪生殖道的检查发现检查，13.7% 的母猪由于乏情被淘汰，在这些淘汰的母猪中，60% 的卵巢正常，16.7% 的卵巢静止，25.3% 的卵巢囊肿。

15.3 泌乳和断奶对生殖轴的影响

正常情况下，泌乳几乎完全抑制了生殖轴的活动。断奶消除了这种抑制作用，引起母猪发情和排卵(Britt 等，1985，Varley 和 Foxcroft，1990；Quesnnel 和 Prunier，1995)。在特殊情况下，泌乳期母猪可能发生发情和排卵。

15.3.1 产后抑制

15.3.1.1 妊娠和分娩的长期效应

出生断奶而不是 3～5 周龄断奶，会引起母猪乏情和卵巢囊肿的发生率提高、断奶-发情时间间隔延长(断奶到配种)或窝产仔数减少(Peters 等，1969；Ellion 等，1980；Varley 和 Atkinson，1985)。这说明与妊娠和分娩相关的生理活动对生殖轴有抑制性作用。

在妊娠的最后1个月，促黄体素(LH)的分泌受到黄体合成的高浓度孕酮的抑制，也可能受胎儿-胎盘中高水平雌激素的抑制。分娩过程中经常伴随孕酮和雌激素水平的下降，随后哺乳母猪、分娩后随即断奶的母猪(zero-weaned sows，零断奶母猪)促性腺激素的分泌急速增加(Smith 等，1992；DeRensis 等，1993)。因此，与在反刍家畜上发现的情况一样，零断奶母猪产后乏情与分娩后促性腺激素的分泌受到抑制无关。乏情和卵巢囊肿可能是缺乏排卵前促黄体素释放高潮(preovulatory LH-surge)引起的，发生在早期断奶母猪上的高水平皮质类固醇(Ryan 和 Raeside，1991)或下丘脑垂体对17β-雌二醇的正反馈效应受到反映性抑制会导致排卵前促黄体素释放高潮的缺乏(Elsaesser 和 Parvizi，1980；Cox 等，1988；Sesti 和 Britt，1993)。这种反应性抑制在泌乳的第3～4周部分恢复。泌乳早期垂体反应性降低的部分原因可能与LH在垂体腺中的储存有关，垂体中储存的LH在分娩后减少，泌乳时渐渐增加(Crighton 和 Lamming，1969；Bevers 等，1981)。但未能在零断奶母猪上发现垂体对雌二醇的正反馈效应。

另一个涉及到生殖轴的妊娠长期效应是子宫，子宫在妊娠期间完全发生了很大变化。产后第1周子宫恢复迅速，但完全恢复要在产后21～28 d内才能完成(Plalmer 等，1956；Smidt 等，1969)。产后4 d断奶的早期断奶母猪，子宫恢复较慢(Smidt 等，1969)。因此，分娩或分娩后很短时间内就断奶的母猪，其生殖道的形态和生理可能不适合受精和卵泡着床，从而导致妊娠率降低、断奶到配种的时间延长或者产仔数减少。

15.3.1.2 吮乳的影响

产后2 d或3 d，血液中LH的平均水平很高，母猪泌乳时降低(Tokach 等，1992；De Rensis 等，1993a，b)。在泌乳早期，4～14 d，LH水平和数量保持缓慢的变化，之后逐渐增加(Stevenson 等，1981，Shaw 和 Foxcroft，1985；De Rensis 等，1993a)。

有非常一致的证据认为，吮乳(仔猪吮乳刺激乳头)和仔猪靠近母猪会给母猪带来生理和行为上的刺激，并通过神经内分泌反应，诱导神经递质和阿片肽的释放(Kraeling 和 Bard，1990)。这些因素刺激参与乳的产生和排出的垂体激素的分泌(如催产素、催乳素、生长激素和氢化可的松)，并通过抑制促性腺激素释放激素(GnRH)脉冲发生器来抑制LH的分泌。吮乳诱导的LH分泌抑制开始于产后2 d或3 d(De Rensis 等，1993a)。这主要是因为泌乳期间内源性阿片样物质的影响，但其在产后早期的发展不受阿片样物质的影响(De Rensis 等，1993b，1998a)。除了阿片能系统，在泌乳期的第4周多巴胺能系统对LH的分泌也有调控作用(De Rensis 等，1998b)。但是，这些作者提供证据也表明，泌乳期间催乳素本身并不参与 GnRH/LH 分泌的调控。这个结果与目前工人的假说有些矛盾，目前流行的看法是，泌乳期间催乳素会部分地抑制 LH 的分泌[见 Van der Wiel 等(1985)的综述；Dusza 和 Tilton，1990]。

在 4 周的泌乳期间，随着泌乳的进程，LH 分泌的抑制逐步降低，这种作用可能与吮乳频率和强度的降低有关(Pederson 等，1998；Jensen et Recén，1989)，也可能与垂体 LH 对 GnRH 反应的增加有关(Bevers 等，1981；Rojanasthien 等，1987a)。

关于泌乳期间促卵泡素(FSH)分泌变化的数据还不是很一致。在分娩后的 3 d 里，FSH 的浓度不随时间的变化而变化，哺乳母猪和零断奶的母猪的 FSH 浓度相似(De Rensis 等，1993a)。从泌乳第 2 周开始，母猪血浆中 FSH 的浓度持续升高(Stevenson 等，1981；De Rensis 等，1993b)。泌乳期间切除卵巢使 FSH 的浓度升高，但不影响 LH 的分泌(Stevenson 等，1981)，这表明 FSH 的分泌更多地受到卵巢负反馈(可能是抑制素)的调控而不是吮乳的调控。

在哺乳母猪，产后第 1 周卵巢上有大的卵泡(>5 mm)出现，但在第 2 周被小的和中等大小的卵泡(3～4 mm)代替(Crighton 和 Lamming，1969；Kunavongkrit 等，1982；Rojanasthien 等，1987b)。在泌乳第 3 周和第 4 周时，由于 LH 脉冲频率逐步增加，卵泡重新开始生长，但大部分卵泡的直径<5 mm[见 Britt 等(1985)的综述]。由于卵泡生长受到抑制，所以血液中雌激素的浓度总体上处于低水平(Baldwin 和 Stabenfeldt，1975；Kirkwood 等，1984；Prunier 等，1993)。

泌乳期间，卵泡生长除了这种一般的方式之外，Lucy 等(2001)用超声波对断奶前母猪的观察发现，不同母猪其卵泡生长发育存在差异。有些母猪的卵巢相对不活跃(卵泡直径<2 mm)，有些有大的卵泡存在。

泌乳期间，可以使用外源性的促性腺激素来诱导排卵[见 Britt 等(1985)的综述]。泌乳期间，卵泡生长降低的主要原因是促性腺激素信号水平低。但是，其他一些因素也能够直接影响卵巢水平，如调节卵泡对促性腺激素的反应。

15.3.1.3 代谢状况的影响

泌乳期间，母猪通常自由采食或接近自由采食，产后 3 周内，其自由采食量增加[见 Dourmad(1988)的综述]；产乳所需要的能量也同时增加，并在泌乳第 3 周达到高峰(Noblet 和 Etienne，1986)。泌乳母猪的自由采食量依赖许多内在的和环境的因素[见 Dournad(1988)和 Eissen 等(2000)的综述]，经常不能满足产乳对高能量和营养物质的需求。这种情况对高产的经产母猪和大多数初产母猪情况尤其如此，初产母猪的自由采食量比经产母猪低，但产乳量却相对较高(>7～8 kg/d)。在整个泌乳期间，这些母猪处于能量负平衡状态。用采食 80%～90%维持和产乳代谢能的泌乳母猪的研究证明，轻微的分解代谢并不影响促性腺激素的分泌，即使对初产母猪也是如此[见 Prunier 和 Quesnel(2000)的综述]。而且,Zak 等(1998)用胃套管对泌乳母猪进行强饲,使母猪处于合成代谢状态,结果发现,合成代谢没有缓解断奶前吮乳对 LH 分泌的负面影响,也并不能改善断奶后的繁殖性能。但在 Zak 等(1998)的试验中,对照组母猪已经有很好的繁殖性能。相反,初产母猪泌乳期间强烈的分解代谢以致下丘脑-垂体复合物的活性。毫无疑问,限制饲料(Reese 等,1982;Zak 等,1997a;Quesnel 等,1998a)、能量(Armstrong 等,1986a;Koketsu 等,1996a)或蛋白质(King 和 Martin,1989;Jones 和 Stahly,1999a;Yang 等,2000a)一般都会抑制泌乳期间 LH 的分泌和延迟断奶后发情。

泌乳诱导代谢性适应,优先驱使营养物质向乳腺的转移。泌乳期间,由于仔猪吮乳和高采食量,催乳素、生长激素(GH)、胰岛素样生长因子-Ⅰ(IGF-Ⅰ)和胰岛素的浓度相对较高。随着泌乳的进程,可能由于吮乳刺激强度的降低,催乳素、GH 和 IGF-Ⅰ的浓度缓慢下降(Rojkittikhun 等,1993;Schams 等,1994)。随着泌乳量的增加,营养不足的程度和机体储备动员不断增加,血浆葡萄糖、胰岛素、IGF-Ⅰ和瘦素也随之下降(Prunier 等,1993;Messias de Braganca 和 Prunier,1999;Van den Brand 等,2001;Prunier 等,2001)。对于泌乳期间受到营养限制的初产母猪,已经对其代谢适应进行了大量的描述。与良好饲喂的母猪相比,限饲母猪血浆中胰岛素、IGF-Ⅰ和瘦素的水平较低,但血浆非必需脂肪酸(NEFA)和 GH 的含量较高(Koketsu 等,1996a;Zak 等,1997a;Quesnel 等,1998a;Mao 等,1999)。显然,GH-IGF-Ⅰ轴分开了。GH、IGF-Ⅰ与低胰岛素一起共同支持母体的分解代谢。与繁殖轴有关的代谢产物和代谢激素信号的变化以及代谢状态的变化,已经有了越来越多的证据[见 Booth(1990)的综述;Pettigrew 和 Tokach,1993;Prunier 和 Quesnel,2000]。在这些潜在的调节因子中,葡萄糖、胰岛素和 IGF-Ⅰ起主导作用。在青春期前经过严格限饲或试验诱导限制葡萄糖的母猪 Booth,1990;Barb,1999)和糖尿病小母猪(Angell 等,1996),葡萄糖和(或)胰岛素的显著降低与 LH 的分泌抑制有关。在泌乳母猪,断奶前后 LH 的波动一直被认为与胰岛素(Quesnel 等,1998b)或 IGF-Ⅰ(Van den Brand 等,2001)呈正相关关系。饲喂富含碳水化合物日粮增加泌乳早期(7 d)LH 的波动,但对泌乳晚期(14 d 或 21 d)则没有这种作用,尽管在两种情况下饲后胰岛素的水平都较高(Kemp 等,1995;Van den Brand 等,2000a)。仍旧缺乏证据来证明,处于分解代谢的泌乳母猪,其胰岛素的降低可以改变 LH 的波动。在卵巢水平上,一致认为胰岛素和 IGF-Ⅰ能够刺激卵泡对促性腺激素和卵泡生成的反应(Adashi 等,1992)。因此,在限饲的泌乳母猪,会观察到血浆和(或)卵泡上胰岛素和 IGF-Ⅰ浓度的降低(Quesnel 等,1998a,b),浓度的降低可能会降低断奶时卵巢对促性腺激素刺激的反应,从而改变卵泡的发育。事实上,Quesnel 等(1998a,b)已经观察到,泌乳期间限饲可诱导泌乳第 27 天的胰岛素、IGF-Ⅰ和LH浓度的降低。这会相应导致第28天断奶时直径至少4 mm的卵泡数量的减少，以及直径1～3 mm的健康卵泡比例的降低。同样地，Clowes等(1999)的研究也表明，对初产母猪限饲蛋白质，泌乳23 d大卵泡(4～6 mm)的数量减少。而且，这些母猪卵泡液支持体内卵母细胞核成熟的潜在能力也较低。

15.3.2 断奶解除对下丘脑-垂体-卵巢轴的抑制

断奶仔猪能够降低吮乳刺激和分解代谢产生的抑制。这种情况能够直接并且短暂地提高LH的平均浓度和LH对排卵的脉冲频率(综述：Britt等，1985；Varley和Foxcroft，1990；Quesnel和Prunier，1995)。一些试验发现，断奶造成FSH分泌的增加(Cox和Britt，1982；Shaw和Foxcroft，1985)，但另一些试验有不同的结果(Stevenson等，1981；Edwards和Foxcroft，1983；Foxcroft等，1987)。断奶前后FSH和LH分泌的相反效应对采用不同方法控制促性腺激素分泌是一种支持，LH的分泌主要决定于吮乳和泌乳影响，而FSH的分泌则主要依赖于卵巢的负反馈。

断奶对促性腺激素分泌的增加刺激卵泡生长和成熟，断奶后大卵泡(直径＞5 mm)数量和大小立即增加就是很好的证明(Palmer等，1965a；Cox和Britt，1982；Armstrong等，1986b)。断奶后24～48 h，卵泡上17β-雌二醇和睾丸激素的浓度相对较高(Foxcroft等，1987；Killen等，1992)。对于正常返情的母猪，断奶后24～48 h，其血浆中17β-雌二醇浓度显著升高(Rojanasthien，1988；Tsuma等，1995)。同样地，断奶后的头2 d，血浆和卵泡液内抑制素的浓度逐步提高(Trout等，1992)。在发情周期的卵泡生成阶段，循环中高浓度的17β-雌二醇可以诱导性欲冲动、排卵期前的促性腺激素高潮和之后的排卵。但不同母猪间断奶后的卵泡发育存在相当的差异(Foxcroft等，1987)。这可能与断奶-发情时间的差异和(或)排卵率的差异有关。

即使泌乳期间存在强烈的分解代谢，大多数母猪的断奶都会刺激LH的分泌，(Zak等，1997a；Quesnel等，1998a)。断奶后LH分泌增加的程度与泌乳期LH抑制的程度之间没有必然的联系(Zak等，1997a)。但单群初产母猪的几个研究表明，断奶到发情的时间间隔主要与泌乳中期或断奶前平均的或短暂的LH分泌有关(Shaw和Foxcroft，1985；Tokach等，1992)，并且在这些试验中，泌乳期间采用了营养处理改变LH的分泌(Armstrong等，1986a；Koketsu等，1996a；Zak等，1997a)。这表明，泌乳期LH的抑制程度会影响断奶后卵巢活性的恢复。但有几个研究也描述了断奶后LH与断奶-发情间隔之间有正相关关系。比如，Van den Brand等(2000a)发现，当母猪LH脉冲数量较低时(＜8次脉冲/12 h)，以上关系为线性，而当母猪LH脉冲数量较高时，断奶-发情间隔就会缩短。从本质上说，断奶后卵巢活性会受到泌乳期代谢激素浓度的影响(见15.3.1)。断奶后排卵率和

(或)胚胎存活率的变化与断奶前后 LH 分泌的变化无关(Zak 等,1997a,b,通过限饲改变 LH; Mejia-Guadarrama 等,2001,通过限饲赖氨酸或蛋白质量改变 LH)。基于卵泡生长的动力学和激素调节,一当仔猪被转移,FSH 和 LH 可能会立即诱导卵泡进行补充。断奶 4～7 d 后排出的卵泡都是断奶时直径为 2～3 mm 的健康卵泡。这些卵泡的数量可能会影响断奶后第一个发情期的排卵,这些卵泡的特征(质量)可能会影响卵母细胞发育和(或)卵泡细胞生成黄体的过程,进而影响受精率和胎儿存活率。而且,断奶后的激素背景也可能影响排卵期前卵泡的补充和成熟。因此,泌乳和断奶都可能影响初产和经产母猪的繁殖性能。但是,如果泌乳期对 LH 的分泌或卵泡发育没有深入的负面影响,就不会造成泌乳对断奶后繁殖性能的有害影响,也能限制断奶后一系列变化的影响。

15.4 繁殖性能的差异:程度和原因

15.4.1 生殖力和多产性的组成

母猪的生殖力和多产性受到多种因素的影响,包括内在因素(如遗传因素、胎次、机体储备、产乳量)、环境因素(如应激、光照、周围温度、圈舍)和管理因素(如泌乳时间长短、饲喂水平)。生产数据反映胎次、基因型、窝产仔数等影响母猪生殖力和多产性的信息,以及泌乳时间长短和季节对断奶-发情时间、窝产仔数、产仔率和母猪寿命的影响的信息来源于生产数据(Kokestu 等,1997a,b;Le Cozler 等,1997;Lucia 等,2000)。泌乳期间,内在或环境因素对产仔率和窝产仔数影响的资料来源于试验群体,组成产仔率和窝产仔数的指标包括排卵率、受精率、胚胎存活率和胎儿存活率。

下面几段总结了作用于泌乳期或断奶后的因素对母猪繁殖功能产生的影响。但值得注意的是,大多数生产或试验数据都更注重泌乳期间起作用的因素。

15.4.2 营养因素的影响

15.4.2.1 营养供给的影响

经常发现泌乳期饲料供给会影响断奶-发情间隔、排卵率和胚胎存活率,进而影响怀孕率(产仔率)和窝产仔数,但不同研究的结果变异很大(表 15.3)。多数研究认为,泌乳期低饲喂水平增加断奶-发情间隔,但 8 篇文献中只有 4 篇有显著性差异。只有 1 个研究发现排卵率显著降低,3 个研究中胚胎存活率显著降低,2 个研究中产仔率显著降低。因此,相对于排卵率、胚胎存活率和产仔率来讲,低饲喂水平对断奶-发情间隔的影响更一致。即使是现代杂交初产母猪(表 15.3 中 1997 年之后的研究),也可以发现不同的结果:没有影响(Quesnel 和 Prunier,1998);仅对断奶-发情间隔有影响(Zak 等,1998);对排卵率和胚胎存活率有影响(Zak 等,

1997a)或只对排卵率有影响(Van den Brand 等,2000a)。在这些研究中,变异的原因也很不容易确定。这取决于对照组的繁殖性能(不同试验总有差异),而且与以下一些因素有关:分娩时机体的状况、窝产仔数、窝增重、泌乳期长短、限饲程度、泌乳期体重损失等等。有试验显示,泌乳期能量缺乏越严重,断奶-发情间隔、排卵率、胚胎存活受到的影响越大。King 和 Dunkin(1986a)的数据证实了限饲程度对断奶-发情间隔的影响。他们对 6 个饲料采食量的头胎母猪进行了比较,结果发现,采食量最高的母猪,断奶后 8 d 发情比例为 83%,随日采食量的线性减少,发情率减少到 8%。但作者没有发现采食量对排卵数有任何影响,其原因可能是所有处理组的断奶-发情间隔都相对过长。表 15.3 的数据显示,只有当断奶-发情间隔较短时,限饲母猪排卵数的减少才会达到显著水平或者接近显著水平(Zak 等,1997a;Van den Brand 等,2000a)。因此,当 WEI 断奶-发情间隔延长时,这些因素对断奶后排卵数的影响有所削弱。这样的结论不能用于限饲对胚胎存活率与怀孕率的影响。

表 15.3　泌乳期或断奶后饲料供给对断奶重(LW)、断奶-发情时间(WEI)、排卵率、妊娠 25～35 d 胚胎存活率(ES)或窝产仔数(LS,括号中)和怀孕率(PR)或产仔率(FR,括号中)的影响

饲料供应(%)[a]		LW(kg)		WEI(d)		排卵率		ES[b](LS)		PR(ER)		资料来源[c]
高	低	高	低	高	低	高	低	高	低	高	低	
泌乳期												
85	40	135	108	7.6	19.9*	14.3	13.5	(9.7)	(9.7)	(79)	(89)	(1)
85	45	～200	～180	4.3	5.8*	18.1	18.6	83	68+	90	69*	(2)
80	40	～177	～164	6.0	8.9*	17.6	17.7	83	72*	89	77+	(3)
80	45	199	176	5.9	7.5	16.2	16.7	85	64*	82	62*	(4)[d]
80	45[d]	179	162	3.7	5.6	19.9	15.4*	88	87	100	100	(5)
	45[d]		172		5.1		15.4*		64*		100	
90	60	210	194	5.7	5.9	19.2	20.7	—	—	—	—	(6)
85	50	163	137	4.2	6.3	14.4	15.6	83	72	100	100	(7)
79	67	152	145	5.1	5.7	18.1	16.2+	68	68	—	—	(8)
断奶后												
—	—			9.1	8.2	15.2	14.8	—	—	—	—	(9)
285	115	122	121	13.4	14.1	14.6	1.3.2*	(10.0)	(9.5)	(76)	(92)	(1)
245	155	199	199	6.0	5.9	16.6	16.2	78	85	87	82	(4)[d]

[a] 测定泌乳期饲料供给的影响时,断奶后限饲。测定断奶后饲料供给的影响,泌乳期充分饲喂。对于断奶母猪,饲料供给是维持需要代谢能采食量估计值的%;对于泌乳母猪,饲料供给是维持+产乳需要对代谢能采食量估计值的%(Prunier 和 Quesnel,2000)。

[b] ①King 和 Williams,1984;②Kirkwood 等,1987;③Kirkwood 等,1990;④Baidoo 等,1992;⑤Zak 等,1997a;⑥Quesnel 和 Prunier,1998;⑦Zak 等,1998;⑧Van den Brand 等,2000a;⑨Den Hartog 和 Van der Steen,1981。

[c] 活胚胎数与黄体数的比值。

[d] 低饲料采食量(代谢能需要量的 5%)分为泌乳前 3 周(第 1 行数据)或泌乳最后 1 周(第 4 周,第 2 行数据)。

* $p<0.05$, + $p<0.05$。

泌乳期采食量对排卵数的影响可能与断奶时卵泡发育的改变有关,后者取决于断奶时的激素水平(见 15.3.2)。Soede 等(2000)得到的小母猪数据证实了这一点。他们发现,在孕酮高峰期(Regumate)的最后 1 周以自由采食量的 60%进行限饲，试验结束时大卵泡数量减少（直径>4.5 mm 的卵泡/卵巢，4.2 对 9.5）、排卵率降低（15.8 对 17.2），但对孕酮分泌停止到排卵的时间间隔无影响时。Almeida 等（2000）在黄体期的第 2 周进行限饲，发现对排卵数没有影响，但显著提高妊娠早期的孕酮水平和胚胎存活率（68%对 83%）。同样地，泌乳期的激素水平影响卵母细胞的质量，最终影响胚胎存活率和怀孕率。

对农场数据的分析显示，泌乳期的采食方式是影响繁殖过程的另一重要因素。Koketsu 等（1996b，c）分析了有关采食方式的农场数据。作者将采食方式分成 6 种：分娩后采食量快速增加（Rapid，占泌乳母猪总数的 23%）；泌乳期采食量大幅度下降（Major，占总数的 33%）；泌乳期采食量小幅下降（Minor，占总数的 28%）；泌乳期低采食量（LLL，占总数的 1%）；泌乳第 1 周低，以后增加（LHH，占总数的 1%）；泌乳期逐步增加（Gradual，占总数的 15%）。对繁殖性能的分析表明，泌乳期间采食量无论快速还是逐步增加，只要没有降低（或稍微下降），断奶-受孕的时间间隔最短，由于乏情被淘汰的风险较低。泌乳期母猪在任何时候采食量显著下降，其繁殖性能下降。作者总结认为，泌乳期的平均日采食量和采食方式都影响繁殖性能。

试验数据也显示，泌乳期不同阶段的限饲对繁殖性能的影响不同。Koketsu 等（1996a）在整个泌乳期或者泌乳期的第 1、2 或 3 周限制母猪的能量摄入（调整日粮保证能量摄入为自由采食的 60%，但不限制赖氨酸的摄入），结果发现，泌乳期的第 2、3 周或者全期限饲显著增加了断奶-发情间隔（从平均 9 d 增加到 18～23 d），而泌乳期第 1 周限饲的断奶-发情间隔平均为 14 d。该试验没有测定其他繁殖性能指标。Zak 等（1997a）对泌乳期为 4 周的初产母猪进行不同阶段的限饲。母猪分别自由采食（“对照”组），分娩后至泌乳 21 d 限饲（50%的自由采食量，“refed”组），或在泌乳 22～28 d 限饲（50%的自由采食量，“限饲”组），结果发现，“refed”组母猪的断奶-发情间隔显著增加（从 3.7 d 增加到 5.6 d），排卵数下降（从 19.9 降至 15.4），但对胚胎存活率没有影响（从 88%到 86%）；而“限饲”组母猪的断奶-发情间隔增加（从 3.7 d 增加到 5.1 d），排卵数降低（从 19.9 降低到 15.4），胚胎存活率也降低（从 88%降低到 64%）。在采用相似饲养方案的第 2 个试验中，Zak 等（1997b）体外比较了 15 个最大卵泡到卵母细胞过程中成熟能力，以及直径大于 3 mm 卵泡的促进卵母细胞核成熟的能力，结果发现，与“refed”组母猪相比，“限饲”组母猪处于减数分裂中期Ⅱ的成熟卵母细胞数量少。而且，“限饲”组母猪卵泡液中成熟卵母细胞的数量比“refed”组少。但有关卵母细胞在体内与体外成熟能力的关系仍缺乏试验数据。

有关断奶母猪饲料供给对其后繁殖性能影响的数据非常少。仅在一个试验中观察到断奶后限饲显著降低了下一繁殖周期母猪的排卵数（表 15.3）。该效应可能与断奶后恢复过程的激素水平有关（见 15.3.2）。事实上，用胰岛素断奶后母猪，可增加其排卵数，因为这种处理可减少所选卵泡的闭锁[见 Cox(1997)的综述]。

15.4.2.2 日粮成分的影响

蛋白质

哺乳期由于产乳，母猪对蛋白质的需要量高，大多数日粮中的第一限制性氨基酸是赖氨酸，泌乳性能主要由每日摄入的赖氨酸决定。哺乳期低蛋白质摄入量导致大量母体蛋白质动员和泌乳量减少(Jones 和 Stahly，1999b)。大量研究表明，在第一个泌乳期，低蛋白质、高能量采食量会增加下一繁殖周期的断奶-发情间隔(20 d 对 11 d，King 和 Williams，1984；13.9 d 对 8.4 d，Jones 和 Sthly 1999a)，降低断奶后 8 d 内发情母猪的数量(41%对 59%，King 和 Dunkin，1986b；33 对 83%，King 和 Msrtin，1989)或断奶后 7 d 内发情母猪的数量(60%对 88%，Brendemuhl 等，1987)，但对排卵率或卵窝产仔数没有明显影响。相反，近来的 2 个试验表明，蛋白质/赖氨酸受限制对断奶到发情前(Yang 等，2000b)发情(Mejia 等，2001)的时间间隔没有明显影响，但对卵泡发育和(或)排卵率有影响。与对照组相比，限饲母猪断奶后发情的排卵率低(20.3 对 23.4，Mejia-Cuadarrama 等，2001)。而且，哺乳期限制蛋白质/赖氨酸摄入量，使断奶后发情前采集的排卵前卵泡的生长受到阻碍，并减弱卵母细胞的成熟能力(Yang 等，2000c)。

Yang 等(2000b)研究了哺乳期日粮中长期缺乏蛋白质/赖氨酸的作用。他们比较了 5 种赖氨酸水平(0.60%、0.85%、1.10%、1.35%和 1.60%)对连续 3 个胎次母猪的影响。结果发现，提高日粮中蛋白质/赖氨酸水平，母猪自由采食量线性降低，比如，第 1 胎，母猪采食量由 5.4 kg 降至 4.6 kg；日粮赖氨酸水平不影响断奶-发情间隔(1、2、3 胎的平均值分别为 5.8、4.7 和 4.1)或分娩率(1、2、3 胎分别为 75.2%、74.8%和 84.4%)。但赖氨酸水平对随后的窝产仔数有影响，且这种影响与胎次有关，提高第一个泌乳期日粮赖氨酸水平会线性降低第 2 胎的产仔数，但 0.85%的赖氨酸使第 3 胎和第 4 胎窝产仔数最低。

很多学者用 2 因子设计来研究哺乳期日粮蛋白质和能量水平对繁殖性能影响的互作(King 和 Williams，1984；King 和 Dunkin，1986b；Brendemuhl 等，1987)。结果表明，蛋白质摄入量对繁殖性能的影响与能量摄入量的高低对繁殖性能的影响相似，说明能量和蛋白质之间没有互作效应。

有人建议，将泌乳母猪日粮赖氨酸/蛋白质水平提高到高于营养需要的水平，能够改善断奶后母猪的繁殖性能。一些试验结果支持这个建议(减少断奶-发情间隔，Wilson 等，1996；提高窝产仔数，Tritton 等，1996)，但另外一些不支持(窝产仔数，Touchette 等，1998；Yang 等，2000b。泌乳期激素分泌，Yang 等，2000b；发情前卵泡成熟，Yang 等，2000c；断奶-发情间隔，Yang 等，2000b)。因此，在哺乳期，高水平的日粮蛋白质/赖氨酸对繁殖性能没有或仅有很小的改善作用。

淀粉/脂肪

通常情况下,即使会降低采食量,提高泌乳母猪日粮的能量水平也能减少机体储备的动员。事实上,高脂肪日粮会使高产胎次母猪代谢能的摄入量提高3%~32%(平均为12%)(Drochner,1989),平均代谢能采食量提高4.4 MJ(添加脂肪少于10%)到6.5 MJ(添加脂肪大于10%)(Pettigrew and Moser,1991)。Van den Brand等(2000c)给初产母猪饲喂脂肪含量分别为13.5%和3.4%的等能日粮,在2个饲喂水平下测定能量与蛋白质平衡,结果发现,在高水平饲喂条件下,高脂肪日粮导致体脂损失增加,但对繁殖性能有明显影响(表15.4)。因此,高脂肪日粮不会降低体内储备的动员,事实上增加了体内储备的动员,也就是说实际上高脂肪日粮并不能改善繁殖性能。然而,在某些条件下(如高温环境),母猪自由采食量减少,饲喂高脂肪日粮可使母猪摄入额外的能量,对母猪是有利的。

表15.4 饲养水平和日粮脂肪含量对第一胎母猪在21 d哺乳期中能量分配的影响(Van den Brand等,2000a,b,c)

能量摄入量(d)	62.8 MJ ME		47.1 MJ ME	
日粮	高脂肪	高淀粉	高脂肪	高淀粉
哺乳期母猪损失				
蛋白质(g/d)	50	31	69	75
脂肪(g/d)	584[a]	401[b]	511[a]	521[a]
断奶-发情间隔(h)	123	122	152	130
排卵率	17.9[u]	18.2[u]	15.5[v]	16.9[v]
胚胎存活率(%)	75	66	65	70

[ab] $p<0.05$;[uv] $p<0.1$。

由于胰岛素是营养和繁殖的重要调控因子(见15.3.13),富含淀粉的日粮会使胰岛素释放增加,并延长释放时间(Van den Brand等,1998)。因此,在Van den Brand等(2000c)的试验中,试图用富含淀粉的日粮来改善繁殖性能,但结果发现,富含淀粉泌乳日粮对下一繁殖周期的断奶-发情时间、排卵率、发情前激素分泌以及胚胎存活率没有任何影响(表15.4)。

15.4.2.3 对机体储备的影响

在本章15.4.2.1已经讨论了,哺乳期的采食量对下一繁殖周期母猪的繁殖性能有重要影响。一个重要问题是这种影响是否对开始泌乳或泌乳结束时的机体储备有影响?已经进行的几个研究试图揭示与断奶后繁殖性能有关的几个因素的相对重要性,这些因素包括分娩时体蛋白和(或)体脂的储存、断奶时体蛋白和(或)体脂的储存以及哺乳期体蛋白和体脂的损失。

有关分娩对体况的影响与断奶-配种时间和头胎母猪关系的研究一直在进行，但结果尚不明确。Mullan 和 Wiaaliams(1989)、Weldon 等(1994)、Le Cozler 等(1998,1999)的研究认为，体况对断奶-发情间隔没有影响。Prunierd 等(2000)发现，泌乳结束时促性腺激素的释放和卵巢发育没有变化。Yang 等(1989)和 Dourmad(1991)发现，瘦母猪的断奶-发情间隔长，但 Xue 等(1997)发现，肥胖母猪的断奶-发情间隔长。事实上，分娩时肥胖和泌乳期的食欲是呈负相关的。因此，分娩时的机体储备对断奶后母猪繁殖性能的影响可能与其对泌乳期的负面影响有关。当这种影响很明显时，这种负面效应就会抑制繁殖性能，下面的研究证实了这一点。Xue 等(1997)对妊娠期 2 个饲喂水平(46 MJ/d 对 27.2 MJ/d)的母猪进行了比较，两个饲喂水平下，分娩时平均背膘厚分别为 30.5 mm 和 25.5 mm。结果发现，较肥母猪的泌乳期自由采食量大幅下降(－29%)，21 d 时断奶 2 个饲喂水平母猪的体重相似(约 163 kg)，但分娩时较肥母猪的背膘厚仍然较高(23 mm 对 17.5 mm)。泌乳第 15 天灌注葡萄糖后，较肥母猪胰岛素的基础和高峰水平较低。在泌乳的第 7 天和第 14 天，较肥母猪 LH 的释放减少，断奶-发情间隔有延长的趋势(8.0 d 对 6.4 d)。作者认为，妊娠期能量摄入量高的母猪，其断奶-发情间隔延长的主要原因是，胰岛素和 LH 分泌的互作降低了泌乳期母猪的采食量。其次，Le Cozler 等(1998,1999)对育成期 2 个不同饲喂水平、分娩时 2 个不同背膘厚(23.7 mm 对 17.4 mm,1998;22.4 mm 对 20.7 mm,1999)的母猪进行了比较。结果发现，在泌乳期，较肥母猪的采食量只是轻微下降(－8%，Le Cozler 等，1998；－3%，Le Cozler 等，1999)，分娩体况较肥不影响断奶-发情间隔和下一胎的窝产仔数。

Yang 等(1989)试图测定 4 胎以上母猪分娩和断奶时的体储存对繁殖性能的影响。为达此目的，妊娠时用 2 个饲养水平造成第二肋背膘厚分别为 12 mm 和 20 mm 的分娩母猪。泌乳期间，2 个背膘厚的母猪或自由采食或限饲(3 kg/d)，其哺乳仔猪的头数分别为 6 头和 10 头。结果发现，这 3 个因素对下一胎次母猪的断奶背膘厚、泌乳期背膘变化、断奶体重和和泌乳期体重变化均有显著影响。分娩时较肥母猪，4 胎以上泌乳期采食量下降(－23%)，但对初产母猪的影响很小(－7%)。对于初产母猪，分娩时母猪肥胖和泌乳期采食量影响断奶-发情间隔，但不影响窝产仔数。断奶背膘厚(P2,mm)和断奶-发情间隔(WEI)有显著的相关关系：WEI＝26.6(SE,4.7)－1.28(SE,0.39)×P2(RSD,3.5)。体储存与 WEI 之间不存在其他关系。从初产母猪断奶后 8 d 内发情的比例来看，分娩期母猪背膘厚和泌乳期采食量之间有很强的相关关系，只有在分娩时较瘦、泌乳期又限饲的母猪，发情率才有明显下降。对于以后胎次的母猪，只有泌乳期的窝仔数对断奶-发情间隔有影响(6 头仔猪 6.0 d,10 头仔猪 8.0 d)。

总之，断奶后母猪的繁殖性能可能受分娩时体况和泌乳期采食量的相互影响，因此，初产母猪的过肥和过瘦都应避免。

15.4.2.4 总结

大多数研究发现，泌乳期低采食量和低能量或蛋白摄入量，都会使母猪断奶后发情延迟。营养因素对排卵率的影响还未清楚。早期研究认为，营养因素对排卵没有影响，而近来的研究发现，采食量和蛋白受到限制通常会影响排卵率。有关营养因素对卵母细胞成熟和胚胎存活率的影响方面的数据很少，仅有的一些数据都是5年前发表的研究结果。泌乳期采食量低和蛋白质缺乏都可能对以上繁殖性能指标产生不良影响。

15.4.3 泌乳性能的影响

15.4.3.1 窝产仔数

减少窝产仔数可以减少母猪哺乳强度，降低营养缺乏的危险，从而改善断奶后母猪的繁殖性能。Vesseur 等(1994b)在其试验农场中发现，断奶时窝仔数越多的母猪，其断奶-发情间隔越长(8.3 d 对 7.5 d，断奶时仔猪数分别为 11～12 头和 7～8 头)。但用促性腺激素诱导不发情的母猪，其发情率不受断奶窝仔数的影响。同样地，Koketsu 等(1997a)基于农场数据的回顾性研究发现，不发情母猪和诱导返情母猪的百分比不受断奶窝仔数的影响。总的看来，哺乳期仔猪数对断奶后母猪的繁殖性能的影响不大。但应该注意的是，断奶时仔猪数越多的母猪，分娩时的产仔数可能越多，其育种价值越大，繁殖的潜力也越好。

泌乳期的吮乳强度可以通过完全断奶前几天移走最大的仔猪(分批断奶)，或在哺乳期最后几天每天将全部仔猪移开一段时间(间断性哺乳)来调节。总体上，这些做法能缩短断奶-发情间隔(见 Matte 等(1992)的综述)。间断性哺乳对，但间断性哺乳断奶-发情间隔的减少更有效，但工作量大耗时多。而且，哺乳期母猪可能会发情，从而使母猪的管理复杂化。因此，近些年来，仅仅评价了分批断奶对繁殖性能的影响。Vesseur 等(1997)的试验数据并没有清楚地表明分批断奶(在产后第4周从10～12头仔猪中移走4～5头)对头胎母猪的断奶-发情间隔、分娩率和下一胎产仔数有影响。但作者发现，与对照组相比，第2胎母猪的断奶-发情间隔缩短(4.6 d 对 5.4 d，15 内返情的母猪)、分娩率提高(97.2%对 86.3%)。

15.4.3.2 哺乳时间

哺乳期由 10 d 延长到 30 d 会使断奶-发情间隔缩短，下胎窝产仔数增加，初产和多胎经产母猪分娩率提高。窝产仔数对多胎经产母猪的影响更明显(图 15.2A 和 B)。因此，延长哺乳期会缩短断奶-受孕间隔，但是断奶-受孕间隔的缩短不足以补偿哺乳期和分娩-受孕间隔的延长(图 15.3)。几个现象可以解释哺乳时间持续对繁殖力和生产力的有利影响。首先,假设前一次妊娠后子宫的恢复对新一轮受孕更有利,能取得更好的受精率和胚胎存活率(见 15.3.1.1)。其次,在哺乳期短的情况下,第一次发情不排卵的母猪比例很高(表 15.5)。第三,延长哺乳期后对断奶-发情间隔的缩短对窝产仔数有正效应(见 15.4.5)。出乎意料的是,Marois 等(2000)的研究结果表明,哺乳期很短(7～10 d)的母猪,其窝产仔数比哺乳期长(11～16 d)的母猪窝产仔数高。在这个试验中,由于分娩-受孕间隔较长,配种时子宫的恢复较好。

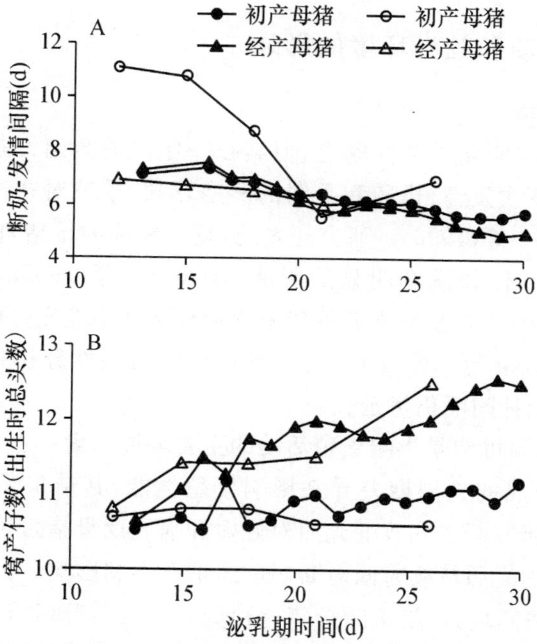

图 15.2 哺乳期时间对初产和经产母猪断奶-发情间隔(A)和分娩-受孕间隔(B)的影响

资料来源:Le Cozler 等,1997;Koketsu 和 Dial,1998。

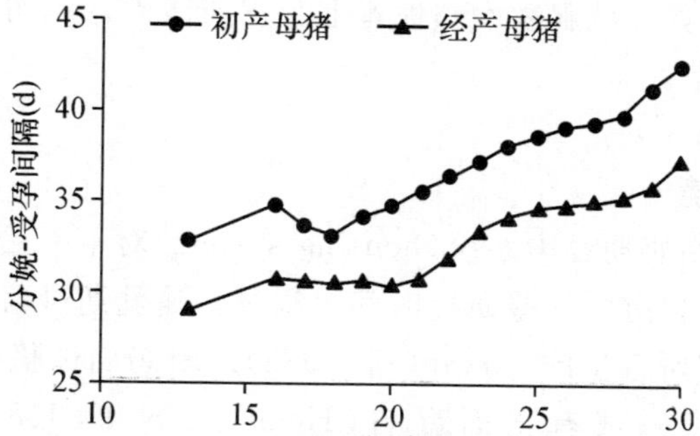

图 15.3 哺乳期时间对下一胎断奶后分娩-受孕间隔的影响

资料来源:Le Cozler 等,1997。

表 15.5 哺乳期时间对断奶后 8 d 内发情母猪和排卵母猪比例的影响(Knox 等,2001)

比例	哺乳期时间(d)			
	<17	17～24	25～31	>31
发情母猪(%)	35[a]	94[b]	98[b]	96[b]
排卵母猪(%)	78[a]	92[b]	98[b]	96[b]

[ab] $p<0.05$。

15.4.4 物理环境和社会环境的影响

15.4.4.1 气候环境

虽然家养猪不是真正季节性家畜,但其在一年内的繁殖性能仍有差异。在夏季和初秋,断奶和下次发情、排卵和受精的间期延长,季节对初产母猪的影响较经产母猪明显(Prunier 等,1996)。研究还发现,夏季配种的母猪重配率最高,分娩率最低,但季节对窝产仔数没有明显的影响(Koketsu 等,1997a,b;Hunhes,1998;Tummaruk 等,2000)。夏季泌乳期母猪采食量较低并不能充分解释断奶后发情延迟这一现象。Koketsu 等(1997b)在对农场数据的回顾性分析中发现,在夏季,调整采食量后断奶-配种间隔仍然延长。

光周期长和高温可能是影响繁殖活动的主要环境因素。在分娩和断奶前后突然变换光照时间造成的光周期差异来影响繁殖性能,其结果是有争议的。相反,Prunier 等(1996)研究渐进式改变光照对妊娠和哺乳期母猪繁殖性能的影响,其结果清楚地表明,增加光照持续时间对断奶后返情有不利影响。大量试验表明,环境高温延长断奶-发情间隔,对第 1 胎母猪这种变化尤其特殊(Prunier 等,1996)。哺乳期母猪食欲下降及由此导致的营养缺乏的增加,只能部分解释高温环境对繁殖性能的某些不良影响(Peunier 等,1997;Messias de Braganca 等,1998)。激素分泌对营养依赖的变异(如甲状腺激素和促肾上腺皮质激素),说明,下丘脑-垂体-卵巢轴参与了体温的调节。

15.4.4.2 舍内环境

有关哺乳期或断奶期舍内系统(housing system)对下一胎次母猪繁殖性能影响的研究数据很少,仅有的一些研究时间也很早。哺乳期母猪群养会诱导泌乳母猪发情,这不是人们所希望的(Bryant 等,1983)。断奶期母猪圈养对断奶-发情间隔和产仔数没有影响或有正面影响(Hemsworth 等,1982;Lynch 等,1984;Schmidt 等,1985),对分娩率没有影响(Hemsworth 等,1982;Lynch 等,1984;Schmidt 等,1985)或有一些负面影响(Lynch 等,1984)。但需要更多的数据来证明断奶母猪群养是否会改善或危害繁殖性能。

15.4.4.3 公猪的影响

众所周知，公猪对母猪繁殖性能有刺激性效应。在哺乳期后期的7 d或8 d时间内，让公猪每天接近母猪可以缩短断奶-发情间隔（Walton，1986；Newton等，1987），且对经产母猪的影响比初产母猪明显（Walton，1986）。同样地，已经发现，断奶后每天让母猪与公猪接触，母猪发情和排卵提前（Hemsworth等，1982；Walton，1989；Pearce和Pearce，1992），而且发情和排卵母猪的比例增加（Langendijk等，2000）。但仍存在某些差异。比如，Hughes（1998）的研究没有发现公猪的接触有影响，在他的研究中，断奶后母猪返情很早，即使没有与公猪有任何接触的母猪，其断奶后返情的时间可短至5.5 d。公猪与母猪的接触不影响分娩率和产仔数（Hemsworth等，1982；Hughes，1998）。

15.4.5 断奶-发情间隔、产仔数和分娩率之间的关系

对生产数据的几个分析表明，断奶-发情间隔与下胎次的产仔数和分娩率有关（Leman，1990；Vesseur等，1994a；Le Cozler等，1997；Steverink等，1999；Tummaruk等，2000；图15.4）。分析结果表明，断奶-发情间隔由3 d提高到8 d，母猪下胎产仔数减少、分娩率降低。大约10 d后，延长断奶-发情间隔可上述繁殖性能指标。这个发现与Clower等（1994）和Vesseur（1997）的数据一致，他们发现，与断奶后初情期受精相比，在断奶后第2次发情期受精，母猪怀孕率提高（+15%），下胎次产仔数增加（+1.3～2.5头）。由此看来，有些母猪有高的繁殖遗传力，包括断奶后迅速返情、受精力和繁殖力，而其他一些断奶后发情延迟的母猪，表现了从受哺乳期不良因素（尤其是营养缺乏）影响中恢复的优势。由此所产生的一个重要问题是，与受精力和繁殖力相关的断奶-发情间隔，是否是由于断奶-发情间隔影响了排卵率、受孕率和胚胎存活率？

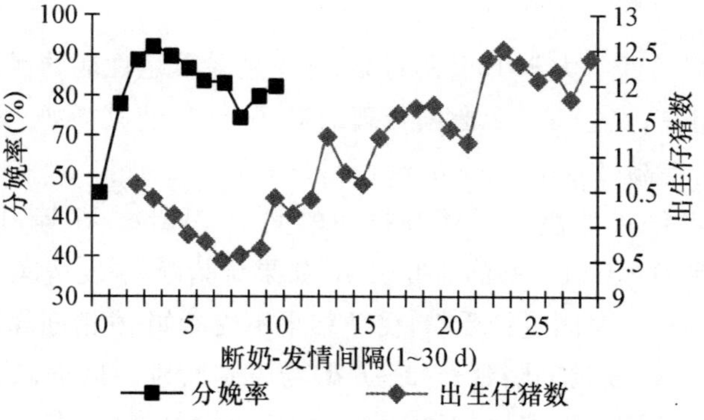

图15.4 断奶发情间隔与下胎分娩率和产仔数的关系

资料来源：Leman，1990。

排卵率:有关排卵率变化与断奶-发情间隔的变化间的联系知之甚少。3 个试验(Soede 等,1995a;Steverink 等,1997)350 头经产母猪的数据表明,断奶后 3～6 d 平均排卵率分别为 21.6、21.4 和 19.5(呈明显的线性降低)。Patterson 等(2001)也发现,经产母猪断奶-发情间隔(3～5.3 d 之间变化)与排卵率(在 13～31 之间变化)呈负相关($r=-0.54$)。相反,Van den Brand 和 Langendijk(未发表数据)对初产母猪的研究没有发现断奶-排卵间隔(4.6～8.9 d 之间变化)和排卵率(12～30 d 之间变化)有联系,但他们发现,断奶-排卵间隔与胚胎存活率有关(表 15.6)。虽然排卵率一般相当高,且不是影响产仔数和分娩率的第一限制性因素,但不能排除排卵率下降发挥的作用,在排卵数减少与黄体质量降低有关时尤其如此(Zak 等,1997b;Almeida 等,2000)。断奶-发情间隔短的母猪,排卵率可能与断奶时出现的可挑选性卵泡紧密相关。

表 15.6 断奶-排卵间隔变化初产母猪的繁殖特征(Van den Brand 和 Langendijk,未发表)

指 标	断奶-排卵间隔(h)		
	110～145	150～158	160～214
35 d 怀孕率(%)	91	96	86
排卵率	19.7±4.0	19.0±4.5	19.9±3.5
35 d 正常胚胎数量	13.1±3.1	11.7±3.7	11.4±3.2
36 d 胚胎存活率(%)[1]	67±12	62±18	57±14
黄体重(g)	7.0±1.2	6.1±1.1	6.5±1.1
母猪数量	23	26	29

[1] 断奶-排卵间隔和胚胎存活率的相关性:$r=-0.26, p<0.05$。

对于断奶-发情间隔大于 10 d 的母猪,还不清楚繁殖性能的提高是否与排卵率的增加有关。但是,经过 3 d 孕激素处理的断奶母猪,使其断奶-发情间隔延长,结果发现排卵率也提高(Koutsotheodoros 等,1998)。

受孕率:受孕结果取决于受精和排卵的间期(Waberski 等,1997;Terqui 等,2000)。Kemp 和 Soede(1999)的研究表明,如果母猪断奶-发情间隔的变化范围为 3～7 d,在最佳的排卵时间进行受精,受孕结果不受断奶-发情间隔的影响。从很多试验数据来看,断奶-发情间隔延长(3～6 d)与发情持续时间的减少有关,结果,开始发情到排卵的时间间隔缩短[见 Soede 和 Kemp(1997)的综述]。Steverink 等(1999)在农场中也发现类似的现象。如果农场的受精方式没有根据断奶-发情间隔进行调整,将会使断奶-发情间隔长的母猪中排卵后第一次受精的数量增加,从而增加低受孕率的风险(Kemp 和 Soede,1997)。当断奶-发情间隔从 3 d 延长到 8～10 d 时,还不清楚排卵后第一次受精母猪数量的增加在多大程度上导致分娩率减低和产仔数减少。

对断奶-发情间隔超过 10 d 的母猪,其发情持续的时间与断奶-发情间隔为 6 d 或 6 d 以上的母猪一样短(Steveringk 等,1999)。因此,母猪繁殖性能的提高并不一定与更好的受精时间相关,而是与高的受孕率相关。

胚胎死亡率:没有关于断奶-发情间隔和下胎次胚胎存活率之间关系的清晰信息。Van de Brand 和 Langendijk(未发表资料)发现,对于初产母猪,断奶-排卵间隔延长确实与下胎次胚胎存活率相关(表 15.6).但这些母猪的排卵率与断奶-排卵间隔无关。一些间接的资料显示,断奶-发情间隔与下一胎次的胚胎存活率有关,在哺乳期限饲的试验中,不仅延长了限饲母猪的断奶-发情间隔,也降低了胚胎存活率(表 15.3)。但是,就像 15.4.2.1 中讨论过的那样,这种关系并不紧密,不清楚其主要的影响因素。

总之,断奶-发情间隔与下一胎的繁殖性能(分娩率和产仔数)间的关系可能是排卵率、受孕率和胚胎存活率共同影响的结果。这些影响因素的相对重要性还不清楚。

15.5 小 结

在哺乳期,吮乳-神经内分泌反射是抑制促黄体素和卵巢活动的主要因素。由高泌乳量引起的负代谢状态使激素发生变化,激素环境具有额外的抑制作用。在商业生产农场,断奶时间是养猪生产者的一个关键决策。与“自然”条件下的渐进性断奶不同,商业生产的断奶通常是在泌乳量仍然很高时进行的。结果,断奶母猪的营养平衡和激素分泌很快发生了改变,通常过几天会引起发情行为和排卵。内在因素(如遗传因素、胎次、机体储备)和环境因素(光、环境温度、猪舍)影响猪的天性并使这些变化扩大,也会影响卵巢对这些变化的反应能力。因此,内在因素和环境因素的泌乳期和断奶母猪的作用都会影响断奶母猪的繁殖性能。本章所提供的一些证据认为,母猪的繁殖问题,尤其是初产母猪,大部分是哺乳方面的问题,断奶后问题很少。为了改善母猪的繁殖性能和寿命,应该减少抑制泌乳的因素,尤其是第一和第二胎母猪。可以通过减少吮乳刺激和(或)营养缺乏(如分批断奶、间断性哺乳)来做到这一点。而且,为了使上胎次妊娠和分娩后的促性腺轴和子宫得以恢复,应避免泌乳期过短(＜21 d)。

参考文献

Adashi, E.Y., C.E. Resnick, A. Hurwitz, E. Ricciarellie, E.R. Hernandez, C.T. Roberts, D. LeRoith and R. Rosenfeld, 1992. The intra-ovarian IGF system. Growth Regulation 2, 10-15.

Almeida, F.R.C.L., Kirkwood, R.N., Aherne, F.X. and G.R. Foxcroft, 2000. Consequences of different patterns of feed intake during the estrous cycle in gilts on subsequent fertility. Journal of Animal Science 78, 1556-1563.

Angell, C. A., R. C. Tubbs, A. B. Moore, C. R. Barb and N. M. Cox, 1996. Depressed luteinizing hormone response to estradiol in vivo and gonadotropin-releasing hormone in vitro in experimentally diabetic swine. Domestic Animal Endocrinology 13, 453-463.

Armstrong, J.D., J.H. Britt and N.M. Cox, 1986a. Effect of energy during lactation on body condition, energy metabolism, endocrine changes and reproductive performance in primiparous sows. Journal of Animal Science 63, 1915-1925.

Armstrong, J.D., J.H. Britt and N.M. Cox, 1986b. Seasonal differences in function of the hypothalamic-hypophysial-ovarian axis in weaned primiparous sows. Journal of Reproduction and Fertility 78, 11-20.

Baidoo, S.K., F.X. Aherne, R.N. Kirkwood and G.R Foxcroft, 1992. Effect of feed intake during lactation and after weaning on sow reproductive performance. Canadian Journal of Animal Science 72, 911-917.

Baldwin, D.M. and G.H. Stabenfeld, 1975. Endocrine changes in the pig during late pregnancy, parturition and lactation. Biology of Reproduction 12, 508-515.

Barb, C.R., 1999. The brain-pituitary-adipocyte axis: role of leptin in modulating neuroendocrine function. Journal of Animal Science 77, 1249-1257.

Bevers, M.M., A.H. Willemse, Th.A.M. Kruip and D.F.M. Van De Wiel, 1981. Prolactin levels and the LH-response to synthetic LH-RH in the lactating sow. Animal Reproduction Science 4, 155-163.

Bhatia, S.S., 1989. Studies on lifetime productivity in Large White sows. Indian Journal of Animal Production and Management 5, 30-32.

Booth, P.J., 1990. Metabolic influences on hypothalamic-pituitary-ovarian function in the pig. Journal of Reproduction and Fertility Suppl. 40, 89-100.

Brendemuhl, J.H., A.J. Lewis and E.R. Peo Jr., 1987. Effect of protein and energy intake by primiparous sows during lactation on sow and litter performance and sow serum thyroxine and urea concentrations. Journal of Animal Science 64, 1060-1069.

Britt, J.H., J.D. Armstrong, N.M. Cox and K.L. Esbenshade, 1985. Control of follicular development during and after lactation in sows. Journal of Reproduction and Fertility Suppl. 33, 37-54.

Bryant, M. J., G. Palmer, D. J. Petherick and P. Rowlinson, 1983. Lactational estrus in the sow. 4. Variation in the incidence and timing of lactational estrus in groups of sows. Animal Production 36, 453-460.

Clowes, E.J., F.X. Aherne and G.R. Foxcroft, 1994. Effect of delayed breeding on the endocrinology and fecundity of sows. Journal of Animal Science 72, 283-291.

Clowes, E.J., G.R. Foxcroft, V.E. Baracos and F.X. Aherne, 1999. Relationship between maternal protein loss and ovarian function in lactating first-litter sows. Journal of Animal Science 77 (Suppl.

1), 231 (Abstract).
Cox, N.M., 1997. Control of follicular development and ovulation rate in pigs. Journal of Reproduction and Fertility Suppl. 52, 31-46.
Cox, N.M. and J.H. Britt, 1982. Relationship between endogenous gonadotropin-releasing hormone, gonadotropins and follicular development after weaning in sows. Biology of Reproduction 27, 70-78.
Cox, N.M., J.L. Ramirez, I.A. Matamoros and W.A. Benett, 1988. Estrogen induces estrus unaccompanied by a preovulatory surge in luteinizing hormone in suckled sows. Biology of Reproduction 38, 592-596.
Crighton, D.B. and G.E. Lamming, 1969. The lactational anestrus of the sow: the status of the anterior pituitary-ovarian system during lactation and after weaning. Journal of Endocrinology 43, 507-519.
Dagorn, J. and A. Aumaître, 1979. Sow culling: reasons for and effect on productivity. Livestock Production Science 6, 167-177.
Den Hartog, L.A. and H.A.M. van der Steen, 1981. Reproductive traits in primiparous sows in relation to feeding level. Netherlands Journal of Agricultural Science 29, 285-286.
De Rensis, F., M.G. Hunter and G.R. Foxcroft, 1993a. Suckling-induced inhibition of luteinizing hormone secretion and follicular development in the early postpartum sow. Biology of Reproduction 48, 964-969.
De Rensis, F., J.R. Cosgrove and G.R. Foxcroft, 1993b. Luteinizing hormone and prolactin responses to naloxone vary with stage of lactation in the sow. Biology of Reproduction 48, 970-976.
De Rensis, F., J.R. Cosgrove and G.R. Foxcroft, 1998a. Ontogeny of the opiodergic regulation of LH and prolactin secretion in lactating sow I: failure of naloxone to antagonize suckling-induced changes in LH and prolactin secretion in early lactation, irrespective of pattern of administration. Journal of Reproduction and Fertility 112, 79-85.
De Rensis, F., F. Quintavalla and G.R. Foxcroft, 1998b. Treatment of lactating sows with the dopamine agonist Cabergoline: effects on LH and prolactin secretion and responses to challenges with naloxone and morphine. Animal Reproduction Science 51, 233-247.
Dijkhuizen, A.A., R.M.M. Krabbenborg and R.B.M. Huirne, 1989. Sow replacement: a comparison of farmer's actual decisions and model recommendations. Livestock Production Science 23, 207-218.
Dourmad, J.Y., 1988. Ingestion spontanée d'aliment chez la truie en lactation: de nombreux facteurs de variation. INRA Production Animales 1, 141-146.
Dourmad, J.Y., 1991. Effect of feeding level during gestation on voluntary feed intake during lactation and changes in body composition during gestation and lactation. Livestock Production Science 27, 309-319.
Drochner, W., 1989. Influence of fat supplementation for sows on fertility and on the survival and performance of the progeny. Ubersichten zur Tierernahrung 17, 99-138.
Dusza, L. and J.E. Tilton, 1990. Role of prolactin in the regulation of ovarian function in pigs. Journal of Reproduction and Fertility Suppl. 40, 33-45.
Edwards, S. and G.R. Foxcroft, 1983. Endocrine changes in sows weaned at two stages of lactation. Journal of Reproduction and Fertility 67, 161-172.

Eissen, J.J., E. Kanis and B. Kemp, 2000. Sow factors affecting voluntary feed intake during lactation. Livestock Production Science 64, 147-165.

Elliot, J.I., G.J. King and H.A. Robertson, 1980. Reproductive performance of the sow subsequent to weaning piglets at birth. Canadian Journal of Animal Science 60, 65-71.

Elsaesser, F. and N. Parvizi, 1980. Partial recovery of the stimulatory oestrogen feedback action on LH release during late lactation in the pig. Journal of Reproduction and Fertility 59, 63-67.

Foxcroft, G.R., H.J. Shaw, M.G. Hunter, P.J. Booth and R.T. Lancaster, 1987. Relationships between luteinizing hormone, follicle-stimulating hormone and prolactin secretion and ovarian follicular development in the weaned sow. Biology of Reproduction 36, 175-191.

Geudeke, M.J., 1992. The use of slaughterhouse information in monitoring systems for herd health control in sows. PhD-thesis Utrecht University, Utrecht, 154 p.

Gill, B.P., 2000. Nutritional influences on lifetime performance of the sow. In: P.C. Garnsworthy and J. Wiseman (editors), Recent Advances in Animal Nutrition, Nottingham University Press, p. 141-166.

GTTT, 1980. Porc Performances 1980, ITP (editor), Paris.

GTTT, 2000. Porc Performances 2000, ITP (editors), Paris.

Heinonen, M., A. Leppavuori and S. Pyorala, 1998. Evaluation of reproductive failure of female pigs based on slaughterhouse material and herd record survey. Animal Reproduction Science 52, 235-244.

Hemsworth, P.H., N.T.C.J. Salden and A. Hoogerbrugge, 1982. The influence of the post-weaning social environment on the weaning to mating interval of the sow. Animal Production 35, 41-48.

Hughes, P.E., 1998. Effects of parity, season and boar contact on the reproductive performance of weaned sows. Livestock Production Science 54, 151-157.

Jensen, P. and B. Recén, 1989. When to wean? Observations from free-ranging domestic pigs. Applied Animal Behavioural Science 23, 49-60.

Jones, D.B. and T.S Stahly, 1999a. Impact of amino acid nutrition during lactation on luteinizing hormone secretion and return to estrus in primiparous sows. Journal of Animal Science 77, 1523-1531.

Jones, D.B. and T.S. Stahly, 1999b. Impact of amino acid nutrition during lactation on body nutrient mobilization and milk nutrient output in primiparous sows. Journal of Animal Science 77, 1513-1522.

Kemp, B. and N.M. Soede, 1996. Relationship of weaning-to-estrus interval to timing of ovulation and fertilization in sows. Journal of Animal Science 74, 944-949.

Kemp, B. and N.M. Soede, 1997. Consequences of variation in interval from insemination to ovulation on fertilisation in pigs. Journal of Reproduction and Fertility Suppl. 52, 79-89.

Kemp, B., N.M. Soede, F.A. Helmond and M.W. Bosch, 1995. Effects of energy source in the diet on reproductive hormones and insulin during lactation and subsequent estrus in multiparous sows. Journal of Animal Science 73, 3022-3029.

Killen, J.H., R.K. Christenson and J.J. Ford, 1992. Ovarian follicular changes after weaning in sow. Journal of Animal Science 70, 2801-2808.

King, R.H. and I.H. Williams, 1984. The effect of nutrition on the reproductive performance of first-litter sows. 2. Protein and energy intakes during lactation. Animal Production 38, 249-

256.

King, R.H. and A.C. Dunkin, 1986a. The effect of nutrition on the reproductive performance of first-litter sows. 3. The response to graded increases in food intake during lactation. Animal Production 42, 119-126.

King, R.H. and A.C. Dunkin 1986b. The effect of nutrition on the reproductive performance of first-litter sows. 4. The relative effects of energy and protein intakes during lactation on the performance of sows and their piglets. Animal Production 43, 319-325.

King, R.H. and G.B. Martin, 1989. Relationships between protein intake during lactation, LH levels and estrus activity in first-litter sows. Animal Reproduction Science 19, 283-292.

Kirkwood, R.N., K.R. Lapwood, W.C. Smith and I.L. Anderson, 1984. Plasma concentrations of LH, prolactin, estradiol-17β and progesterone in sows weaned after lactation for 10 or 35 days. Journal of Reproduction and Fertility 70, 95-102.

Kirkwood, R.N., S.K. Baidoo, F.X. Aherne and A.P. Sather, 1987. The influence of feeding level during lactation on the occurrence and endocrinology of the postweaning estrus in sows. Canadian Journal of Animal Science 67, 405-415.

Kirkwood, R.N., S.K. Baidoo and F.X. Aherne, 1990. The influence of feeding level during lactation and gestation on the endocrine status and reproductive performance of second parity sows. Canadian Journal of Animal Science 70, 1119-1126.

Knox, R. V., S. L. Rodriguez-Zas, G. M. Miller, K. L. Willenburg and J. A. Robb, 2001. Administration of P.G. 600 to sows at weaning and the time of ovulation as determined by transrectal ultrasound. Journal of Animal Science 79, 796-802.

Koketsu, Y. and G.D. Dial, 1998. Interactions between the associations of parity, lactation length, and weaning-to-conception interval with subsequent litter size in swine herds using early weaning. Preventative Veterinary Medicine 37, 113-120.

Koketsu, Y., G.D. Dial, J.E. Pettigrew, W.E. Marsh and V.L. King, 1996a. Influence of imposed feed intake patterns during lactation on reproductive performance and on circulating levels of glucose, insulin, and luteinizing hormone in primiparous sows. Journal of Animal Science 74, 1036-1046.

Koketsu, Y., G.D. Dial, J.E. Pettigrew, W.E. Marsh and V.L. King, 1996b. Characterization of feed intake patterns during lactation in commercial swine herds. Journal of Animal Science 74, 1202-1210.

Koketsu, Y., G.D. Dial, J.E. Pettigrew and V.L. King, 1996c. Feed intake pattern during lactation and subsequent reproductive performance of sows. Journal of Animal Science 74, 2875-2884.

Koketsu, Y., G.D. Dial and V.L. King, 1997a. Returns to service after mating and removal of sows for reproductive reasons from commercial swine farms. Theriogenology 47, 1347-1363.

Koketsu, Y., G.D. Dial and V.L. King, 1997b. Influence of various factors on farrowing rate on farms using early weaning. Journal of Animal Science 75, 2580-2587.

Koutsotheodoros, F., P.E. Hughes, R.A. Parr, F.R. Dunshea, R.C. Fry and J.E. Tilton, 1998. The effect of post weaning progestagen treatment (Regumate) of early weaning primiparous sows on subsequent reproductive performance. Animal Reproduction Science 52, 71-79.

Kraeling, R.R. and C.R. Barb, 1990. Hypothalamic control of gonadotrophin and prolactin secretion in pigs. Journal of Reproduction and Fertility Suppl. 40, 3-17.

Kroes, Y. and J.P.V. Male, 1979. Reproductive lifetime of sows in relation to economy and production.

Livestock Production Science 6, 179-183.

Kunavongkrit, A., S. Einarsson and I. Settergren, 1982. Follicular development in primiparous lactating sows. Animal Reproduction Science 5, 47-56.

Langendijk, P., H. Van den Brand, N.M. Soede and B. Kemp, 2000. Effect of boar contact on follicular development and on estrus expression after weaning in primiparous sows. Theriogenology 54, 1295-1303.

Leman, A., 1990. Manage for a short wean-service interval. Mate sows once 3-5 days after weaning. International. Pig Letter 10, 29-32.

Le Cozler, Y., J. Dagorn, J.Y. Dourmad, S. Johansen and A. Aumaître, 1997. Effect of weaning-to-conception interval and lactation length on subsequent litter size in sows. Livestock Production Science 51, 1-11.

Le Cozler, Y., V. Beaumal, J.C. Hulin, C. David, M. Neil and J.Y. Dourmad, 1998. Effect of feeding level during rearing on performance of Large White gilts. Part 1: growth, reproductive performance and feed intake during lactation. Reproduction, Nutrition, Development 38, 363-375.

Le Cozler, Y., E. Ringmar-Cederberg, L. Rydhmer, N. Lundeheim, J.Y. Dourmad and M. Neil, 1999. Effect of feeding level during rearing and mating strategy on performance of Swedish Yorkshire sows. Part 2. Reproductive performance, food intake, body composition changes and culling rate during the first two parities. Animal Science 68, 355-363.

Lucia, T., G.D. Dial and W.E. Marsh, 1999. Estimation of lifetime productivity of female swine. J. Am. Veterinary Medicine Assoc. 214, 1056-1059.

Lucia, T., G.D. Dial and W.E. Marsh, 2000. Lifetime reproductive performance in female pigs having distinct reasons for removal. Livestock Production Science 63, 213-222.

Lucy, M.C., J. Liu, C.K. Boyd and C.J. Bracken, 2001. Ovarian follicular growth in sows. Journal of Reproduction and Fertility Suppl. 58, 31-45.

Lynch, P. B., J. F. O'Grady and P.A. Kearney, 1984. Effect of housing system on sow productivity. Annales Recherches Veterinaires 15, 181-184.

Mao, J., L.J. Zak, J.R. Cosgrove, S. Shostak, G.R. Foxcroft, 1999. Reproductive, metabolic, and endocrine responses to feed restriction and GnRH treatment in primiparous, lactating sows. Journal of Animal Science 77, 725-735.

Marois, D., J.R. Brisbane and J.P. Laforest, 2000. Accounting for lactation length and weaning-to-conception interval in genetic evaluations for littersize in swine. Journal of Animal Science 78, 1796-1810.

Matte, J.J., C. Pomar and W.H. Close, 1992. The effect of interrupted suckling and split-weaning on reproductive performance of sows: a review. Livestock Production Science 30, 195-212.

Mejia Guadarrama, C.A., A. Pasquier, J.Y. Dourmad, A. Prunier and H. Quesnel, 2001. Effects of protein (lysine) intake during lactation on IGF-I concentrations and postweaning reproductive performance in primiparous sows. In: VIth International Conference on Pig Reproduction, June 3-6, 2001, Columbia, Missouri (USA).

Messias de Bragança M. and A. Prunier, 1999. Effects of low feed intake and hot environment on plasma profiles of glucose, nonesterified fatty acids, insulin, glucagon, and IGF-1 in lactating sows. Domestic Animal Endocrinology 16, 89-101.

Messias de Bragança M., A.M. Mounier and A. Prunier, 1998. Does feed restriction mimic the effects of increased ambient temperature in lactating sows? Journal of Animal Science 76, 2017-2024.

MLC, 1999. Pig Yearbook 1999. Meat and Livestock Commission, Milton Keynes, UK.

Morrow, W.E.M., A.D. Leman, N.B. Williamson, R.B. Morrison and R.A. Robinson, 1992. An epidemiological investigation of reduced second-litter size in swine. Preventative Veterinary Medicine 12, 15-26.

Mullan, B.P. and I.H. Willams, 1989. The effect of body reserves at farrowing on the reproductive performance of first-litter sows. Animal Production 48, 449-457.

Newton, E.A., J.S. Stevenson and D.L. Davis, 1987. Influence of duration of litter separation and boar exposure on estrous expression of sows during and after lactation. Journal of Animal Science 65, 1500-1506.

Nissen, A.K., N.M. Soede, P. Hyttel, M. Schmidt and L. D'Hoore, 1997. The influence of time of insemination relative to time of ovulation on farrowing frequency and litter size in sows, as investigated by ultrasonography. Theriogenology 47, 1571-1582.

Noblet, J. and M. Etienne, 1986. Effect of energy level in lactating sows on yield and composition of milk and nutrient balance of piglets. Journal of Animal Science 63, 1888-1896.

Palmer, W.M., H.S. Teague and W.G. Venzke, 1965a. Macroscopic observations on the reproductive tract of the sow during lactation and early postweaning. Journal of Animal Science 24, 541-545.

Palmer, W.M., H.S. Teague and W.G. Venzke, 1965b. Histological changes in the reproductive tract of the sow during lactation and early postweaning. Journal of Animal Science 24, 1117-1125.

Patterson, J.L., H.J. Willis, R.N. Kirkwood and G.R. Foxcroft, 2001. Lack of effect of prostaglandin injection at estrus onset on the time of ovulation and on reproductive performance in weaned sows. Theriogenology 56, 913-921.

Pearce, G. P. and A.N. Pearce, 1992. Contact with a sow in estrus or a mature boar stimulates the onset of estrus in weaned sows. Veterinary Record 130, 5-9.

Pederson, L.J., M. Studnitz, K.H. Jensen and A.M. Giersing, 1998. Suckling behaviour of piglets in relation to accessibility to the sow and the presence of foreign litters. Applied Animal Behavioural Science 58, 267-279.

Peters, J.B., R.E. Short, N.L. First and L.E. Casida, 1969. Attempts to induce fertility in postpartum sows. Journal of Animal Science 29, 20-24.

Pettigrew, J.E. and R.L. Moser, 1991. Fat in Swine Nutrition In: E.R. Miller, D.E. Ullrey and A.J. Lewis (editors), Swine Nutrition, Butterworth-Heinemann, Boston, pp. 133-145.

Pettigrew, J.E. and M.D. Tokach, 1993. Metabolic influences on sow reproduction. Pig News and Information 14, 69-72.

Prunier, A. and H. Quesnel, 2000. Nutritional influence on the hormonal control of reproduction in female pigs. Livestock Production Science 63, 1-16.

Prunier, A., J.Y Dourmad and M. Etienne, 1993. Feeding level, metabolic parameters and reproductive performance of primiparous sows. Livestock Production Science 37, 185-196.

Prunier, A., H. Quesnel, M. Messias de Bragança and A.Y. Kermabon, 1996. Environmental and seasonal influences on the return-to-estrus after weaning in primiparous sows: a review. Livestock Production Science 45, 103-110.

Prunier, A., M. Messias de Bragança and J. Le Dividich, 1997. Influence of high ambient temperature on performance of reproductive sows. Livestock Production Science 52, 123-133.

Prunier, A., C.A. Mejia Guadarrama, J. Mourot and H. Quesnel, 2001. Influence of feed intake during pregnancy and lactation on body reserve mobilisation, plasma leptin and reproductive function of primiparous lactating sows. Reproduction, Nutrition, Development 41, 333-347.

Quesnel, H. and A. Prunier, 1995. Endocrine bases of lactational anestrus in the sow. Reproduction, Nutrition, Development 35, 395-414.

Quesnel, H. and A. Prunier, 1998. Effect of insulin administration before weaning on reproductive performance in feed-restricted primiparous sows. Animal Reproduction Science 51, 119-129.

Quesnel, H., A. Pasquier, A.M. Mounier and A. Prunier, 1998a. Influence of feed restriction during lactation on gonadotropic hormones and ovarian development in primiparous sows. Journal of Animal Science 76, 856-863.

Quesnel, H., A. Pasquier, A.M. Mounier, I. Louveau and A. Prunier, 1998b. Influence of feed restriction in primiparous lactating sows on body condition and metabolic parameters. Reproduction, Nutrition, Development 38, 289-303.

Reese, D.E., B.D. Moser, E.R. Peo Jr., A.J. Lewis, D.R. Zimmerman, J.E. Kinder and W.W Stroup, 1982. Influence of energy intake during lactation on subsequent gestation, lactation and postweaning performance of sows. Journal of Animal Science 55, 867-872.

Rojanasthien, S., 1988. LH-patterns in jugular plasma and estradiol-17β and progesterone in utero-ovarian and jugular plasma of primiparous sows around weaning. Journal of Veterinary Medicine, A 35, 498-505.

Rojanasthien, S., A. Madej, N. Lundeheim, S. Einarsson, 1987a. Luteinizing hormone response to different doses of synthetic gonadotropin-releasing hormone during early and late lactation in primiparous sows. Animal Reproduction Science 13, 299-307.

Rojanasthien, S., S. Einarsson and I. Settergren, 1987b. Follicular development in lactating, post-weaning and anestrus primiparous sows. Acta Veterinariae Scandanavica 28, 421-427.

Rojkittikhun, T., S. Einarsson, K. Uvnas-Moberg, N. Lundeheim and A. Madej, 1993. Patterns of release of oxytocin, prolactin, insulin and LH in lactating sows, studied using continuous blood collection technique. Journal of Veterinary Medicine, A 40, 412-421.

Ryan, P.L. and J.I. Raeside, 1991. Cystic ovarian degeneration in pigs: a review. Irish Veterinary Journal 44, 22-36.

Schams, D., W.D. Kraetzl, G. Brem and F. Graf, 1994. Secretory pattern of metabolic hormones in the lactating sow. Experimental Clinical Endocrinology 102, 439-447.

Schmidt, W.E., J.S. Stevenson and D.L. Davis, 1985. Reproductive traits of sows penned individually or in groups until 35 days after breeding. Journal of Animal Science 60, 755-759.

Sehested, E. and A. Schjerve, 1996. Aspects of sow longevity based on analyses of Norwegian sow recording data. Proceeding of NJF-seminar n° 265. Research Centre Foulum, Denmark, 27-28/03/1996.

Sesti, L.A.C. and J.H. Britt, 1993. Influence of stage of lactation, exogenous luteinizing hormone-releasing hormone, and suckling on estrus, positive feedback of luteinizing hormone, and ovulation in sows treated with estrogen. Journal of Animal Science 71, 989-998.

Shaw, H.J. and G.R. Foxcroft, 1985. Relationships between LH, FSH and prolactin secretion and reproductive activity in the weaned sow. Journal of Reproduction and Fertility 75, 17-28.

Smidt, D., O. Thume and W. Jöchle, 1969. Untersuchungen zur geschtlichen Regeneration post-partum bei saügender und nicht lactierenden Sauen. Züchtungskunde 41, 36-45.

Smith, C.A., G.W., Almond and G.D. Dial, 1992. Changes in luteinizing hormone concentrations after abortion, parturition, and weaning in primiparous sows. Animal Reproduction Science 27, 169-182.

Soede, N.M. and B. Kemp, 1997. Expression of estrus and timing of ovulation in pigs. Journal of Reproduction and Fertility, Suppl. 52, 91-103.

Soede, N.M., C.C.H. Wetzels, W. Zondag, M.A.I. de Koning and B. Kemp, 1995a. Effects of time of insemination relative to ovulation, as determined by ultrasonography, on fertilization rate and accessory sperm count in sows. Journal of Reproduction and Fertility 104, 99-106.

Soede, N.M., C.C.H. Wetzels, W. Zondag, W. Hazeleger and B. Kemp, 1995b. Effects of a second insemination after ovulation on fertilization rate and accessory sperm count in sows. Journal of Reproduction and Fertility 105, 135-140.

Soede, N.M., A. Van Dorland, E.G. Bouwman, A. Stepien, A.J. Ziecik and B. Kemp, 2000. Effects of feeding level and dietary energy source during progesterone dominance on subsequent follicular pool dynamics and ovulation rate in gilts. In: 14th International Conference on Animal Reproduction, Abstracts Vol. 1, 13.

Stevenson, J.S., N.M. Cox and J.H. Britt, 1981. Role of the ovary in controlling luteinizing hormone, follicle stimulating hormone, and prolactin secretion during and after lactation in pigs. Biology of Reproduction 24, 341-353.

Steverink, D.W.B., N.M. Soede, E.G. Bouwman and B. Kemp, 1997. Fertilisation results as influenced by insemination to ovulation interval and sperm cell dosage in sows. Journal of Reproduction and Fertility 111, 165-171.

Steverink, D.W.B., N.M. Soede, G.J.R. Groenland, F.W., van Schie, J.P.T.M. Noordhuizen and B. Kemp, 1999. Duration of estrus in relation to reproduction results in pigs on commercial farms. Journal of Animal Science 77, 801-809.

Terqui, M., P. Guillouet, M.C. Maurel, F. Martinat-Botté, 2000. Relationship between peri-oestrous progesterone levels and time of ovulation by echography in pigs and influence of the interval between ovulation and artificial insemination (AI) on litter size. Reproduction, Nutrition, Development 40, 393-404.

Tokach, M.D., J.E. Pettigrew, G.D. Dial, J.E. Wheaton, B.A. Crooker and L.J. Johnston, 1992. Characterization of luteinizing hormone secretion in the primiparous, lactating sow: relationship to blood metabolites and return-to-estrus interval. Journal of Animal Science 70, 2195-2201.

Touchette, K.J., G.L. Allee, M.D. Newcomb and R.D. Boyd, 1998. The use of synthetic lysine in the diet of lactating sows. Journal of Animal Science 76, 1437-1442.

Tritton, S.M., R.H. King, R.G. Campbell, A.C. Edwards and P.E. Hughes. 1996. The effects of dietary protein and energy levels of diets offered during lactation on the lactational and subsequent reproductive performance of first-litter sows. Animal Science 62, 573-579.

Trout, W.E., J.H. Killen, R.K. Christenson, B.D. Schanbacher and J.J. Ford, 1992. Effects of weaning on concentrations of inhibin in follicular fluid and plasma of sows. Journal of Reproduction and Fertility 94, 107-114.

Tsuma, V.T., S. Einarsson, A. Madej and N. Lundeheim, 1995. Hormone profiles around weaning in cyclic and anestrous sows. Journal of Veterinary Medicine A 42, 153-163.

Tummaruk, P., N. Lundeheim, S. Einarsson and A.M. Dalin, 2000. Reproductive performance of purebred Swedish Landrace and Swedish Yorkshire sows: I. Seasonal variation and parity influence. Acta Agriculturae Scandanavica: A Animal Science 50, 205-216.

Van den Brand, H., N.M. Soede, J.W. Schrama and B. Kemp, 1998. Effects of dietary energy source on plasma glucose and insulin concentration in gilts. Journal of Animal Physiology and Animal Nutrition 79, 27-32.

Van den Brand, H., S.J. Dieleman, N.M. Soede and Kemp B., 2000a. Dietary energy source at two feeding levels during lactation in primiparous sows: I. Effects on glucose, insulin and LH and on follicle development, weaning-to-estrus interval and ovulation rate. Journal of Animal Science 78, 396-404.

Van den Brand, H., N.M. Soede and B. Kemp, 2000b. Dietary energy source at two feeding levels during lactation in primiparous sows: II. Effects on peri-estrus hormone profiles and embryo survival. Journal of Animal Science 78, 405-411.

Van den Brand, H., M.J.W. Heetkamp, N.M. Soede, J.W. Schrama and B. Kemp, 2000c. Energy balance of lactating sows as affected by feeding level and dietary energy source. Journal of Animal Science 78, 1520-1528.

Van den Brand, H., A. Prunier, N. M. Soede and B Kemp, 2001. In primiparous sows, plasma insulin-like growth factor-I can be affected by lactational feed intake and dietary energy source and is associated with luteinizing hormone. Reproduction, Nutrition, Development 41, 27-39.

Van de Wiel, D.F.M., P. Booman, A.H. Willemse and M.M. Bevers, 1985. Relevance of prolactin to lactational and post-weaning anestrous in the pig. In: F. Ellendorff and F. Elsaesser (editors), Endocrine Causes of Seasonal and Lactational Anoestrus in Farm Animals. M. Nijhoff, Dordrecht, Netherlands, pp. 154-165.

Varley, M.A. and T. Atkinson, 1985. Weaning at birth: the effect on the reproduction of the sow. Animal Production 41, 375-382.

Varley, M.A. and G.R. Foxcroft, 1990. Endocrinology of the lactating sows. Journal of Reproduction and Fertility, Suppl. 40, 47-61.

Vesseur, P.C., B. Kemp and L.A. Den Hartog, 1994a. The effect of weaning to estrus interval on litter size, live born piglets and farrowing rate in sows. Journal of Animal Physiology and Animal Nutrition 71, 30-38.

Vesseur, P.C., B. Kemp and L.A. Den Hartog, 1994b. Factors affecting the weaning to estrus interval in the sow. Journal of Animal Physiology and Animal Nutrition 72, 225-233.

Vesseur, P.C., B. Kemp, L.A., Den Hartog and J.P.T.M. Noordhuizen, 1997. Effect of split-weaning in first and second parity sows on sow and piglet performance. Livestock Production Science 49, 277-285.

Waberski, D., K.F. Weitze, C. Lietmann, W. Lubbert zur Lage, F.P. Bortolozzo, T. Willmen and R. Petzoldt, 1994. The initial fertilizing capacity of longterm stored liquid semen following pre- and postovulatory insemination. Theriogenology 41, 1367-1377.

Walton, J. S., 1986. Effect of boar presence before and after weaning on estrus and ovulation in sows. Journal of Animal Science 62, 9-15.

Weldon, W.C., A.J. Lewis, G.F. Louis, J.L. Kovar and P.S. Miller, 1994. Postpartum hypophagia in primiparous sows: II. Effects of feeding level during gestation and exogenous insulin on lactation feed intake, glucose tolerance, and epinephrine-stimulated release of nonesterified fatty acids and glucose. Journal of Animal Science 72, 395-403.

Wilson, M.E., H. Stein, N.L. Trottier, D.D. Hall, R.L. Moser, D.E. Orr and R.A. Easter, 1996. Effects of lysine intake on reproductive performance in first parity sows. Journal of Animal Science 74 (Suppl. 1), 63 (Abstract).

Xue, J., Y. Koketsu, G.D. Dial, J. Pettigrew and A. Sower, 1997. Glucose tolerance, luteinizing hormone release, and reproductive performance of first-litter sows fed two levels of energy during gestation. Journal of Animal Science 75, 1845-1852.

Yang, H., P.R., Eastham P. Phillips and C.T. Whittemore, 1989. Reproductive performance, body weight and body condition of breeding sows with differing body fatness at parturition, differing nutrition during lactation and differing litter size. Animal Production 48, 181-201.

Yang, H., J.E. Pettigrew, L.J. Johnston, G.C. Shurson, J.E. Wheaton, M.E. White, Y. Koketsu, A.F. Sower and J.A. Rathmacher, 2000a. Impact of dietary lysine intake during lactation on blood metabolites, hormones, and reproductive performance in primiparous sows. Journal of Animal Science 78, 1001-1009.

Yang, H., J.E. Pettigrew, L.J. Johnston, , G.C. Shurson and R.D. Walker, 2000b. Lactational and subsequent reproductive responses of lactating sows to dietary lysine (protein) concentration. Journal of Animal Science 78, 348-357.

Yang, H., G.R. Foxcroft, J.E. Pettigrew, L.J. Johnston, G.C. Shurson, A.N. Costa and L.J. Zak, 2000c. Impact of dietary lysine intake during lactation on follicular development and oocyte maturation after weaning in primiparous sows. Journal of Animal Science 78, 993-1000.

Zak, L.J., J.R. Cosgrove, F.X. Aherne, G.R. Foxcroft, 1997a. Pattern of feed intake and associated metabolic and endocrine changes differentially affect postweaning fertility in primiparous lactating sows. Journal of Animal Science 75, 208-216.

Zak, L.J., X. Xu,. R.T. Hardinand and G.R. Foxcroft, 1997b. Impact of different patterns of feed intake during lactation in the primiparous sow on follicular development and oocyte maturation. Journal of Reproduction and Fertility 110, 99-106.

Zak, L.J., I.H. Williams, G.R. Foxcroft, J.R. Pluske, A.C. Cegielski, E.J. Clowes and F.X. Aherne, 1998. Feeding lactating primiparous sows to establish three divergent metabolic states: I. Associated endocrine changes and postweaning reproductive performance. Journal of Animal Science 76, 1145-1153.

Zivkovic, M., M. Teodorovic and S. Kovcin, 1986. Longevity of sows according to the management in large units. World Review of Animal Production 22, 11-15.

结束语

本书各章节提供了与“断奶”(weaning)相关的各种事项的最新信息、数据和理论背景。断奶是母猪和仔猪的应激时期。在养猪生产周期中，断奶是一个不寻常的事件，因为断奶会同时引起养猪生产系统中诸多方面发生变化，如营养变化、环境变化、社会结构变化等。因此，对养猪生产者来说，断奶导致一系列的风险，生产减少，发病率和死亡率提高。断奶时猪群健康状态恶化程度高，需要细心的管理以改善断奶过程，使断奶造成的损失最低。仔猪从母猪身边转移到下一阶段，一系列的因素影响仔猪对断奶应激的反应性差异。这种差异会造成同窝或窝间个体发育的差异。本书的有关章节指出了产生这些差异的原因，并提出了避免断奶造成不良影响的方法。

《国际养猪》(Pig International)杂志中最近的一篇评论指出，猪肉是欧洲国家主要的肉类消费品，2002 年，欧洲人均消费猪肉 43.7 kg、禽肉 23 kg、牛肉/小牛肉 19.4 kg。保持和提高这个消费水平，需要从养猪生产和供应链的各个环节进行努力。为了达到更高的生产和消费水平，必须对养猪生产进行改进和采用新的技术。断奶是整个养猪生产体系的必要组成部分，主要因为断奶体重和断奶后生长性能影响肥育猪生产性能和效益。断奶母猪的生殖力也是决定养猪生产效益的重要因素。但是，养猪业不断地面临着新的挑战，例如，逐渐增加的社会对动物福利、食品安全、环境和产品质量，尤其是抗生素和某些矿物质促生长剂的关注。这些挑战的很多方面都关系到断奶。因此，需要更多地考虑断奶过程及其影响之间平衡的重要性。

最后，我们相信《断奶仔猪》(Weaning the pig:Concepts and concequences)所提供的有关断奶的材料，对全世界所面临的问题是及时的和恰当的。我们相信你会喜欢本书中的章节，也相信书中讨论的各种主题，包括断奶母猪的命运，对你的养猪事业或养猪业里的专家会有所帮助。

John Pluske
Jean Le Dividich
Martin Verstegin

作者名单

A.C. **Beynen**, Department of Nutrition, Faculty of Veterinary Medicine, Utrecht University, P.O. Box 80152, 3508 TD Utrecht, The Netherlands

P.H. **Brooks**, University of Plymouth, Faculty of Land, Food and Leisure, Seale-Hayne Campus, Newton Abbot, Devon, TQ12 6NQ, United Kingdom

D. **Burrin**, USDA/ARS Children's Nutrition Research Center, Department of Pediatrics, Baylor College of Medicine, 1100 Bates Street, Houston, Texas 77030, USA

S.S. **Dritz**, Department of Animal Sciences and Industry, Kansas State University, Manhattan KS 66506-0201, USA

F.R. **Dunshea**, Natural Resources and Environment, Sneydes Road, Werribee Victoria 3030, Australia

R.D. **Goodband**, Department of Animal Sciences and Industry, Kansas State University, Manhattan KS 66506-0201, USA

D.J. **Hampson**, School of Veterinary and Biomedical Sciences, Murdoch University, Murdoch, Western Australia 6150, Australia.

M. **Hay**, Ecole Nationale Vétérinaire de Toulouse, 23 Chemin des Capelles, 31076 Toulouse, France

D.E. **Hopwood**, Animal Resources Centre, Murdoch Drive, Murdoch, WA 6150, Australia

D. **Kelly**, Rowett Research Institute, Greenburn Road, Bucksburn, Aberdeen, AB2 9SB, Scotland

B. **Kemp**, Animal Husbandry Group, Wageningen University, P.O. Box 338, 6700 AH Wageningen, The Netherlands

M.R. **King**, Institute of Food, Nutrition and Human Health, Massey University, Private Bag 11-222, Palmerston North, New Zealand

R.H. **King**, Agriculture Victoria, Sneydes Road, Werribee Victoria 3030, Australia

J. **Le Dividich**, INRA-UMRVP, 35590 St-Gilles, France

F. **Madec**, Agence Française de Sécurité Sanitaire des Aliments, BP 53, Zoopôle Les Croix, 22440 Ploufragan, France

G.P. **Martineau**, Ecole Nationale Vétérinaire de Toulouse, 31076 Toulouse, France

H.M. **Miller**, The University of Leeds, Centre for Animal Sciences, LIBA, School of Biology, Leeds LS2 9JT, United Kingdom

P.C.H. **Morel**, Institute of Food, Nutrition and Human Health, Massey University, Private Bag 11-222, Palmerston North, New Zealand

P. **Mormède**, Neurogénétique et Stress, INSERM U471, INRA, Université Victor Segalen Bordeaux 2, Institut François Magendie, 33077 Bordeaux, France

J.L. **Nelssen**, Department of Animal Sciences and Industry, Kansas State University, Manhattan KS 66506-0201, USA

P. **Orgeur**, INRA- PRMD, 37380 Tours, France

J.R. **Pluske**, School of Veterinary and Biomedical Sciences, Murdoch University, Murdoch WA 6150, Australia

A. **Prunier**, INRA, Unite Mixte de Recherches sur le Veau et le Porc, Saint-Gilles, France

H. **Quesnel**, INRA, Unite Mixte de Recherches sur le Veau et le Porc, Saint-Gilles, France

R.D. **Slade**, The University of Leeds, Centre for Animal Sciences, LIBA, School of Biology, Leeds LS2 9JT, United Kingdom

N.M. **Soede**, Animal Husbandry Group, Wageningen University, P.O. Box 338, 6700 AH Wageningen, The Netherlands

B. **Stoll**, USDA/ARS Children's Nutrition Research Center, Department of Pediatrics, Baylor College of Medicine, 1100 Bates Street, Houston, Texas 77030, USA

M.D. **Tokach**, Department of Animal Sciences and Industry, Kansas State University, Manhattan KS 66506-0201, USA

C.A.**Tsourgiannis**, University of Plymouth, Faculty of Land, Food and Leisure, Seale-Hayne Campus, Newton Abbot, Devon, TQ12 6NQ, United Kingdom

M.A.M. **Vente-Spreeuwenberg**, Nutreco Swine Research Centre, P.O. Box 240, 5830 AE Boxmeer, The Netherlands

M.W.A. **Verstegen**, Animal Nutrition Group, Wageningen University, P.O. Box 338, 6700 AH Wageningen, The Netherlands

I.H. **Williams**, School of Animal Biology, Faculty of Natural and Agricultural Sciences, University of Western Australia, 35 Stirling Highway, Crawley, WA 6009, Australia

索　引

D

E

F

G

H

I

R

S

T

U